今すぐ使える かんたんEx

Excel マクロ&VBA

2019/2016/2013/365 対応版

GIHYO SELECTION

プロ技 BEST セレクション

Professional Skills

PREMIUM

土屋和人 著

技術評論社

本書の使い方

セクションごとに機能を順番に解説しています。

セクション名は具体的な作業を示しています。

セクションの解説内容のまとめを表しています。

操作内容の見出しです。

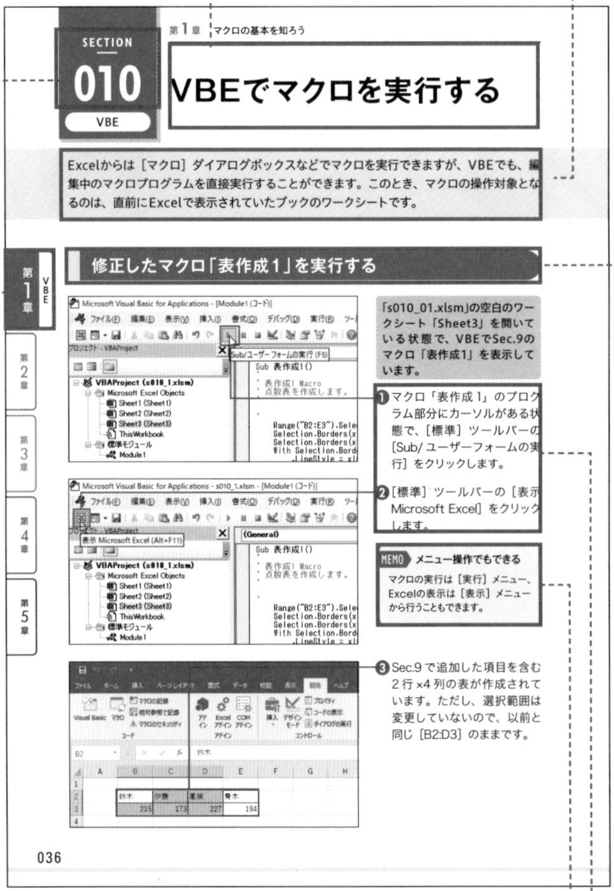
第1章 マクロの基本を知ろう

SECTION 010 VBE

VBEでマクロを実行する

Excelからは［マクロ］ダイアログボックスなどでマクロを実行できますが、VBEでも、編集中のマクロプログラムを直接実行することができます。このとき、マクロの操作対象となるのは、直前にExcelで表示されていたブックのワークシートです。

修正したマクロ「表作成1」を実行する

「s010_01.xlsm」の空白のワークシート「Sheet3」を開いている状態で、VBEでSec.9のマクロ「表作成1」を表示しています。

❶マクロ「表作成1」のプログラム部分にカーソルがある状態で、［標準］ツールバーの［Sub/ユーザーフォームの実行］をクリックします。

❷［標準］ツールバーの［表示 Microsoft Excel］をクリックします。

MEMO メニュー操作でもできる

マクロの実行は［実行］メニュー、Excelの表示は［表示］メニューから行うこともできます。

❸Sec.9で追加した項目を含む2行×4列の表が作成されています。ただし、選択範囲は変更していないので、以前と同じ［B2:D3］のままです。

第1章 VBE　第2章　第3章　第4章　第5章

036

章が探しやすいようにセクションの分類を表示しています。

読者が抱く小さな疑問を予測して解説しています。

番号付きの記述で操作の順番が一目瞭然です。

探しやすいようにセクションの分類を表示しています。

サンプルファイル名を表示しています（P.4参照）。

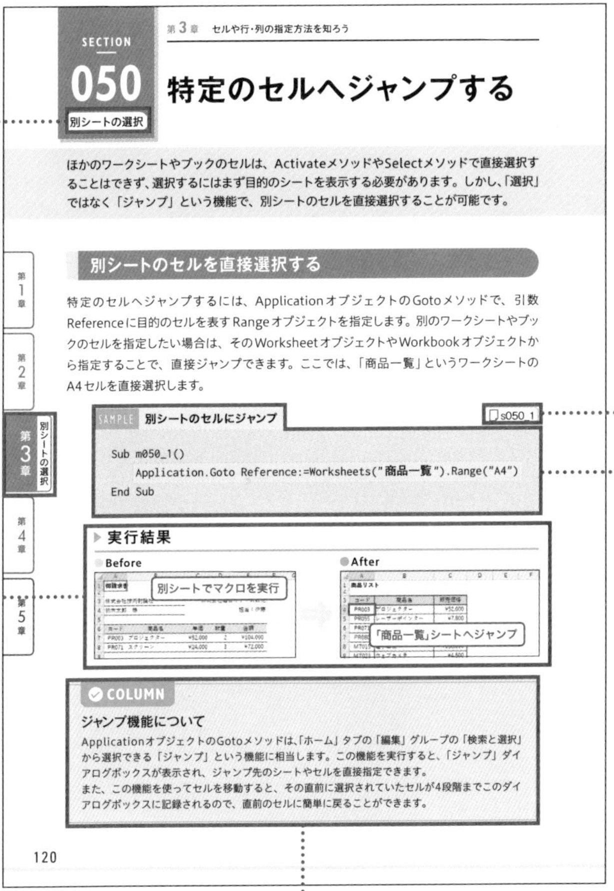

第3章　セルや行・列の指定方法を知ろう

SECTION

050

別シートの選択

特定のセルへジャンプする

ほかのワークシートやブックのセルは、ActivateメソッドやSelectメソッドで直接選択することはできず、選択するにはまず目的のシートを表示する必要があります。しかし、「選択」ではなく「ジャンプ」という機能で、別シートのセルを直接選択することが可能です。

別シートのセルを直接選択する

特定のセルへジャンプするには、ApplicationオブジェクトのGotoメソッドで、引数Referenceに目的のセルを表すRangeオブジェクトを指定します。別のワークシートやブックのセルを指定したい場合は、そのWorksheetオブジェクトやWorkbookオブジェクトから指定することで、直接ジャンプできます。ここでは、「商品一覧」というワークシートのA4セルを直接選択します。

SAMPLE　別シートのセルにジャンプ　s050_1

```
Sub m050_1()
    Application.Goto Reference:=Worksheets("商品一覧").Range("A4")
End Sub
```

実行結果

Before

After

COLUMN

ジャンプ機能について

ApplicationオブジェクトのGotoメソッドは、「ホーム」タブの「編集」グループの「検索と選択」から選択できる「ジャンプ」という機能に相当します。この機能を実行すると、「ジャンプ」ダイアログボックスが表示され、ジャンプ先のシートやセルを直接指定できます。
また、この機能を使ってセルを移動すると、その直前に選択されていたセルが4段階までこのダイアログボックスに記録されるので、直前のセルに簡単に戻ることができます。

第1章　第2章　第3章 別シートの選択　第4章　第5章

120

プログラムの結果を実行前と実行後の画面で解説しています。

重要な補足説明を解説しています。

サンプルプログラムのコードを表示しています。

サンプルファイルのダウンロード

本書の解説内で使用しているサンプルファイルは、以下のURLのサポートページからダウンロードできます。ダウンロードしたときは圧縮ファイルの状態なので、展開してからご利用ください。ここでは、Windows 10のMicrosoft Edgeを使ってダウンロード・展開する手順を解説します。

https://gihyo.jp/book/2021/978-4-297-12156-3/support

手順解説

❶ ブラウザー（画面はMicrosoft Edge)を起動し、アドレス欄に上記のURLを入力して、Enterキーを押します。

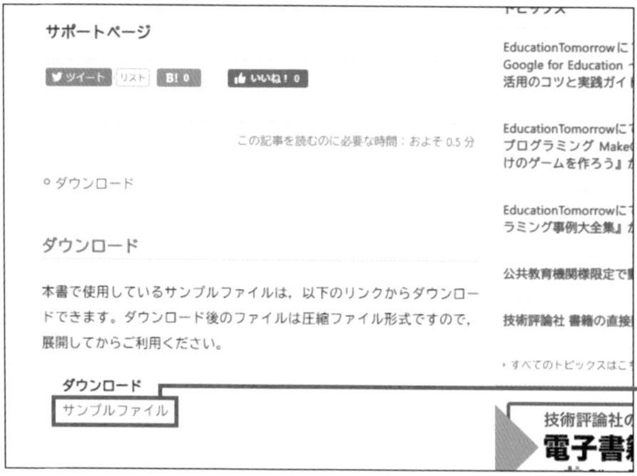

> **MEMO Internet Explorerの場合**
>
> Internet Explorerを利用する場合は、クリックした後、［名前を付けて保存］をクリックして保存場所を指定し、ファイルを保存します。

❷ ［ダウンロード］欄にある［サンプルファイル］をクリックします。

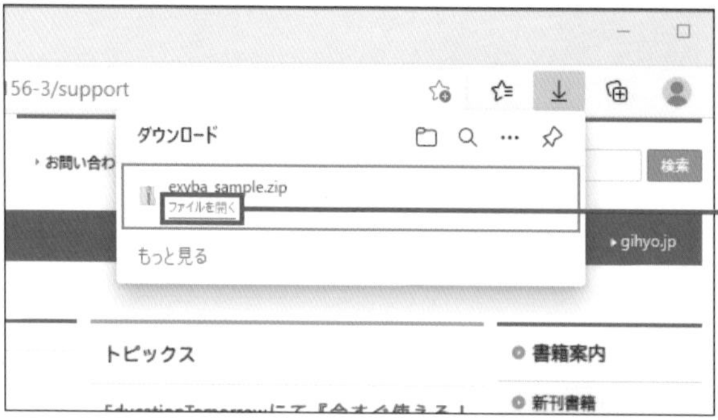

❸ ダウンロードが行われます。ダウンロードが完了したら、［ファイルを開く］をクリックします。

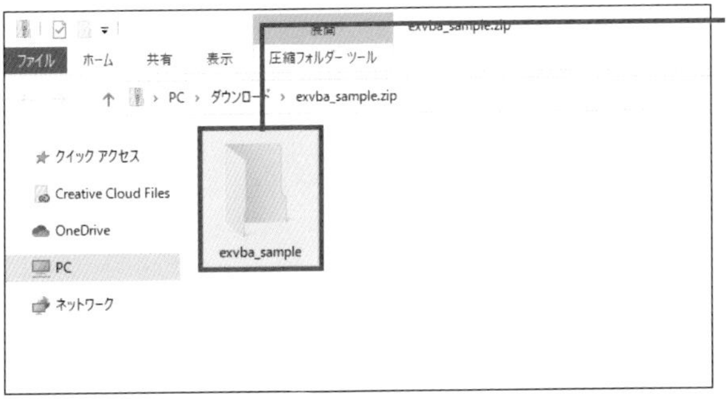

❹ エクスプローラーが表示されるので、表示されたフォルダーをクリックします。

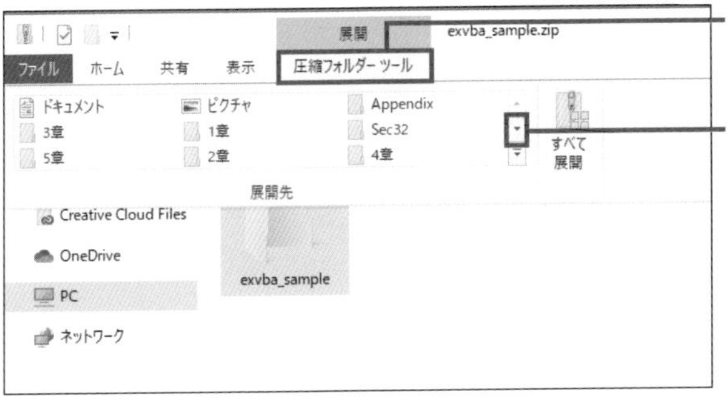

❺ ［圧縮フォルダーツール］タブをクリックして、

❻ ▼を数回クリックします。

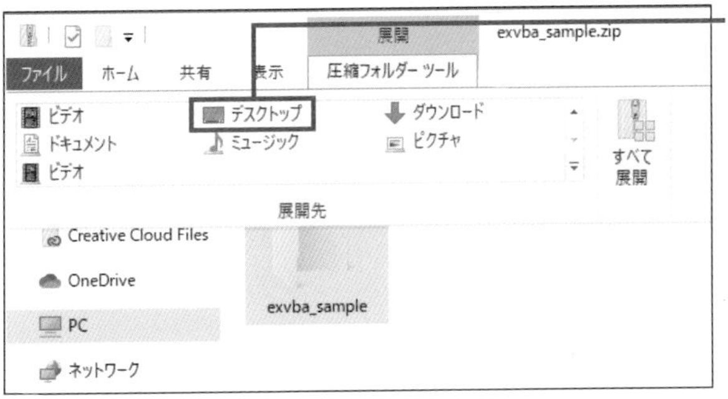

❼ 展開先の候補から、［デスクトップ］をクリックします。

❽ サンプルファイルのフォルダーがデスクトップに展開されます。

サンプルファイルの使い方

本書のサンプルファイルはExcel 2019/2016/2013/365で利用できますが、バージョンによって一部の操作方法が異なります。ここでは、Microsoft 365のExcelで利用する手順を解説します。

❶ 展開されたサンプルファイルのフォルダーをダブルクリックします。

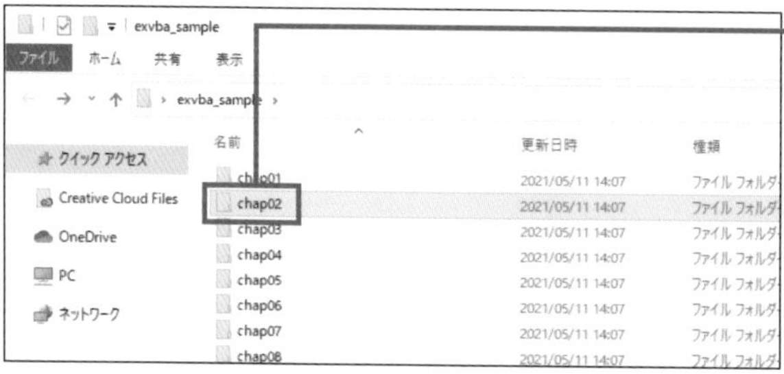

❷ 章ごとのフォルダーに分かれてサンプルファイルが入っています。ここでは［chap02］をダブルクリックします。

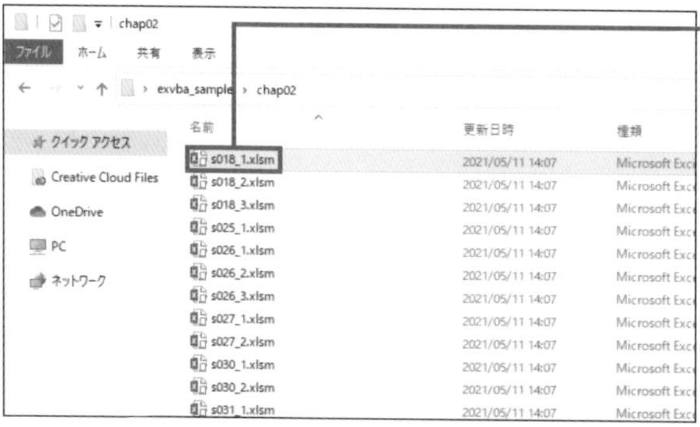

❸ サンプルファイルの名前にはSection番号が付いています。本文中のコードの右上のファイル名を参考に、目的のファイルをダブルクリックします。

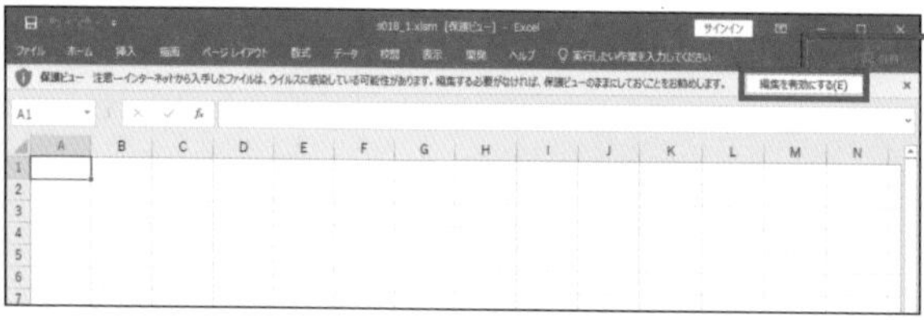

❹ マクロが無効の状態（保護ビュー）でファイルが開きます。［編集を有効にする］をクリックします。

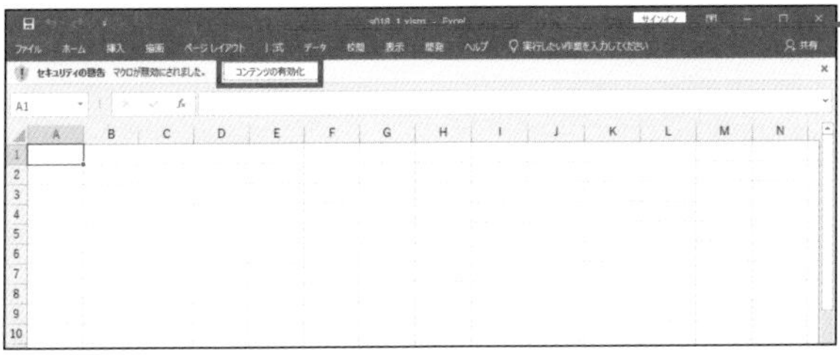

❺ セキュリティの警告が表示されます。[コンテンツの有効化] をクリックすると、マクロが実行可能になります。

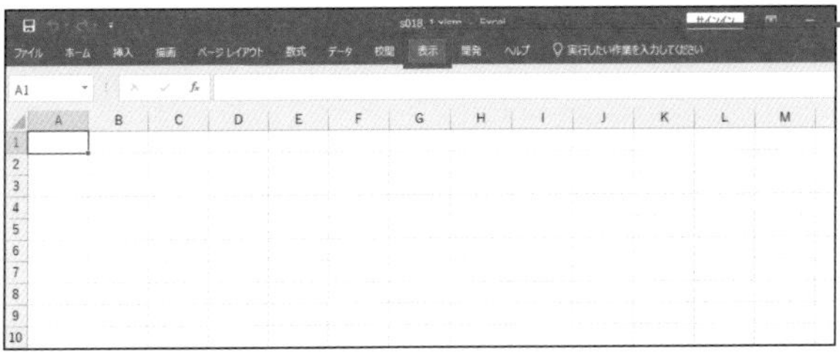

❻ マクロを実行するには [表示] タブをクリックします。

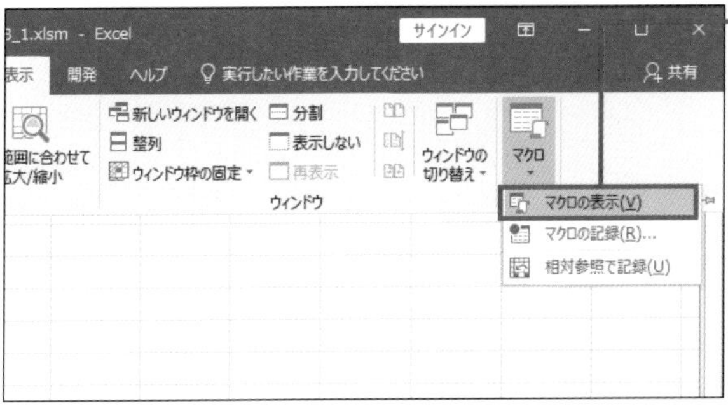

❼ [マクロ] をクリックして [マクロの表示] をクリックします。

MEMO [開発] タブ

本書では、[開発] タブを表示してマクロを利用しています。詳細はSec.1を参照してください。

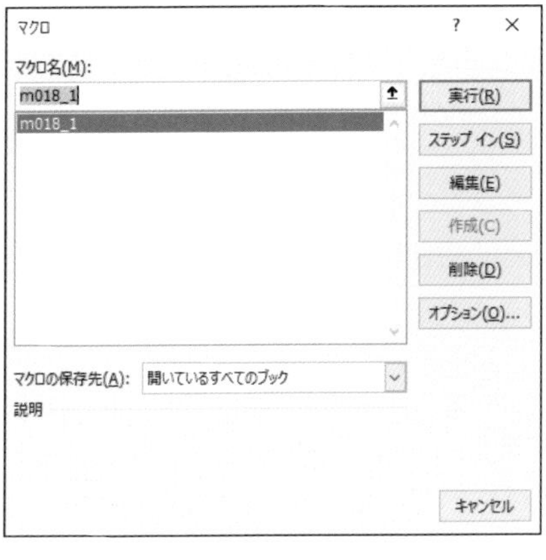

❽ [マクロ] ダイアログボックス(Sec.3参照)が表示され、マクロの実行や編集を行うことができます。

目次

第1章 マクロの基本を知ろう

第2章 VBAの基本を知ろう

第3章 セルや行･列の指定方法を知ろう

目次

第5章 シートやブックの指定･操作方法を知ろう

目次

第6章 条件に応じて処理を分けよう

第7章 繰り返し処理を使いこなそう

第8章 データ処理を自動化・効率化しよう

第9章 さまざまな方法でマクロを実行しよう

目次

第10章 ユーザーフォームで作業を快適にしよう

第11章 バグやエラーに対処しよう

Appendix

第1章

マクロの基本を知ろう

SECTION 001 マクロ設定

マクロを利用するための準備を整える

「マクロ」を利用することで、Excelのさまざまな操作を自動化できます。マクロ関連の機能はリボンの［表示］タブからでも実行できますが、業務でマクロを積極的に活用していくのであれば、まず［開発］タブを表示させておきましょう。

マクロとVBA

「マクロ」とは、アプリケーションの一連の操作をあらかじめ登録しておき、後から自動的に実行する機能のことです。マクロを利用することで、作業時間を短縮したり、複雑な作業を正確に実行したりといったことが可能になります。
実は、Excelに用意されているマクロ機能の正体は、VBA（Visual Basic for Applications）と呼ばれるプログラミング言語です。ユーザーが実際に行った一連の操作を記録する方法でマクロを作成することも可能ですが、そのマクロの実体も、操作から自動的に生成されたVBAのプログラムです。

リボンに［開発］タブを表示する

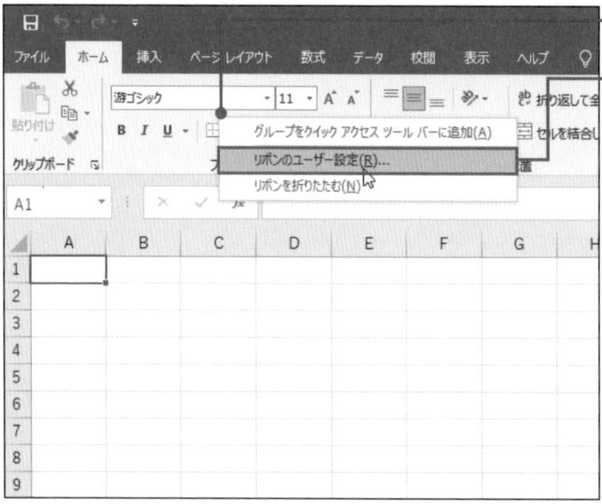

❶リボンの上で右クリックし、

❷［リボンのユーザー設定］をクリックします。

❸［Excelのオプション］ダイアログボックスの［リボンのユーザー設定］画面が表示されます。

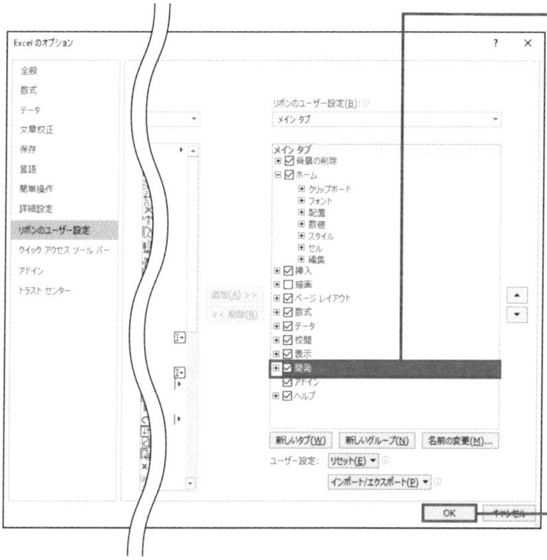

❹［開発］にチェックを付け、

❺［OK］をクリックします。

❻リボンに［開発］タブが表示されます。

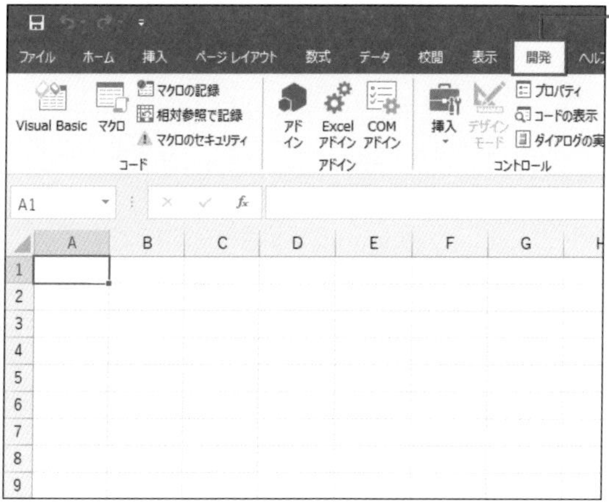

❼［開発］タブをクリックし、ここで利用できる機能を確認してください。

COLUMN

マクロ関連の機能

本書ではこれ以降、マクロの記録や実行など、マクロ関連の操作はすべてこの［開発］タブから実行する手順を紹介します。ただし、記録機能（P.20参照）でマクロを作成して［マクロ］ダイアログボックスから実行するだけで、プログラムの編集などは一切行わない場合は、あえて［開発］タブを表示させる必要はありません。マクロの記録や実行だけなら、［表示］タブの［マクロ］グループの［マクロ］からでも可能です。
また、マクロの記録に関しては、ステータスバーの左側に表示されている［マクロの記録］ボタンでも、記録の開始と終了を行うことができます。

SECTION
002
記録マクロ

操作をマクロとして記録する

Excelで実際に行った一連の操作を、そのままマクロとして記録する手順を紹介します。ここでは、記録したマクロを作業中のブックに保存します。作成したマクロは、このブックを開いているときだけ使用することが可能です。

マクロを記録する

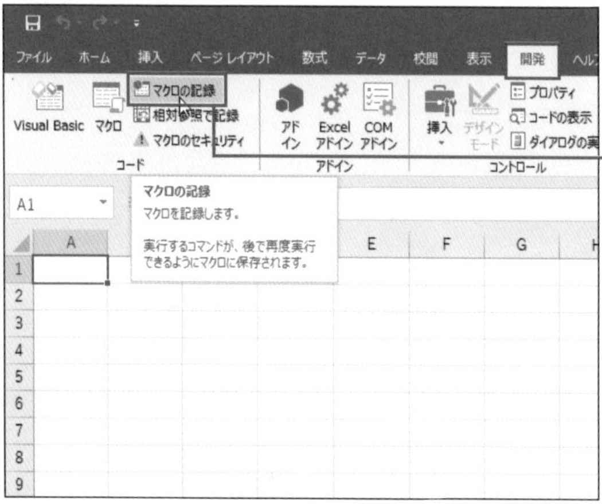

2行×3列のセル範囲を選択し、格子の罫線を設定して、データを入力する操作を記録します。

❶［開発］タブの［コード］グループの［マクロの記録］をクリックします。
❷［マクロの記録］ダイアログボックスが表示されます。

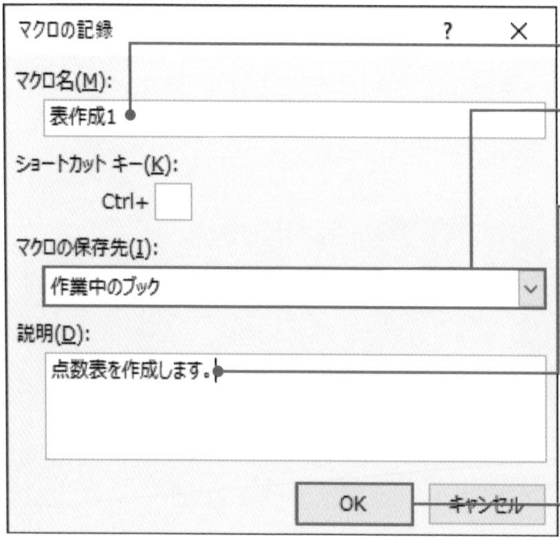

❸［マクロ名］欄に「表作成1」と入力します。
❹［マクロの保存先］が「作業中のブック」になっていることを確認します。
❺［説明］欄に「点数表を作成します。」と入力します。
❻［OK］をクリックすると、マクロの記録が開始されます。以下、マクロとして記録したい操作を実行していきます。

MEMO　ショートカットキー

ショートカットキーの設定については、P.267を参照してください。

❼ [B2:D3] のセル範囲を選択します。

❽ [格子] の罫線を設定します。

❾ セル範囲を選択した状態のまま、各セルにデータを入力していきます。

❿ [開発] タブの [コード] グループの [記録終了] をクリックします。これで、マクロの記録が終了し、ここまでに行った一連の操作がマクロとして保存されます。

COLUMN

マクロの保存先

マクロの記録を開始する際に表示される [マクロの記録] ダイアログボックスでは、[マクロの保存先] として、「作業中のブック」「新しいブック」「個人用マクロブック」のいずれかを選択できます。「作業中のブック」を選ぶと、現在開かれているブックの中にマクロを保存します。「新しいブック」を選ぶと、自動的に作成した新しいブックにマクロを保存します。いずれの場合も、マクロを保存したブックが開かれているときしか、マクロを使用することができません。
一方、「個人用マクロブック」を選ぶと、マクロを保存するための専用のブックに保存されます。この方法で保存したマクロは、同じユーザーのExcelでの作業中であれば、どのブックを開いているときにも使用することができます。

▶[マクロの保存先]の選択

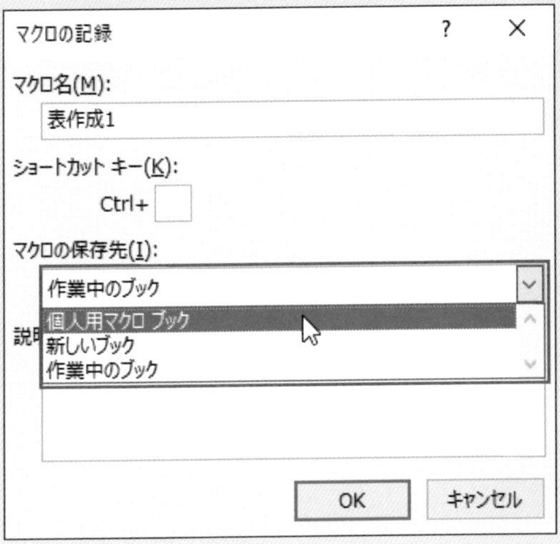

SECTION
003
記録マクロ

マクロを実行する

ここでは、記録機能で作成したマクロを実行する手順を解説します。ただし、マクロを記録したワークシートでマクロを実行しても、前と同じ表が重ねて作成されるだけで、見た目は何も変わりません。そこで、新規シートを作成してから、表作成マクロを実行します。

マクロを記録する

新しいシートを追加してからマクロを実行します。

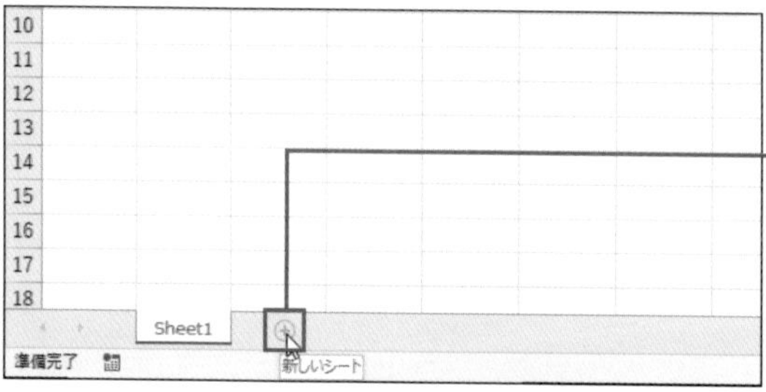

❶シート見出しの右側にある［新しいシート］ボタンをクリックします。

❷新しいワークシートが作成されます。

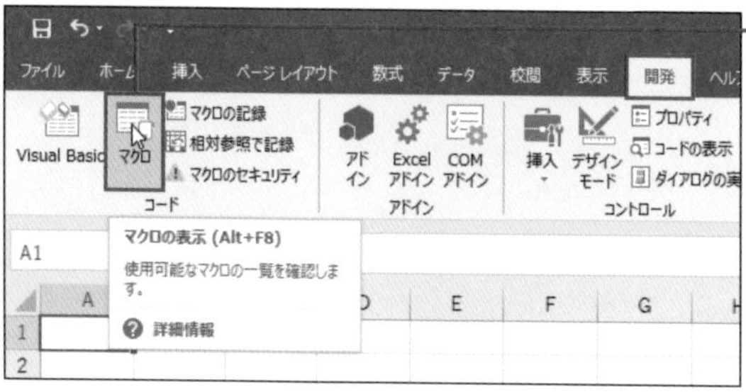

❸［開発］タブの［コード］グループの［マクロ］をクリックします。

❹［マクロ］ダイアログボックスが表示されます。

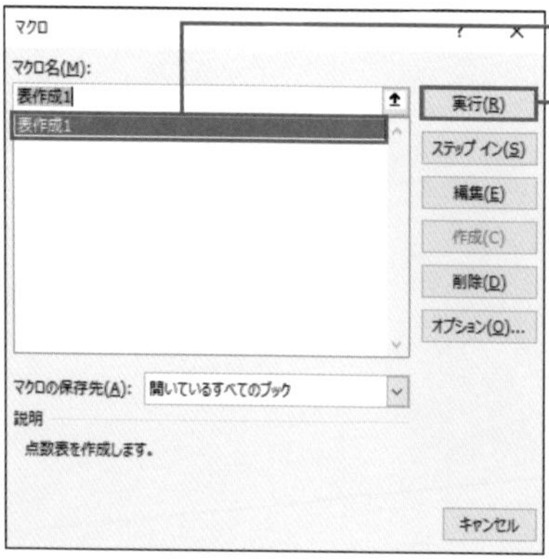

❺［マクロ名］欄で「表作成 1」を選びます。

❻［実行］をクリックすると、このダイアログボックスが閉じ、マクロが実行されます。

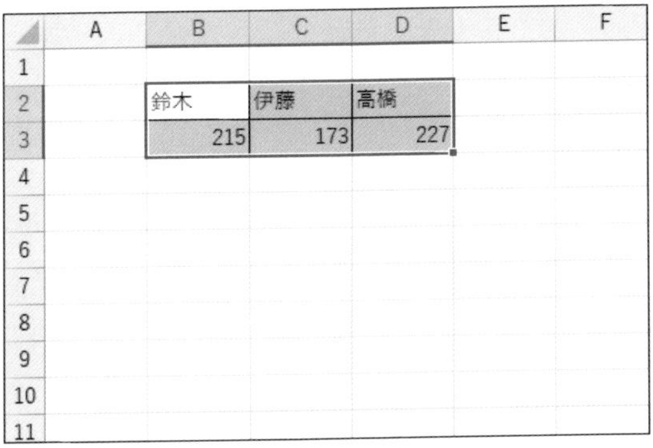

❼記録時と同様に［B2:D3］のセル範囲が選択され、格子の罫線が設定され、さらにその各セルにデータが入力されます。

MEMO 記録時と同じセル範囲

前節で作成したマクロは、アクティブセルの位置などに関係なく、常に［B2:D3］のセル範囲に表を作成します。

COLUMN

マクロを操作する

［マクロ］ダイアログボックスでは、作成したマクロを実行するほかに、削除や編集といった操作も行えます。不要なマクロを削除したい場合は、［マクロ名］ボックスで対象のマクロを選択し、［削除］をクリックします。ただし、ここですべてのマクロを削除しても、マクロの痕跡（標準モジュール）はブックに残っています。［名前を付けて保存］でファイルの種類を「Excelブック」にして保存し直せば、こうしたマクロの痕跡まで完全に削除できます。

一方、［編集］をクリックすると、選択したマクロに対応するVBAのプログラムが表示されます（P.32参照）。［ステップイン］は、マクロプログラムを1行単位で実行し、その動作を確認するために使います。また、［オプション］では、マクロのショートカットキーの設定（P.267参照）や説明を変更することができます。

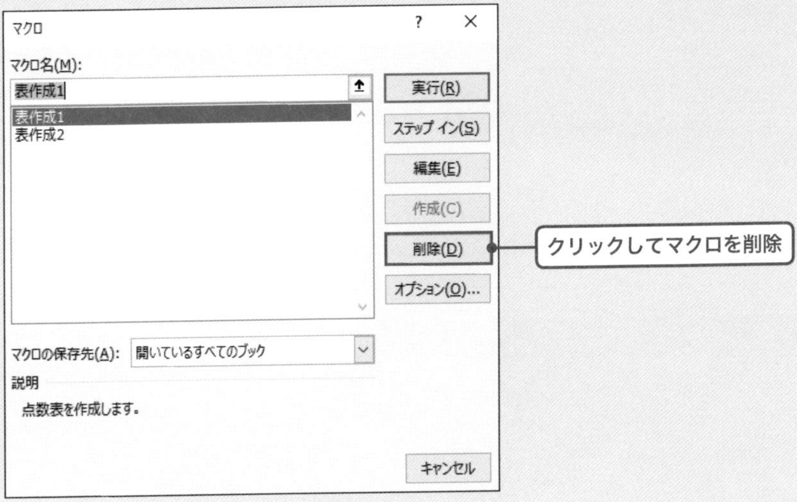

SECTION 004

記録マクロ

マクロを相対参照で記録する

マクロの記録機能は、初期設定では「絶対参照」で記録され、実行すると常に記録時と同じセルやセル範囲に対して処理が行われます。「相対参照」で記録すると、開始時の位置を基準として「○行下」「○列右」のような相対的な位置に対して実行されます。

相対参照で記録する

P.20と同じ操作を、「相対参照」で記録します。A1セルを選択した状態で記録を開始します。

❶ [開発] タブの [コード] グループの [マクロの記録] をクリックします。

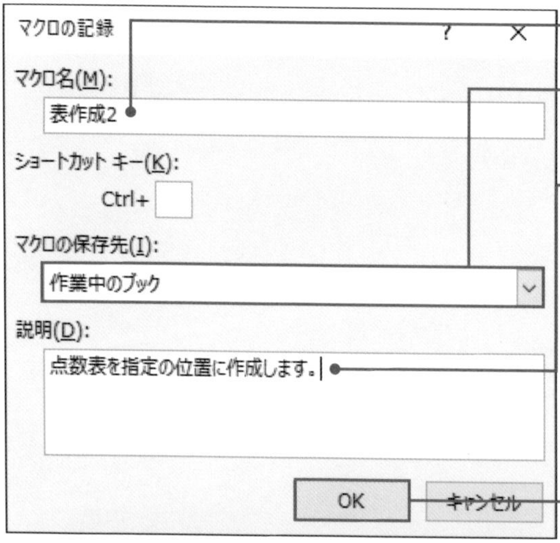

❷ [マクロ名] 欄に「表作成 2」と入力します。

❸ [マクロの保存先] が「作業中のブック」になっていることを確認します。

❹ [説明] 欄に「点数表を指定の位置に作成します。」と入力します。

❺ [OK] をクリックすると、マクロの記録が開始されます。

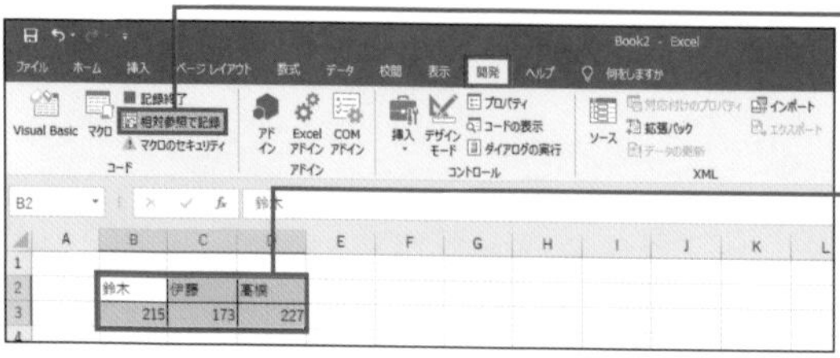

❻ [開発] タブの [コード] グループの [相対参照で記録] をクリックします。

❼ [B2:D3] のセル範囲を選択します。

❽ [格子] の罫線を設定します。

❾ セル範囲を選択した状態のまま、各セルにデータを入力していきます。

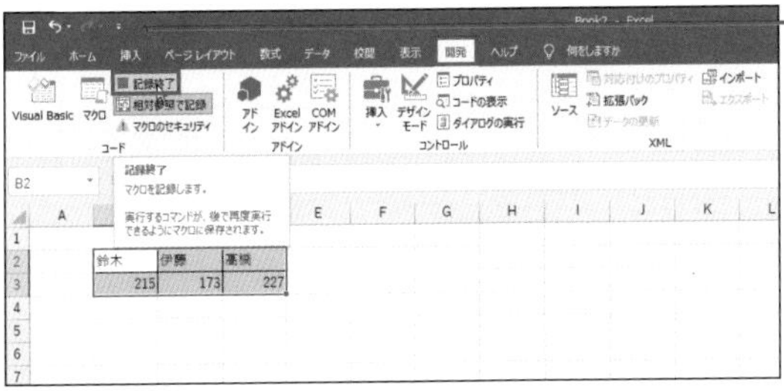

❿［開発］タブの［コード］グループの［記録終了］をクリックします。

MEMO 相対参照で記録

アクティブセルA1に対して、1行下・1列右という相対参照で、作成した表の位置がマクロに記録されます。

相対参照で記録したマクロを実行する

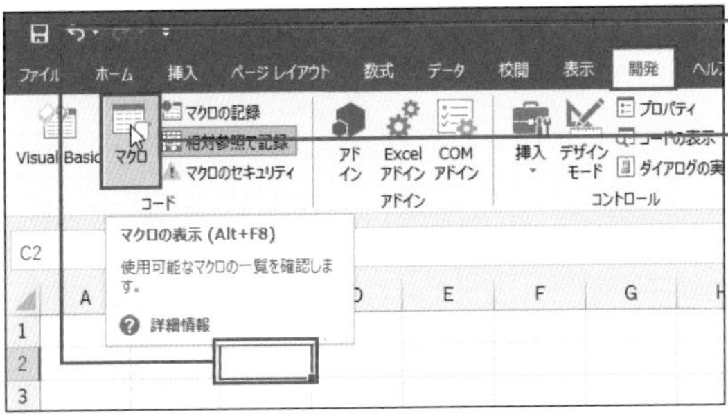

❶新しいワークシートを作成し、［C2］セルを選択します。

❷［開発］タブの［コード］グループの［マクロ］をクリックします。

❸［マクロ］ダイアログボックスが表示されます。

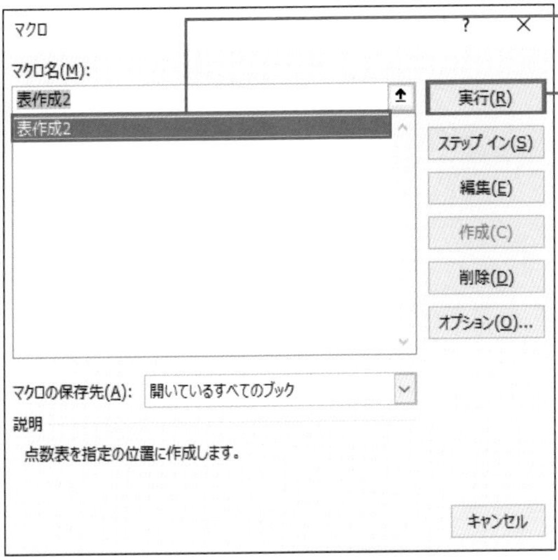

❹［マクロ名］欄で「表作成2」を選びます。

❺［実行］をクリックすると、このダイアログボックスが閉じ、マクロが実行されます。

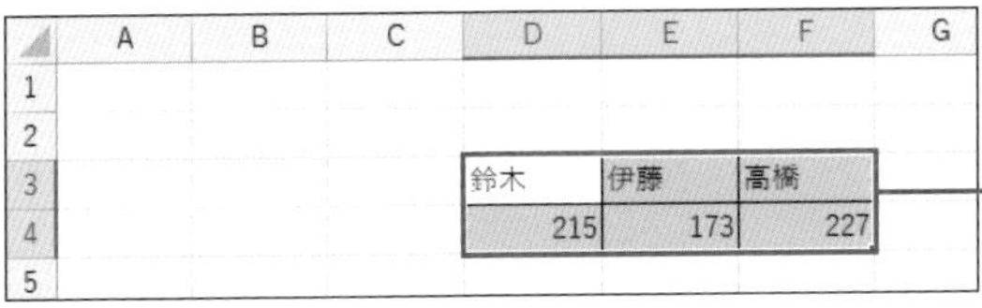

❻選択した［C2］セルの1行下・1列右のセルを左上端とする2行×3列のセル範囲が選択され、格子の罫線が設定され、その各セルにデータが入力されます。

MEMO 相対参照の利点

相対参照でマクロを記録すると、実行時にアクティブセルの位置を変えることで、表を作成する位置を自由に変えることができます。

SECTION 005 マクロの保存

マクロを含むブックを保存する

Excelの標準的なファイル形式である「Excelブック（*.xlsx）」形式では、ブックにマクロを含めて保存することができません。マクロを保存したい場合は、「Excelマクロ有効ブック（*.xlsm）」というファイル形式を選択します。

マクロ有効ブック形式で保存する

記録機能で作成したマクロを含むブックを保存します。

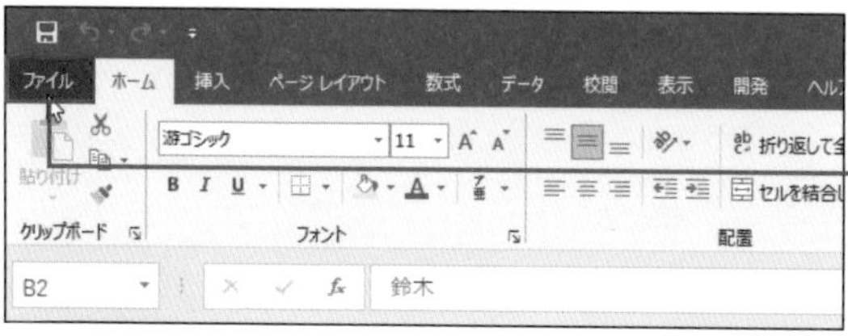

❶［ファイル］タブをクリックします。

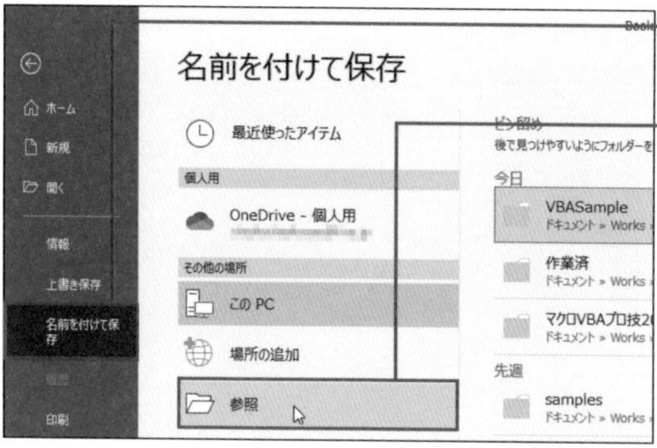

❷［名前を付けて保存］をクリックします。

❸［参照］をクリックします。

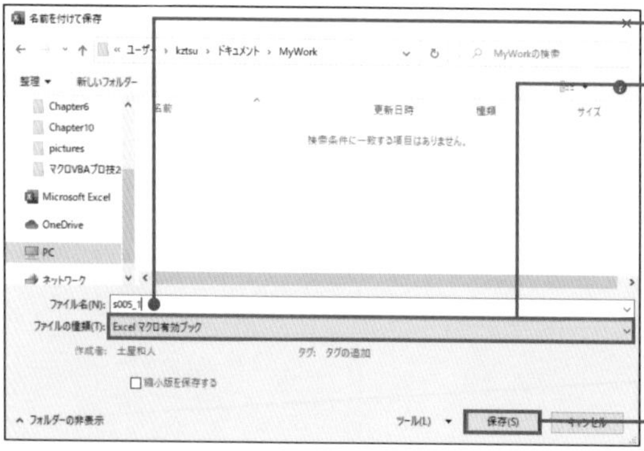

❹ファイル名を入力します。

❺［Excel マクロ有効ブック］を選択します。

❻［保存］をクリックします。

❼マクロを含むブックがファイルとして保存されていることを確認します。

COLUMN

他のバージョンの[名前を付けて保存]

ここで説明した手順は、Excel 2019／2016の場合です。Excel 2013では、[ファイル] タブから [名前を付けて保存] をクリックするだけで [名前を付けて保存] ダイアログボックスが表示されるので、同様にファイルの種類として [Excelマクロ有効ブック] を選択し、保存を実行します。

一方、Microsoft 365のExcelでは、[ファイル] タブの画面で、ダイアログボックスを表示することなく保存が行えます。

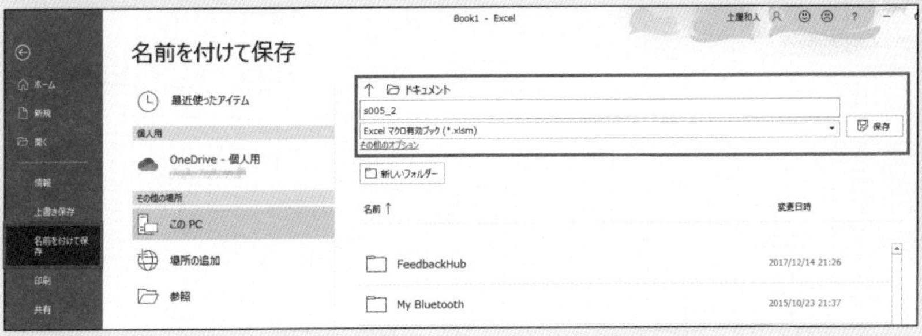

COLUMN

Excelのファイル形式

Excelの標準的なファイル形式である「Excelブック」(拡張子.xlsx) は「オープンXML形式」と呼ばれ、XMLというテキスト形式で記述された複数のデータが1つの書庫ファイルにまとめられた構造になっています。「Excelマクロ有効ブック」(拡張子.xlsm) もやはりオープンXML形式ですが、マクロを含めて保存可能になっています。

一方、「Excelバイナリブック」(拡張子.xlsb) もマクロを含めて保存することが可能ですが、これは古いバージョンのExcelのデータと同様、バイナリ形式のデータです。

SECTION 006 マクロを開く

マクロを含むブックを開く

マクロを含むブックには、「マクロウイルス」と呼ばれる悪意あるプログラムが紛れ込んでいる危険性もあります。これを防ぐため、Excelでブックを開いた時点ではマクロは無効になります。マクロを使用するには、有効にするための操作が必要です。

マクロ入りのブックを開く

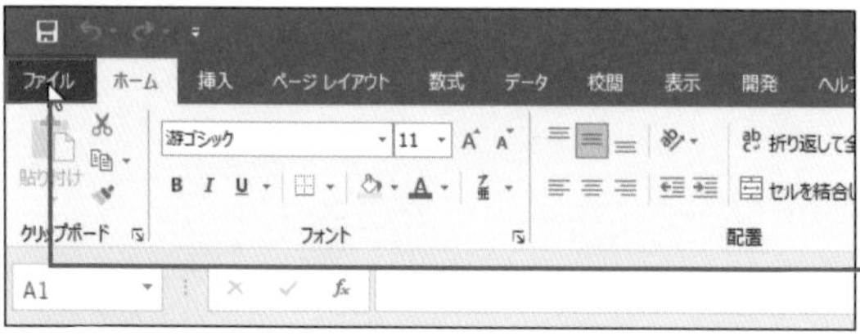

作業中のPCの「ドキュメント」フォルダーの中の「MyWork」フォルダーにある「s005_1.xlsm」を開きます。

❶［ファイル］タブをクリックします。

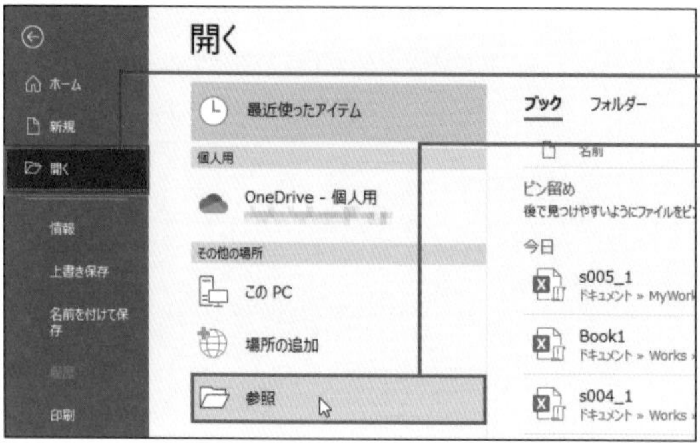

❷［開く］をクリックします。

❸［参照］を選択します。

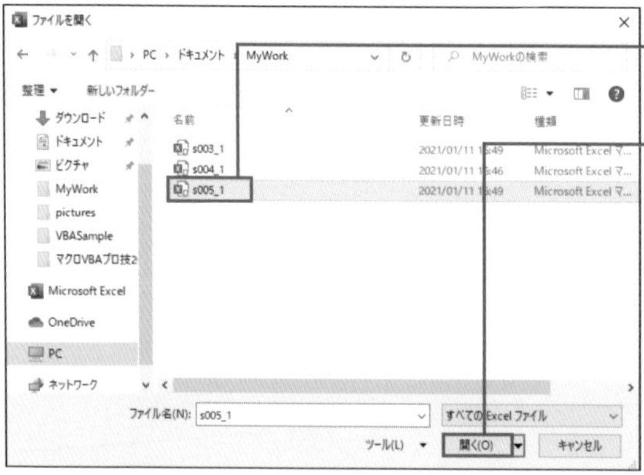

❹目的のファイル名をクリックし、

❺［開く］をクリックします。

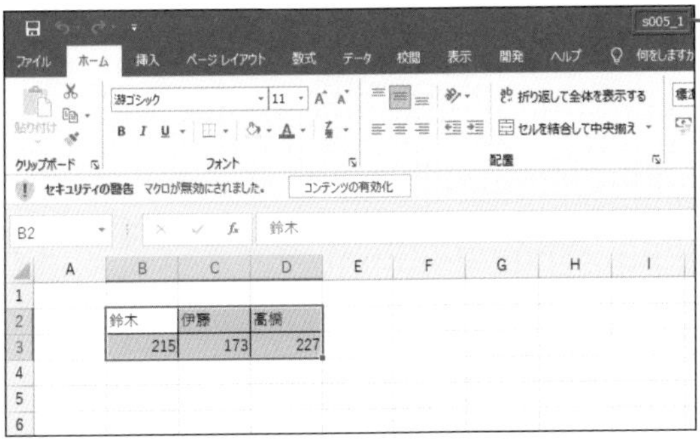

❻ 選択したブックが開きます。

MEMO セキュリティの警告

この時点でマクロは無効になっており、そのことを知らせるメッセージバーが表示されています。

マクロを有効にする

マクロを含むブックは、標準的なセキュリティの設定では、マクロが無効化した状態で開かれます。誰が作ったかわかっており、危険性のないマクロであることがはっきりしていれば、メッセージバー上の［コンテンツの有効化］というボタンをクリックします。

これで、このブックが「信頼済みドキュメント」として登録され、以後、このExcelで開いたときは、最初からマクロが有効な状態になります。ただし、このブックの保存場所を変えたり、ファイル名を変更したりした場合は、再びマクロが無効な状態で開かれます。

▶コンテンツの有効化

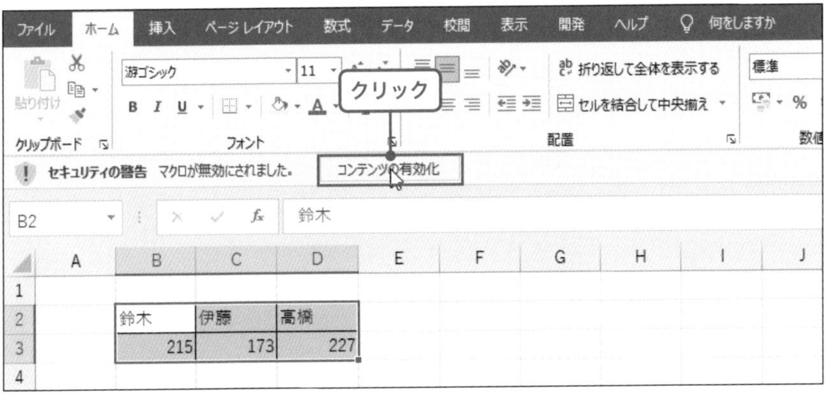

COLUMN

OneDrive上にあるブック

クラウドのOneDriveと同期したフォルダーなどにあるブックを開いた場合は、［コンテンツの有効化］をクリックした後、さらに［セキュリティの警告］ダイアログボックスが表示され、「信頼済みドキュメント」に登録していいかどうかを確認されます。

SECTION 007 VBE

Visual Basic Editorを開く

記録機能で作成した「マクロ」の実体は、VBAというプログラミング言語で記述されたプログラムです。このプログラムの内容を編集したり、新たなプログラムを作成したりできる専用の画面が「Visual Basic Editor」(VBE) です。

VBEの画面を表示する

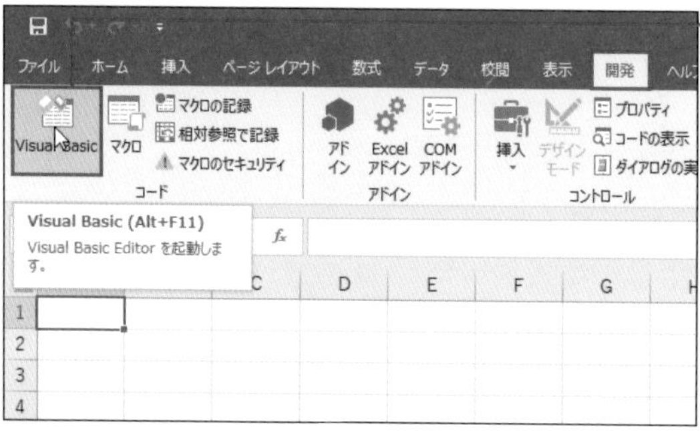

❶ [開発] タブの [コード] グループの [Visual Basic] をクリックします。

❷ VBE の画面が表示されます。

COLUMN

VBEのウィンドウ

VBEの画面は、Excelとは別のアプリケーションのように表示されますが、あくまでもExcelから呼び出した機能であり、単体で起動することはできません。VBEを表示した状態でExcelを終了すると、自動的にVBEも終了します。なお、VBEは、Excelだけでなく、WordやPowerPointといったほかのOfficeアプリケーションにも内蔵されていて、基本的な画面はすべて同じです。

VBEの画面構成

VBEの画面は、下のような構成になっています。状況によっては、これらの一部が表示されていなかったり、これ以外の要素が表示されていたりすることもあります。

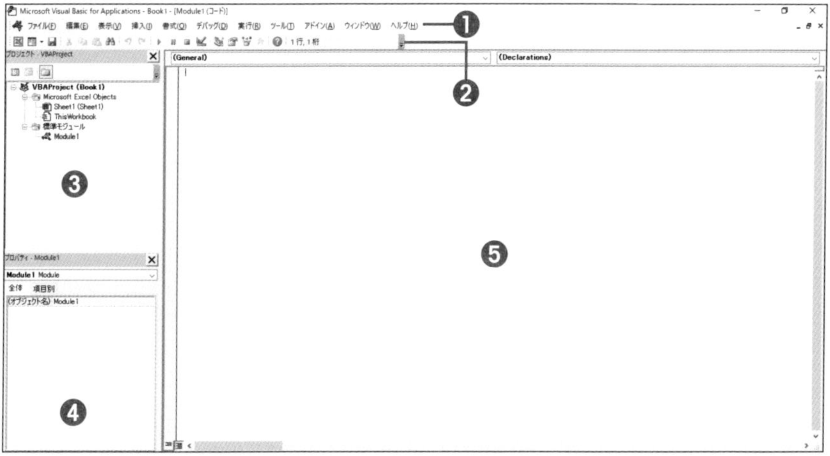

①メニューバー	メニューから各種の操作を実行します
②［標準］ツールバー	ボタンをクリックして各種の操作を実行します
③プロジェクトエクスプローラー	マクロの「記述場所」を管理します
④プロパティウィンドウ	オブジェクト（P.46参照）のプロパティ（P.50参照）を表示します
⑤コードウィンドウ	実際にプログラムを記述する領域です

COLUMN

VBEでの保存と終了

VBEで行った作業は、プロジェクトエクスプローラーの中に表示される、そのプログラムを含むブックの中に保存されます。つまり、VBEでプログラムを保存することと、Excelでブックを保存することは同じ操作です。VBEを終了するには、［ファイル］メニューから［終了してMicrosoft Excelへ戻る］をクリックするか、ウィンドウの右上の［閉じる］ボタンをクリックしますが、このときVBEで行った作業を保存していなくても、保存するかどうかを確認するメッセージは表示されません。最終的にExcelでブックを保存すれば、先に閉じたVBEでの作業も併せて保存されます。

SECTION
008 マクロの中身を見る
VBE

記録機能で作成した「マクロ」が実際にどのようなVBAのプログラムになっているかを確認してみましょう。ここでは、Sec.2で絶対参照で記録したマクロ「表作成1」を、VBEのコードウィンドウに表示します。

マクロ「表作成1」の内容を確認する

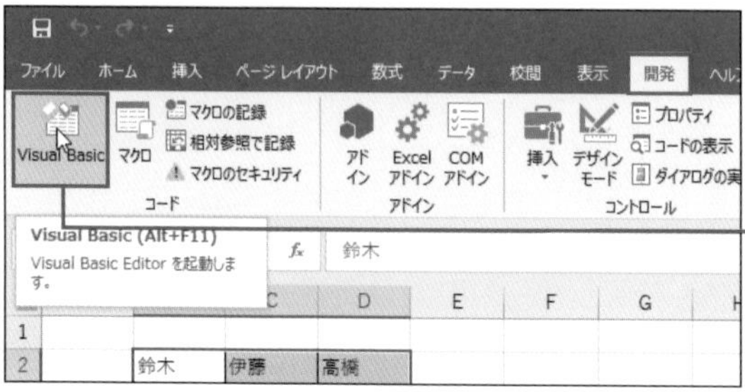

Excelで「s008_1.xlsm」を開いている状態でVBEを開き、このブックに含まれているマクロを確認します。

❶［開発］タブの［コード］グループの［Visual Basic］をクリックします。

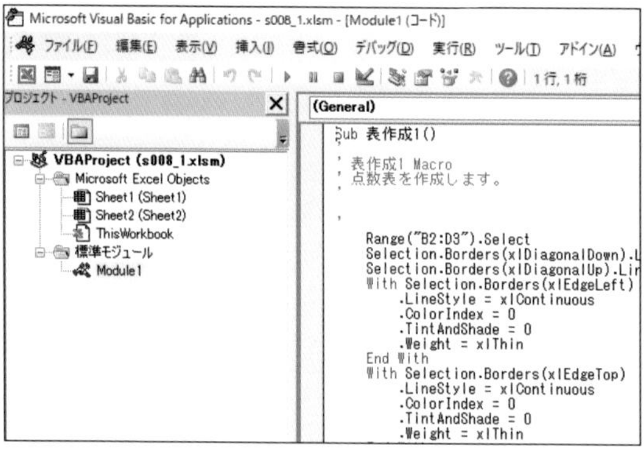

❷VBEの画面が表示され、このブックに含まれているマクロのプログラムがコードウィンドウに表示されます。

MEMO　表示されないときは

プログラムが表示されない場合は、プロジェクトエクスプローラーの「Module1」のアイコンをダブルクリックします（下のコラム参照）。

COLUMN

プロジェクトエクスプローラーのアイコン

プロジェクトエクスプローラーには、さまざまな種類のアイコンが、フォルダーで分類されています。フォルダーの中の各アイコンは、マクロプログラムの“記述場所”である「モジュール」（P.40参照）を表しています。フォルダーのアイコンの左側が［+］の状態になっているときは、クリックすると中のモジュールが表示されます。「Module1」が見つからない場合は、「標準モジュール」フォルダーをクリックして中を確認してください。

作成されたマクロプログラムの中身

ここでは、Sec.2で記録機能を使って作成したマクロ「表作成1」が、具体的にどのようなプログラムになっているかを見てみましょう。

```
(General)                                             表作成1

Sub 表作成1()
'
' 表作成1 Macro
' 点数表を作成します。
'

'
    Range("B2:D3").Select
    Selection.Borders(xlDiagonalDown).LineStyle = xlNone
    Selection.Borders(xlDiagonalUp).LineStyle = xlNone
    With Selection.Borders(xlEdgeLeft)
        .LineStyle = xlContinuous
        .ColorIndex = 0
        .TintAndShade = 0
        .Weight = xlThin
    End With
    With Selection.Borders(xlEdgeTop)
        .LineStyle = xlContinuous
        .ColorIndex = 0
        .TintAndShade = 0
        .Weight = xlThin
    End With
    With Selection.Borders(xlEdgeBottom)
```

冒頭の「Sub」と「()」で挟まれた部分がマクロ名で、これがそのまま［マクロ］ダイアログボックスに表示されます。また、「`」で始まる緑字の行は、マクロの動作に直接関係しない「コメント」を表します（P.83参照）。
その下の「Range("B2:D3").Select」以下の行が、実際の作業を表すマクロプログラムです。

COLUMN

プログラムは英語のように読もう

```
Range("B2:D3").Select
Selection.Borders(xlDiagonalDown).LineStyle = xlNone
Selection.Borders(xlDiagonalUp).LineStyle = xlNone
```

ピリオドで区切られた前半の「Range("B2:D3")」の部分は、操作の“目的語”に当たる「オブジェクト」（P.46参照）を表しています。ここでは、「B2:D3のセル範囲」を意味しています。ピリオドの後の「Select」は操作の“動詞”に当たる「メソッド」（P.58参照）です。これは文字通り、「選択しろ」という命令を表しています。
その次の行はやや複雑ですが、「Selection」は選択範囲、「Borders」は罫線を表します。「LineStyle」は線の種類を表す「プロパティ」（P.50参照）であり、「=」を使って設定値を指定しています。設定値には「None」が入っており、「なし」にすると読み取れます。
このように、VBAのプログラムは、英語の意味からの連想で、その操作の内容がわかることも少なくありません。マクロの記録機能で自動的にプログラムを生成し、その動作の意味を英語のように読み解いていく、というのも、VBAのプログラミングを学習するための有効な方法でしょう。

SECTION 009 VBE

マクロを修正する

新しいマクロプログラムを1から作成するよりも、記録機能を使って作成したプログラムを修正したほうが早い場合もあります。ここではマクロ「表作成1」を、2行×4列のセル範囲の表を作成するプログラムに修正してみましょう。

マクロ「表作成1」の内容を修正する

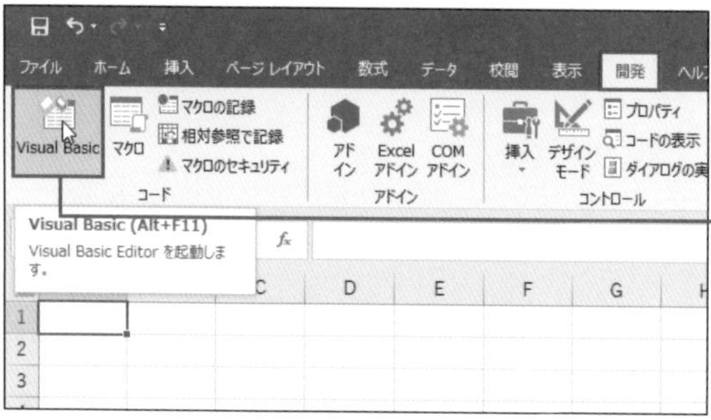

Excelで「s009_1.xlsm」を開いている状態でVBEを開き、このブックに含まれているマクロ「表作成1」を修正します。

❶［開発］タブの［コード］グループの［Visual Basic］をクリックします。

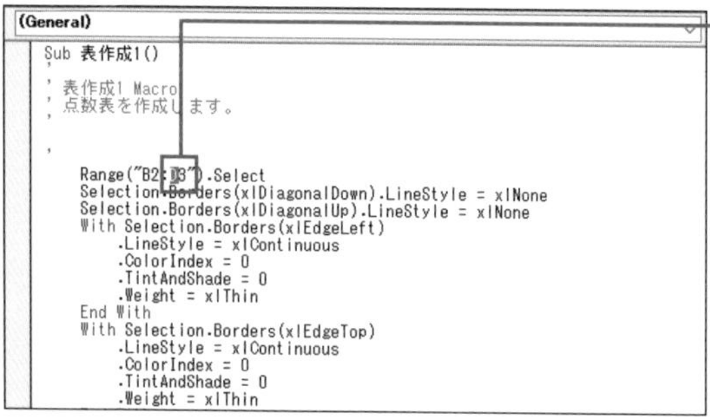

❷8行目の「Range("B2:D3")」の「D」の部分をドラッグして選択します。

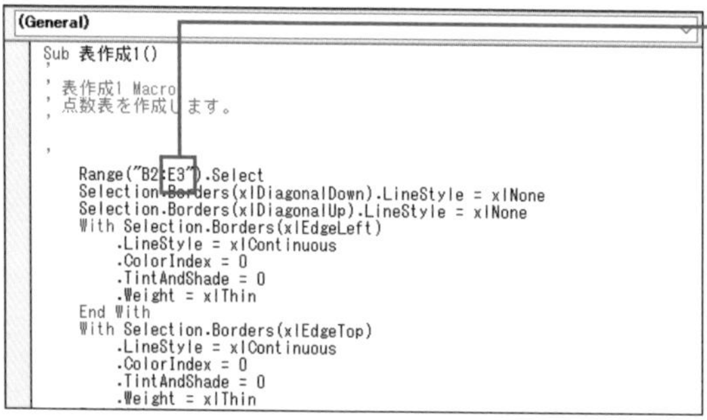

❸「E」と入力して選択範囲の文字「D」と置き換えます。

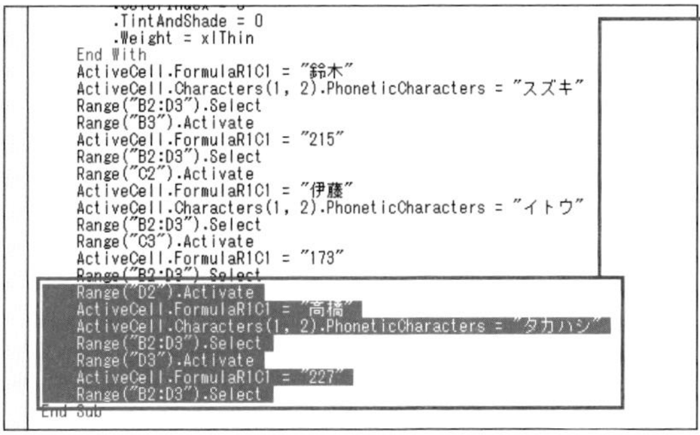

```
        .TintAndShade = 0
        .Weight = xlThin
    End With
    ActiveCell.FormulaR1C1 = "鈴木"
    ActiveCell.Characters(1, 2).PhoneticCharacters = "スズキ"
    Range("B2:D3").Select
    Range("B3").Activate
    ActiveCell.FormulaR1C1 = "215"
    Range("B2:D3").Select
    Range("C2").Activate
    ActiveCell.FormulaR1C1 = "伊藤"
    ActiveCell.Characters(1, 2).PhoneticCharacters = "イトウ"
    Range("B2:D3").Select
    Range("C3").Activate
    ActiveCell.FormulaR1C1 = "173"
    Range("B2:D3").Select
    Range("D2").Activate
    ActiveCell.FormulaR1C1 = "高橋"
    ActiveCell.Characters(1, 2).PhoneticCharacters = "タカハシ"
    Range("B2:D3").Select
    Range("D3").Activate
    ActiveCell.FormulaR1C1 = "227"
    Range("B2:D3").Select
End Sub
```

❹ コードウィンドウを下のほうへスクロールしていき、プログラムの60～66行をドラッグして選択します。

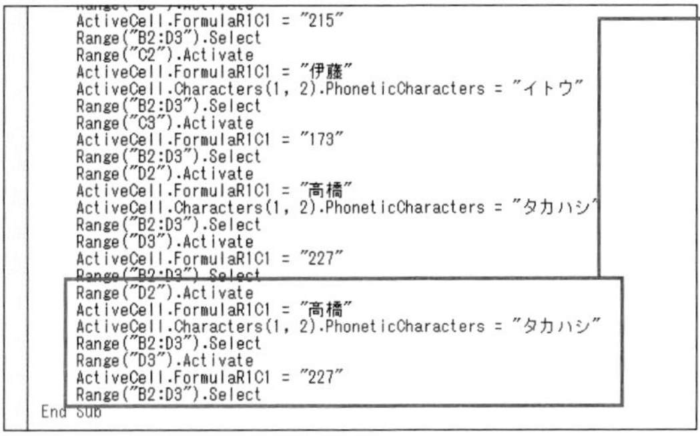

```
    ActiveCell.FormulaR1C1 = "215"
    Range("B2:D3").Select
    Range("C2").Activate
    ActiveCell.FormulaR1C1 = "伊藤"
    ActiveCell.Characters(1, 2).PhoneticCharacters = "イトウ"
    Range("B2:D3").Select
    Range("C3").Activate
    ActiveCell.FormulaR1C1 = "173"
    Range("B2:D3").Select
    Range("D2").Activate
    ActiveCell.FormulaR1C1 = "高橋"
    ActiveCell.Characters(1, 2).PhoneticCharacters = "タカハシ"
    Range("B2:D3").Select
    Range("D3").Activate
    ActiveCell.FormulaR1C1 = "227"
    Range("B2:D3").Select
    Range("D2").Activate
    ActiveCell.FormulaR1C1 = "高橋"
    ActiveCell.Characters(1, 2).PhoneticCharacters = "タカハシ"
    Range("B2:D3").Select
    Range("D3").Activate
    ActiveCell.FormulaR1C1 = "227"
    Range("B2:D3").Select
End Sub
```

❺ 選択した範囲をコピーして、67行目以下に貼り付けます。

MEMO コピーと貼り付け

コピーと貼り付けの操作はWordなどと同様で、メニュー、ツールバー、ショートカットキー、ドラッグアンドドロップのいずれも使用できます。

```
    ActiveCell.FormulaR1C1 = "215"
    Range("B2:D3").Select
    Range("C2").Activate
    ActiveCell.FormulaR1C1 = "伊藤"
    ActiveCell.Characters(1, 2).PhoneticCharacters = "イトウ"
    Range("B2:D3").Select
    Range("C3").Activate
    ActiveCell.FormulaR1C1 = "173"
    Range("B2:D3").Select
    Range("D2").Activate
    ActiveCell.FormulaR1C1 = "高橋"
    ActiveCell.Characters(1, 2).PhoneticCharacters = "タカハシ"
    Range("B2:D3").Select
    Range("D3").Activate
    ActiveCell.FormulaR1C1 = "227"
    Range("B2:D3").Select
    Range("E2").Activate
    ActiveCell.FormulaR1C1 = "高橋"
    ActiveCell.Characters(1, 2).PhoneticCharacters = "タカハシ"
    Range("B2:D3").Select
    Range("E3").Activate
    ActiveCell.FormulaR1C1 = "227"
    Range("B2:D3").Select
End Sub
```

❻ 67行目の「D2」を「E2」に、71行目の「D3」を「E3」に修正します。

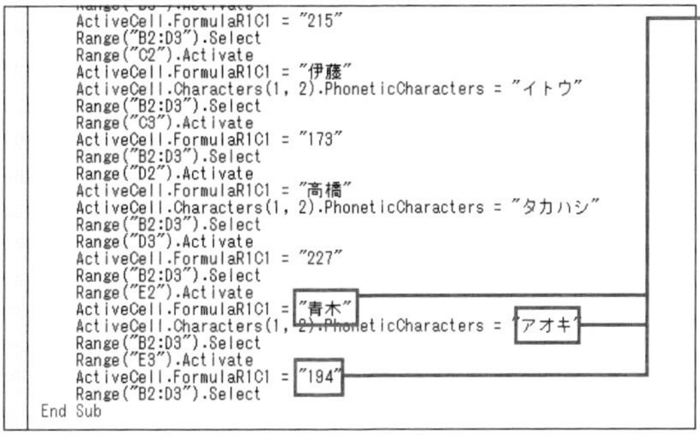

```
    ActiveCell.FormulaR1C1 = "215"
    Range("B2:D3").Select
    Range("C2").Activate
    ActiveCell.FormulaR1C1 = "伊藤"
    ActiveCell.Characters(1, 2).PhoneticCharacters = "イトウ"
    Range("B2:D3").Select
    Range("C3").Activate
    ActiveCell.FormulaR1C1 = "173"
    Range("B2:D3").Select
    Range("D2").Activate
    ActiveCell.FormulaR1C1 = "高橋"
    ActiveCell.Characters(1, 2).PhoneticCharacters = "タカハシ"
    Range("B2:D3").Select
    Range("D3").Activate
    ActiveCell.FormulaR1C1 = "227"
    Range("B2:D3").Select
    Range("E2").Activate
    ActiveCell.FormulaR1C1 = "青木"
    ActiveCell.Characters(1, 2).PhoneticCharacters = "アオキ"
    Range("B2:D3").Select
    Range("E3").Activate
    ActiveCell.FormulaR1C1 = "194"
    Range("B2:D3").Select
End Sub
```

❼ 68行目の「高橋」を「青木」に、69行目の「タカハシ」を「アオキ」に、72行目の「227」を「194」に修正します。

MEMO 修正後のマクロ

修正したマクロの実行結果はSec.10で紹介します。

SECTION 010
VBE

VBEでマクロを実行する

Excelからは［マクロ］ダイアログボックスなどでマクロを実行できますが、VBEでも、編集中のマクロプログラムを直接実行することができます。このとき、マクロの操作対象となるのは、直前にExcelで表示されていたブックのワークシートです。

修正したマクロ「表作成1」を実行する

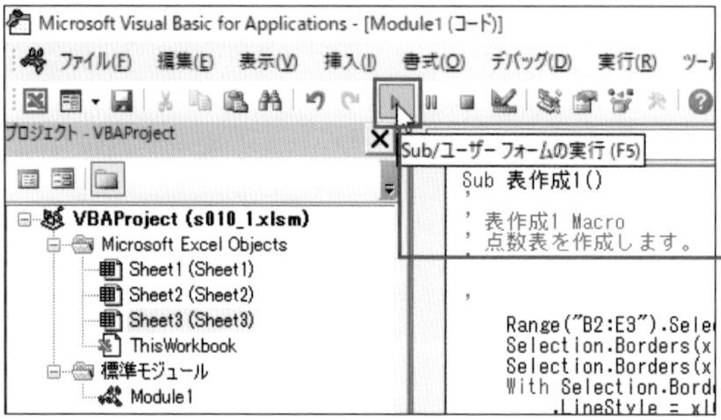

「s010_01.xlsm」の空白のワークシート「Sheet3」を開いている状態で、VBEでSec.9のマクロ「表作成1」を表示しています。

❶マクロ「表作成1」のプログラム部分にカーソルがある状態で、［標準］ツールバーの［Sub/ユーザーフォームの実行］をクリックします。

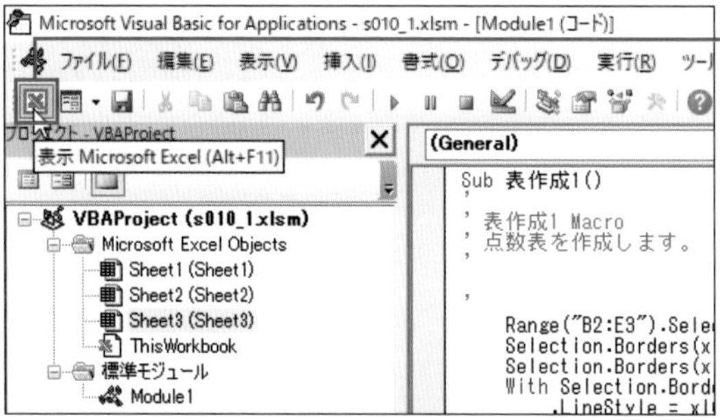

❷［標準］ツールバーの［表示 Microsoft Excel］をクリックします。

> **MEMO　メニュー操作でもできる**
> マクロの実行は［実行］メニュー、Excelの表示は［表示］メニューから行うこともできます。

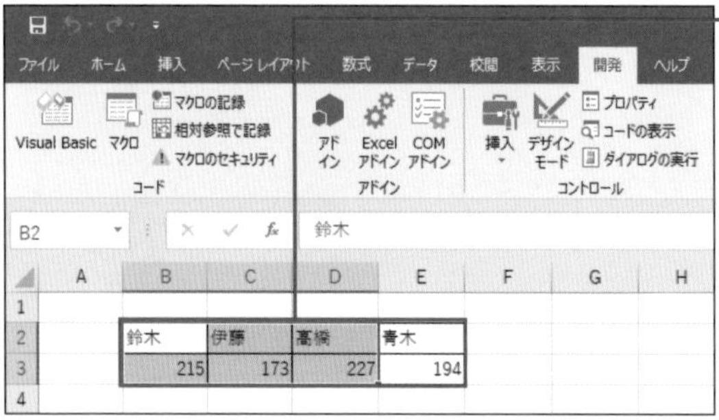

❸Sec.9で追加した項目を含む2行×4列の表が作成されています。ただし、選択範囲は変更していないので、以前と同じ［B2:D3］のままです。

第 2 章

VBAの
基本を知ろう

SECTION 011 ステートメント

VBAの書き方の鉄則

VBAで「プログラム」をどのように書いていくかを説明します。一般的なプログラミング言語と同様、VBAにもいろいろと細かい決まり事がありますが、ここではまず、その中でも特に基本的なルールについて、簡単に説明しておきましょう。

VBAプログラムの記述場所

VBAのプログラミングでは、P.30の手順で表示させたVisual Basic Editor (VBE) を使って、プログラムを作成していきます。記述されたプログラムのことを「コード」とも呼びますが、これを記述する場所は、VBEの中に表示される「コードウィンドウ」です。コードウィンドウでは、Wordやメモ帳などのアプリと同様の感覚で、文字の入力や編集が行えます。

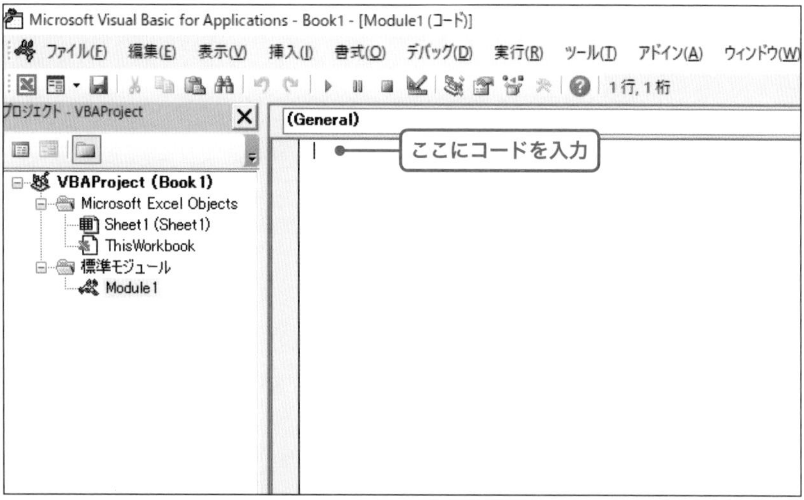

VBAプログラム実行の最小単位

VBAプログラムのコードを実行するときの最小単位は、改行を区切りとする「行」です。実行可能なコードのまとまりのことを「ステートメント」と呼びますが、通常は、1行がそのまま1つのステートメントになります。

たいていの場合、1行のステートメントは、Excel上での1つの操作に対応しています。VBAのプログラムでは、2行以上のステートメントを連続して実行することができます。

VBAプログラム実行の流れ

プログラムのコードが2行以上ある場合、まず1行目のステートメントを実行し、次は2行目、さらに3行目、4行目…というふうに、下方向に1行ずつ実行していきます。

```
Range("C4").Activate
MsgBox ActiveCell.Value
ActiveCell.Interior.Color = rgbGreen
・
・
・
```

1行ずつ順番に実行

ただし、コードウィンドウに上のようなステートメントだけを書き込んでも、1つの「マクロ」として実行することはできません。マクロとして実行したいプログラムは、P.44で解説する「プロシージャ」という形でコードウィンドウに入力する必要があります。
なお、必ずしも1つのステートメント＝1行と決まっているわけではありません。たとえば、条件分岐（第6章参照）や繰り返し（第7章参照）などの処理のグループでは、その開始行と終了行が、セットで1つのステートメントになる場合もあります。
また、コードは、必ずしも上から下へ順番に実行されていくわけではありません。前述の条件分岐や繰り返しでは、コードの中に指定した「命令」によって、実行する行を選んだり、前に戻って同じ処理を繰り返したりというように、処理の流れを制御することもできます。

COLUMN

「式」について

ステートメントよりも小さいVBAのコードのまとまりを表す単位として、「式」があります。式とは、計算や値を取り出す処理を行い、その結果を求めるコードのことです。1つの式がそのままステートメントとして実行可能なケースもありますが、多くの場合、式はステートメントの中の1要素であり、1つのステートメントには1つ以上の式が含まれています。
たとえば、「ActiveCell.Value」は、「アクティブセルの値」を求めるための式です。このコードだけを書いても、VBAのプログラムとして実行することはできませんが、命令と組み合わせたり、オブジェクトのプロパティ（P.50参照）の値として代入したりすると、実行可能なステートメントになります。

SECTION 012 モジュール

モジュールとは?

VBAのプログラムは、ブックの中に用意した「モジュール」に保存します。モジュールにはいくつかの種類があり、保存するプログラムの種類や目的に応じて使い分けます。一般的な「マクロ」のプログラムは、「標準モジュール」に保存します。

ブックとモジュール

Excelの文書ファイルである「ブック」を1つの大きな建物とすると、その中にワークシートやグラフシートといった“部屋”があり、それぞれにデータが収められています。VBAで作成したマクロなどのプログラムも、これらと同様にブックの中に保存されますが、プログラムを収めるために専用の“部屋”が用意されます。ワークシートなどは建物の地上階にある目に見える部屋ですが、プログラムを収めるための場所は目に見えない地下室のようなものです。この地下に当たるのがVBEであり、地下室に当たる場所を「モジュール」と呼びます。

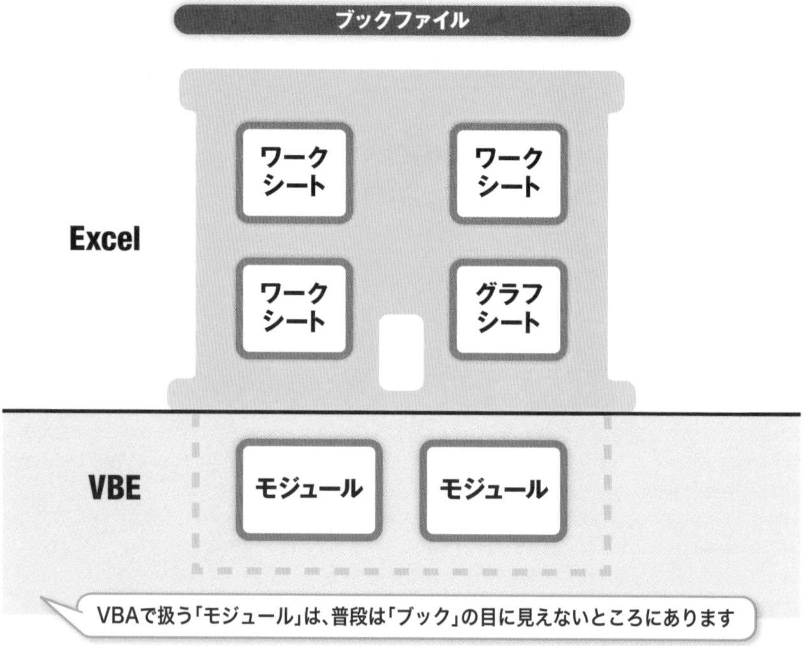

プロジェクトとモジュール

VBEを表示すると、「プロジェクトエクスプローラー」の中に、Excelで現在開いている各ブックがそれぞれ「VBAProject」という名前の「プロジェクト」として表示されています。プロジェクトとは、いわばブックを、プログラムの保存場所として見たときの呼び方です。Excelで開いて作業している状態をブックの表の顔とするなら、VBEにおけるプロジェクトは、同じブックの裏の顔です。

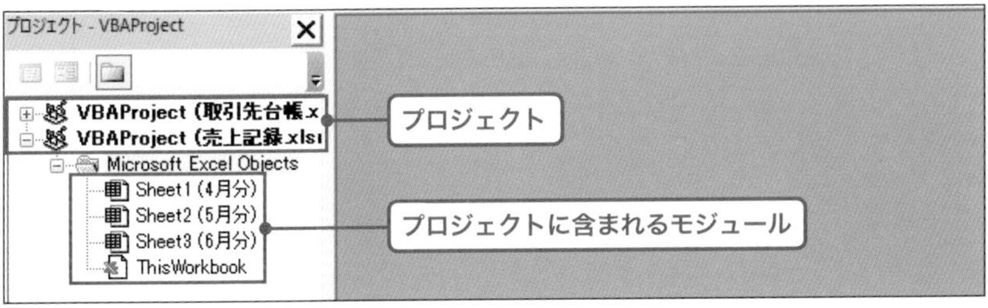

Excelのブックに対応するプロジェクトの中には、「Sheet1」や「ThisWorkbook」などのアイコンが含まれています。これらのアイコンが「モジュール」と呼ばれます。VBAのプログラムは、それぞの用途に応じたモジュールの中に保存します。

モジュールの種類

プロジェクトに含めることができるモジュールには、次のような種類があります。

1 ドキュメントモジュール

「Sheet1」や「ThisWorkbook」などのモジュールで、「Microsoft Excel Objects」というフォルダーに分類されています。「Sheet1」などはワークシート、「ThisWorkbook」はこのプロジェクトのブックそのものに対応します。これらのモジュールは、主に、そのオブジェクトのイベントマクロ（P.272参照）のプログラムを記述するのに使用します。
Excelブックのプロジェクトには、最初から1つのThisWorkbookモジュールと、ブック内のすべてのシートに対応するシートのモジュールが含まれており、VBEの操作でこれらを追加・削除することはできません。

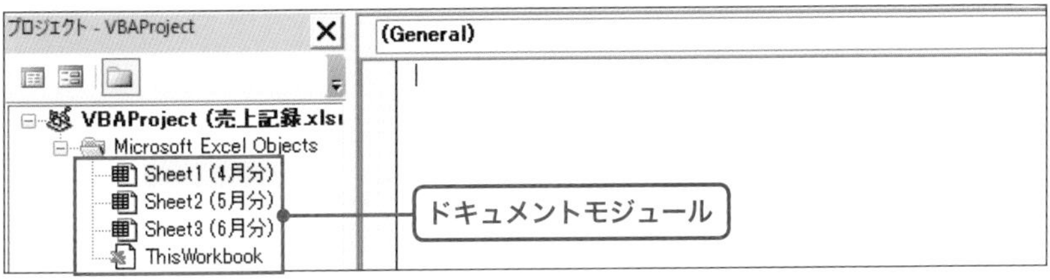

2 標準モジュール

マクロのプログラムを記述するのに使用するモジュールです。初期状態ではプロジェクトに含まれていないので、必要に応じて追加します。標準モジュールを作成する手順は、この後で解説します。

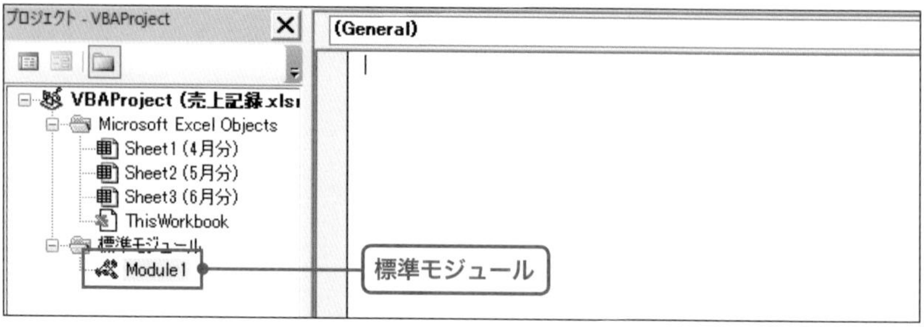

3 ユーザーフォーム

独自のインターフェース画面を作成するために使用します。他のモジュールとは違って、そのためのデザイン画面が、プログラムを記述するためのコードウィンドウとは別に用意されています。ユーザーフォームについては第10章で紹介します。

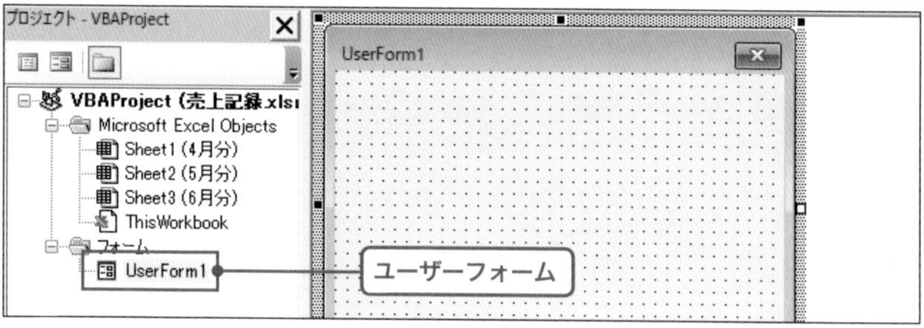

4 クラスモジュール

クラス（オブジェクトのひな形）を定義するためのモジュールです。Excel VBAでは、専用のコードウィンドウが用意されていないオブジェクトのイベントマクロ記述用に利用したり、複雑なプログラムの開発で独自のオブジェクトを利用したりしたい場合に使います。本書では、クラスモジュールについての詳しい説明は省略します。

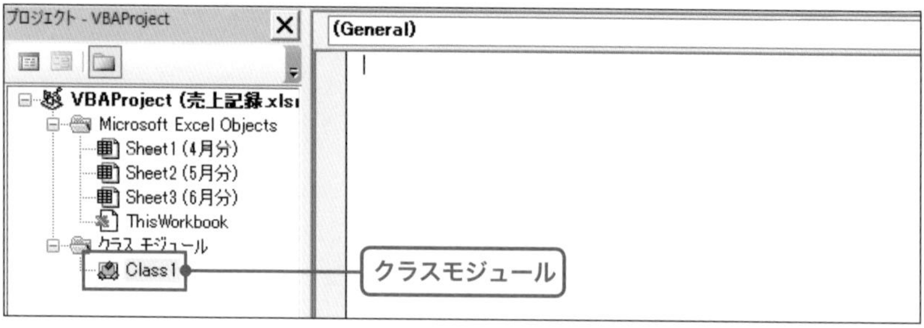

標準モジュールの作成

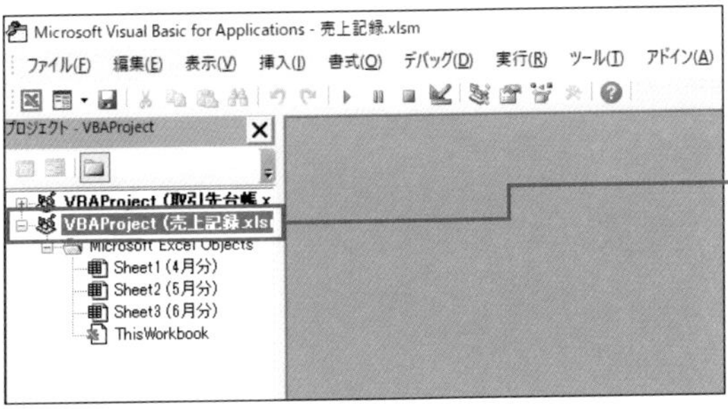

マクロを作成したいブックを開いた状態でVBEを開き、以下の作業を開始します。

❶ 複数のブックを開いている場合は、マクロを作成したいブックのプロジェクトまたはいずれかのモジュールを選択します。

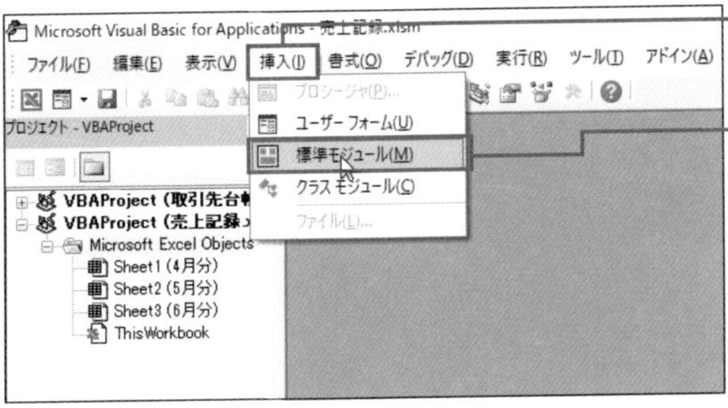

❷ ［挿入］メニューをクリックして、

❸ ［標準モジュール］をクリックします。

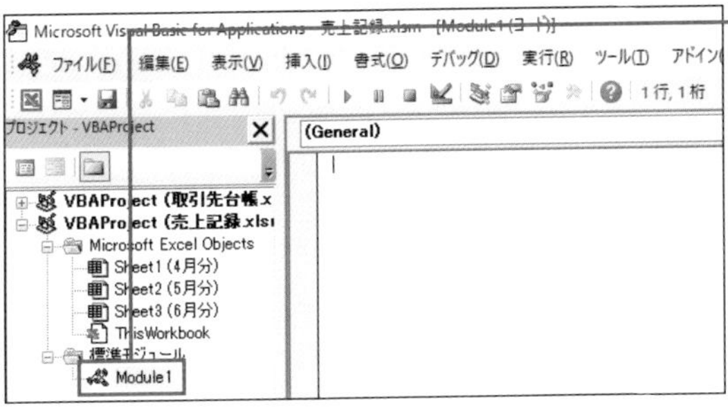

❹ 選択したプロジェクトの中に標準モジュールが追加されます。

> **MEMO　そのほかのモジュールの作成**
>
> ユーザーフォームやクラスモジュールも、同様に「挿入」メニューから作業中のプロジェクトに追加することができます。

COLUMN

プロジェクト名とモジュール名

「VBAProject」というのはプロジェクト名の初期値ですが、必要に応じてユーザーが変更することも可能です。プロジェクト名の変更は、最終的にそのブックをアドイン化（P.280参照）する場合などに有効です。プロジェクト名を変更するには、そのプロジェクトをクリックして選択し、プロパティウィンドウの「(オブジェクト名)」の右側に表示される「VBAProject」の文字列を修正します。

同様に、標準モジュールやユーザーフォーム、クラスモジュールの名前も、初期値の「Module1」や「UserForm1」、「Class1」などから任意の名前に変更が可能です。いずれもプロパティウィンドウの「(オブジェクト名)」の右側の文字列を修正します。

SECTION 013 プロシージャ

プロシージャとは?

コードウィンドウに1行のステートメントだけを書き込んでも、プログラムとして実行することはできません。「マクロ」として実行したいプログラムは、標準モジュールのコードウィンドウに「Subプロシージャ」として書き込む必要があります。

Subプロシージャとは?

「プロシージャ」とは、1つのVBAプログラムとして実行することができるコードのまとまりを表す単位です。プロシージャにもいくつか種類がありますが、Excelで「マクロ」として実行できるのは、標準モジュールに入力した「Subプロシージャ」です。

Subプロシージャは、「Sub マクロ名()」という行で始まり、「End Sub」という行で終わる一連のステートメントです。「マクロ名」の部分には、ユーザーが自由に名前を指定できます。また、マクロ名の後の「()」は必須です。

ここでは、「スタート」という名前のSubプロシージャを作成してみましょう。コードウィンドウに「Sub スタート」と入力し、Enterキーを押して改行すると、自動的にその行の末尾に「()」が付き、1行空けて「End Sub」という行が挿入されます。

▶ Subプロシージャの作成

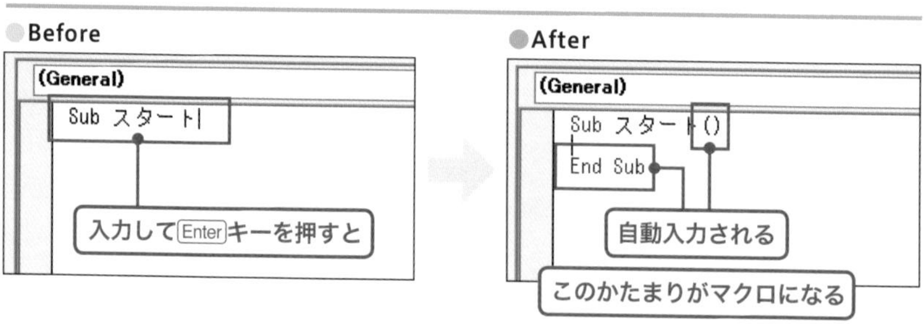

COLUMN

マクロ名のルール

マクロ名には、「_」(アンダースコア) 以外の一般的な記号は、半角・全角を問わず使用できません。先頭の文字に数字を使用することもできません。また、一般的な英単語や単語の組み合わせは、Excel VBAでもともと使われている命令などと重複する可能性があるので、付ける際には注意が必要です。一方、日本語の名前は、漢字もかなも問題なく使用可能です。

Subプロシージャにプログラムを入力する方法

前ページの手順で新しいSubプロシージャを作成すると、入力された2行の間にカーソルが点滅しています。ここに、プログラムとして実行させたいステートメントを入力していきます。行の先頭の位置で[Tab]キーを押すと、一定の幅だけスペースが挿入され、カーソルがその位置に移ります。Subプロシージャの内部の各ステートメントは、全体をこのように開始行と終了行より1段階字下げ（インデント）します。

なお、このように、先頭を表す行と終端を表す行で区切られた処理のグループを「ブロック」と呼びます。Subプロシージャの内部の処理でも、細かいブロックごとに、さらに1段階インデントして入力します。

▶ インデントの設定

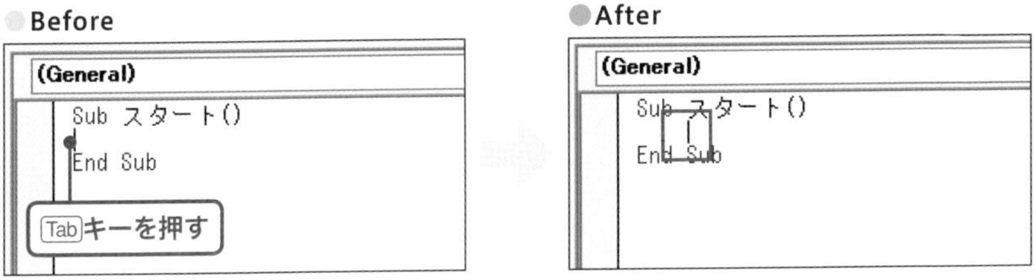

インデントされた行でステートメントを入力し、[Enter]キーを押して改行すると、次の行でも自動的に同じ位置にインデントが設定されます。

▶ インデントの自動設定

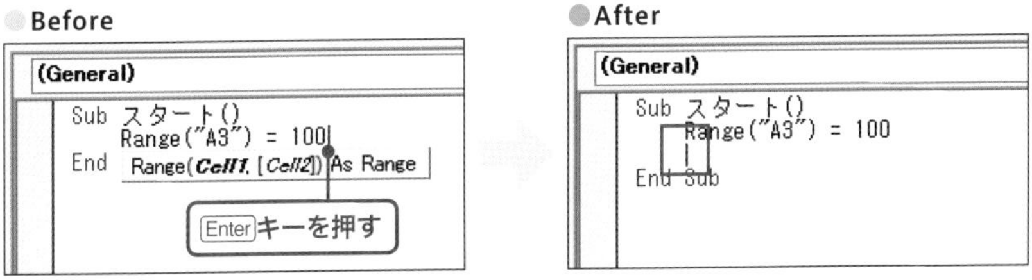

COLUMN

Subプロシージャ以外のプロシージャ

ここではSubプロシージャだけを紹介しましたが、プロシージャにはこれ以外にも「Functionプロシージャ」と「Propertyプロシージャ」があります。

Functionプロシージャは、別のプロシージャなどから呼び出して、何らかの処理を行った結果として値を返すプログラムを作成するために使用します。いわゆる「関数」を作るためのプロシージャで、Excel VBAでは「ユーザー定義関数」を作成する目的でも利用できます（P.270参照）。

Propertyプロシージャは、プロパティ（P.50参照）を定義するためのプロシージャです。やや高度なプログラミングで使用するものなので、本書では詳しい説明は省略します。

SECTION 014
オブジェクト

オブジェクトとは?

ここでは、Excel VBAのプログラミングで重要な「オブジェクト」とは何かを理解しましょう。VBAのプログラムでは、まず「オブジェクト」を指定し、それに対して命令を出すことで、Excelの一連の作業を自動的に実行させます。

VBAの「オブジェクト」

「オブジェクト」とは、操作を行う対象の"モノ"を、プログラムで扱えるような形で指定したもののことです。たとえば、VBAのプログラムで特定のセルを操作したい場合は、まずそのセルを表す「Rangeオブジェクト」を指定します。

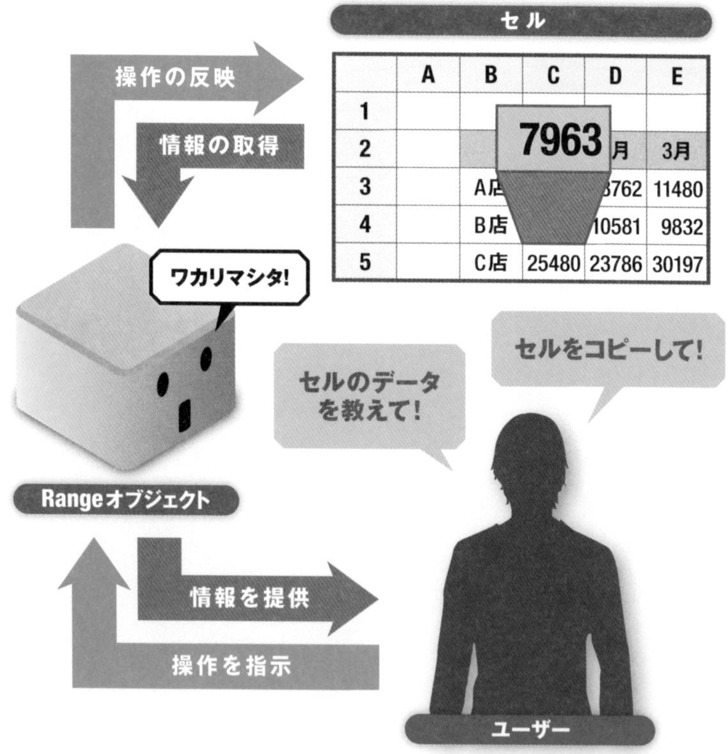

VBAの「オブジェクト」は、ユーザーとExcelとの橋渡し役として働きます

オブジェクトとは「操作対象」のこと

セルに入力されているデータや、セルの縦横のサイズといった情報は、セルを表すRangeオブジェクトから取り出すことができます。反対に、Rangeオブジェクトを通してそうした情報を変更することもでき、これによって“実体”であるセルの内容も変化します（左ページの図参照）。

また、オブジェクトに対する命令という形で、操作を実行することも可能です。たとえば、セルをコピーしたり、データを消去したりといった操作は、そのRangeオブジェクトに対する命令として実行できます。セル以外にも、ワークシートやブック、さらにExcelのアプリケーションなどに、それぞれ対応するオブジェクトが用意されています。

“目に見えない”オブジェクトとは？

セルやワークシートのようなオブジェクトはわかりやすいのですが、実は、こうした“目に見える”オブジェクトばかりがオブジェクトではありません。

「印刷のページ設定」や「フォントの設定」などのようなExcelの「機能」も、VBAでは1つのオブジェクトとして表されます。VBAでそうした機能を利用したいときは、そのオブジェクトに対する命令として実行するわけです。たとえば、用紙サイズの変更といったページ設定に関する操作なら、「PageSetupオブジェクト」を通して実行します。

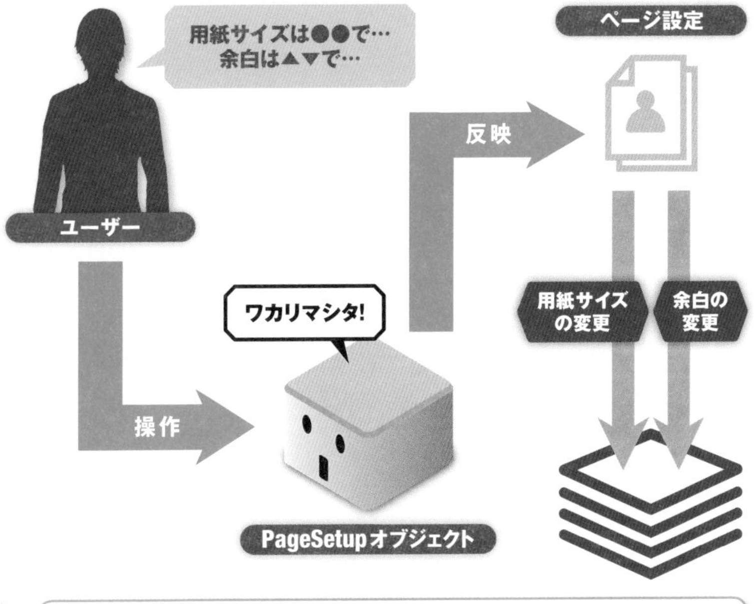

「ページ設定」などの目に見えない機能にもオブジェクトが用意されています

SECTION 015
オブジェクト

オブジェクトの階層とは?

Excelの「ブック」には、1つ以上の「ワークシート」が含まれています。さらに、「ワークシート」の中には数多くの「セル」が含まれています。このような階層的な構造は、そのままExcel VBAのオブジェクトにも反映されています。

親オブジェクトと子オブジェクト

Excel VBAで、特定のブックは「Workbookオブジェクト」として表されます。ブックに含まれる特定のワークシートは、そのWorkbookオブジェクトに属する「Worksheetオブジェクト」として表されます。また、ワークシートに含まれるセル（範囲）は、Worksheetオブジェクトに属する「Rangeオブジェクト」として表されます。さらに、Workbookオブジェクトは、Excelアプリケーションを表す「Applicationオブジェクト」に属しています。
このように、Excelの操作対象を表す各オブジェクトは、その実体と同じように階層的な構造になっています。あるオブジェクトを基準にしたとき、その1つ上の階層のオブジェクトを「親オブジェクト」と呼び、その1つ下の階層のオブジェクトを「子オブジェクト」と呼びます。

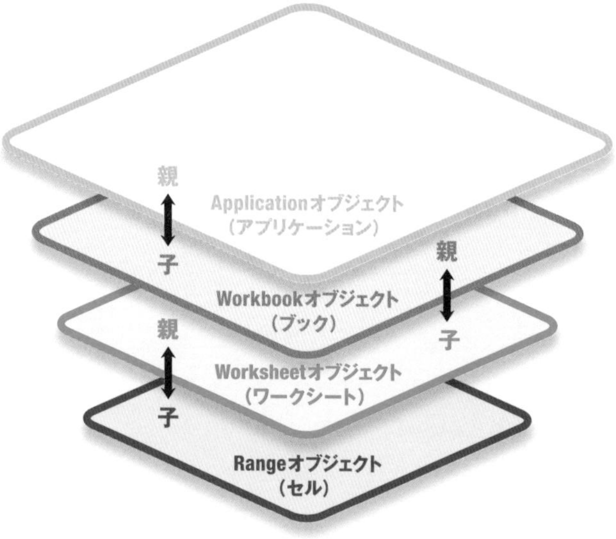

機能を表すオブジェクトの親子関係

機能や設定を表す“目に見えない”オブジェクトは、多くの場合、設定が反映される対象のオブジェクトの子オブジェクトです。
たとえば、セルには、フォントや塗りつぶしといったさまざまな書式を設定できます。フォントに関する設定を変更したい場合は「Fontオブジェクト」、塗りつぶしに関する設定を変更したい場合は「Interiorオブジェクト」に対して操作を行います。FontオブジェクトもInteriorオブジェクトも、対象のセル（範囲）を表すRangeオブジェクトの子オブジェクトになります。

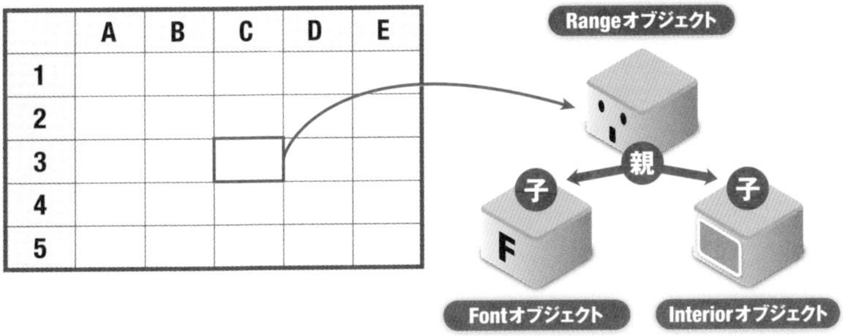

また、ワークシート上に配置される図形は、Worksheetオブジェクトの子オブジェクトの「Shapeオブジェクト」として表されます。Shapeオブジェクトには、塗りつぶしの設定を表す「FillFormatオブジェクト」などの子オブジェクトがあり、FillFormatオブジェクトにはさらに色の設定を表す「ColorFormatオブジェクト」などの子オブジェクトがあります。このように、機能を表すオブジェクトも、1つの機能の全体を表す親オブジェクトと、その中に含まれる細かい設定を表す子オブジェクトといった階層構造になっている場合があります。

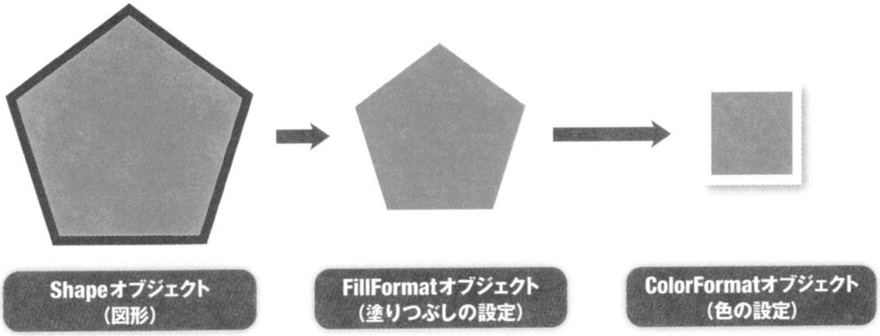

SECTION 016 プロパティ

プロパティとは?

「オブジェクト」を操作するには、大きく分けて2つの方法があります。その1つが、オブジェクトの「プロパティ」を利用する方法です。プロパティを使うことで、オブジェクトの現在の状態を調べたり、その状態を変更したりできます。

オブジェクトの情報を表す「プロパティ」

「プロパティ」は、もともとは「財産」や「特質」といった意味で、コンピューター関連の用語としては「属性」などとも訳されます。

Excel VBAで操作の対象となるオブジェクトには、それぞれ何種類かの「プロパティ」が最初から組み込まれています。プロパティは、対象のオブジェクトに含まれている特定の情報を表しています。プロパティには情報の種類を示す名前が付いており、コードで「オブジェクト名」とその「プロパティ名」を使うと、その具体的な内容を求めることができます。たとえば、セルに入力されている値や、数式の結果として表示されている値は、そのセルに対応するRangeオブジェクトの「Valueプロパティ」として表されます。

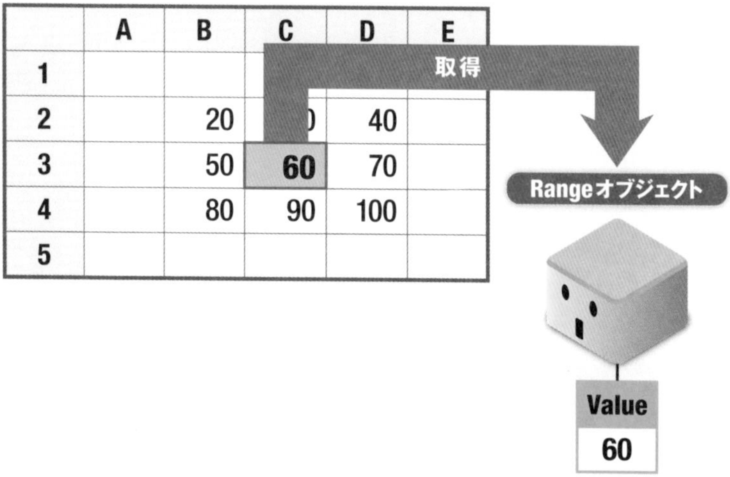

プロパティを使うと、Excelの情報を取り出せます

プロパティでオブジェクトを操作する

プロパティを使ってオブジェクトから情報を取り出しても、それだけでは単なる「式」(P.39参照) にすぎません。その情報を使ってExcelに対して操作を行うには、具体的な操作を行うコードと組み合わせて、ステートメントにする必要があります。
一方、情報を取り出す操作ではなく、対象のオブジェクトの情報を変更する操作も、プロパティを使って行うことが可能です。オブジェクトのプロパティに対して、「値を代入する」という操作を行って情報を置き換えると、オブジェクトの“実体”であるExcel上の情報も変更されます。たとえば、特定のセルを表すRangeオブジェクトの「Valueプロパティ」に数値を代入すると、そのセルの値が、代入した数値に置き換えられます。
オブジェクトのプロパティに値を代入する操作については、P.54で詳しく説明します。

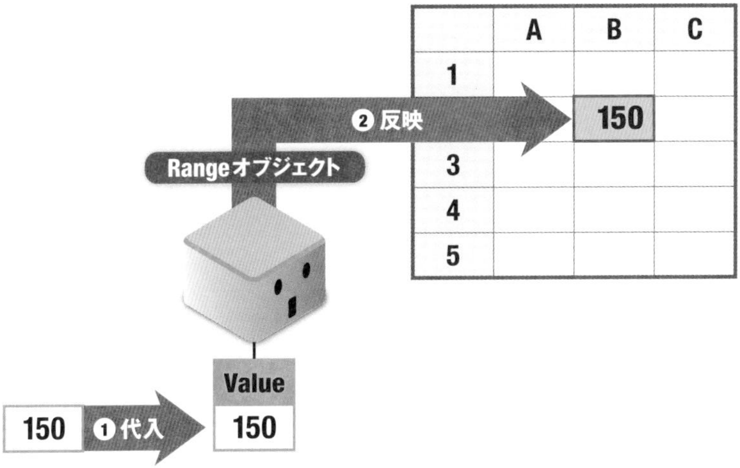

プロパティに値を代入すると、Excelに反映されます

COLUMN

「クラス」と「メンバー」

VBAで使用するオブジェクトの機能は、Excelなどのアプリに応じて用意される「ライブラリ」の中で定義されています。各オブジェクトを定義した「クラス」には、その中で使用できるプロパティやメソッド(P.58参照)、イベント(P.272参照)などがすべて含まれます。クラスに基づいて作成されたオブジェクトで使用できるこれらすべての機能のことを、そのクラス(オブジェクト)の「メンバー」と呼びます。
なお、以上はVBAの言語の仕様に関わる話ですが、これからVBAプログラミングの学習を始めようという段階の人は、覚えておかなくても特に問題はありません。

SECTION 017 プロパティ

オブジェクトを返すプロパティ

プロパティを使用することで、オブジェクトに含まれている情報を取り出すことができます。取り出せる情報としては、数値や文字列といったデータのほかに、対象オブジェクトに関連した「オブジェクト」もあります。

プロパティを使ってオブジェクトを取得する

プロパティの値を取得する式でオブジェクトから取り出せるのは、数値や文字列といったデータのほかに、対象のオブジェクトとは別のオブジェクトの場合もあります。実は、Excel VBAのプログラムでは、オブジェクトを名前などで直接指定するのではなく、プロパティの戻り値として間接的にオブジェクトを取得する書き方のほうが普通です。このようなオブジェクトを返すプロパティには、値を代入する操作はできません。
たとえば、特定のセルを表すRangeオブジェクトでは、Fontプロパティを利用して、そのセルのフォントの設定を表すFontオブジェクトを取得することができます。オブジェクトを取り出すためのプロパティ名と、取り出されるオブジェクト名はこの「Font」のように同名の場合が多いので、混同しないように注意が必要です。また、プロパティで取得したオブジェクトの多くは、この例のようにその対象オブジェクトの子オブジェクトになりますが、例外もあります。

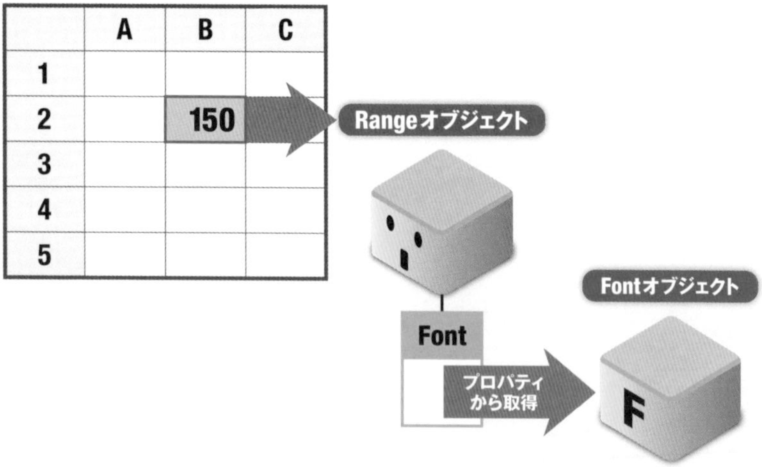

Fontオブジェクトは、Fontプロパティを利用して取得します

対象オブジェクトを省略できるプロパティ

プロパティの中には、対象オブジェクトを指定せず、コードの中で単独で使用できるものがいくつかあります。省略される対象オブジェクトの正体は、「暗黙のオブジェクト」とも呼ばれる、ExcelのVBA環境を表すオブジェクトです。
対象オブジェクトを省略できる主なプロパティには、次の表のような種類があります。

【対象オブジェクトを省略できる主なプロパティ】

プロパティ	取得できるオブジェクト
Application	作業中のアプリケーションを表すApplicationオブジェクト
Range	作業中のシートの指定したセル参照を表すRangeオブジェクト
Cells	作業中のシートのすべてのセルを表すRangeオブジェクト
Selection	選択範囲を表すRangeオブジェクト（セル選択時）
ActiveCell	アクティブセルを表すRangeオブジェクト
ActiveSheet	作業中のシートを表すWorksheetオブジェクトまたはChartオブジェクト
Worksheets	作業中のブックのすべてのワークシートを表すWorksheetsオブジェクト
Sheets	作業中のブックの全種類のシートを表すSheetsオブジェクト
ActiveWorkbook	作業中のブックを表すWorkbookオブジェクト
Workbooks	開かれているすべてのブックを表すWorkbooksオブジェクト
ActiveWindow	作業中の文書ウィンドウを表すWindowオブジェクト
Windows	開かれているすべての文書ウィンドウを表すWindowsオブジェクト

これまでに紹介したRangeを始め、Excel VBAのステートメントの多くは、対象オブジェクトを省略した、オブジェクトを取得できるプロパティから記述を始めます。
これらのプロパティで取得したオブジェクトに対し、さらにプロパティを使ってその情報を求めます。オブジェクトとプロパティは、「.」(半角ピリオド) でつなぎます。次のコードでは、対象オブジェクトを省略したApplicationプロパティでApplicationオブジェクトを取得し、その名前を表すNameプロパティで、作業中のアプリケーションの名前である「Microsoft Excel」という文字列を求めることができます。

SAMPLE **アプリケーション名を求める式**

```
Application.Name
```

プロパティで取得したオブジェクト（Application）　プロパティ（Name）

ただし、これだけではステートメントにならず、求めた文字列を実際に確認することができません。この式で得た情報を、たとえばMsgBox関数 (P.69) の引数に指定することで、「Microsoft Excel」という文字列をメッセージ画面に表示することができます。

SECTION
018
プロパティ

プロパティに値を代入する

ここでは、プロパティを利用して、オブジェクトの状態を変更する方法を紹介します。具体的には、オブジェクトの特定のプロパティに、設定したい値を代入するという操作です。この操作によって、オブジェクトの“実体”であるExcelの要素も変化します。

値を代入する操作

プロパティに値を代入することで、対象のオブジェクトの状態を変更することができます。プロパティに値を代入する操作には、代入演算子「=」(半角イコール) を使用し、設定対象のプロパティをその左辺に、設定したい値をその右辺に指定します。

書式　プロパティへの代入

オブジェクト．プロパティ　=　設定値

プロパティに値を代入する例として、ここでは「数式バー」をVBAで非表示にしてみましょう。数式バーの表示／非表示は、アプリケーションを表すApplicationオブジェクトのDisplayFormulaBarプロパティを使って設定できます。このプロパティでは、表示／非表示の状態を、True／Falseの論理値 (P.56参照) で表します。次のコードは、数式バーを非表示にするマクロです。非表示になった数式バーを再び表示させるには、同じDisplayFormulaBarプロパティにTrueを代入します。

SAMPLE　数式バーを非表示にする　s018_1

```
Sub m018_1()
    Application.DisplayFormulaBar = False
End Sub
```

▶ 実行結果

Before

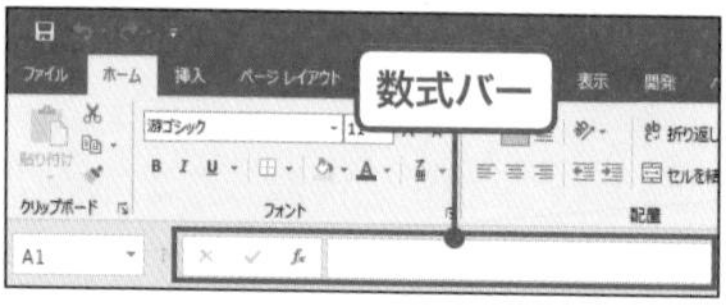

After

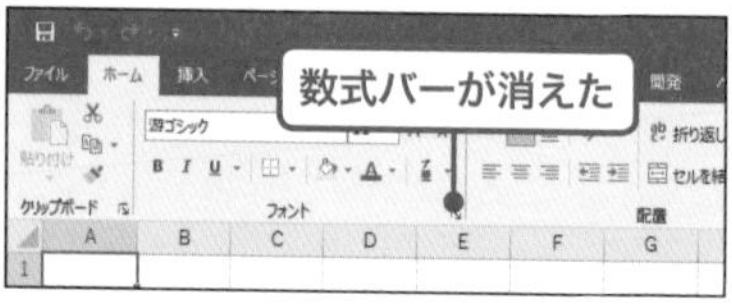

プロパティの値を別のプロパティに代入

ほかの画面要素の表示状態を調べ、それに合わせて表示／非表示を設定するということも可能です。たとえば、ウィンドウの下部に表示されるステータスバーの表示状態は、Applicationオブジェクトの DisplayStatusBarプロパティで取得・設定できます。数式バーの表示状態を「Application.DisplayFormulaBar」という式で取り出し、その戻り値をそのままDisplayStatusBarプロパティに代入することで、ステータスバーの表示状態を数式バーの表示状態と同じにできます。

SAMPLE ステータスバーの表示を数式バーに合わせる s018_2

```
Sub m018_2()
    Application.DisplayStatusBar = Application.DisplayFormulaBar
End Sub
```

▶ 実行結果

●Before

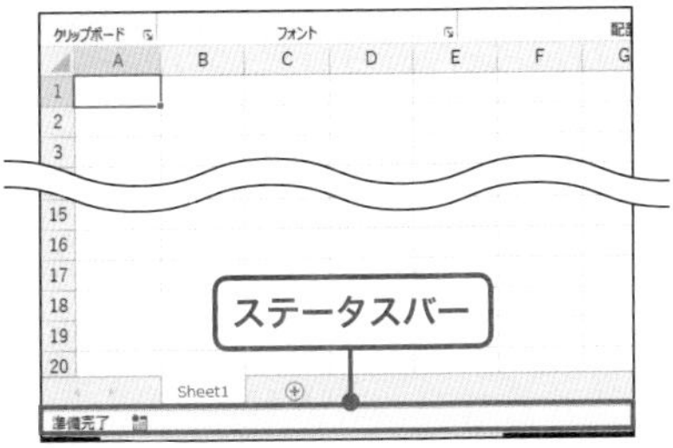

●After

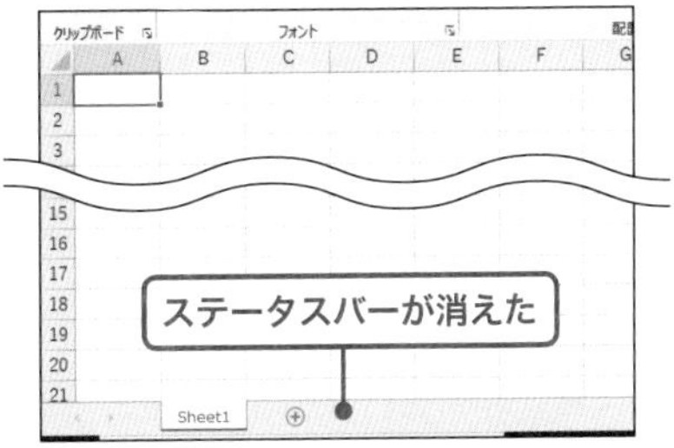

COLUMN

値を設定できないプロパティ

プロパティに値を代入する操作は、値を取り出す操作とは異なり、すべてのプロパティに対して行えるわけではありません。たとえば、アプリケーション名を表すApplicationオブジェクトのNameプロパティの値「Microsoft Excel」は、ユーザーが変更することはできません。次のマクロでアプリケーション名を「Microsoft Word」に変更しようとすると、エラーメッセージが表示され、マクロの実行が止まってしまいます。

SAMPLE 実行不可能なマクロ s018_3

```
Sub m018_3()
    Application.Name = "Microsoft Word"
End Sub
```

このように、値の取得だけが可能で、設定はできないタイプのプロパティのことを「読み取り専用のプロパティ」といいます。

SECTION 019
データ型と演算子

データの種類と演算子

VBAで処理できるデータには､大きく分けて「数値」と「文字列」があります。特に「数値」のデータは、その範囲や処理の内容に応じて、さらに細かく分類できます。ここでは、こうしたデータの種類と、データを処理するための「演算子」について説明します。

VBAで扱うデータの種類

VBAで扱われるデータは､基本的には「数値」または「文字列」です。数値のデータは､コードの中に直接記述することができます。一方､文字列データは､前後を「"」(半角ダブルクォート) で囲んで指定します。数値データは、取り扱われる値の範囲に応じて、さらに細かく分類することができます。また、P.46で紹介した「オブジェクト」も、広い意味ではVBAで扱われるデータの一種です。VBAでは、これらを次のような「データ型」で分類しています。

【VBAのデータ型】

データ型	VBAでの表現	データの範囲
バイト型	Byte	0～255の整数
ブール型	Boolean	True／Falseの論理値
整数型	Integer	-32,768～32,768の整数
長整数型	Long	約-21億～約21億の整数(32bit)
	LongLong	約-922京～約922京の整数(64bit)
	LongPtr	LongまたはLongLongと同じ(環境による)
通貨型	Currency	整数部分15桁と小数部分4桁の固定小数点数
10進型	Decimal	29桁の実数
単精度浮動小数点数型	Single	広い範囲の実数
倍精度浮動小数点数型	Double	Singleより広い範囲の実数
日付型	Date	西暦100年1月1日～9999年12月31日の日付と時刻のデータ
文字列型	String	約2GBまでの文字列
オブジェクト型	Object	オブジェクトの参照
バリアント型	Variant	ほとんどすべてのデータ型に対応

データ型は、コードの中に値を直接入力する場合はさほど意識する必要はありませんが、変数 (P.72参照) を使用する際などに必要となります。

計算に使用できる演算子

数値や文字列などのデータは、コードの中で計算などの処理に使用できます。数値の計算などの処理で使用する「演算子」には、次のような種類があります。

【算術演算子】

演算子	使用例	説明
+	値1 + 値2	値1と値2を足した和を求めます
-	値1 - 値2	値1から値2を引いた差を求めます
*	値1 * 値2	値1と値2を掛けた積を求めます
/	値1 / 値2	値1を値2で割った商を求めます
¥	値1 ¥ 値2	値1を値2で割った商の整数部分を求めます
Mod	値1 Mod 値2	値1を値2で割った余りを求めます
^	値1 ^ 値2	値1を値2でべき乗します

【文字列演算子】

演算子	使用例	説明
&	文字列1 & 文字列2	文字列1と文字列2を結合します(数値も可)
+	文字列1 + 文字列2	文字列1と文字列2を結合します(数値は不可)

計算は、単純にコードの前方から順番に行われるわけではなく、数学のルールと同様に、べき乗>乗除算>加減算>文字列演算といった優先順位があります。また、「( )」を使用して演算の順番を変えることも可能です。演算子にはこのほかにも、代入演算子 (P.54参照)、比較演算子 (P.191参照)、論理演算子 (P.191参照) などがあります。
たとえば、次の式では、「Excel」という文字列の後に半角スペースを空け、「2016」と「3」を加算した結果を結合した文字列が求められます。これだけではステートメントとして実行することはできませんが、たとえばMsgBox関数 (P.69参照) と組み合わせれば、その結果がメッセージ画面に表示されます。

SAMPLE **数値の計算結果と文字列を結合する式**

```
"Excel" & " " & 2016 + 3
↓
"Excel 2019"
```

SECTION 020
メソッド

メソッドとは?

「オブジェクト」を操作する方法は大きく分けて2つあると書きましたが、プロパティと並ぶもう1つの方法が、オブジェクトの「メソッド」を利用する方法です。メソッドを実行することで、オブジェクトの現在の状態を直接変更することができます。

メソッドの概要

「メソッド」とはもともと「技法」といった意味ですが、VBAにおけるメソッドは、オブジェクトに対して何らかの操作を実行する方法のことです。たとえば、セルに設定した書式をすべて初期設定に戻したり、ワークシートを印刷したりといった操作は、プロパティではなく、それらを実現するメソッドを使用します。

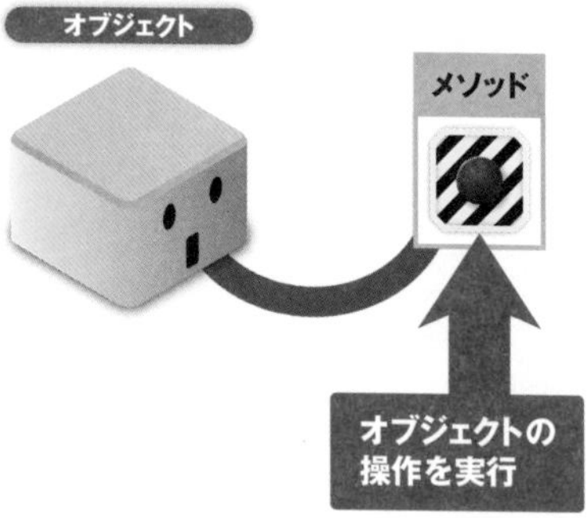

メソッドと引数の書式

メソッドはプロパティと同様に、対象のオブジェクトの後に「.」(半角ピリオド) に続けて指定します。プロパティと違って、メソッドの場合は記述するだけでステートメントになります。また、メソッドでは、処理を実行するときに使用するデータや、処理の内容に関するオプションなどの指定を一緒に記述することがよくあります。これらの指定のことを「引数」と呼びます。引数は、メソッド名の後に半角スペースを空けて指定します。また、複数の引数を指定する場合は「,」(半角カンマ) で区切ります。

以上をまとめたメソッドの基本的な書式は、次のようになります。

書式 **メソッドを使ったステートメント**

オブジェクト . メソッド 引数1, 引数2, 引数3…

名前付き引数について

複数の引数を指定する場合は、それぞれの引数に付けられている引数名を使って指定することが可能です。引数名を使用する場合は、その後に「:=」(半角のコロンとイコール)を付けて指定値をつなげます。

書式 メソッドを使ったステートメント

オブジェクト.メソッド 引数名:=引数1, 引数名:=引数2…

ここでは、対象のセル範囲のデータを置換するRangeオブジェクトのReplaceメソッド(P.240を参照)を例に説明しましょう。このメソッドは最大8個の引数を指定できますが、第1引数「What」と第2引数「Replacement」だけが必須で、それ以外は省略可能です。最初の2つと第5引数「MatchCase」だけを指定するには、引数名を指定しない場合は次のような書き方になります。

SAMPLE 引数名を使用しない場合

```
Cells.Replace "A", "B", , , True
```

引数名を使用する場合は次のように書きます。引数名を使うことで、それぞれの指定値の意味がわかりやすくなります。

SAMPLE 引数名を使用する場合1

```
Cells.Replace What:="A", Replacement:="B", MatchCase:=True
```

また、引数名を使用すれば、使用しない引数を飛ばして指定できることはもちろん、本来の順番とは違う順番で指定することもできます。

SAMPLE 引数名を使用する場合2

```
Cells.Replace MatchCase:=True, Replacement:="B", What:="A"
```

SECTION 021 メソッド

メソッドの戻り値とは？

オブジェクトのメソッドには、単に操作を実行するだけでなく、何らかの「戻り値」を返すものもあります。戻り値を受け取って以降の処理で使用する場合、それだけで完結する「ステートメント」ではなく、「式」として記述します。

戻り値を返すメソッド

メソッドには、単に処理を実行するだけのタイプと、処理の実行後、その結果（戻り値）を返すタイプがあります。後者のメソッドの多くは、単にステートメントとして実行することも、戻り値をコードで利用するために「式」として記述することも可能です。一方で、常に戻り値を使用する形で記述し、単体で実行できないメソッドもあります。

戻り値を使用しないメソッドは、ステートメントの末尾で使用し、メソッドがそのままステートメントの処理になります。一方、戻り値を使用するメソッドは、ステートメントの中で「式」として記述します。

「式」として記述する場合、メソッドの引数はメソッド名の後に付けた「( )」の中に指定します。つまり、Excelの関数（ワークシート関数）と同じ記述方法です。

書式　メソッドを使った式

```
オブジェクト．メソッド（引数1，引数2，引数3…）
```

戻り値を返すメソッドの種類

論理値を返すメソッド

ここからは、戻り値を返すメソッドの例をいくつか紹介していきましょう。まず、処理が失敗する可能性のあるメソッドでは、成功したらTrue、失敗したらFalseという論理値を返す場合があります。この戻り値をIfステートメント（P.192参照）の条件式に指定すると、その成否に応じて処理を変更するといった活用ができます。

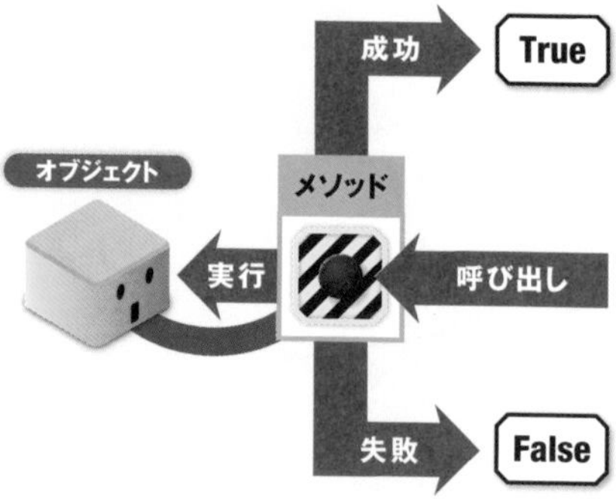

処理済みのデータを返すメソッド

また、数値や文字列に対して処理を加えるメソッドでは、その処理の結果を戻り値として返します。これは、ワークシート関数と同様の使い方です。このようなメソッドの場合、単体でステートメントとして使用することは想定されていません。

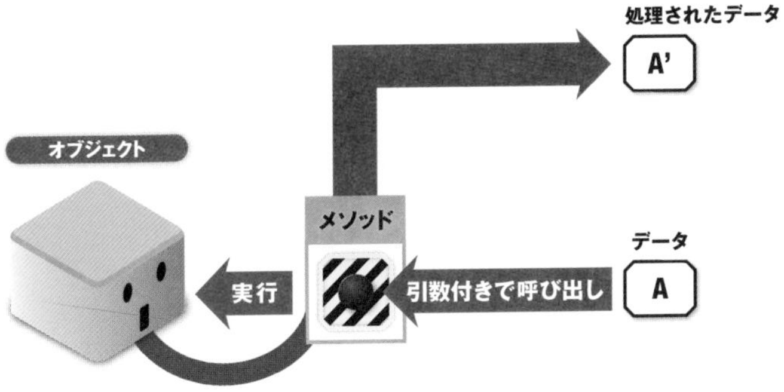

オブジェクトを返すメソッド

戻り値としてオブジェクトを返すメソッドもあります。たとえば、ブックやワークシートといったExcelの要素を追加するメソッドでは、追加されたブックやワークシートを表すオブジェクトが、戻り値として返されます。このオブジェクトを対象として、さらにプロパティなどの設定を行ったり、Withステートメント（P.82参照）やオブジェクト変数（P.75参照）と組み合わせて、新しい要素を対象に複数の処理を行ったりすることができます。

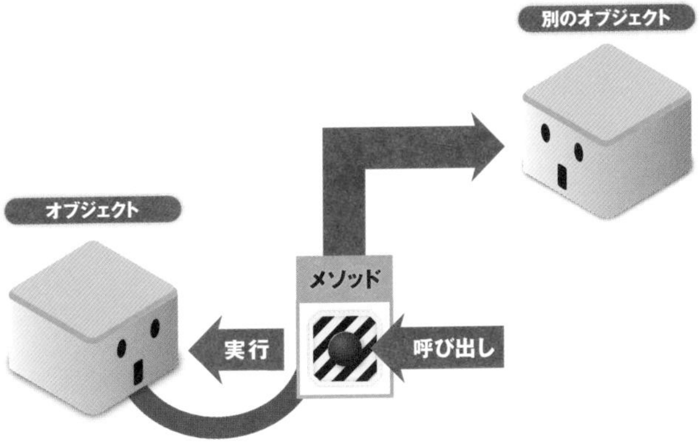

SECTION
022
メソッド

プロパティやメソッドを調べるには？

目的の操作のために、どのプロパティやメソッドを、どのような書式で使用すればよいか、わからない場合もあります。ここでは、目的のコードの記述方法を調べるための方法を、いくつか紹介しておきましょう。

記録機能を活用する

まず、P.20で紹介したマクロの記録機能を使用し、目的の操作を実際にExcel上で行って、どのようなコードになるかを確認してみましょう。特定の機能がどのようなプロパティやメソッドで表されているかを調べるという目的では、比較的手軽で効果的な方法です。
ただし、記録機能で生成されるマクロでは、本来の目的以外の余分な操作までコード化されてしまうケースも少なくありません。その中から本当に必要な部分だけを残して、それ以外を削除する作業が必要です。こうした操作を行うには、最低限のVBAの知識に加えて、プロパティ名やメソッド名の意味が読み取れる程度の英語力も必要になります。

ヘルプを活用する

Visual Basic Editor（VBE）のヘルプ機能を利用するには、［ヘルプ］メニューから［Microsoft Visual Basic for Applicationsヘルプ］を選ぶか、［標準］ツールバーの［Microsoft Visual Basic for Applicationsヘルプ］ボタンをクリックします。または、F1キーを押してもOKです。これで、WebブラウザーでExcel VBAのヘルプのページが表示されます。
特定のプロパティやメソッドに関する情報を調べたい場合は、VBEのコードウィンドウでその単語を選択し、F1キーを押すと、直接そのプロパティやメソッドに関するヘルプのページが表示されます。

▶ 特定のプロパティの情報を表示

Before

After

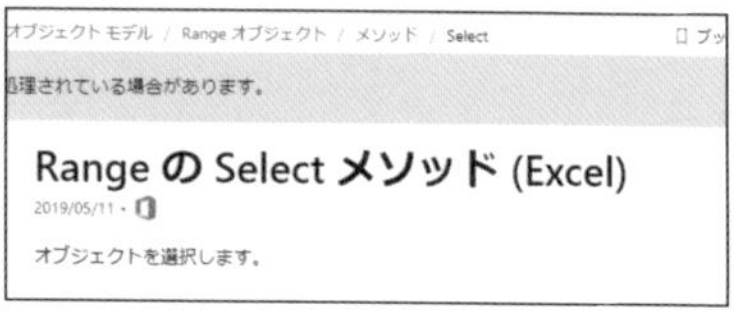

オブジェクトブラウザーを利用する

オブジェクトブラウザーを利用すると、VBAの各オブジェクトに属しているメンバー（プロパティやメソッド、イベントなど）を一覧表示して確認できます。

オブジェクトブラウザーは、VBEの［表示］メニューから［オブジェクトブラウザー］を選ぶと表示されます。オブジェクトブラウザーの左側の「クラス」で目的のオブジェクトを選択すると、右側にそのメンバーが表示されます。

▶ オブジェクトブラウザー

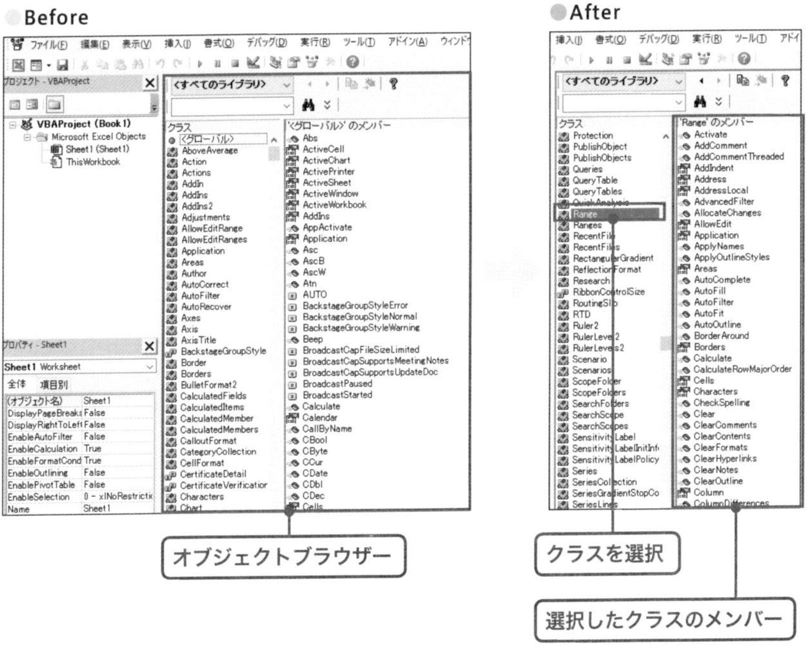

SECTION
023
コレクション

コレクションとは?

ここでは、複数のオブジェクトを一括操作できる「コレクション」について解説します。コレクションを利用すると、同種のオブジェクトすべてに同じ処理を実行したり、特定のオブジェクトを取り出したり、新しいオブジェクトを追加したりできます。

コレクションの概要

VBAでは、同種のオブジェクトの複数のまとまりを、1つのオブジェクトとして扱うことが可能です。このようなオブジェクトのことを「コレクション」と呼びます。たとえば、作業中のExcelで開かれているすべてのブック、1つのブックに含まれているすべてのシートなどを、それぞれコレクションとして取得できます。
コレクションと呼ぶことができるオブジェクトには、いくつか共通する特徴があります。

● **コレクション内の全オブジェクトに対してまとめて操作を実行できる**

単体のオブジェクト用と同じプロパティやメソッドがコレクションに用意されていない場合でも、For Each～Nextステートメント（P.224参照）などと組み合わせることで、すべてのオブジェクトに対して一括で同じ操作を行えます。

● **コレクション内のオブジェクトを単体のオブジェクトとして取得できる**

番号または名前で指定して、コレクションから単体のオブジェクトを取得できます。その番号や名前を「インデックス」と呼びます。

● **オブジェクトを新規作成してコレクションに追加できる**

たとえば、新しいシートのオブジェクトを作成する操作は、シートの集合を表すコレクションを対象に実行します。

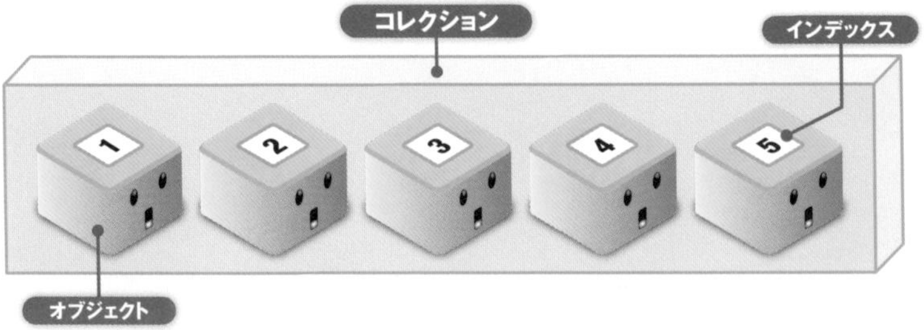

オブジェクトをまとめているコレクションも、1つのオブジェクトです

コレクションの使用例

ここでは、Excelで開かれているすべての文書ウィンドウを表すWindowsコレクションを例として、コレクションの使用例を紹介しましょう。いずれも式なので、そのままではステートメントとして実行できませんが、たとえばMsgBox関数（P.69参照）と組み合わせれば、求めた結果をメッセージ画面に表示できます。Excelの文書ウィンドウは、現在、次のような状態で複数開かれているものとします。

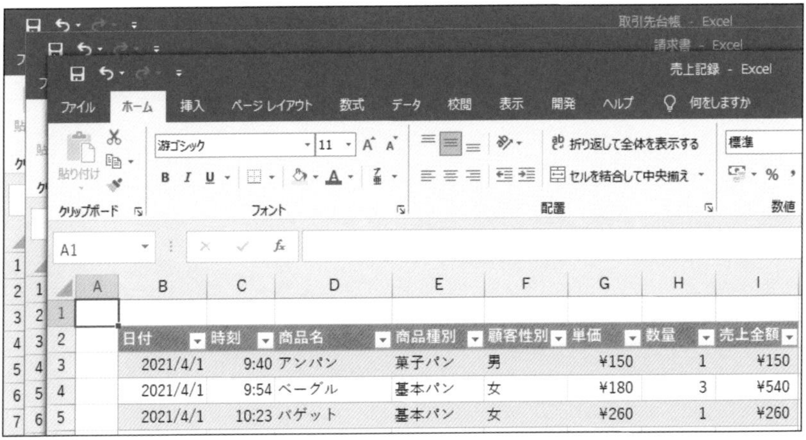

Windowsコレクションは、対象のオブジェクトを省略したWindowsプロパティで取得することができます。次の例は、ほぼすべてのコレクションで利用できる「Countプロパティ」で、コレクションに含まれるオブジェクトの数、つまり開かれているウィンドウの数を求めます。

SAMPLE　ウィンドウの数を求める

```
Windows.Count ➡ 3
```

次の例では、Windowsコレクションにインデックスとして「2」という数値を指定し、該当するウィンドウを表すWindowオブジェクトを取得します。Windowsコレクションのインデックスは、ウィンドウが前面にあるものから順番に「1」「2」…と付けられます。さらに、取得したWindowオブジェクトのCaptionプロパティでウィンドウのキャプション（ウィンドウに表示されるブック名など）の文字列を求めます。

SAMPLE　ウィンドウのキャプションを求める

```
Windows(2).Caption ➡ 請求書.xlsx
```

SECTION 024

キーワード

キーワードとステートメント

ここまで紹介してきたオブジェクトやプロパティ、メソッドなどは、ExcelのVBAだけで使用可能なものが少なくありません。ここでは、Excel以外のすべてのアプリケーションのVBAにも共通する、最も基本的なキーワードについて紹介します。

VBAのキーワード

VBAで、あらかじめ機能が定められている用語のことを「キーワード」(予約語) といいます。たとえばSubプロシージャの「Sub」や「End」、Ifステートメント (P.192参照) の「If」や「Then」などは、VBAの最も基本的なキーワードです。

プロシージャ名や変数名 (P.72参照) など、ユーザーが自由に付けることのできる名前には、こうした基本的なキーワードと同じ名前は使用できません。入力して行を変えた時点でエラーになります。

▶キーワードと同じ名前を設定

●Before

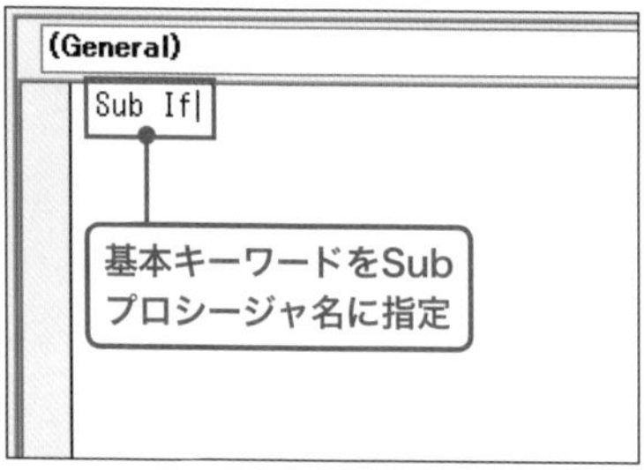

●After

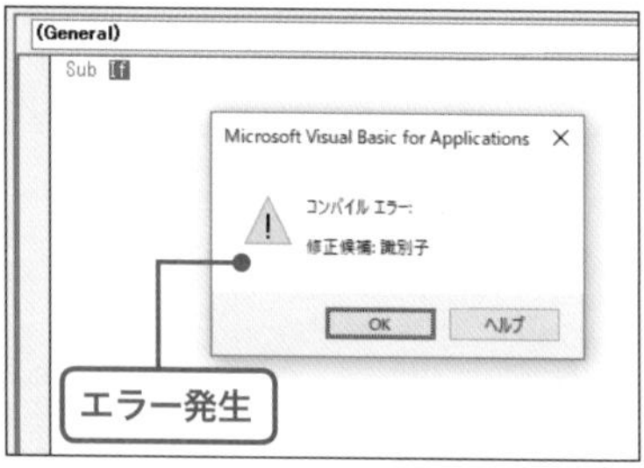

ただし、基本キーワード以外のキーワード (次ページのコラム参照) は、名前として使用できてしまいます。その場合、基本的には、ユーザーが付けた名前が優先されます。しかし、予想外のトラブルの原因になる可能性もあるので、こうした名前を付けるのも、やはり避けたほうが無難です。

VBAのステートメント

VBAのキーワードの中には、“命令”として機能するものがあります。ここまで紹介してきたオブジェクトのプロパティやメソッドを使う記述方法のほかにも、VBAでは、特定の命令で始まるコードを記述することも可能です。たとえば、変数を宣言するための「Dim」(P.74参照)、実行中のブロックを抜ける「Exit」などです。こうしたコードは、その命令名と合わせて「Dimステートメント」などのように呼ばれます。
実は、オブジェクトのプロパティに値を代入するコードも、「Let」という命令が省略された「Letステートメント」です。数式バーを非表示にする処理(P.54参照)を、Letを省略しないで書くと、次のようなコードになります。

SAMPLE　Letを省略しないプロパティの設定

```
Let Application.DisplayFormulaBar = False
```

なお、VBAで「○○ステートメント」と呼ばれる命令には、もともと用意されていた基本のキーワードの場合と、後から追加されたライブラリに含まれる「メソッド」の場合があります（コラム参照）。

COLUMN

VBAの「ライブラリ」

Excel VBAは、「Sub」や「If」、「Let」といった基本的な要素に、さまざまなオブジェクトを含む「ライブラリ」が追加登録されて出来上がっています。つまり、基本のキーワードや演算子以外は、すべて後から追加された要素です。

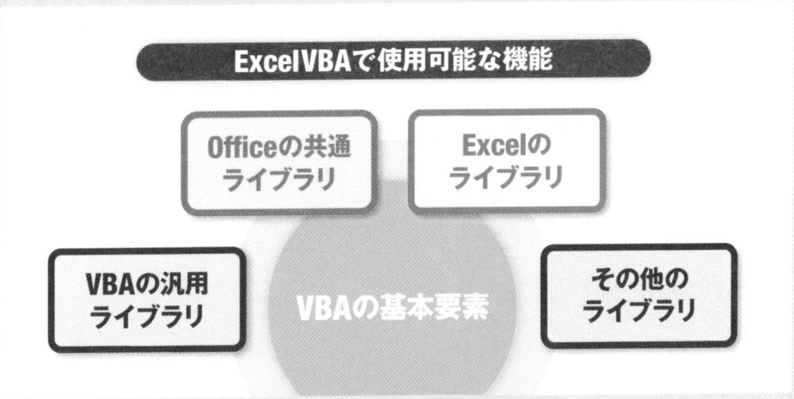

Excel VBAでは、これらのライブラリは初期設定ですべて登録が完了した状態になっています。そのため、ユーザーは最初から特に意識することなく、これらのライブラリが提供するオブジェクトを利用して、VBAのプログラムを記述することができます。

SECTION 025 関数

VBAの関数

Excel本体の数式で使用する関数（ワークシート関数）と同様に、VBAでもあらかじめ用意されたさまざまな関数を使用することができます。ここでは、VBAの中で使用できる関数の種類と、その使用例を紹介します。

VBAの関数とは

VBAの「関数」は、基本的にはワークシート関数と同様に、指定した引数を使って何らかの処理を行い、その結果を返します。また、その種類もワークシート関数と同様、数学的な計算や日付・時刻データの処理、文字列の操作、財務計算など、さまざまな用途に対応する関数が用意されています。通常は式として使用するため、引数はカッコの中に指定します。

書式　関数の基本書式

```
関数名(引数1, 引数2, 引数3…)
```

計算のための関数

VBAには、三角関数や平方根といった数学の計算を行うために、ワークシート関数の「数学／三角関数」と同様のさまざまな関数が用意されています。

ここでは、四捨五入の処理を行う「Round関数」を紹介しましょう。引数の指定方法はワークシート関数のROUND関数と同じで、第1引数に指定した数値を四捨五入して、第2引数に指定した桁までの値にします。ただし、端数の桁以下がちょうど「5」の場合に、その上の桁が奇数なら切り上げ、偶数なら切り捨てて最も近い偶数にする、「JIS丸め」などと呼ばれる端数処理を行う点が、ワークシート関数とは異なります。

SAMPLE　四捨五入して指定の桁にする

```
Round(123.456, 1)  ➡  123.5
Round(123.45, 1)   ➡  123.4
Round(123.55, 1)   ➡  123.6
```

文字列を操作する関数

対象の文字列の一部を取り出すLeft関数やRight関数、文字数を調べるLen関数など、ワークシート関数と同様の文字列操作が行える関数もいろいろと用意されています。ここでは、ワークシート関数のTEXT関数と同様に、第1引数に指定した値を、第2引数で指定した書式の文字列に変換する「Format関数」を紹介しましょう。

SAMPLE 数値を書式付き文字列に変換する

```
Format(123000, "#,##0円") ➡ 123,000円
```

関数を命令として使用する

VBAの関数の中には、戻り値を受け取らず、単に命令として実行できるものもあります。その代表的な例が、メッセージ画面を表示する「MsgBox関数」です。この関数には最大5つの引数が指定できますが、メッセージを指定する第1引数のみ必須です。また、第3引数にはメッセージ画面のタイトルを指定します。第2引数についてはP.202で紹介しますが、第4引数以下は本書では説明を省略します。
命令として使用する場合は、引数をカッコの中に入れず、スペースを空けて指定します。次の例は、「開始」というタイトルで「作業を開始します」と表示するコードです。
ここでは引数を順番通りに指定していますが、メソッドと同様に引数名を使って指定することもできます。第1引数の名前は「Prompt」、第3引数の名前は「Title」です。

SAMPLE メッセージ画面を表示する s025_1

```
Sub m025_1()
    MsgBox "作業を開始します", , "開始"
End Sub
```

▶ 実行結果

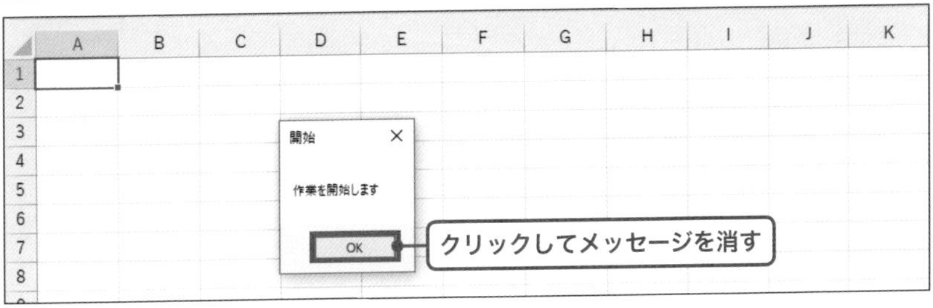

SECTION 026

ワークシート関数

ワークシート関数を使うには?

VBAの関数だけでもさまざまな処理が可能ですが、ワークシート関数のほうが種類も多く、特にExcelのワークシートのデータ処理には適しています。ワークシート関数の機能を利用することで、配列（P.76参照）などのデータの処理も便利になります。

第1章
第2章 ワークシート関数
第3章
第4章
第5章

WorksheetFunctionオブジェクトを利用する

WorksheetFunctionオブジェクトを利用することで、ワークシート関数をそのままExcel VBAのプログラムで使えます。WorksheetFucntionオブジェクトは、Applicationオブジェクトの、または対象オブジェクトを省略したWorksheetFucntionプロパティで取得できます。

ワークシート関数は、WorksheetFunctionオブジェクトのメソッドとして指定し、戻り値を受け取る「式」の形式で記述します。また、各関数の引数は、そのメソッドの引数として指定します。数値や文字列などを直接指定することも可能ですし、目的のデータが入力されたセルやセル範囲をRangeオブジェクト（P.90参照）の形で指定することもできます。

次の例は、2つの数値の最小公倍数を求めるワークシート関数「LCM関数」を使用して、18と30の最小公倍数を求め、メッセージ画面に表示するコードです。

SAMPLE　**最小公倍数を表示する**　s026_1

```
Sub m026_1()
    MsgBox WorksheetFunction.Lcm(18, 30)
End Sub
```

▶ 実行結果

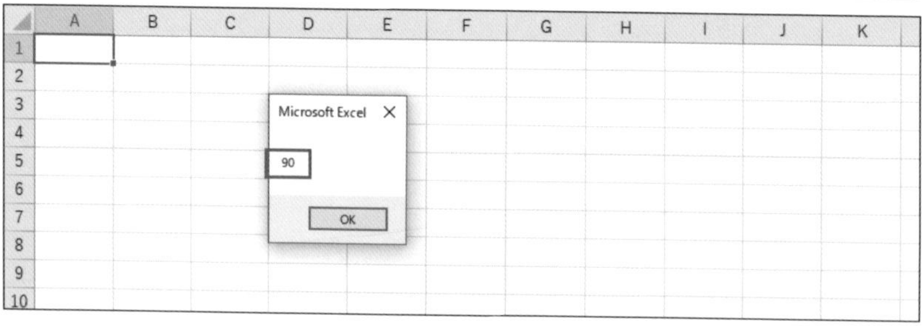

Evaluateメソッドを利用する

対象オブジェクトを省略したEvaluateメソッドでは、Excelの「数式」を引数に指定して、その計算結果を求めることができます。WorksheetFucntionオブジェクトでは利用できないISREFF関数やINFO関数などのワークシート関数や、複数の関数をネストした複雑な数式の結果も求められます。ただし、数式全体を文字列で指定する必要があります。数式の先頭の「=」は、あってもなくても問題ありません。
次のコードの数式は、作業中のブックに「集計用」という名前の付いたセル範囲があるかどうかをISREFF関数で調べ、その結果をIF関数で判定して、もしあった場合はその合計を、ない場合は「0」を返します。その数式の結果をメッセージ画面に表示します。

SAMPLE 範囲が存在すれば合計を求めて表示する s026_2

```
Sub m026_2()
    MsgBox Evaluate("IF(ISREF(集計用),SUM(集計用),0)")
End Sub
```

▶ 実行結果

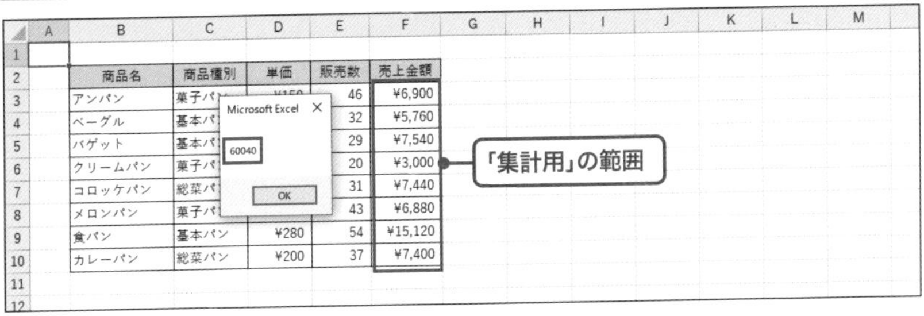

COLUMN

Evaluateメソッドのショートカットを利用する

コードの中にEvaluateメソッドを記述する代わりに、数式を「[ ]」を囲んでも同じ結果が得られます。その際は、数式を「"」で囲む必要もありません。たとえば、上記のコードは、次のように書くことも可能です。

SAMPLE 範囲が存在すれば合計を求めて表示する s026_3

```
Sub m026_3()
    MsgBox [IF(ISREF(集計用),SUM(集計用),0)]
End Sub
```

SECTION

027 変数を利用する

変数

「変数」は、VBAだけでなく、プログラミング言語には必須の要素の1つです。変数を使いこなすことで、さまざまな状況に柔軟に対応できるプログラムが作成できます。ここでは、VBAにおける変数の概要と、その具体的な活用方法を紹介します。

変数とは

変数とは、コードの中で扱うデータを一時的に保管しておくための「入れ物」のようなものです。実行する処理自体は同じでも、必要に応じてその中身を入れ替えることで、プログラムを実行するたびに異なるデータを使って処理を行うことが可能です。

変数には、適当な文字を組み合わせた自由な名前を付けることができます。ただし、「_」(アンダースコア) 以外の一般的な記号は使用できず、先頭の文字を数字にすることもできません。日本語を使用することは可能です。

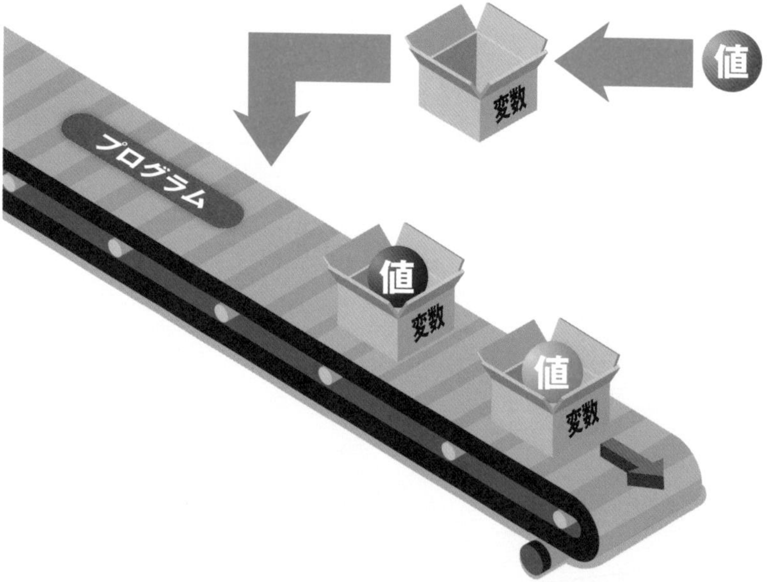

変数に別の値を代入することで、同じプログラムでも違う結果が得られます

変数を使用する

コードの中に、定義されていない語句が新たに登場すると、VBAはそれを変数と見なします。ここでは、「kazu1」と「kazu2」という2つの変数を例に、変数の具体的な利用方法を説明していきましょう。

次のコードでは、まず変数kazu1に15という数値を代入します。変数に値を代入する操作は、プロパティへの代入と同様、代入演算子「=」を使用して行います。次に、このkazu1の値を2乗した値を変数kazu2に代入します。最後に、「1辺の長さ:」の後にkazu1の値、さらにスペースを空けて「面積：」の後にkazu2の値を付けて、メッセージ画面に表示します。

SAMPLE **1辺の長さと面積を表示する** s027_1

```
Sub m027_1()
    kazu1 = 15
    kazu2 = kazu1 ^ 2
    MsgBox "1辺の長さ:" & kazu1 & "  面積:" & kazu2
End Sub
```

▶ 実行結果

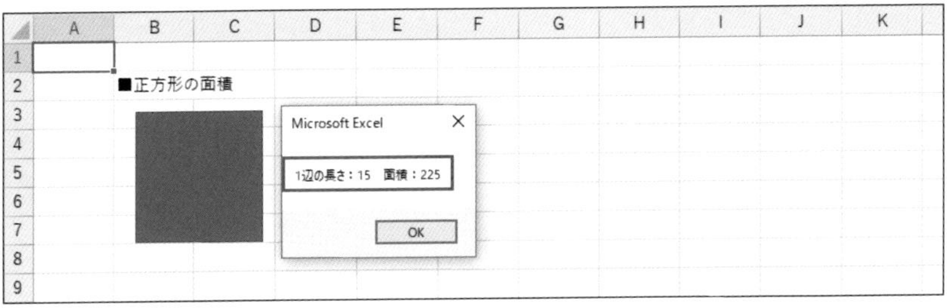

変数は、同じ値をコードの中で何回も繰り返し使うときに使用すると便利です。

この例の場合、処理の結果は一定であり、変数を使う必要性はありません。セルに入力された値を取り出したり、入力画面でユーザーに入力させた値を使用したりといった用途のほうが、変数を使うケースとしては適切です。

ただし、1辺の長さを変えて同様の計算を行いたくなったとき、直接数値で指定した場合は、その数値が出てくるすべての箇所を修正する必要があります。このコードであれば、最初に変数kazu1に代入する値を変えるだけで、簡単に同じ計算を行えます。

なお、この例のようにコードの最初から最後まで同じ値を使用する用途では、変数よりもユーザー定義定数（P.75参照）のほうが適しています。

変数を宣言する

前ページの例のように、変数をコードの中でいきなり使用することもできますが、実際にプログラミングを行う際には、変数を宣言してから使用することをお勧めします。変数の宣言とは、そのコードの中で使用する変数の名前と種類を明示し、変数が使用するメモリーを確保する操作です。
変数の宣言は、通常、Dimステートメントを使って行います。

書式　Dimステートメント

```
Dim 変数名 As データ型
```

変数を宣言する際には、その変数に代入するデータの種類を想定し、適切なデータ型を付けておくことがポイントです。データ型については、P.56を参照してください。これによって、余分なメモリーの消費を防ぐことができ、プログラムの問題点も発見しやすくなります。
セルに入力されたデータなど、事前にデータ型を予測できない場合は、すべてのデータ型に対応可能なバリアント型（Variant）を指定します。また、変数の宣言を省略したり、「As」以降のデータ型の指定を省略したりした場合も、バリアント型の変数になります。
複数の変数を宣言する場合、「,」（半角カンマ）で区切って複数の変数を並べると、1行のステートメントでまとめて宣言することができます。前ページのコードを、変数を宣言して書き直したものが次のコードです。

SAMPLE　変数を宣言して、1辺の長さと面積を表示する　s027_2

```
Sub m027_2()
    Dim kazu1 As Integer, kazu2 As Integer
    kazu1 = 15
    kazu2 = kazu1 ^ 2
    MsgBox "1辺の長さ:" & kazu1 & "　面積:" & kazu2
End Sub
```

COLUMN

変数の宣言を強制する

モジュールの宣言セクション（すべてのプロシージャよりも上の行）に「Option Explicit」と入力すると、変数の宣言を省略できなくなります。この場合、宣言されていない変数をコード中で使おうとすると、実行の際にエラーが表示されます。
なお、[オプション] ダイアログボックス（P.328参照）の [編集] タブで [変数の宣言を強制する] のチェックをオンにすると、新しく作成したモジュールに、自動的に「Option Explicit」の行が挿入されるようになります。

オブジェクト変数を利用する

変数では、数値や文字列といったデータのほかに、オブジェクトへの参照を収めることも可能です。このような変数を「オブジェクト変数」と呼びます。取得するのに手間がかかるオブジェクトを変数に収めておくことで、何度も取得し直す手間を省くことができ、処理が効率化されます。

オブジェクト変数を宣言する際は、データ型としてそのオブジェクト名を指定します。たとえば、Rangeオブジェクトを設定することが決まっているオブジェクト変数Rngの場合は、次のように宣言します。一方、設定するオブジェクトの種類を1つに特定できない場合などは、オブジェクト全般を表す「As Object」のように指定します。

SAMPLE オブジェクト変数の宣言

```
Dim Rng As Range
```

オブジェクト変数にオブジェクトを設定する場合、通常の変数のような代入ステートメントではなく、Setステートメントを使います。たとえば、オブジェクト変数Rngにアクティブセルを表すRangeオブジェクトを設定するには、次のステートメントを実行します。

SAMPLE オブジェクト変数への設定

```
Set Rng = ActiveCell
```

COLUMN

定数とは

変数がデータの入れ物であるのに対し、「定数」は、データに付けたラベルのようなものです。そのままでは意味がわかりづらい数値などに名前を付けることで、コードの中での用途や役割を明確にします。

Excel VBAでは、プロパティの設定値やメソッドの引数などを指定するために、「vb」や「xl」などで始まるさまざまな定数（組み込み定数）が、あらかじめ用意されています。改行を表す「vbCr」や「vbCrLf」のように、特殊な文字を指定するために使う定数もあります。

一方、ユーザーが独自の定数を定義することも可能です。Constステートメントを使用し、宣言と同時にその値まで設定します。次の例は、「price」という整数型のユーザー定義定数に、1000という値を設定します。

SAMPLE ユーザー定義定数の宣言と値の設定

```
Const price As Integer = 1000
```

SECTION
028
配列

配列とは?

「配列」とは、複数のデータをまとめて扱えるようにしたデータ構造のことです。VBAで単に「配列」といった場合、配列データを収めることができる「配列変数」を意味します。ここではまず、VBAにおける「配列」の概念について説明しましょう。

変数と配列

変数はよく箱のイメージで説明されますが、通常の変数はそこに1つの値だけを代入することができます。これに対し、配列は複数の部屋を持つ建物のイメージです。1つの建物の内部が複数の部屋に仕切られていて、その1つ1つに値を代入することができます。この部屋のことを「要素」といいます。

配列には、同じように処理したいデータのグループを収めて使います。処理対象のデータが大量にある場合、それを1つずつ変数に入れていくと大量の変数を用意しなければならなくなります。配列と繰り返し処理（第7章参照）を組み合わせれば、処理するデータがいくつあっても、用意する変数は1つだけで済みます。特に2次元までの配列は、Excelのワークシートのセル範囲とデータの構造に互換性があり、相互に簡単にデータをやり取りすることができます。

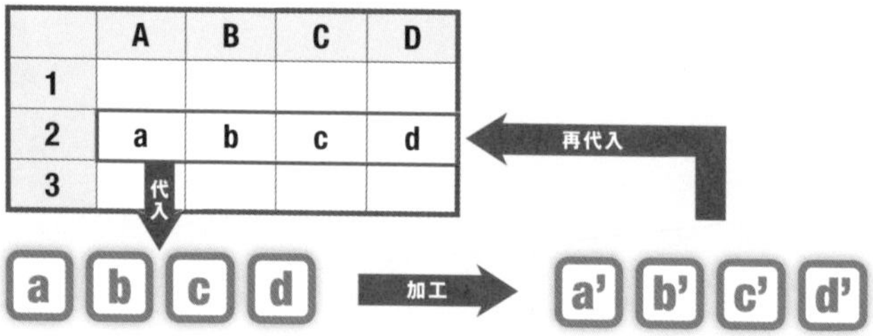

配列のインデックス

配列の中でも最も基本的な「1次元配列」の場合、データを収めるための部屋が、横方向1列に並んでいるイメージです。配列の中のデータを特定するために、各部屋には左から順番に部屋番号が付けられています。この番号のことを「インデックス」といいます。VBAの配列の場合、通常はインデックスの最小値が0になります。

データを収めるための部屋を縦×横の2方向に並べた配列のことを、「2次元配列」といいます。1次元配列を1階建ての長屋とするなら、2次元配列は2階建て以上のアパートです。この場合は、部屋番号（インデックス）も、左→右と上→下の2方向に付けていくことになります。Excelのワークシートのセルに最も近いのが、この2次元配列です。

2次元配列は、Excelのワークシートと同じ構造でデータを収納できます

SECTION 029 配列

配列を利用する

前項では配列の概念について説明しましたが、ここでは実際にコードの中で配列を利用する方法について解説します。配列も最初に宣言して使用しますが、配列に収める要素の数を固定するか、可変にするかによって、宣言の仕方が変わってきます。

1次元配列を使用する

コードの中で配列を使用するには、普通の変数と同様に、事前にDimステートメントを使って宣言します。配列の名前は変数と同様に付けることができますが、名前の後に「()」を付けることで、配列変数であることを示します。データ型を指定すると、配列のすべての要素が同じデータ型になります。

配列には、大きく分けて「固定長配列」(静的配列) と「動的配列」の2種類があります。配列の要素の数が変動しない「固定長配列」を宣言するときは、変数名の後の「()」の中にそのインデックスの最大値を指定します。通常、配列のインデックスは0から始まるため、実際に指定するのは、設定したい要素の順番よりも1少ない値です。

次の例は、整数型で要素数が3つの1次元配列「oneD」を宣言するコードです。

SAMPLE　1次元配列の宣言

```
Dim oneD(2) As Integer
```

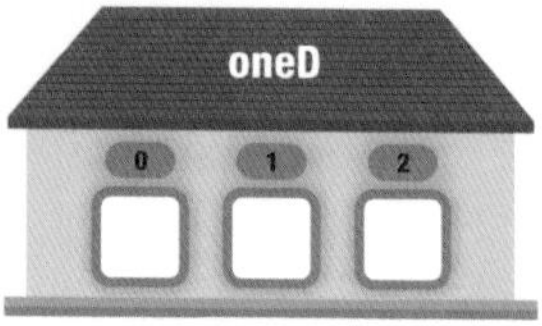

宣言した配列は、「()」にインデックスを指定して使います。3要素の配列の2番目の要素に10という数値を代入する操作は、次の例のようになります。配列からデータを取り出す場合も、同様にインデックスで位置を指定します。

SAMPLE　1次元配列への値の代入

```
oneD(1) = 10
```

2次元配列を使用する

コードの中で2次元配列を使用する場合は、2つのインデックスの最大値を「,」(半角カンマ)で区切って指定します。最初のインデックスが行、2番目のインデックスが列の指定になります。先に「2階建て以上」と書きましたが、1行だけの2次元配列もあります。次の例は、文字列型で要素数が2行×3列の2次元配列「twoD」を宣言するコードです。

SAMPLE 2次元配列の宣言

```
Dim twoD(1, 2) As String
```

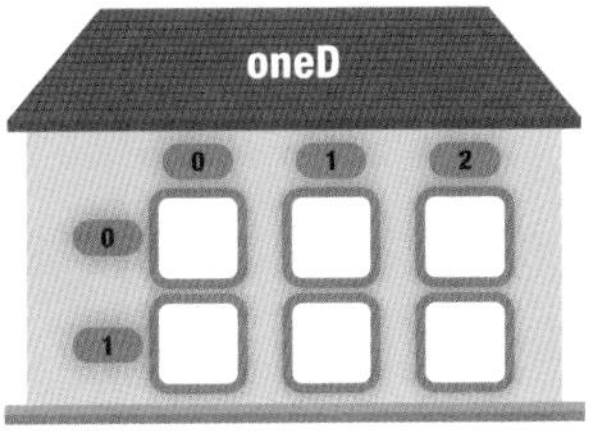

以後のコードでこの配列を使用する場合も、2つのインデックスで要素の位置を指定し、代入や値の取り出しを行います。次の例は、この配列の1行目で3列目の位置に「Office」という文字列を代入するコードです。

SAMPLE 2次元配列への値の代入

```
twoD(0, 2) = "Office"
```

COLUMN

インデックスの最小値と最大値

通常、配列のインデックスの最小値は0ですが、これをユーザーが設定することも可能です。モジュールの宣言セクション(すべてのプロシージャよりも上の行)に「Option Base 1」と入力しておくと、そのモジュール内の配列のインデックスの最小値が1になります。
また、配列を宣言する際に、インデックスの最小値と最大値を「To」でつないで指定することもできます。たとえば、次のように宣言すると、インデックスが2から5までの4要素の配列になります。

SAMPLE インデックスを指定した配列の宣言

```
Dim hairetsu(2 To 5)
```

動的配列を使用する

「動的配列」とは、宣言の時点では配列の要素数を決めずに、コードの中で状況に応じて要素数を変化させることができる配列のことです。配列の次元数も変更可能です。
動的配列を使用する場合は、まず変数名の後の「()」には何も入れずに宣言を行います。次の例は、整数型の動的配列「dAry」を宣言するコードです。

SAMPLE 動的配列を宣言

```
Dim dAry() As Integer
```

この時点では、配列の部屋がまだ作られていないため、データの出し入れができない状態です。動的配列の要素数を決めるには、ReDimステートメントを使います。次の例は、動的配列「dAry」を2行×4列の2次元配列にするコードです。この場合も、インデックスは0から始まります。

SAMPLE 動的配列の要素数を決定

```
ReDim dAry(1, 3)
```

なお、ReDimステートメントを使うと、一度設定した動的配列の要素数を、後から変更することも可能です。ただし、その配列にすでにデータが代入されている場合は、要素数を変更するとデータが失われてしまいます。
代入されたデータを保持したまま配列の要素数を変更したい場合は、ReDimステートメントでPreserveキーワードを使用します。ただし、このキーワードを指定する場合、変更できるのは「最後の次元の要素数の上限」だけです。次の例は、2行×4列の配列のデータを残したまま、2行×6列の配列に変更するコードです。

SAMPLE データを残したまま配列の要素数を変更

```
ReDim Preserve dAry(1, 5)
```

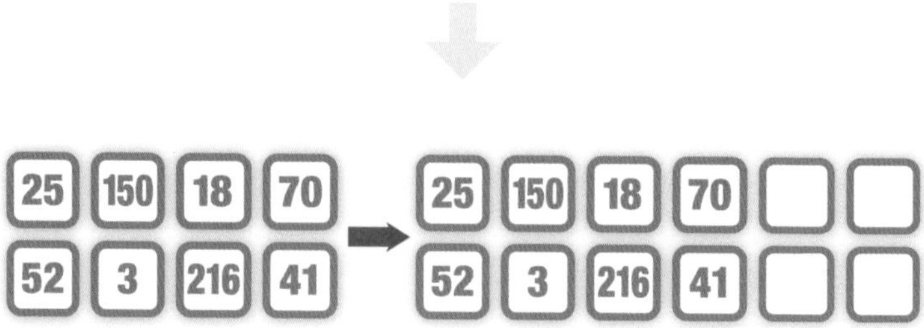

複数のデータを指定して1次元配列を作成する

ここまで説明してきた配列の利用方法は、入れ物となる配列の各要素に、それぞれデータを代入するという手順でした。
一方、Array関数を使用すると、配列に入れるすべてのデータを直接引数に指定して、1次元の動的配列にまとめて代入できます。ただし、この配列のデータ型は、必ずバリアント型にする必要があります。次の例は、動的配列「myPets」を、「dog」「cat」「hamster」という3要素の配列にするコードです。

SAMPLE **複数の値を配列に設定する**

```
myPets() = Array("dog", "cat", "hamster")
```

なお、配列データは、必ず配列変数に代入して使わなければいけないわけではありません。たとえば、プロパティやメソッドの引数として配列構造のデータが必要な場合に、Array関数を使って配列データを直接指定することが可能です。

COLUMN

セル範囲と配列でデータをやり取りする

バリアント型の動的配列、またはバリアント型の変数に対しては、セル範囲に入力されたデータをそのまま代入して、セル範囲と同じ行数×列数の配列データにすることができます。詳細な手順については、P.133を参照してください。なお、この操作で作成された配列のインデックスの最小値は、行・列ともに0ではなく1になるので注意してください。
また、2次元配列までの配列のデータは、固定長配列か動的配列か、要素数やデータ型を問わず、そのままセル範囲に代入することが可能です（P.126参照）。

SECTION
030
コード簡略化

VBAをスッキリ記述する

ここでは、VBAのコードを整理して、すっきりと記述するためのワザをいくつか紹介しておきましょう。特に「Withステートメント」を活用すれば、見た目がわかりやすくなるだけでなく、プログラムの実行効率の向上につながります。

同じオブジェクトに関する操作をまとめる

同じオブジェクトを対象としたプロパティやメソッドを何度も使用する場合、「Withステートメント」を利用して、オブジェクトの取得を1回にまとめることができます。

Withステートメントでは、「With」に続けてオブジェクトを取得する式を記述します。以下、「End With」の行までのブロック内では、「.」(ピリオド)で始まっているプロパティやメソッドを、「With」で指定したオブジェクトに対するものとみなして処理します。

次の例は、同じApplicationオブジェクトを対象としたDisplayFormulaBarプロパティとDisplayStatusBarプロパティにともにFalseを設定し、数式バーとステータスバーをどちらも非表示にするコードです。

SAMPLE　数式バーとステータスバーを非表示にする　s030_1

```
Sub m030_1()
    With Application
        .DisplayStatusBar = False
        .DisplayFormulaBar = False
    End With
End Sub
```

▶ 実行結果

●Before

●After

行継続文字の利用

引数の数が多いメソッドや、オブジェクトを何段階も組み合わせた複雑なステートメントの場合、1行が長くなりすぎて、コードウィンドウに表示しきれないことがあります。
長すぎるステートメントは、行の途中の適当な位置で“仮改行”して、見た目上だけ折り返して表示させることが可能です。
具体的には、ステートメントを折り返したい位置に「 _」(半角スペースとアンダースコア) を入れて改行します。この「 _」のことを「行継続文字」と呼び、改行されてはいても、VBAのコードとしてはつながっている同じ行とみなされます。
ただし、キーワードの途中や、「" "」で囲まれた文字列の途中などに行継続文字を入れることはできません。また、行継続文字を入れて改行した行は、通常、上の行よりも1段階インデントを下げて記述します。
なお、反対に、「:」で区切って書くことで、1行に複数のステートメントを記述することもできます。

▶ 行継続文字の利用例

●Before

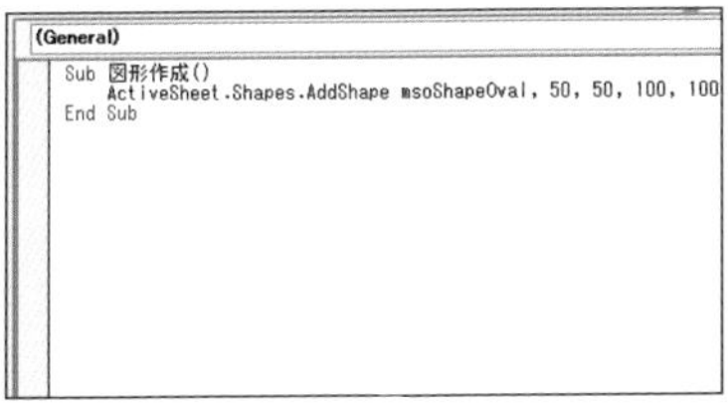

●After

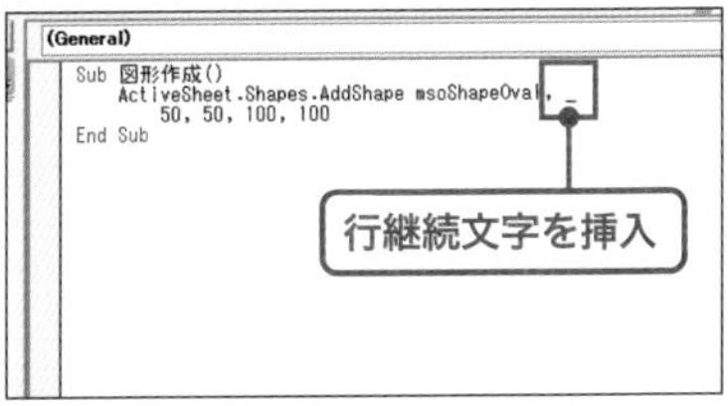

コード中にコメントを入れる

コードの途中に「'」(シングルクォート) を入力すると、それ以降は「コメント」と見なされます。1行すべてをコメントにすることも、行の後半だけコメントにすることも可能です。コメントはVBAのコードとはみなされず、プログラムの処理に影響を与えません。処理の内容に関する説明や覚え書きを書き込む、問題のあるステートメントを一時的に実行させないようにする、といった利用法があります。

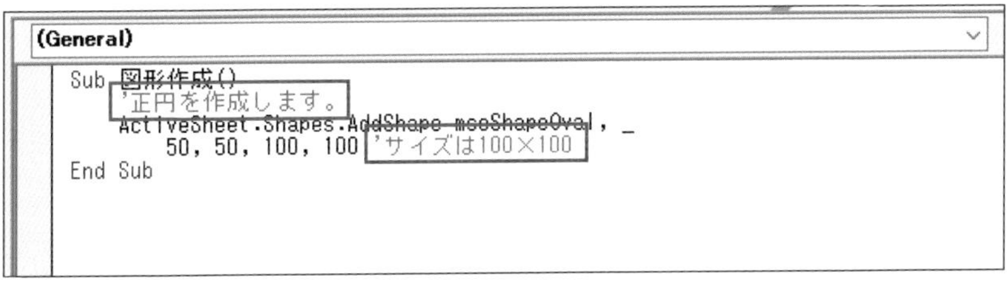

SECTION 031 マクロ連携

複数のマクロを連携する

ここでは、1つのSubプロシージャから別のSubプロシージャを呼び出して実行する方法や、その際に呼び出すプロシージャにデータを受け渡す方法を紹介します。また、互いに独立して実行する2つのプロシージャ間で、変数の値を共有する方法も解説します。

別のSubプロシージャを呼び出す

Subプロシージャの中で別のSubプロシージャを呼び出して実行させたい場合は、目的のプロシージャ名を直接コードに記述するか、Callステートメントで引数に目的のプロシージャ名を指定します。

次のマクロ「m031_1」を実行すると、マクロ「m031_2」を呼び出し、MsgBox関数で「処理を開始します」というメッセージ画面を表示します。このマクロ「m031_2」が終了すると、マクロ「m031_1」の呼び出し位置に戻り、その続きである「処理を終了します」というメッセージ画面を表示する処理を実行します。

SAMPLE 別のSubプロシージャを呼び出す　s031_1

```
Sub m031_1()
    m031_2
    MsgBox "処理を終了します"
End Sub

Sub m031_2()
    MsgBox "処理を開始します"
End Sub
```

▶ 実行結果

Before

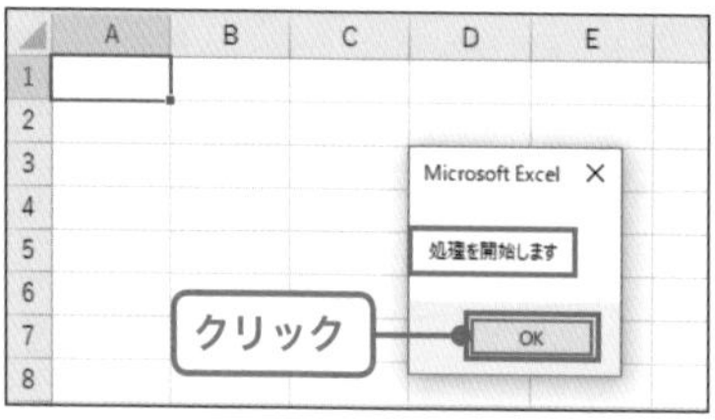

After

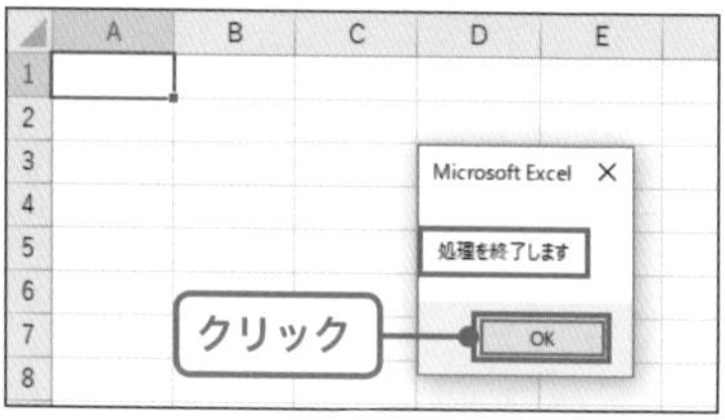

引数を指定してSubプロシージャを実行する

呼び出される側のSubプロシージャでは、呼び出す側のSubプロシージャからデータを受け取るための引数を用意しておくことができます。引数は、プロシージャ名の後の「()」の中に指定し、データ型を指定することもできます。なお、引数を設定したSubプロシージャは、単体でマクロとして実行することはできなくなります。
次の例では、引数として名前を表す文字列を指定してマクロ「m031_04」を呼び出すと、その名前を使って「○○さん、こんにちは」というメッセージ画面を表示します。

SAMPLE 引数付きで別のSubプロシージャを呼び出す s031_2

```
Sub m031_3()
    m031_4 "田中"
End Sub

Sub m031_4(myName As String)
    MsgBox myName & "さん、こんにちは"
End Sub
```

実行結果

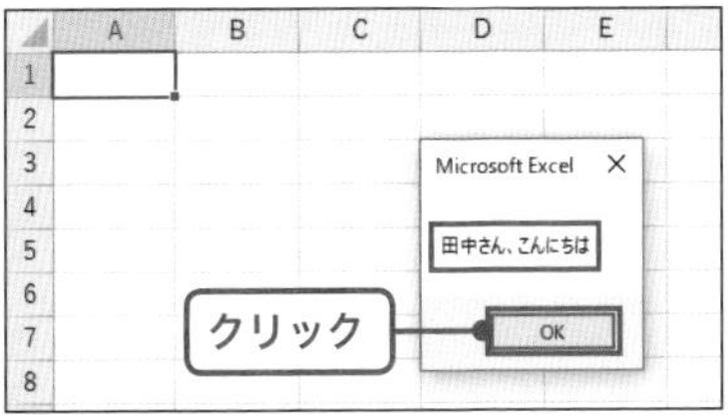

COLUMN

変数を共有する

変数の有効範囲（スコープ）は、通常はそれを使用しているプロシージャの中だけです。同じモジュール内で、同じ変数名を使用しても、1つのSubプロシージャでの処理が、別のプロシージャ内の変数の値に影響を与えることはありません。
しかし、変数をモジュールの宣言セクション（すべてのプロシージャより上の行）で宣言すると、その変数がモジュールのすべてのプロシージャで共有されます。これにより、1つのプロシージャでこの変数に代入された値を、別のプロシージャで使用することが可能になります。

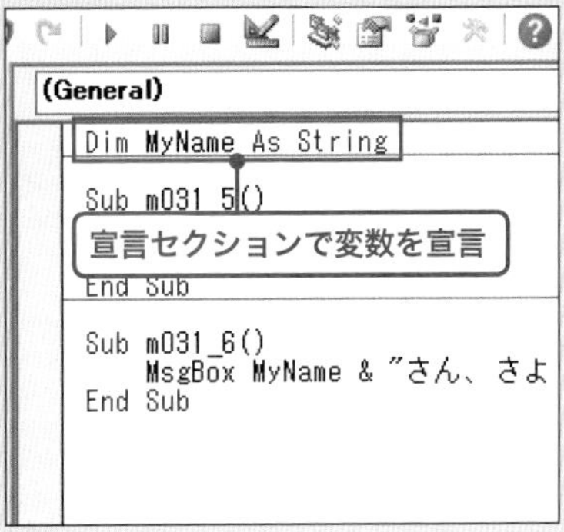

COLUMN

ワークシート関数で配列を処理する

Excelのワークシート関数の中には、配列を処理できるものが数多くあります。一般的な利用法ではセル範囲を対象とする関数であっても、実際には、その範囲に入力された値を配列として処理できる仕様になっているものも少なくありません。
その代表的な例がSUM関数です。この関数は、主にセル範囲に入力された数値の合計を求めるために使われますが、そのまま配列の合計を求めるために利用することが可能です。対象の配列の中に文字列のデータが含まれていても、それは無視して数値だけの合計を求めます。たとえば、次のコードでは、「25」という数字がメッセージ画面に表示されます。

SAMPLE **SUM関数で配列の数値を合計する** s031_4

```
Sub m031_7()
    Dim dArry As Variant
    dArry = Array(8, "a", 5, "b", 10, 2, "c")
    MsgBox WorksheetFunction.Sum(dArry)
End Sub
```

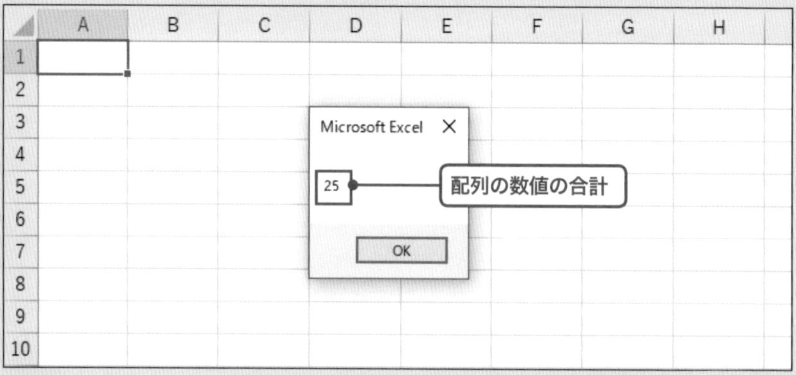

また、MATCH関数を利用して配列の中で特定の値を含む要素の位置を調べたり、VLOOKUP関数を利用して検索値に対応する値を配列から取り出したりすることも可能です。
さらに、Microsoft 365の最新版Excelでは、動的配列数式（スピル）という機能と合わせて、配列処理に利用できる関数がいくつも追加されています。配列を並べ替えるSORT関数、指定した条件で絞り込むFILTER関数、連続番号を生成するSEQUENCE関数などです。これらは、いずれもVBAの配列処理に利用することができます。

第 3 章

セルや行・列の指定方法を知ろう

SECTION
032
セルの選択

選択中のセルを指定する

ここでは、アクティブセルや選択範囲を表すRangeオブジェクトを取得し、その情報を画面に表示する方法を解説します。ここで紹介するセルの指定方法は、操作対象のセルをそのつど選んで実行するようなマクロを作成したい場合に便利です。

アクティブセルの値を表示する

対象オブジェクトを省略したActiveCellプロパティで、作業中のワークシートのアクティブセルを表すRangeオブジェクトを取得できます。その"値"を表すValueプロパティでセルの値を調べ、MsgBox関数でメッセージ画面に表示させせます。

SAMPLE　**アクティブセルの値を表示**　s032_1

```
Sub m032_1()
    MsgBox ActiveCell.Value
End Sub
```

▶ 実行結果

● Before

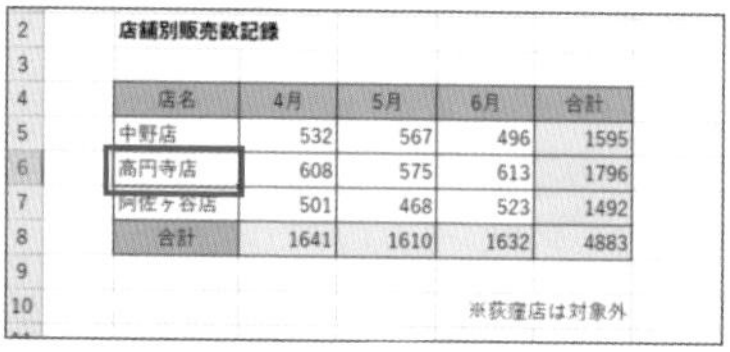

● After

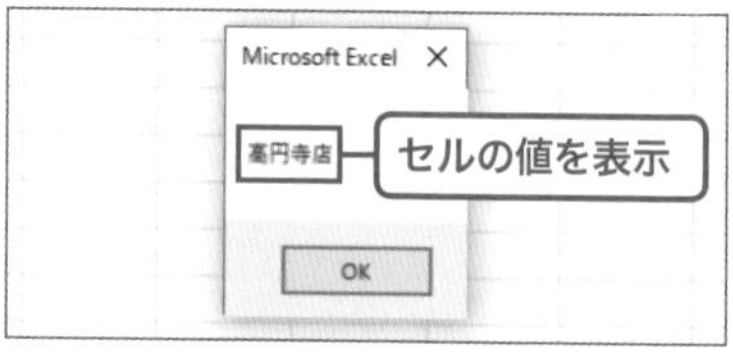

✔ COLUMN

アクティブセルと選択範囲

「アクティブセル」とは、周りが太い線で囲まれ、文字の入力対象になっているセルのことです。セルをクリックすると、そのセルがアクティブセルになります。
一方、ワークシート上をドラッグすると、その開始と終了の位置を結ぶ線を対角線とする長方形のセル範囲が、濃い色で表示されます。この状態のセル範囲を「選択範囲」といいます。フォントや塗りつぶしの色といった書式は、選択範囲に対して設定されます。選択範囲の中でも、1つだけ色が濃くなっていないセルがあります。このセルも「アクティブセル」であり、打ち込んだデータは、やはりこのセルだけに入力されます。

選択範囲のセル番地を表示する

対象オブジェクトを省略したSelectionプロパティで、作業中のワークシートの選択範囲を表すRangeオブジェクトを取得できます。そのAddressプロパティで、「$A $1」のような形式のセル番地を調べ、MsgBox関数でメッセージ画面に表示させます。

SAMPLE **選択範囲のセル番地を表示**　s032_2

```
Sub m032_2()
    MsgBox Selection.Address
End Sub
```

▶ 実行結果

●Before

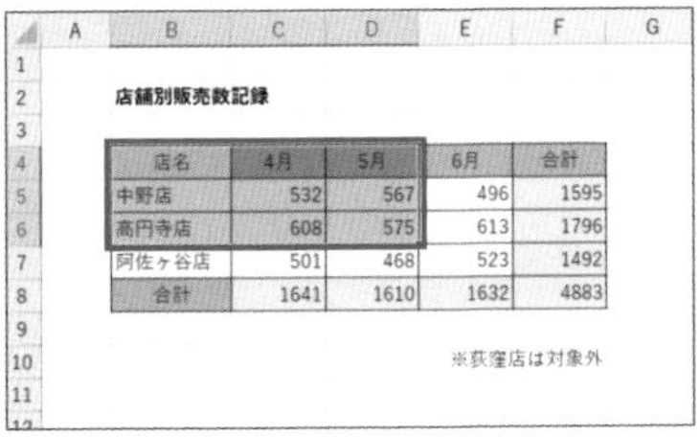

●After

✓ COLUMN

セル番地の表示

「セル番地」とは、セルやセル範囲のワークシート上での位置を表す番号のことです。通常、「A」「B」「C」……のように続いていく列番号と、「1」「2」「3」……のように続いていく行番号を組み合わせて、「A1」のように指定します。数式の中でほかのセルの値を計算する場合は、このセル番地を使用して目的のセルを参照します。「A1」のようなセル参照の形式を「A1形式」と呼びます。参照形式には、これ以外に「R1C1形式」もあります（P.131参照）。
また、長方形のセル範囲は、その左上端のセルと右下端のセルを「:」でつないで「B1:D2」などのように指定します。このセル範囲には、B1、B2、C1、C2、D1、D2の6つのセルが含まれます。セル参照を「A1」のように指定した数式のセルをコピーすると、コピー先の位置に応じて、自動的にセル参照が変化します。変化させないようにするには、「$A $1」のように、列番号と行番号の前にそれぞれ「$」を付けます。この「$」の付いた形式を「絶対参照」、付いていない形式を「相対参照」と呼びます。RangeオブジェクトのAddressプロパティでは、引数の指定を省略した場合、A1形式の絶対参照で表されたセル番地の文字列が取り出されます（Addressプロパティの引数についてはP.91参照）。
なお、ここではSelectionプロパティで取得した、選択範囲を表すRangeオブジェクトを対象にしていますが、Selectionの代わりにActiveCellプロパティを指定すると、選択範囲の中のアクティブセルのセル番地だけが表示されます。

SECTION
033
セルの選択

特定のセルを指定する

アクティブセルや選択範囲などで操作の対象を指定する方法は、毎回異なるセルを操作したいときに便利ですが、常に特定のセルをマクロの操作対象にしたい場合もあります。ここでは、特定のセルやセル範囲をセル番地で指定するコードを紹介します。

特定のセルの値を表示する

対象オブジェクトを省略したRangeプロパティに、引数としてセル番地を表す文字列を指定すると、対象のセルをRangeオブジェクトとして取得できます。指定するセル番地は、「A1」のような相対参照でも、「$A $1」のような絶対参照でもOKです。セルに設定した「名前」の文字列も指定可能です。ここでは、B7セルの値をValueプロパティで取り出し、MsgBox関数でメッセージ画面に表示させます。

SAMPLE **B7セルの値を表示**　s033_1

```
Sub m033_1()
    MsgBox Range("B7").Value
End Sub
```

実行結果

Before

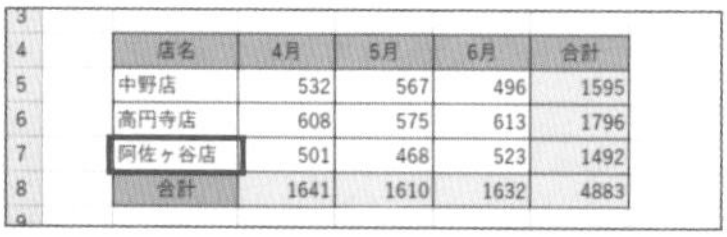

After

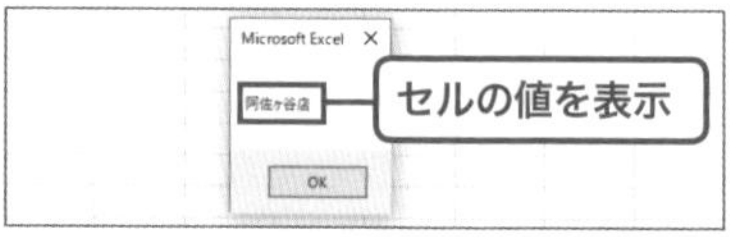

COLUMN

セルに「名前」を付ける

Excelでは、ワークシート上のセルやセル範囲に、「名前」を設定することができます。名前は、数式や各種の機能で、セルの指定に利用することができます。たとえば、商品の価格をまとめて入力した表の範囲に「価格表」という名前を付け、数式でセル番地の代わりにこの名前を指定するといったことが可能です。
セル（範囲）の名前は、数式バーの左側にある「名前ボックス」を利用して、簡単に付けることができます。対象のセル（範囲）を選択して名前ボックスをクリックし、付けたい名前を入力して、[Enter]キーを押せばOKです。

特定のセル範囲のセル番地を表示する

単独のセルではなくセル範囲をRangeオブジェクトとして取得するには、Rangeプロパティの引数に、その範囲のセル番地を指定します。セル範囲を表すRangeオブジェクトの場合、Valueプロパティの値は配列（P.76参照）となり、そのままMsgBox関数の引数に指定するとエラーになるので注意してください。ここでは、Addressプロパティに引数ReferenceStyleを指定して、対象のRangeオブジェクトのR1C1形式（P.131参照）のセル番地をメッセージ画面に表示します。

SAMPLE R1C1形式のセル番地を表示 s033_2

```
Sub m033_2()
    MsgBox Range("A3:B5").Address(ReferenceStyle:=xlR1C1)
End Sub
```

▶ 実行結果

Before

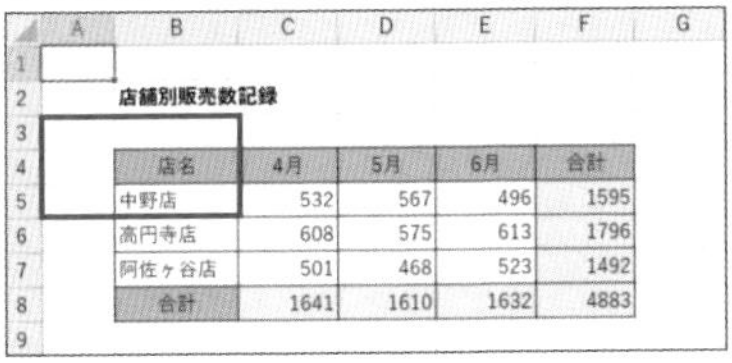

	A	B	C	D	E	F	G
1							
2		店舗別販売数記録					
3							
4		店名	4月	5月	6月	合計	
5		中野店	532	567	496	1595	
6		高円寺店	608	575	613	1796	
7		阿佐ヶ谷店	501	468	523	1492	
8		合計	1641	1610	1632	4883	
9							

After

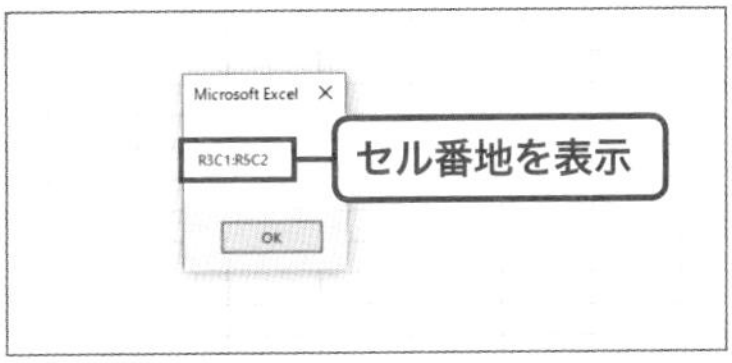

COLUMN

Addressプロパティの引数

Addressプロパティには5つの引数が指定できますが、すべて省略可能です。ここでは、これまでの解説内容に関連した3つの引数について説明します。

・RowAbsolute

戻り値のセル番地で、行部分の参照を絶対参照にするか相対参照にするかを、TrueまたはFalseで指定します。A1形式の場合、この引数にTrueを指定するか省略すると、「$1」のように行番号の前に「$」を付けて表示されます。Falseを指定すると、行番号が単に「1」のように表示されます。

・ColumnAbsolute

戻り値のセル番地で、列部分の参照を絶対参照にするか相対参照にするかを、TrueまたはFalseで指定します。A1形式の場合、この引数にTrueを指定するか省略すると、「$A」のように列番号の前に「$」を付けて表示されます。Falseを指定すると、列番号が単に「A」のように表示されます。

・ReferenceStyle

セル番地の参照形式を指定します。この引数に定数「xlA1」を指定するか省略するとA1形式に、定数「xlR1C1」を指定するとR1C1形式になります。

SECTION
034
セルの選択

セルやセル範囲を選択する

セルやセル範囲を表すRangeオブジェクトを取得したら、セル操作の基本となる“選択”を実行してみましょう。この操作には、ActivateメソッドまたはSelectメソッドを利用します。どちらも似た操作ですが、ここではその使い分けのポイントも解説します。

セルを選択する

セルを選択するには、そのRangeオブジェクトのSelectメソッドを実行します。ここでは1つのセルだけを選択していますが、セル範囲を表すRangeオブジェクトを対象にSelectメソッドを実行した場合は、そのセル範囲が選択されます。

SAMPLE **C5セルを選択**　s034_1

```
Sub m034_1()
    Range("C5").Select
End Sub
```

実行結果

Before

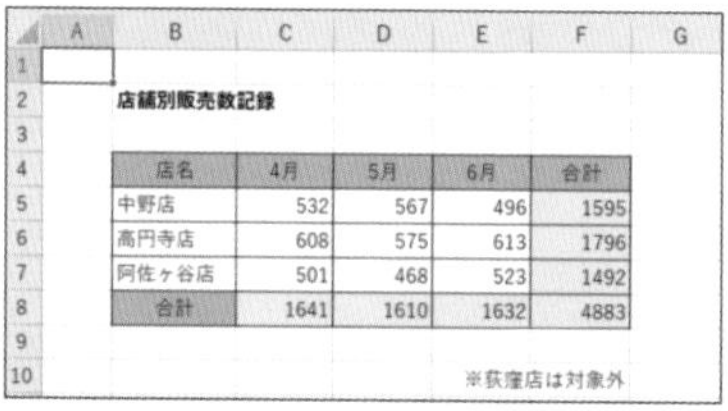

After

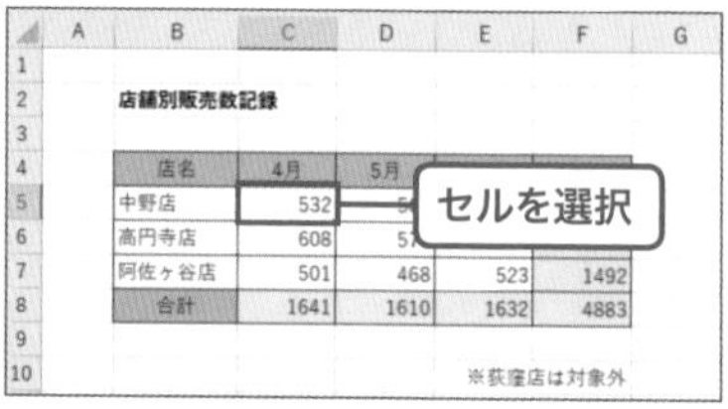

COLUMN

SelectメソッドとActivateメソッド

1つのセルだけを選択している状態でマクロを実行した場合、Selectメソッドの代わりにActivateメソッドを使用しても、同じように対象のセルが選択されます。

SAMPLE **C5セルをアクティブ化**　s034_2

```
Sub m034_2()
    Range("C5").Activate
End Sub
```

範囲選択を解除して1つのセルを選択する

Selectメソッドと Activateメソッドの実行結果が異なるのは、セル範囲を選択している状態で、その中の1つのセルに対して実行した場合です。Selectメソッドを実行すると、範囲選択が解除され、指定した1つのセルだけが選択されます。

SAMPLE E5セルを選択 s034_3

```
Sub m034_3()
    Range("E5").Select
End Sub
```

▶ 実行結果

● Before

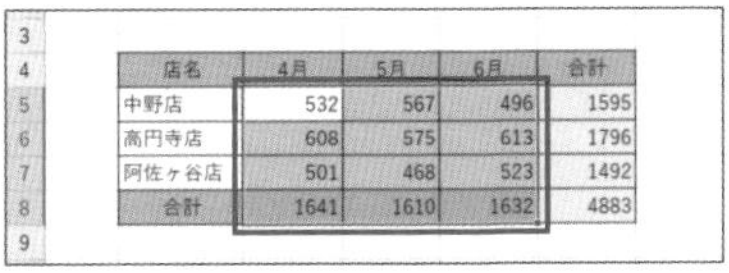

● After

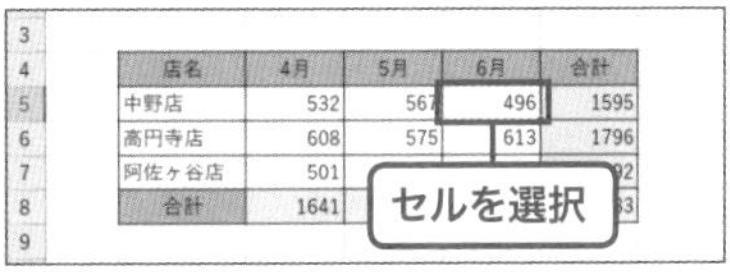

選択範囲内のアクティブセルを変更する

セル範囲を選択している状態で、その中の1つのセルに対してActivateメソッドを実行すると、選択範囲はそのままで、指定したセルがアクティブセルになります。なお、選択範囲の外のセル（範囲）を対象に実行した場合は、Selectメソッド、Activateメソッドのいずれも、現在の選択範囲が解除されて、指定したセル（範囲）が選択されます。

SAMPLE E5セルをアクティブ化 s034_4

```
Sub m034_4()
    Range("E5").Activate
End Sub
```

▶ 実行結果

● Before

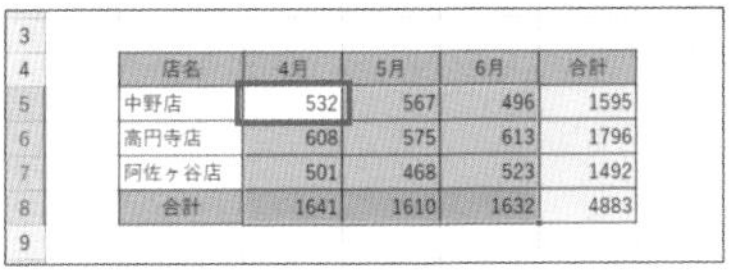

● After

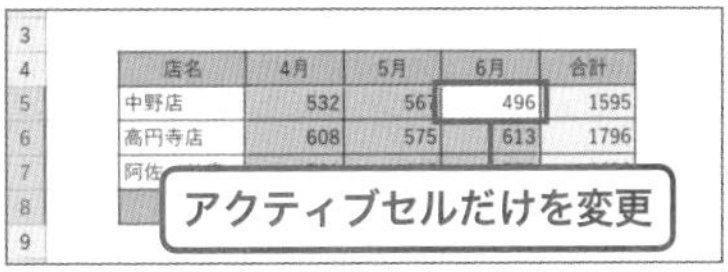

SECTION
035
セルの選択

行・列を指定してセルを選択する

Rangeプロパティは、セル番地を指定して、そのセルを表すRangeオブジェクトを取得するものでした。そのほかに、行番号と列番号を指定して、その位置に当たるセルを取得することもできます。この操作には、Cellsプロパティを使用します。

指定した行・列のセルを選択する

対象オブジェクトを省略したCellsプロパティに、行番号と列番号を指定すると、ワークシート内の該当する位置にあるセルを表すRangeオブジェクトを取得できます。列番号は、左側から数えた数値か、「"A"」などの列見出しを表す文字列で指定できます。ここでは、6行目×4列目に当たるD6セルを、Selectメソッドで選択します。

SAMPLE　**6行目×4列目のセルを選択**　s035_1

```
Sub m035_1()
    Cells(6, 4).Select
End Sub
```

実行結果

Before

After

COLUMN

Cellsプロパティの機能

対象オブジェクトを省略したCellsプロパティでは、作業中のワークシートの全セルを表すRangeオブジェクト(Rangeコレクション)が取得できます。実は、Cellsプロパティの機能は“これだけ”です。行番号と列番号を指定してセルを取り出すのは、Rangeコレクションそのものの機能です。そのため、Cellsプロパティ以外の方法で取得したRangeコレクションでも、同様に行番号と列番号を指定し、そのセル範囲内で該当する位置にあるセルを表すRangeオブジェクトを取得することが可能です（次ページ参照）。

選択範囲内で指定した位置のセルをアクティブにする

Selectionプロパティで選択範囲を表すRangeコレクションを取得し、行番号と列番号を指定すると、選択範囲内の特定の位置のセルを操作することができます。ここでは、選択範囲内におけるアクティブセルの位置を、上から3行目、左から2列目のセルに変更します。

SAMPLE **指定位置のセルをアクティブ化** s035_2

```
Sub m035_2()
    Selection(3, 2).Activate
End Sub
```

実行結果

Before

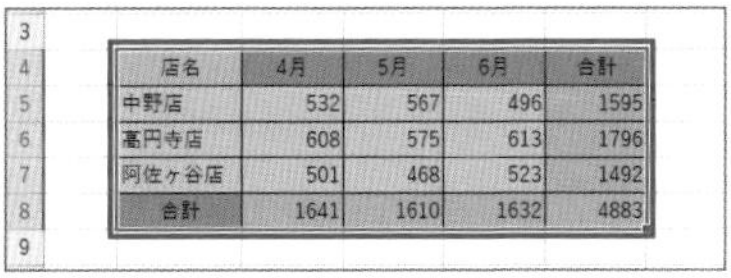

After

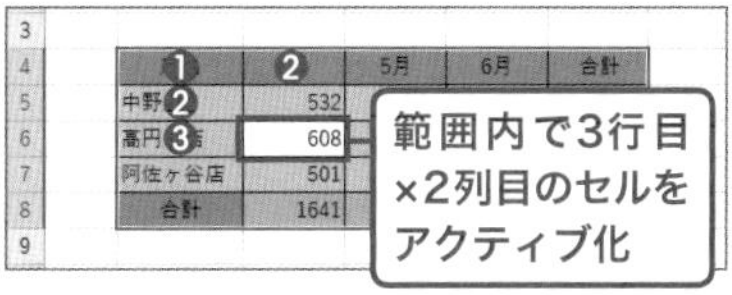

選択範囲の指定した順番のセルをアクティブにする

Rangeコレクションに、インデックスとして数値を1つだけ指定した場合は、その順番に当たるセルが取得されます。この「順番」とは、まず先頭行の左端から右側へ数えていき、右端のセルまでいったら次の行の左端に戻る…というものです。ここでは、選択範囲の中で7番目のセルをアクティブにします。

SAMPLE **指定した順番のセルをアクティブ化** s035_3

```
Sub m035_3()
    Selection(7).Activate
End Sub
```

実行結果

Before

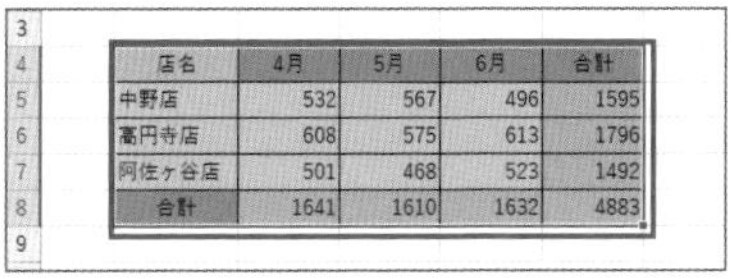

After

SECTION 036 行・列の選択

行や列を選択する

行単位または列単位のセル範囲を表すRangeオブジェクトを取得します。Rangeプロパティでも行または列を指定することは可能ですが、Rowsプロパティでは行全体を、Columnsプロパティでは列全体を表すRangeオブジェクトを取得できます。

行番号で選択する

対象オブジェクトを省略したRowsプロパティで、セル全体を行単位のまとまりにしたRangeコレクションを取得できます。これにインデックス（行番号）を指定すると、その行全体を表すRangeオブジェクトを取得できます。次の例は、上から5番目の行をSelectメソッドで選択するコードです。

SAMPLE 指定した行を選択 s036_1

```
Sub m036_1()
    Rows(5).Select
End Sub
```

実行結果

Before

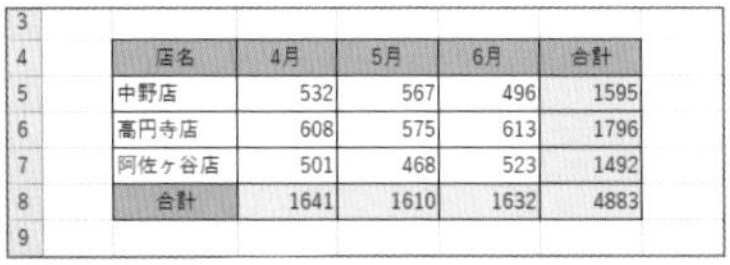

After

COLUMN

列番号で選択する

同様にColumnsプロパティでセル全体の列単位のまとまりを表すRangeコレクションを取得し、インデックスで特定の列を取り出せます。次の例は、左から3番目の列（C列）を選択するコードです。

SAMPLE 指定した列を選択 s036_2

```
Sub m036_2()
    Columns(3).Select
End Sub
```

行単位で選択する

複数の行の範囲をRangeオブジェクトとして取得したい場合は、Rowsプロパティで取得したRangeコレクションのインデックスに行単位のセル参照を表す文字列を指定します。たとえば2～5行は、「2:5」という文字列で指定します。

SAMPLE **行範囲を選択** s036_3

```
Sub m036_3()
    Rows("2:5").Select
End Sub
```

▶ 実行結果

●Before

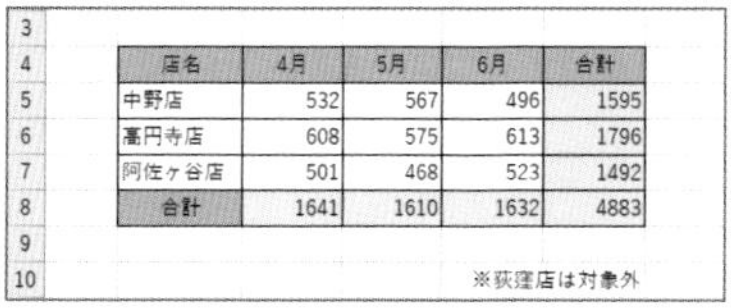

●After

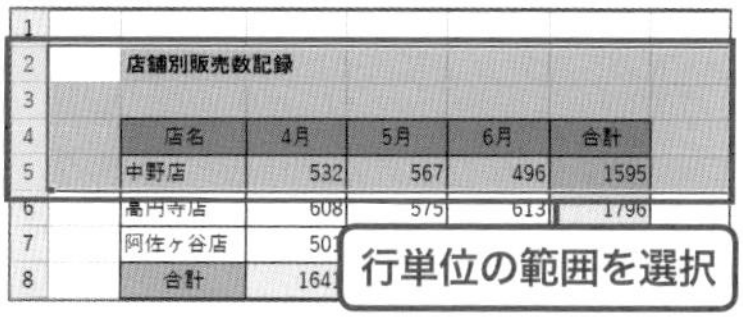

列単位で選択する

複数の列の範囲をRangeオブジェクトとして取得したい場合は、Columnsプロパティで取得したRangeコレクションのインデックスに列単位のセル参照を表す文字列を指定します。たとえばB～E列の場合は、「B:E」という文字列で指定します。

SAMPLE **列範囲を選択** s036_4

```
Sub m036_4()
    Columns("B:E").Select
End Sub
```

▶ 実行結果

●Before

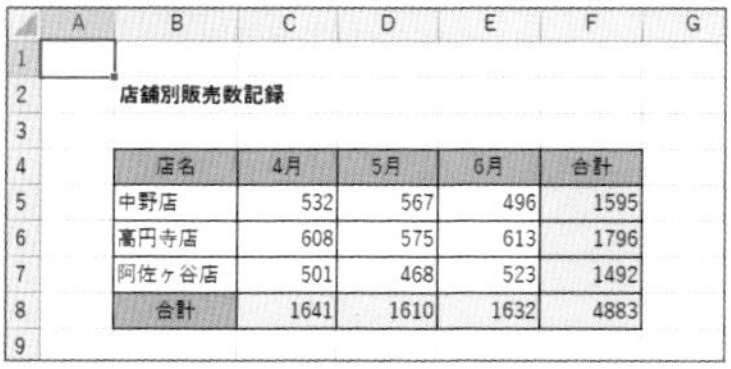

●After

SECTION
037
セル範囲の選択

始点と終点を指定してセル範囲を選択する

指定した2つのセルを左上端および右下端とする長方形のセル範囲を、Rangeオブジェクトとして取得できます。また、指定した2つのセル範囲を両方含む長方形のセル範囲を取得することも可能です。

範囲の始点と終点を指定して選択する

Rangeプロパティには、2つの引数を指定する使い方もあります。セル番地を表す2つの文字列を指定すると、それらを左上端および右下端とする長方形のセル範囲を、Rangeオブジェクトとして取得できます。ここでは、B4～E6のセル範囲を選択します。

SAMPLE **2つの番地で範囲を指定**　s037_1

```
Sub m037_1()
    Range("B4", "E6").Select
End Sub
```

▶ 実行結果

Before

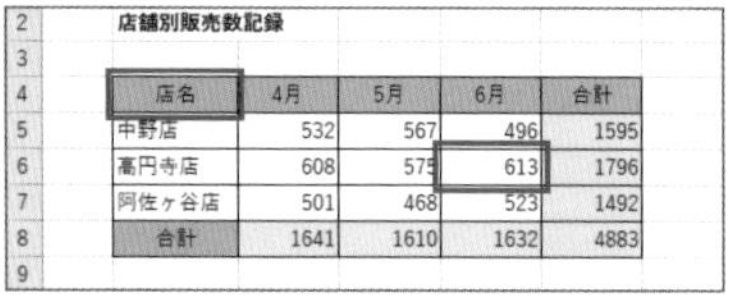

After

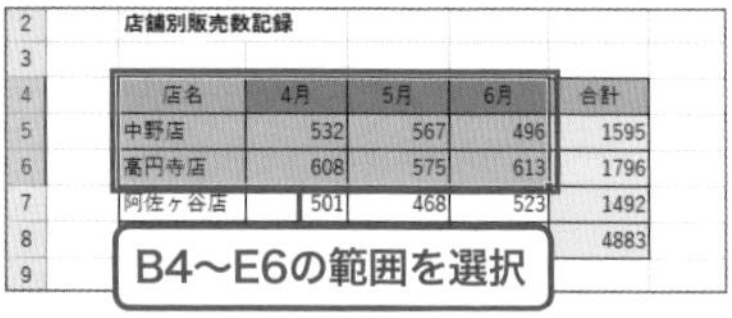

COLUMN

引数にRangeオブジェクトを指定する

Rangeプロパティの引数には、セル番地を表す文字列のほかに、Rangeオブジェクトを表すプロパティを指定することもできます。次の例は、B4セルとアクティブセルを左上端および右下端とするセル範囲を選択するコードです。

SAMPLE **アクティブセルまでの範囲を選択**　s037_2

```
Sub m037_2()
    Range("B4", ActiveCell).Select
End Sub
```

2つの範囲を含む長方形の範囲を選択する

Rangeプロパティの2つの引数に、それぞれ単独のセルではなくセル範囲を指定した場合は、その2つのセル範囲のうち、上下左右のそれぞれ最も端にあるセルを含む長方形の範囲が取得されます。ここでは、2つの引数にB5～D6とC3～E8の各セル範囲を指定して、それらの範囲を含む長方形のセル範囲を選択します。

SAMPLE **2つの範囲を含む範囲を選択**　s037_3

```
Sub m037_3()
    Range("B5:D6", "C3:E8").Select
End Sub
```

▶ 実行結果

●Before

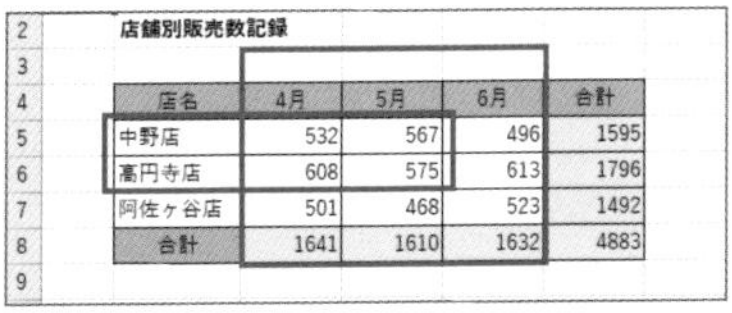

●After

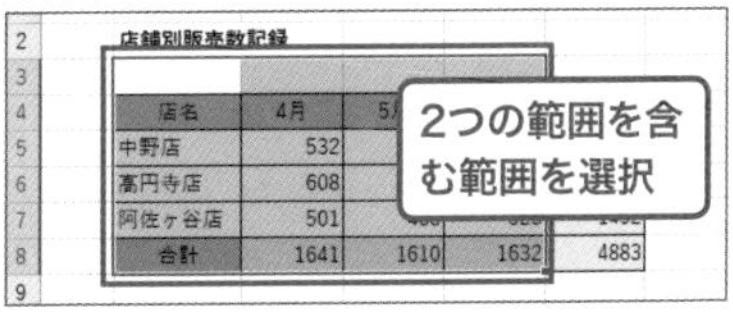

セル範囲と選択範囲を含む範囲を選択する

Rangeプロパティの引数に、選択範囲を表すSelectionプロパティを指定することも可能です。ここでは、2つの引数にB2～D4のセル範囲と選択範囲を指定して、それらの範囲を含む長方形のセル範囲を選択します。

SAMPLE **指定範囲と選択範囲を含む範囲を選択**　s037_4

```
Sub m037_4()
    Range("B2:D4", Selection).Select
End Sub
```

▶ 実行結果

●Before

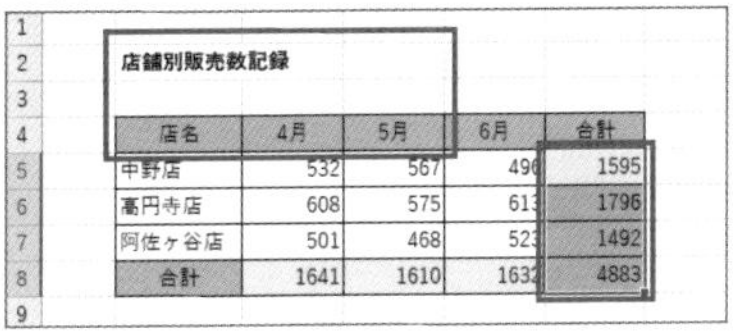

●After

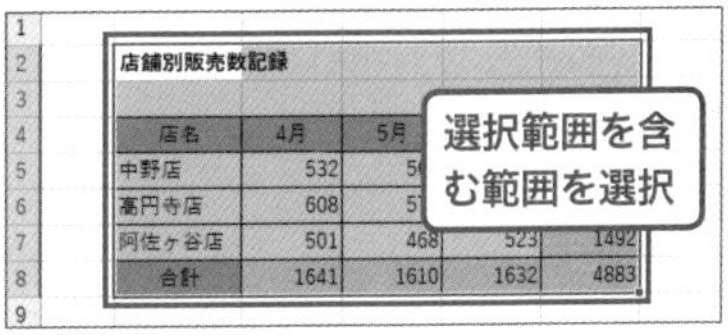

SECTION
038
セル範囲の選択

行数と列数を指定してセル範囲を選択する

特定のセルを基準（左上端）として、そこから指定した行数×列数のセル範囲をRangeオブジェクトとして取得することができます。また、基準のセルを「A1」とする相対的なセル参照で、セル範囲を指定することも可能です。

指定した行数×列数のセル範囲を選択する

特定のセルを左上端として、指定した行数と列数のセル範囲をRangeオブジェクトとして取得するには、基準のセルを表すRangeオブジェクトのResizeプロパティを使用します。引数として、行数をRowSize、列数をColumnSizeで指定します。いずれの引数も省略可能で、省略した場合は対象のRangeオブジェクトの行数または列数が保持されます。ここでは、B4セルを左上端とする3行×5列のセル範囲を選択します。

SAMPLE 指定した行数×列数のセル範囲を選択　s038_1

```
Sub m038_1()
    Range("B4").Resize(RowSize:=3, ColumnSize:=5).Select
End Sub
```

実行結果

Before

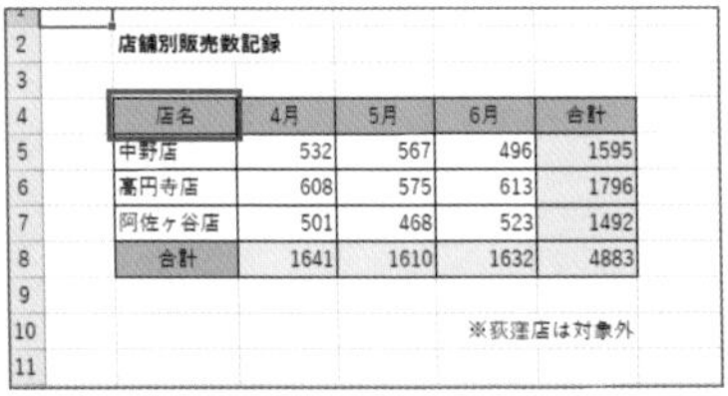

After

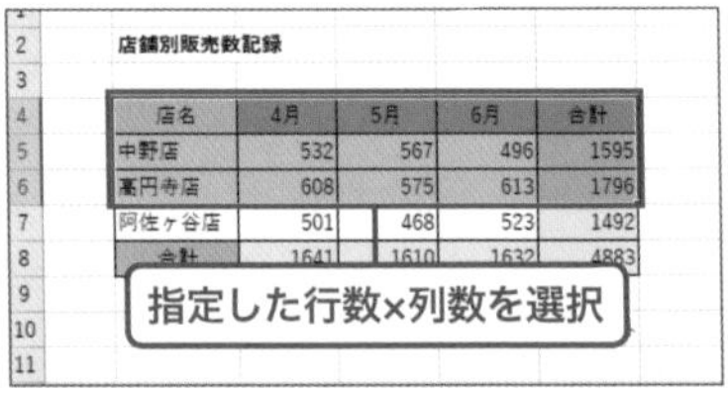

COLUMN

セル範囲を対象にResizeプロパティを使用する

Resizeプロパティは、単独のセルだけでなく、長方形のセル範囲を表すRangeオブジェクトを対象に使用することも可能です。この場合、その左上端のセルを基準として、セル範囲を指定した行数×列数に変更したRangeオブジェクトが取得できます。

現在の選択範囲を広げる

選択範囲を表すRangeオブジェクトにRowsプロパティを指定すると、対象のセル範囲を行ごとのグループに区切ったRangeコレクションが取得できます。これにCountプロパティを指定すると、コレクションに含まれる行を表すRangeオブジェクトの数が求められます。この選択範囲の行数に、広げたい行数を加え、Resizeプロパティの引数RowSizeに指定します。ここでは、2行分広げています。
なお、選択範囲の列を右方向へ広げたい場合は、同様のコードでRowsプロパティの代わりにColumnsプロパティを使用し、Resizeプロパティで引数ColumnSizeを指定します。

SAMPLE 選択範囲を2行下まで拡張 s038_2

```
Sub m038_2()
    Selection.Resize(RowSize:=Selection.Rows.Count + 2).Select
End Sub
```

▶ 実行結果

● Before

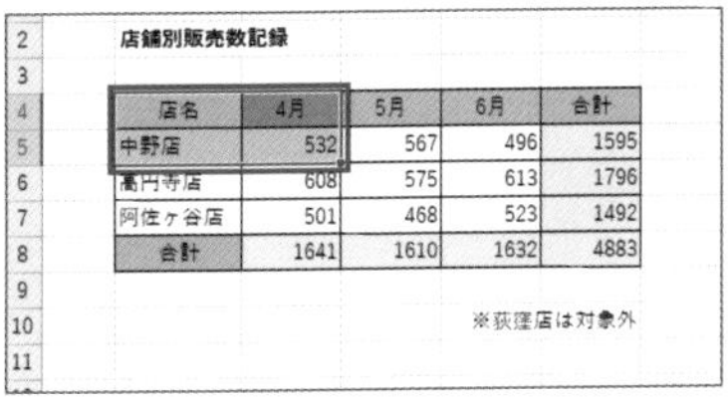

● After

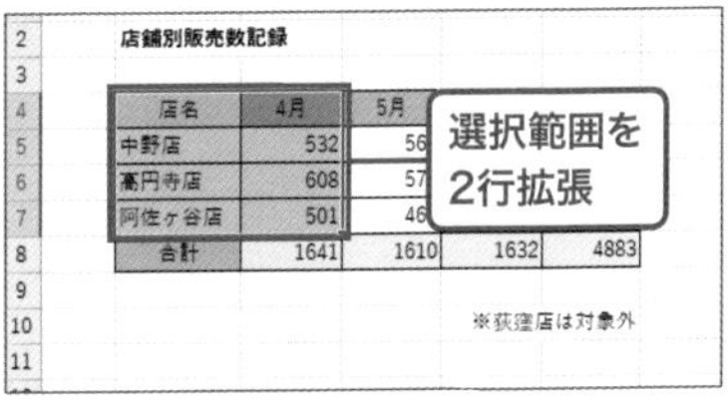

✓ COLUMN

基準からの相対的なセル参照でセル範囲を選択する

Rangeオブジェクトを対象にRangeプロパティを指定すると、対象のセルを基準とする相対的なセル参照で、セル範囲を指定することができます。たとえば、D6セルがアクティブセルのとき、「A1:B3」という3行×2列のセル範囲を引数にしたRangeプロパティで、D6セルを左上にした場合のA1:B3のセル範囲、つまりD6:E8というセル範囲を表すRangeオブジェクトが取得できます。

SAMPLE アクティブセルを基準に相対的なセル範囲を選択 s038_3

```
Sub m038_3()
    ActiveCell.Range("A1:B3").Select
End Sub
```

SECTION
039
セルを基準に選択

セルの上下左右のセルを選択する

特定のセルを基準に、指定の行数だけ上下にずらしたセル、または指定の列数だけ左右にずらしたセルをRangeオブジェクトとして取得できます。行と列をずらす量は同時に指定可能です。また、基準を単独のセルではなく、セル範囲にすることもできます。

上下左右にずらしたセルを選択する

特定のセルから上下左右に指定の量だけずらした位置にあるセルをRangeオブジェクトとして取得するには、対象のRangeオブジェクトのOffsetプロパティを使用します。引数として、ずらす行数をRowOffset、ずらす列数をColumnOffsetで指定します。正の数は下または右方向、負の数は上または左方向です。どちらの引数も省略可能で、省略した場合はずらしません。ここでは、D5セルの3行上のセルを選択します。

SAMPLE　3行上のセルを選択　s039_1

```
Sub m039_1()
    Range("D5").Offset(RowOffset:=-3).Select
End Sub
```

実行結果

Before

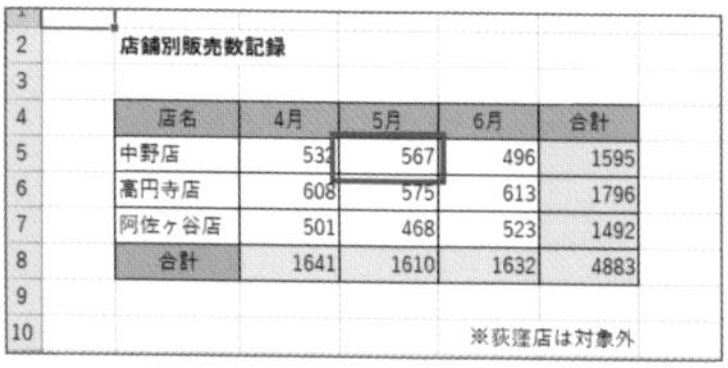

After

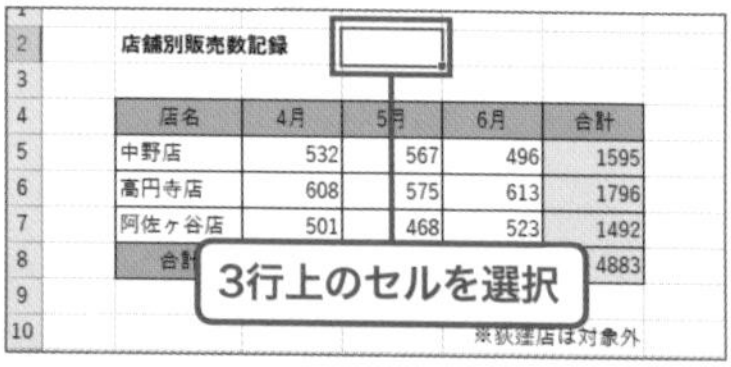

COLUMN

セル範囲を対象にOffsetプロパティを使用する

Offsetプロパティは、単独のセルだけでなく、長方形のセル範囲を表すRangeオブジェクトを対象に使用することも可能です。この場合は、対象のセル範囲全体の行数×列数を維持したまま、指定した方向へずらしたセル範囲を、Rangeオブジェクトとして取得できます。

選択範囲を上下左右にずらす

Offsetプロパティを利用して、選択範囲を、その行数×列数のまま、2行下の3列左へずらしてみましょう。Selectionプロパティで取得した選択範囲を表すRangeオブジェクトに対し、Offsetプロパティを使用します。

SAMPLE 選択範囲を2行下の3列左へずらす s039_2

```
Sub m039_2()
    Selection.Offset(RowOffset:=2, ColumnOffset:=-3).Select
End Sub
```

▶ 実行結果

Before

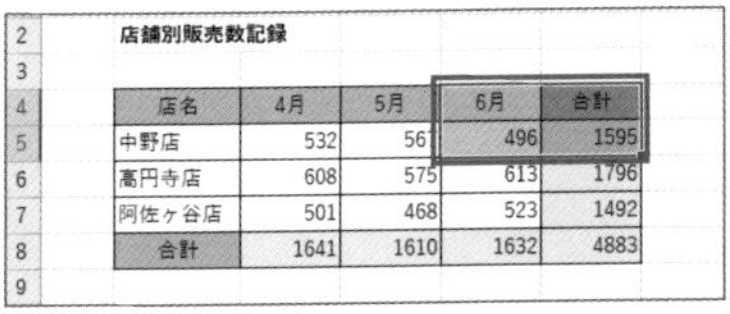

After

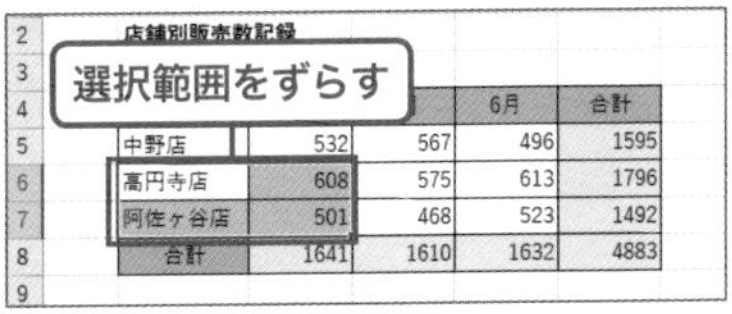

選択範囲を拡張する

Rangeプロパティと Offsetプロパティを組み合わせると、現在の選択範囲を拡張できます。ここでは、Rangeプロパティの2つの引数として、Selectionプロパティで取得したRangeオブジェクトと、それをOffsetプロパティで上へ2行分ずらしたRangeオブジェクトを指定し、2行上まで拡張したRangeオブジェクトを取得して、改めて選択します。

SAMPLE 選択範囲を上に2行拡張 s039_3

```
Sub m039_3()
    Range(Selection, Selection.Offset(RowOffset:=-2)).Select
End Sub
```

▶ 実行結果

Before

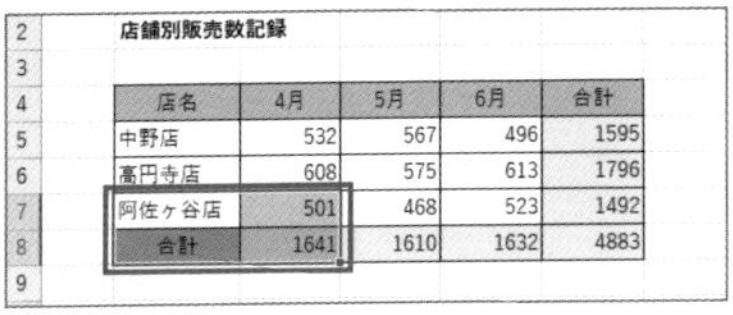

After

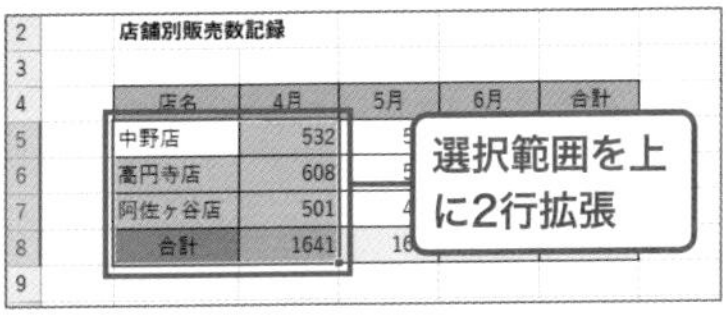

SECTION
040
セルを基準に選択

表の上端・下端・左端・右端のセルを選択する

上から順番にデータを入力している列で、一番下にある入力済みのセルを、Rangeオブジェクトとして取得することができます。同様に、連続してデータが入力されているセル範囲の上端・左端・右端の各セルを取得することも可能です。

入力済みの下端のセルを選択する

RangeオブジェクトのEndプロパティを利用すると、基準のセルから指定した方向の終端セルをRangeオブジェクトとして取得することができます。「終端セル」とは、データが連続して入力されている場合は空白セルの手前のセル、空白セルが続いている場合は次にデータが入力されているセルか、その方向のワークシートの端のセルのことです。

定数	方向
xlDown	下
xlUp	上
xlToRight	右
xlToLeft	左

ここでは、C5セルを基準として、下方向の終端セルを選択します。Endプロパティでは、引数Directionに終端セルを探す方向を4種類の定数で指定します。下方向はxlDownです。

SAMPLE　下方向の終端セルを選択　s040_1

```
Sub m040_1()
    Range("C5").End(Direction:=xlDown).Select
End Sub
```

▶ 実行結果

Before

After

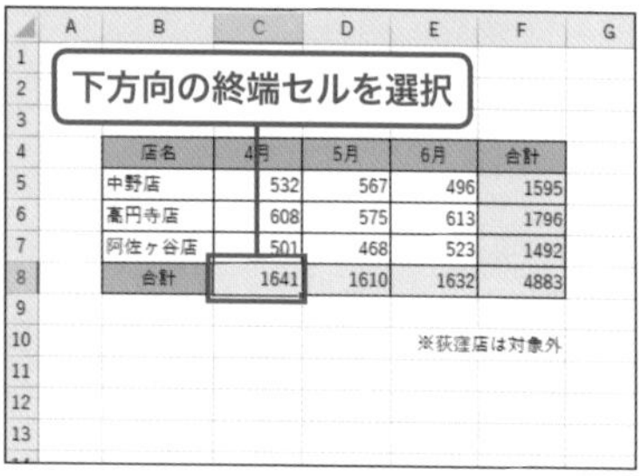

シートの最下行から下端のセルを選択する

Endプロパティで上のセルから下方向の終端セルを取得しても、途中のセルが空白の可能性があります。その列の一番下の入力済みセルを確実に取得するには、最下行から上方向の終端セルを取得します。ここでは、F列の下端のセルを選択します。

SAMPLE F列の下端のセルを選択 s040_2

```
Sub m040_2()
    Range("F1048576").End(Direction:=xlUp).Select
End Sub
```

▶ 実行結果

●Before

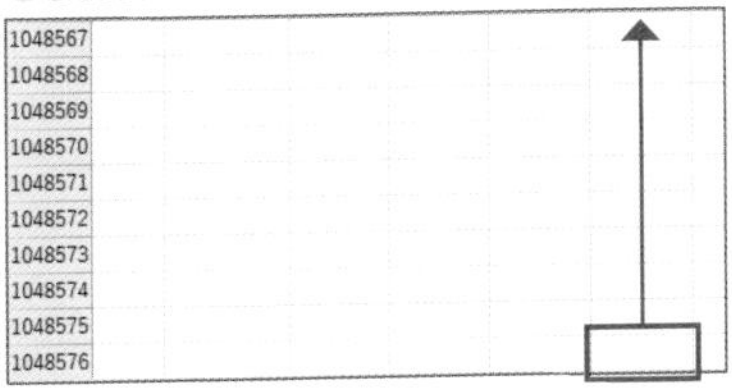

●After

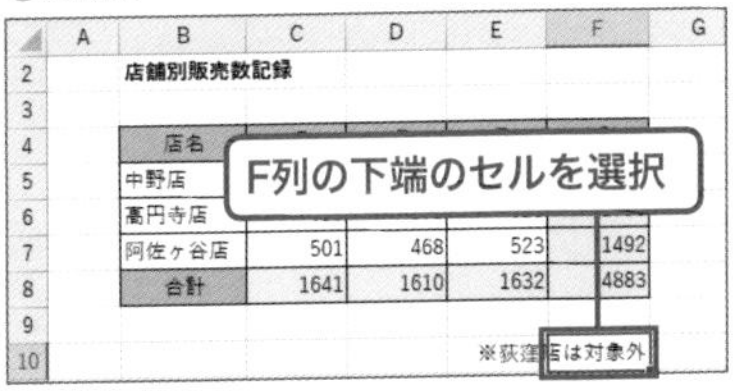

アクティブセルから入力済みの右端セルまでを選択する

Rangeプロパティと Endプロパティを組み合わせて、アクティブセルから終端セルまで選択範囲を拡張します。Rangeプロパティの2つの引数に、ActiveCellプロパティで取得したRangeオブジェクトと、Endプロパティで取得した右方向の終端セルを表すRangeオブジェクトを指定し、取得したRangeオブジェクトを選択します。

SAMPLE 終端セルまで選択範囲を拡張 s040_3

```
Sub m040_3()
    Range(ActiveCell, ActiveCell.End(Direction:=xlToRight)).Select
End Sub
```

▶ 実行結果

●Before

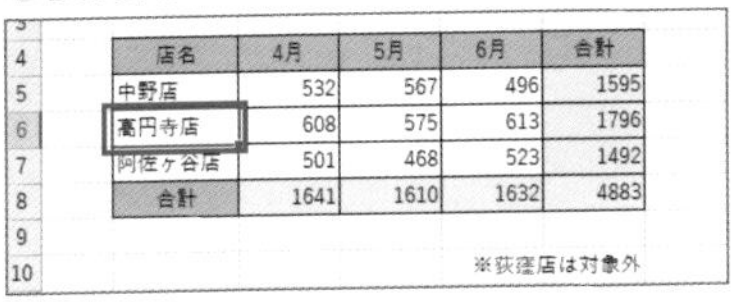

●After

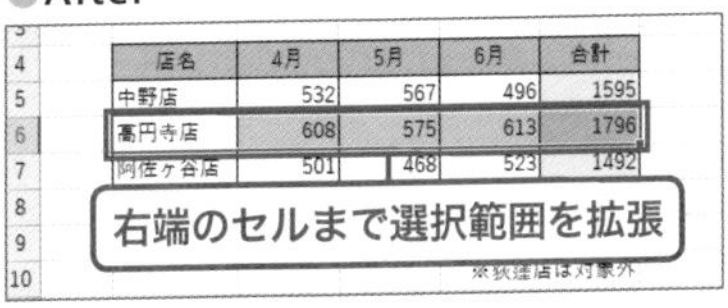

SECTION
041
セルを基準に選択

表の特定の行・列の範囲を選択する

対象のセル範囲の中で、特定の行や列のセル範囲を指定し、Rangeオブジェクトとして取得することができます。この操作では、RowsプロパティやColumnsプロパティを、Rangeオブジェクトを対象として使用します。

表の特定の行を選択する

表の中で、指定した行を表すRangeオブジェクトを取得するには、表の範囲を表すRangeオブジェクトのRowsプロパティで行単位に区切ったRangeコレクションを取得し、インデックスとして目的の行の順番を表す数値を指定します。ここでは、表の範囲で3行目に当たるセル範囲を選択します。

SAMPLE　**表の範囲の3行目を選択**　s041_1

```
Sub m041_1()
    Range("B4:F8").Rows(3).Select
End Sub
```

▶ 実行結果

●Before

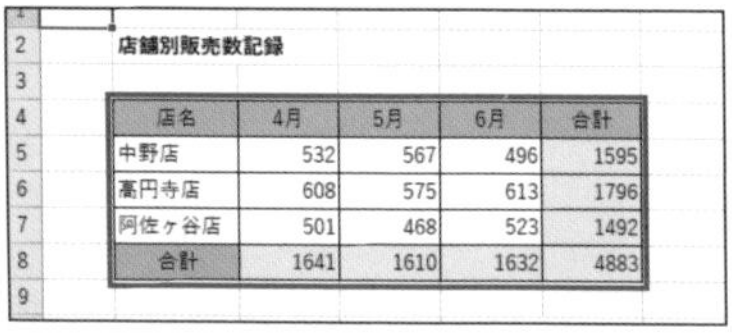

●After

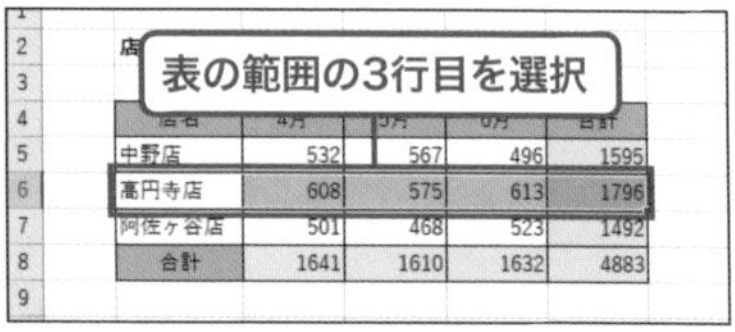

COLUMN

Rows／Columnsプロパティの機能

Rowsプロパティは、セルの集合であるRangeコレクションを、行の集合であるRangeコレクションとして区切り直す機能を持っています。このRangeコレクションのCountプロパティを取り出すと、その中に含まれるセルの個数ではなく、行数が求められます。また、インデックスとして数値を指定すると、表の範囲の中で、上から数えてその順番に当たる行を表すRangeオブジェクトが取得できます。同様に、Columnsプロパティは、Rangeオブジェクトを列の集合であるRangeコレクションとして区切り直す機能を持っています。

選択範囲の特定の列を選択する

SelectionプロパティでJ取得した選択範囲を表すRangeオブジェクトのColumnsプロパティを利用して、選択範囲の左から3列目を選択します。選択するのが1列だけなら、インデックスとして目的の列の順番を表す数値を指定します。

SAMPLE 選択範囲の3列目を選択 s041_2

```
Sub m041_2()
    Selection.Columns(3).Select
End Sub
```

▶ 実行結果

● Before

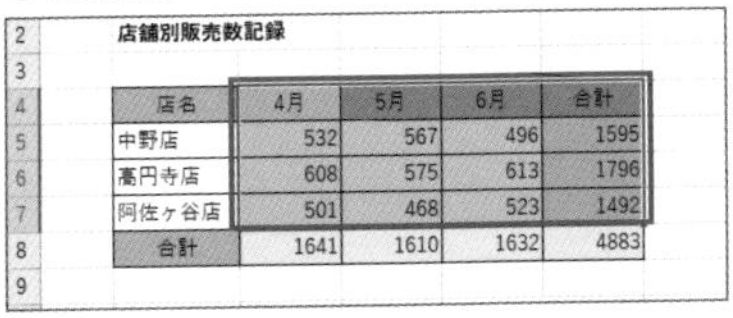
店舗別販売数記録

店名	4月	5月	6月	合計
中野店	532	567	496	1595
高円寺店	608	575	613	1796
阿佐ヶ谷店	501	468	523	1492
合計	1641	1610	1632	4883

● After

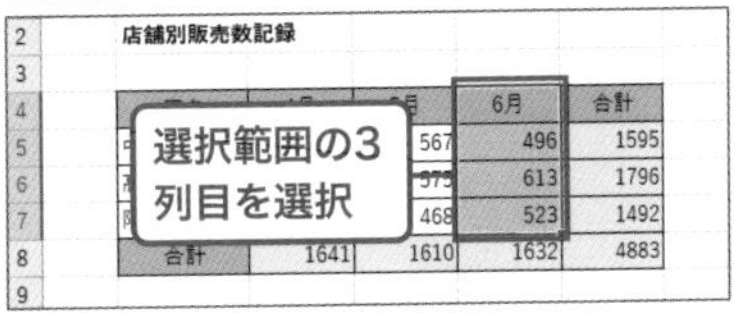

選択範囲の複数列を選択する

選択範囲内の複数列を選択したい場合は、Columnsプロパティを使用し、インデックスとしてその列の範囲を表す参照文字列を指定します。ただし、その参照文字列は、対象のセル範囲の左端の列を「A列」とする相対的な指定にします。たとえば、「B:C」とすると、実際のB〜C列ではなく、対象の範囲内の2〜3列目が指定されます。

SAMPLE 選択範囲の2〜3列目を選択 s041_3

```
Sub m041_3()
    Selection.Columns("B:C").Select
End Sub
```

▶ 実行結果

● Before

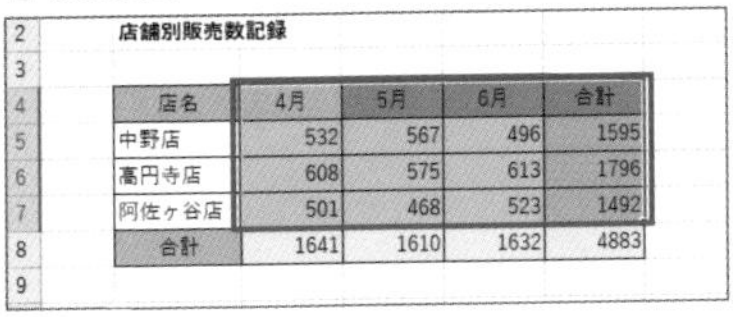
店舗別販売数記録

店名	4月	5月	6月	合計
中野店	532	567	496	1595
高円寺店	608	575	613	1796
阿佐ヶ谷店	501	468	523	1492
合計	1641	1610	1632	4883

● After

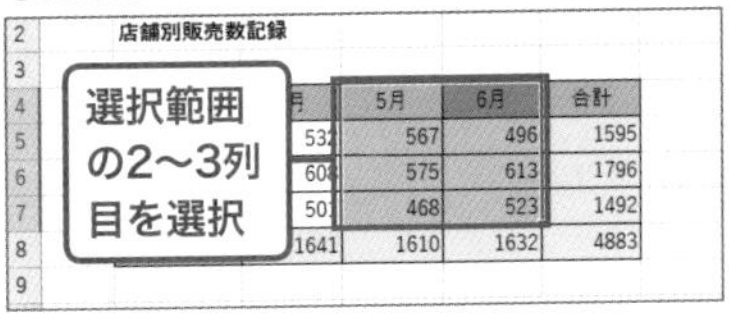

SECTION 042 全体の選択

セルの行全体・列全体を選択する

対象のセルを含む行全体または列全体を、Rangeオブジェクトとして取得することができます。Rangeオブジェクトを対象とする操作の中には、行全体または列全体に対してしか実行できないものがあるため、個別のセルの選択状態を行または列全体に広げます。

特定のセルを含む行全体を選択する

特定のセルを表すRangeオブジェクトのEntireRowプロパティで、そのセルを含む行全体を表すRangeオブジェクトを取得することができます。ここでは、C6セルを含む行全体を選択します。

SAMPLE C6セルを含む行全体を選択　s042_1

```
Sub m042_1()
    Range("C6").EntireRow.Select
End Sub
```

▶実行結果

●Before

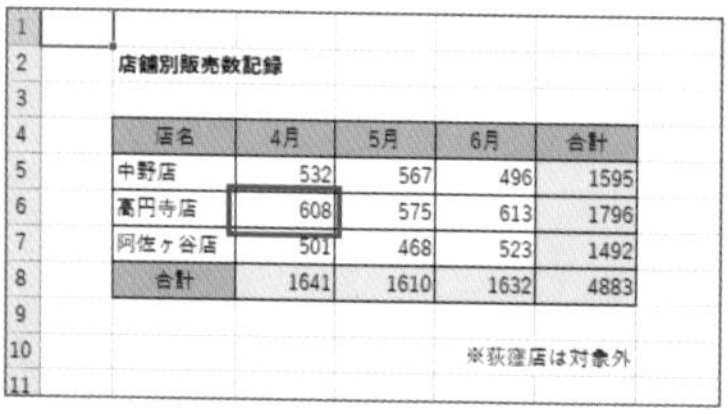

●After

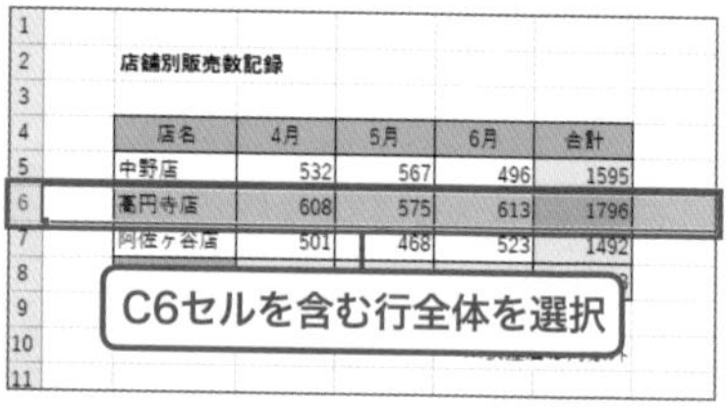

COLUMN

複数の行全体を選択する

1つのセルではなく、複数の行に渡るセル範囲を表すRangeオブジェクトのEntireRowプロパティでは、複数の行全体を表すRangeオブジェクトを取得できます。

SAMPLE 複数の行全体を選択　s042_2

```
Sub m042_2()
    Range("B4:C6").EntireRow.Select
End Sub
```

特定のセルを含む列全体を選択する

特定のセルを含む列全体を表すRangeオブジェクトを取得するには、EntireColumnプロパティを使用します。ここでは、ActiveCellプロパティでアクティブセルを表すRangeオブジェクトを取得し、そのセルを含む列全体を選択します。

SAMPLE **アクティブセルを含む列全体を選択** s042_3

```
Sub m042_3()
    ActiveCell.EntireColumn.Select
End Sub
```

▶ 実行結果

Before

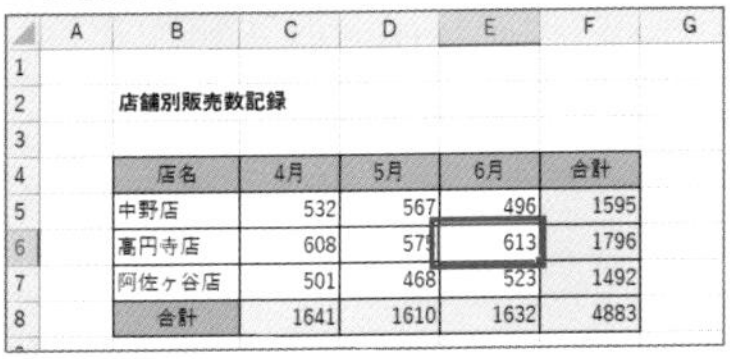

After

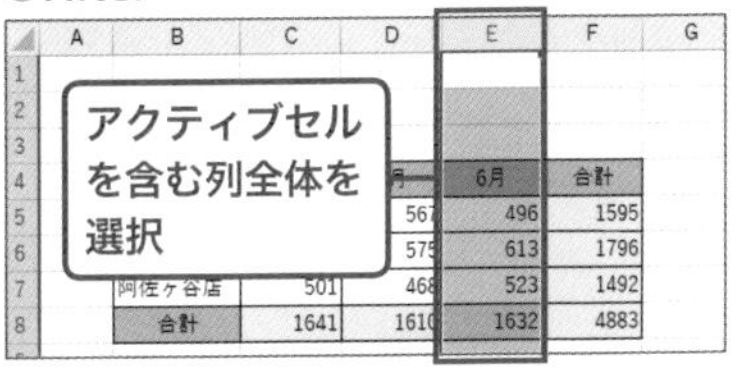

選択範囲を含む列全体を選択する

複数の列に渡るセル範囲を表すRangeオブジェクトのEntireColumnプロパティで、その複数の列全体を表すRangeオブジェクトを取得できます。Selectionプロパティで選択範囲を表すRangeオブジェクトを取得し、その列全体を選択します。

SAMPLE **選択範囲を含む列全体を選択** s042_4

```
Sub m042_4()
    Selection.EntireColumn.Select
End Sub
```

▶ 実行結果

Before

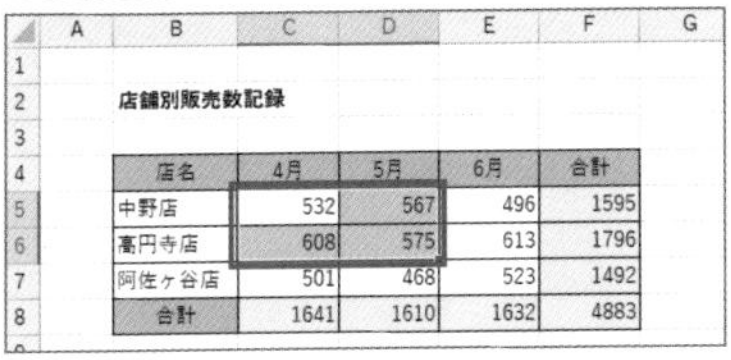

After

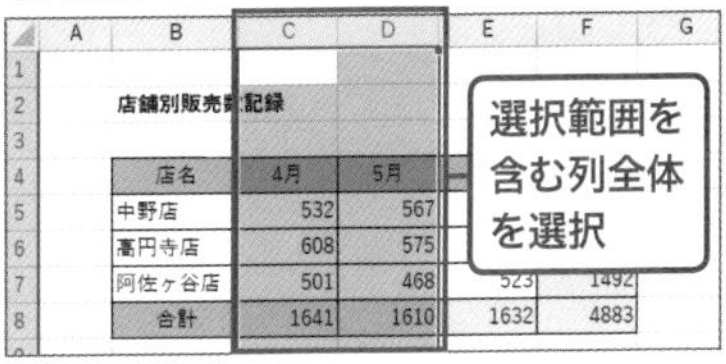

SECTION
043
全体の選択

表全体を選択する

対象のセルを含み、連続してデータが入力されている長方形の範囲を「アクティブセル領域」といいます。アクティブセル領域を表すRangeオブジェクトを取得すると、作成された「表の範囲」を操作の対象にすることができます。

特定のセルを含む表全体を選択する

特定のセルを表すRangeオブジェクトのCurrentRegionプロパティで、そのセルを含むアクティブセル領域を表すRangeオブジェクトを取得することができます。ここでは、B4セルを含むアクティブセル領域を選択します。

SAMPLE　**B4セルを含む表全体を選択**　s043_1

```
Sub m043_1()
    Range("B4").CurrentRegion.Select
End Sub
```

▶ 実行結果

Before

After

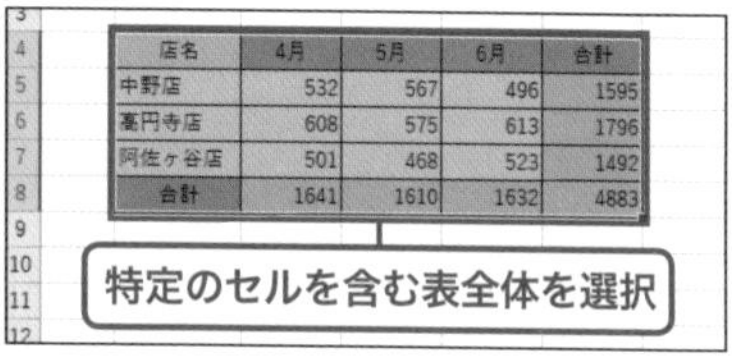

COLUMN

アクティブセルを含む表全体を選択する

特定のセルではなく、アクティブセルのアクティブセル領域を表すRangeオブジェクトを取得することで、マクロの実行時に、操作対象となる表をユーザーに指定させることができます。次の例は、アクティブセルのアクティブセル領域を選択するコードです。

SAMPLE　**アクティブセルを含む表の範囲を選択**　s043_2

```
Sub m043_2()
    ActiveCell.CurrentRegion.Select
End Sub
```

SECTION
044
全体の選択

作業済みの領域を選択する

ワークシート上で、データの入力や書式の設定など、何らかの作業を行った領域をRangeオブジェクトとして取得し、この範囲を対象に操作を行うことができます。なお、先頭行や先頭列を空けて入力などをした場合、先頭の行・列は作業済みの領域に含まれません。

何らかの作業を行った領域を選択する

対象のオブジェクトを省略したActiveSheetプロパティで、作業中のワークシートを表すWorksheetオブジェクトが取得できます（P.164参照）。そのUsedRangeプロパティで、対象のワークシートの作業済みの領域を表すRangeオブジェクトを取得することができます。ここでは、作業済みの領域のすべてのセルを選択します。

SAMPLE　作業済み領域を選択　s044_1

```
Sub m044_1()
    ActiveSheet.UsedRange.Select
End Sub
```

▶ 実行結果

Before

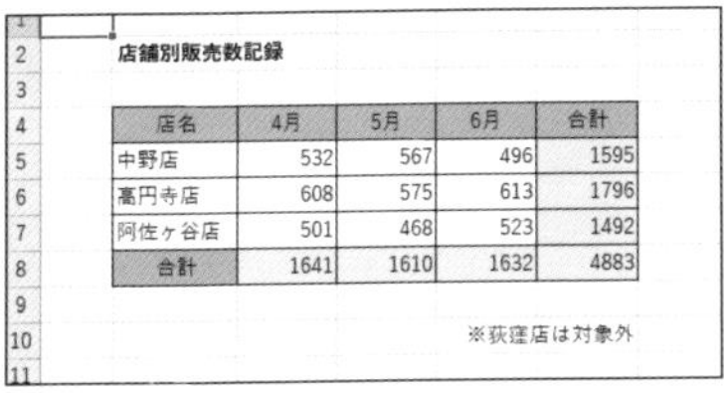

After

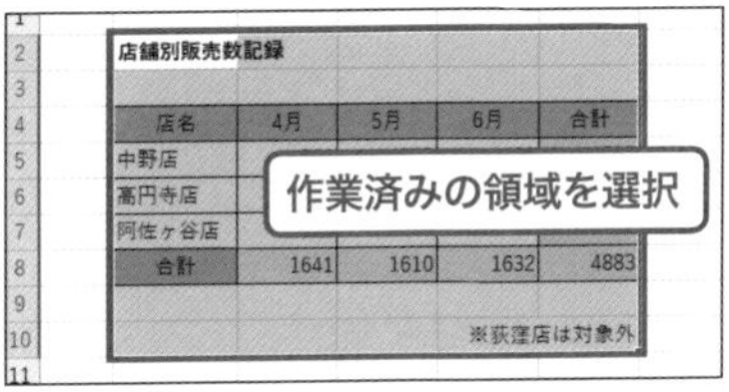

COLUMN

「作業済みの領域」の範囲

「作業済みの領域」とは、データの入力や書式の変更など、何らかの作業を行ったセルの中で、上下左右それぞれの端のセルを含む長方形の範囲のことです。先頭行や先頭列を空けて入力を始めた場合、それらの行や列は作業済みの領域に含まれません。また、行や列を削除したり、末尾のセルのデータと書式をすべてクリアしたりすると、UsedRangeプロパティで取得される領域もその分小さくなります。

第1章
第2章
第3章 全体の選択
第4章
第5章

SECTION 045 選択の応用技

表の一部の範囲を選択する

ここまで紹介してきた各種のテクニックを組み合わせて、対象の表の一部の範囲だけをRangeオブジェクトとして取得する方法を紹介しましょう。具体的には、表の見出し行や合計行、合計列などを除外して、データが入力されている範囲だけを選択します。

表の見出し行を除いて選択する

特定のセルを含む表の範囲から見出し行を除いたセル範囲を、Rangeオブジェクトとして取得しましょう。まずB2セルを基準としたCurrentRegionプロパティで取得した表の範囲を選択します。次に、その選択範囲をOffsetプロパティで1行下にずらして再選択します。さらに、Resizeプロパティで対象範囲を1行分減らして再選択します。

SAMPLE 見出し行を除く表の範囲を選択　s045_1

```
Sub m045_1()
    Range("B4").CurrentRegion.Select
    Selection.Offset(RowOffset:=1).Select
    Selection.Resize(RowSize:=Selection.Rows.Count - 1).Select
End Sub
```

実行結果

Before

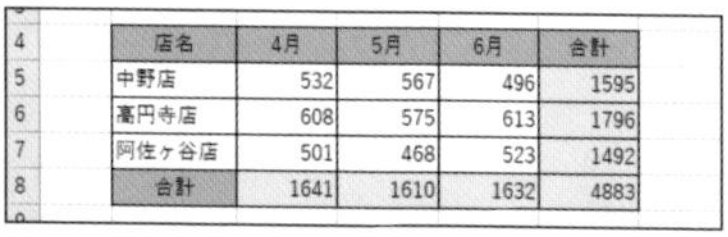

	店名	4月	5月	6月	合計
4	店名	4月	5月	6月	合計
5	中野店	532	567	496	1595
6	高円寺店	608	575	613	1796
7	阿佐ヶ谷店	501	468	523	1492
8	合計	1641	1610	1632	4883

After

COLUMN

複数の処理を1行にまとめる

ここで行っているすべての処理を1行にまとめることも可能です。ただし、アクティブセル領域を取得する操作を2回行う必要があるため、やや長いコードになります。

SAMPLE 見出し行を除く表の範囲を選択　s045_2

```
Sub m045_2()
    Range("B4").CurrentRegion.Offset(RowOffset:=1).Resize _
        (RowSize:=Range("B4").CurrentRegion.Rows.Count - 1).Select
End Sub
```

見出し行と合計行を除いて選択する

見出し行だけでなく、表の範囲の末尾に付く合計行も除いて操作したい場合は、前述のコードで、Resizeプロパティで減らす行数を1行から2行に変えればOKです。

SAMPLE **表のデータ行だけを選択** s045_3

```
Sub m045_3()
    Range("B4").CurrentRegion.Select
    Selection.Offset(RowOffset:=1).Select
    Selection.Resize(RowSize:=Selection.Rows.Count - 2).Select
End Sub
```

▶ 実行結果

● Before

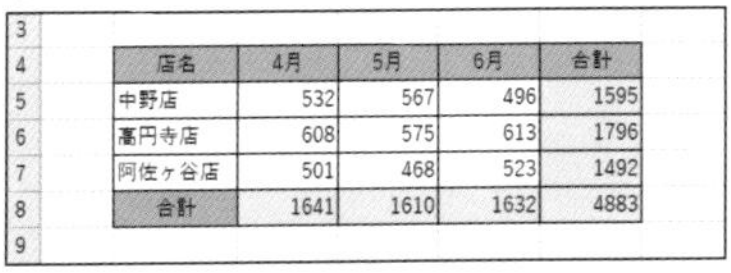

● After

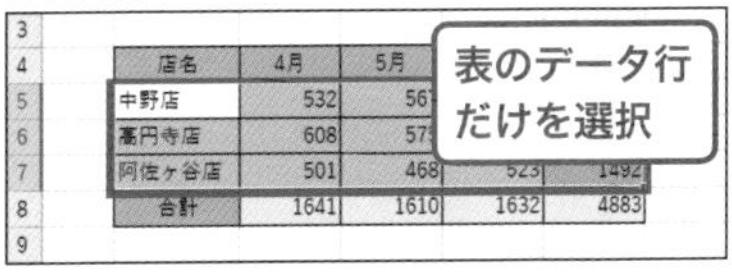

見出し行と合計行・合計列を除いて選択する

さらに、通常は表の範囲の右端に付く合計列も除いて選択しましょう。Resizeプロパティの引数ColumnSizeを指定します。

SAMPLE **データのセルだけを選択** s045_4

```
Sub m045_4()
    Range("B4").CurrentRegion.Select
    Selection.Offset(RowOffset:=1).Select
    Selection.Resize(RowSize:=Selection.Rows.Count - 2, _
        ColumnSize:=Selection.Columns.Count - 1).Select
End Sub
```

▶ 実行結果

● Before

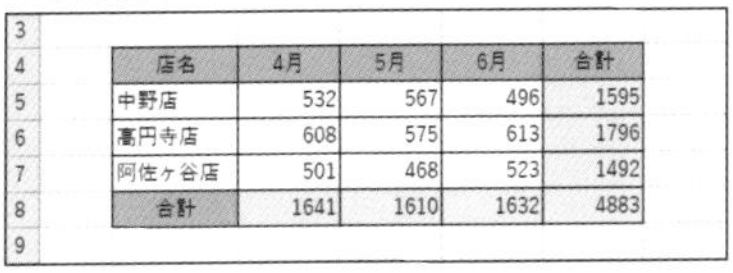

● After

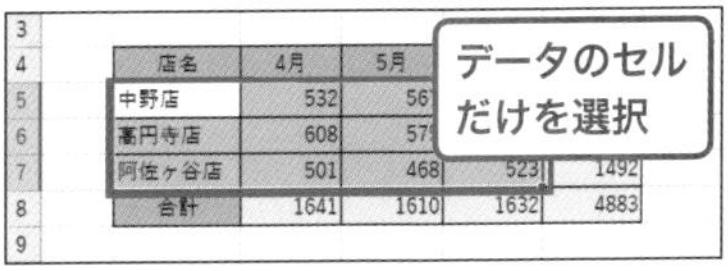

SECTION
046
選択の応用技

特定の種類のセルを選択する

文字や数値などのデータが直接入力されているセルや、数式の結果としてそれらのデータが表示されているセル、あるいは何も入力されていないセルなど、指定した種類のセルだけを自動的に判別し、Rangeオブジェクトとして取得することができます。

文字列を返す数式セルのみ選択する

特定の種類のセルだけをRangeオブジェクトとして取得するには、Rangeオブジェクトを対象としてSpecialCellsメソッドを使用します。このメソッドでは、TypeとValueという2つの引数を指定します。引数Typeには、セルの種類を定数で指定します。下の左表は、指定できる定数の一部です。定数xlCellTypeConstantsまたはxlCellTypeFormulasを指定した場合、引数Valueにそのデータ型を定数で指定できます。指定可能な定数は下の右表の通りです。

定数	取得するセル
xlCellTypeBlanks	未入力のセル
xlCellTypeConstants	非数式のセル
xlCellTypeFormulas	数式のセル
xlCellTypeLastCell	最後のセル

定数	データ型
xlNumbers	数値
xlTextValues	文字列
xlLogical	論理値
xlErrors	エラー値

計算結果として文字列を返す数式のセルをまとめて選択するには、次のようなコードにします。この場合、空文字列("") を返している数式セルも選択されます。

SAMPLE　文字列を返す数式セルを選択　s046_1

```
Sub m046_1()
    Range("A1").SpecialCells(Type:=xlCellTypeFormulas, _
        Value:=xlTextValues).Select
End Sub
```

実行結果

Before

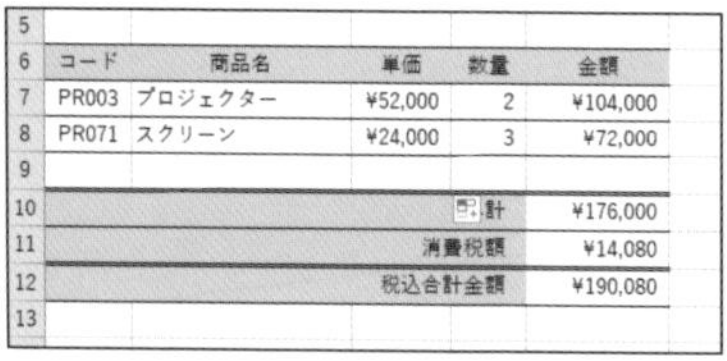

After

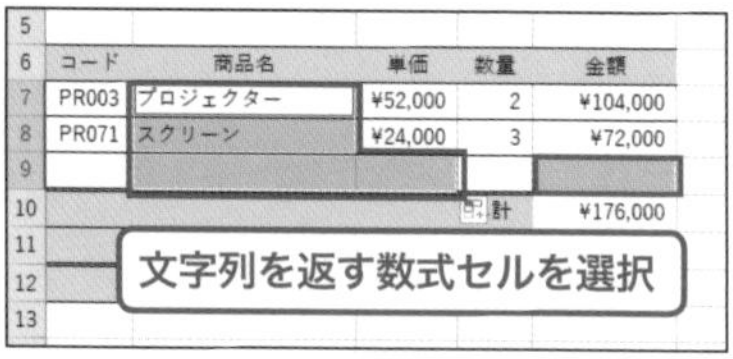

数式セルの数値と文字列を選択する

SpecialCellsメソッドの引数Valueには、一度に複数の種類を指定したい場合もあります。たとえば、数式の結果が数値または文字列のいずれかであるセルを選択したい場合などです。このような場合は、それらの定数を足し算して指定します。

SAMPLE **数値または文字列の数式セルを選択** s046_2

```
Sub m046_2()
    Range("A1").SpecialCells(Type:=xlCellTypeFormulas, _
        Value:=xlNumbers + xlTextValues).Select
End Sub
```

▶ 実行結果

Before

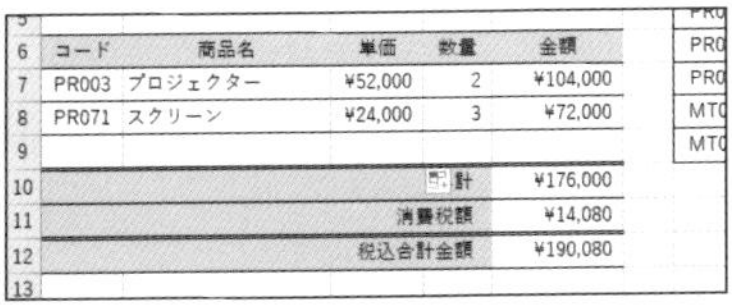

After

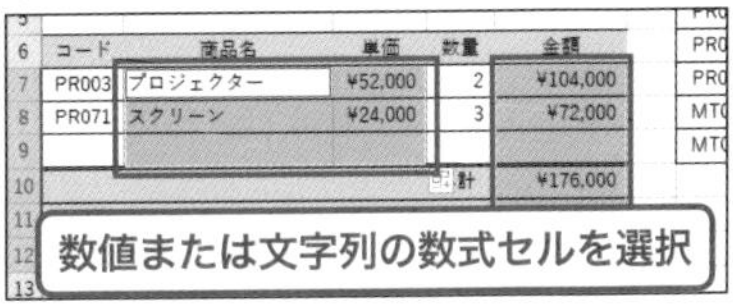

範囲を限定して空白セルを選択する

単独のセルを対象にこのメソッドを実行した場合、ワークシート全体から該当するセルを探します。一方、セル範囲を対象にこのメソッドを実行すると、その範囲内で該当するセルを探します。ここでは、選択範囲の中から未入力のセル(空文字列を返す数式のセルは除外)だけを選択します。

SAMPLE **選択範囲内の未入力セルを選択** s046_3

```
Sub m046_3()
    Selection.SpecialCells(Type:=xlCellTypeBlanks).Select
End Sub
```

▶ 実行結果

Before

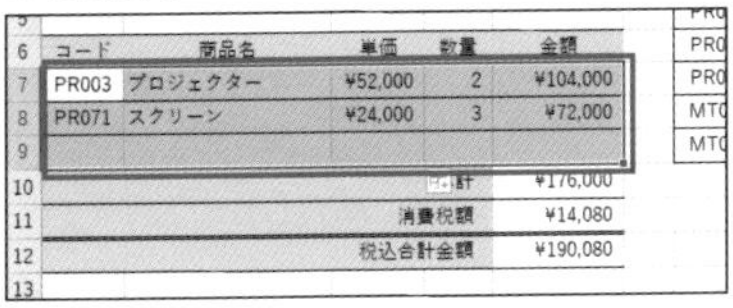

After

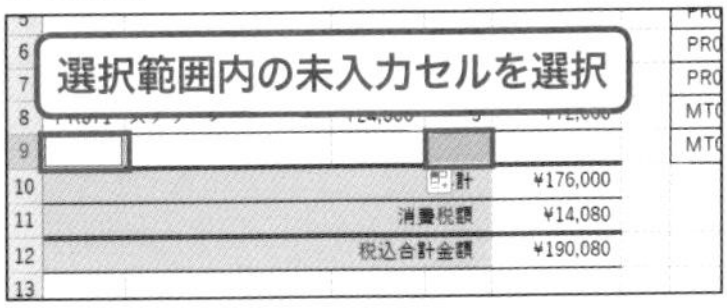

SECTION 047 選択の応用技

設定した範囲内のセルだけを選択する

あらかじめ基本のセル範囲を決めておき、別に指定したセル（範囲）のうち、基本の範囲に含まれる部分だけを操作の対象とすることができます。言い方を変えると、指定した2つのセル範囲に共通する部分だけをRangeオブジェクトとして取得できます。

第1章
第2章
第3章 選択の応用技
第4章
第5章

設定したセル範囲と共通する範囲だけを再選択する

たとえば、作業を行う範囲を、あらかじめB5:E8のセル範囲だけと決めておきます。任意のセル範囲を選択した状態で下のマクロを実行すると、B5:E8に含まれないセルは選択を解除され、範囲内のセルだけが改めて選択されます。

ここで使用しているのは、Applicationオブジェクト（省略可能）のIntersectメソッドです。このメソッドに、引数として複数のRangeオブジェクトを指定すると、それらすべてのセル範囲の共通部分を、Rangeオブジェクトとして取得できます。

SAMPLE 共通部分だけを選択　s047_1

```
Sub m047_1()
    Intersect(Range("B5:E8"), Selection).Select
End Sub
```

▶ 実行結果

Before

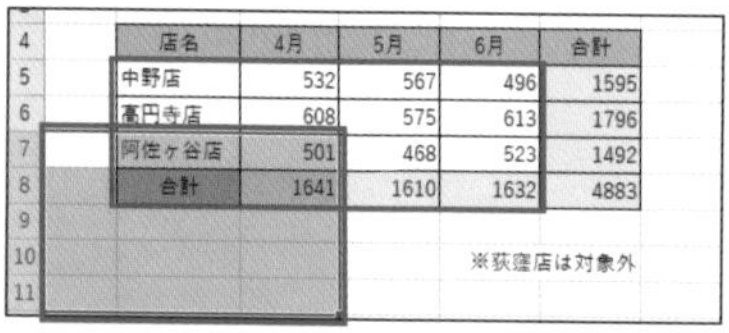

After

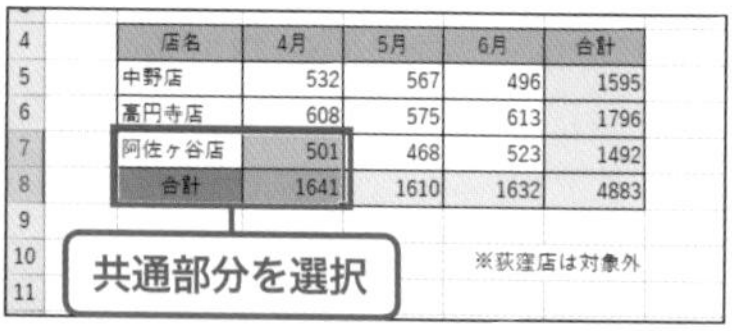

COLUMN

共通部分がない場合

Intersectメソッドの引数に指定した複数のセル範囲に共通部分がない場合、戻り値としてRangeオブジェクトは返されません。この結果に対してSelectメソッドを実行すると、エラーが発生してしまいます。オブジェクトがない状態は、「Nothing」というキーワードで判定できます。このエラーの発生を防ぐには、Intersectメソッドの戻り値を一度オブジェクト変数（P.75参照）にセットし、Ifステートメント（P.192参照）でそれがNothingでないかどうかを確認してから、Selectメソッドを実行するようにします。

SECTION
048
選択の応用技

指定した範囲を追加選択する

あらかじめ基本のセル範囲を決めておき、それに指定したセル範囲を追加して、そのすべての範囲を操作対象とすることができます。言い方を変えると、複数のセル範囲を「融合」し、1つのRangeオブジェクトとして取得する操作です。

別表も含めて再選択する

セル範囲を選択した状態で下のマクロを実行すると、現在の選択範囲に加えて、あらかじめ決めておいた別の表の範囲（G3:I6のセル範囲）も同時に選択します。
ここで使用しているのが、Applicationオブジェクト（省略可能）のUnionメソッドです。このメソッドに、引数として複数のRangeオブジェクトを指定すると、それらすべてのセル範囲を、1つのRangeオブジェクトとして取得できます。

SAMPLE　セル範囲を融合して選択　s048_1

```
Sub m048_1()
    Union(Range("G3:I8"), Selection).Select
End Sub
```

▶ 実行結果

Before

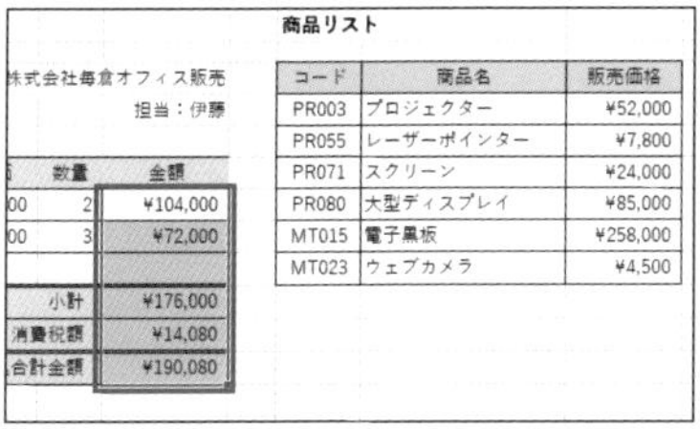

After

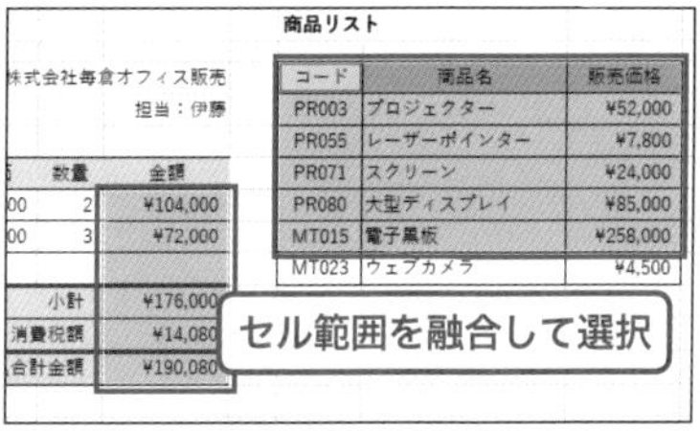

COLUMN

セル範囲の「融合」

Unionメソッドで複数のセル範囲を「融合」すると、1つの長方形の範囲に収まる複数のセルは、自動的に1つの領域にまとめられます。たとえば、Unionメソッドの引数にA1、A2、B1、B2の各セルを表すRangeオブジェクトを指定すると、「A1:B2」のセル範囲を表すRangeオブジェクトになります。

SECTION 049 別シートの選択

別のシートやブックのセルを指定する

現在作業中のワークシートではなく、別のシートや別のブック上のセルを操作することも可能です。ただし、ActivateメソッドやSelectメソッドで、それらのセルを直接選択することはできません。ここでは、それらのセルの値を調べ、表示させてみましょう。

別のワークシートのセルの値を表示する

別のワークシート上のセルは、そのシートを表すWorksheetオブジェクトを対象としたRangeプロパティなどで、Rangeオブジェクトとして取得できます。特定のWorksheetオブジェクトは、対象オブジェクトを省略したWorksheetsプロパティにインデックスとして番号または名前を指定して、取得することができます（P.163参照）。ここでは、「商品一覧」シートのC4セルの値をメッセージ画面に表示させてみましょう。

SAMPLE 別シートのセルの値を表示　s049_1

```
Sub m049_1()
    MsgBox Worksheets("商品一覧").Range("C4").Value
End Sub
```

▶ 実行結果

Before

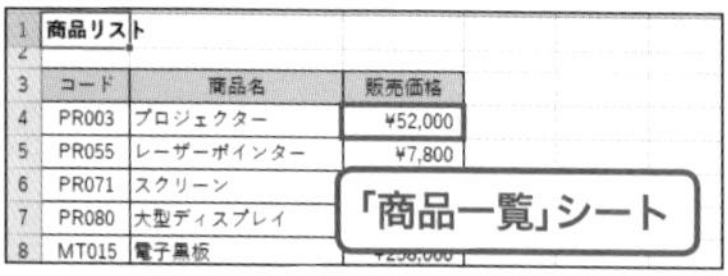

After

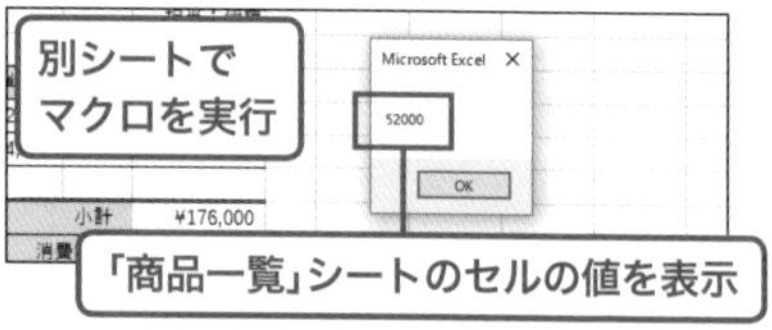

COLUMN

セル参照で別シートを指定する

Excelの数式でほかのシートにあるセルを参照する場合は、セルの参照の前に、「!」で区切ってシート名を付けます。VBAでも、Rangeプロパティの引数にこの形式の参照文字列を指定して、別シートのセルを参照することが可能です。

SAMPLE セル参照で別シートを指定　s049_2

```
Sub m049_2()
    MsgBox Range("商品一覧!C4").Value
End Sub
```

別のブックのセルの値を表示する

別のブックのセルを操作するには、まず対象オブジェクトを省略したWorkbooksプロパティでWorkbooksコレクションを取得し、そのインデックスとして番号または名前を指定して、目的のブックを表すWorkbookオブジェクトを取得します（P.175参照）。そのWorksheetsプロパティでシートを指定し、さらにそのRangeプロパティなどでRangeオブジェクトとして取得します。ここでは、「請求書.xlsx」というブックにある先頭のワークシートのE12セルの値を表示します。

SAMPLE 別ブックのセルの値を表示 s049_3

```
Sub m049_3()
    MsgBox Workbooks("請求書.xlsx").Worksheets(1).Range("E12").Value
End Sub
```

▶ 実行結果

●Before

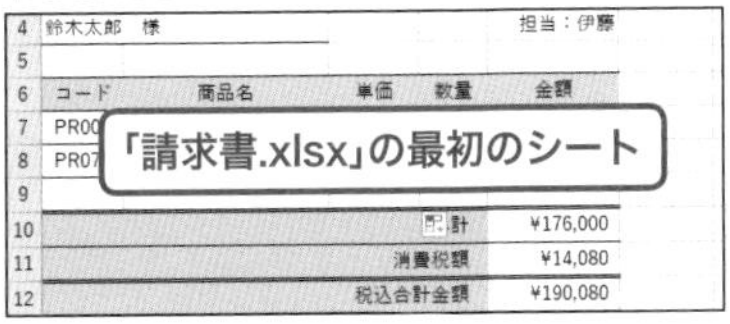

●After

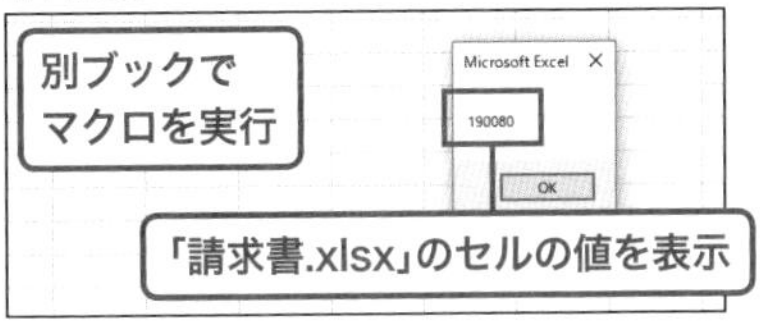

別ブックで作業中のシートの値を表示する

別ブックで現在表示されているワークシート（アクティブシート）は、WorkbookオブジェクトのActiveSheetプロパティで、Worksheetオブジェクトとして取得できます。ここでは、「請求書.xlsx」という名前のブックのアクティブシートのE12セルの値を表示します。

SAMPLE 別ブックのアクティブシートのセルの値を表示 s049_4

```
Sub m049_4()
    MsgBox Workbooks("請求書.xlsx").ActiveSheet.Range("E12").Value
End Sub
```

▶ 実行結果

●Before

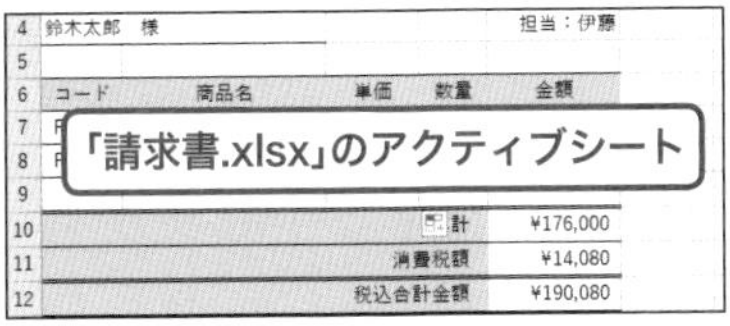

●After

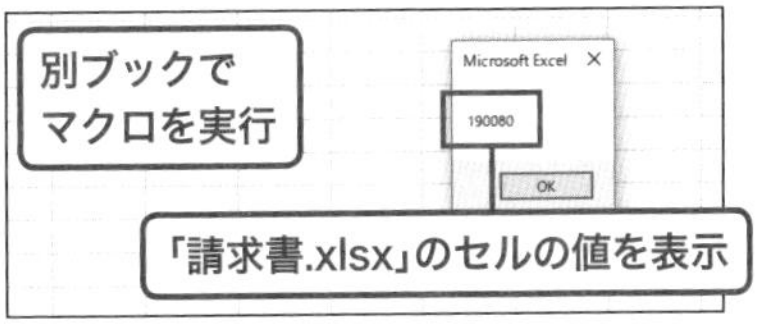

SECTION 050 別シートの選択

特定のセルへジャンプする

ほかのワークシートやブックのセルは、Activateメソッドや Selectメソッドで直接選択することはできず、選択するにはまず目的のシートを表示する必要があります。しかし、「選択」ではなく「ジャンプ」という機能で、別シートのセルを直接選択することが可能です。

別シートのセルを直接選択する

特定のセルへジャンプするには、Applicationオブジェクトの Gotoメソッドで、引数 Referenceに目的のセルを表すRangeオブジェクトを指定します。別のワークシートやブックのセルを指定したい場合は、そのWorksheetオブジェクトやWorkbookオブジェクトから指定することで、直接ジャンプできます。ここでは、「商品一覧」というワークシートのA4セルを直接選択します。

SAMPLE 別シートのセルにジャンプ　s050_1

```
Sub m050_1()
    Application.Goto Reference:=Worksheets("商品一覧").Range("A4")
End Sub
```

実行結果

Before

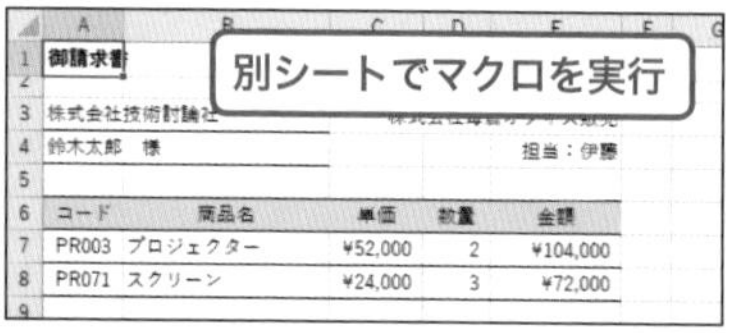

After

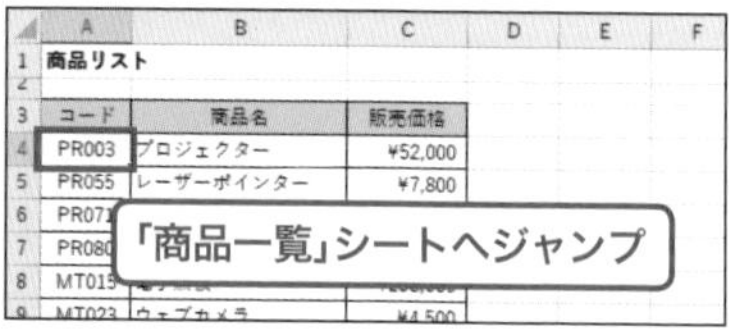

COLUMN

ジャンプ機能について

Applicationオブジェクトの Gotoメソッドは、「ホーム」タブの「編集」グループの「検索と選択」から選択できる「ジャンプ」という機能に相当します。この機能を実行すると、「ジャンプ」ダイアログボックスが表示され、ジャンプ先のシートやセルを直接指定できます。
また、この機能を使ってセルを移動すると、その直前に選択されていたセルが4段階までこのダイアログボックスに記録されるので、直前のセルに簡単に戻ることができます。

第4章

セルや行・列の操作方法を知ろう

SECTION 051 セルへの入力

セルにデータを入力する

ここでは、セルに数値や文字列といったデータを入力する方法を紹介します。セルに数式を入力する操作も、同じようなコードで行えます。具体的には、セルの「値」を表すRangeオブジェクトのプロパティに、入力したいデータを設定します。

セルに数値を入力する

セルへのデータ入力に使用できるRangeオブジェクトのプロパティは、Valueプロパティなど何種類かあります。ここでは、RangeプロパティでB3セルを表すRangeオブジェクトを取得し、そのValueプロパティに「120」という数値のデータを代入することで、B3セルに120を入力します。

SAMPLE セルに数値「120」を入力　s051_1

```
Sub m051_1()
    Range("B3").Value = 120
End Sub
```

▶ 実行結果

●Before

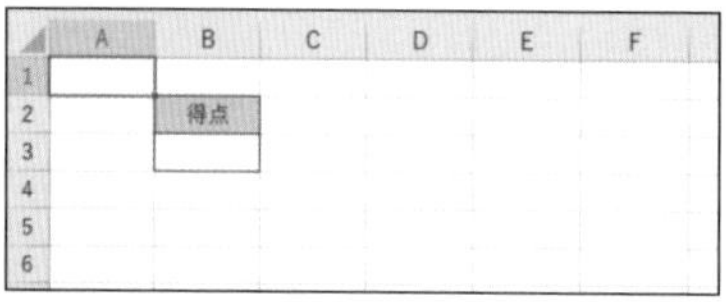

●After

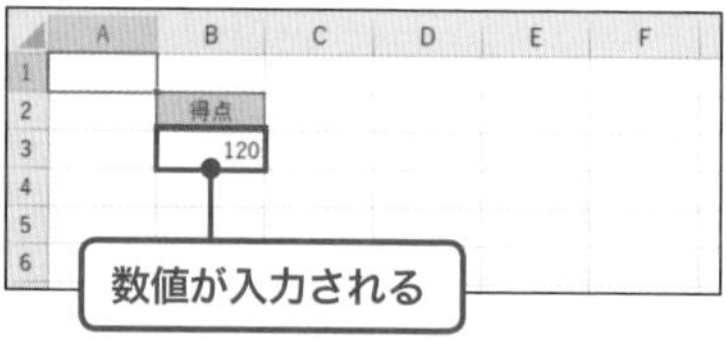

COLUMN

セルに文字列を入力する

セルに文字列を入力する場合も、RangeオブジェクトのValueプロパティに代入します。ただし、コードの中で文字列を指定する際は、数値とは異なり、前後を「"」で囲む必要があります。次の例は、C4セルに「田中太郎」と入力するコードです。

SAMPLE セルに文字列を入力する　s051_2

```
Sub m051_2()
    Range("B3").Value = "田中太郎"
End Sub
```

セルに数式を入力する

セルへの数式の入力も、Valueプロパティを使って行うことができます。しかし、「数式」を意味するFormulaプロパティを使ったほうが、コードの意味がわかりやすくなります。ここでは、Formulaプロパティを使って、E3セルにB3:D3のセル範囲の合計を求める数式を入力します。VBAでは数式も文字列として扱い、前後を「"」で囲んで指定します。

SAMPLE セルに数式を入力 s051_3

```
Sub m051_3()
    Range("E3").Formula = "=SUM(B3:D3)"
End Sub
```

▶実行結果

●Before

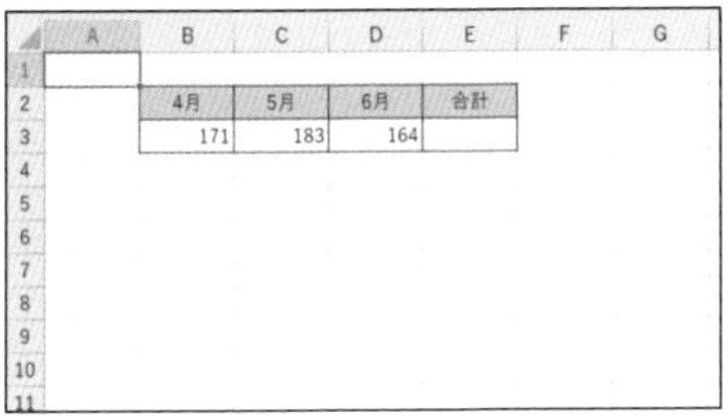

●After

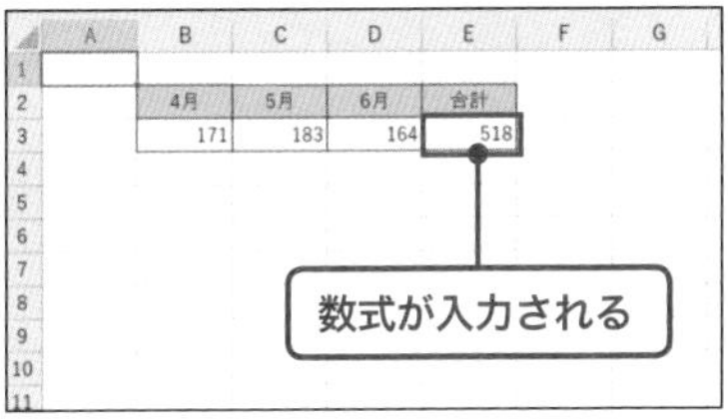

COLUMN

セルへのデータ入力が可能なプロパティ

Valueプロパティは「値」、Formulaプロパティは「数式」という意味ですが、セルへのデータ入力に使用する場合は、どちらを使っても同じ結果になります。ここでは、書かれたコードを読むときのわかりやすさを考えて、これらを使い分けています。
セルへの入力が可能なプロパティには、これらのほかにもValue2プロパティやFormulaLocalプロパティなどいくつか種類があります。それぞれ取り扱うデータの内容に関連した多少の違いはありますが、通常はValueプロパティまたはFormulaプロパティを使っておけば問題はありません。
また、FormulaR1C1プロパティを使うと、セル参照をR1C1形式で表した数式を入力できます。Excel自体のセル参照の表示設定がA1形式であっても、R1C1形式での入力が可能です。列番号を数字で指定して、数式の内容をコード中で変化させたい場合などに便利です。
一方、1つのセルを表すRangeオブジェクトが対象の場合は、プロパティを指定せず、直接、Rangeオブジェクトに代入演算子「=」で値や数式を設定しても、そのセルに入力する操作になります。これは、値を設定するプロパティが省略されていると理解してください。コードをわかりやすくするためにも、プロパティは省略せず、ValueプロパティまたはFormulaプロパティを指定することをお勧めします。

SECTION
052
セルへの入力

セル範囲に同じデータを入力する

1つのセルに入力する方法の応用として、複数のセルが並んでいるセル範囲に、一括で数値や文字列などのデータを入力する方法を紹介します。同じ要領で数式も入力できますが、各セルの位置に応じてセル参照が自動的に変化するので注意が必要です。

セル範囲に同じ数値を入力する

対象のRangeオブジェクトが、1つのセルではなく複数のセルを含む範囲を表している場合、そのValueプロパティに値を代入すると、範囲内のすべてのセルに同じ値が入力されます。ここでは、B3:D4のセル範囲に一括で「150」と入力します。

SAMPLE　セル範囲に数値を一括入力　s052_1

```
Sub m052_1()
    Range("B3:D4").Value = 150
End Sub
```

▶実行結果

Before

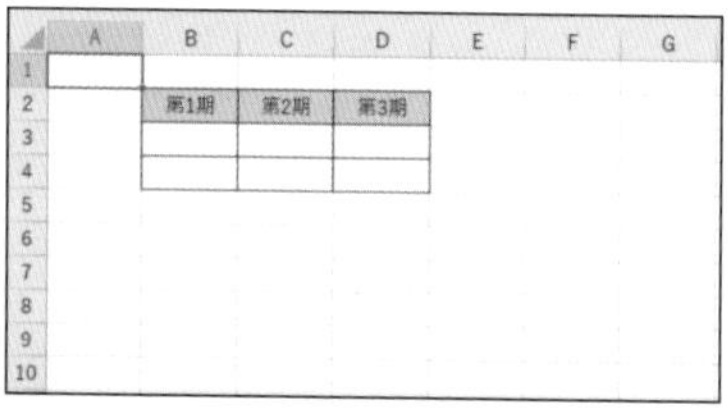

After

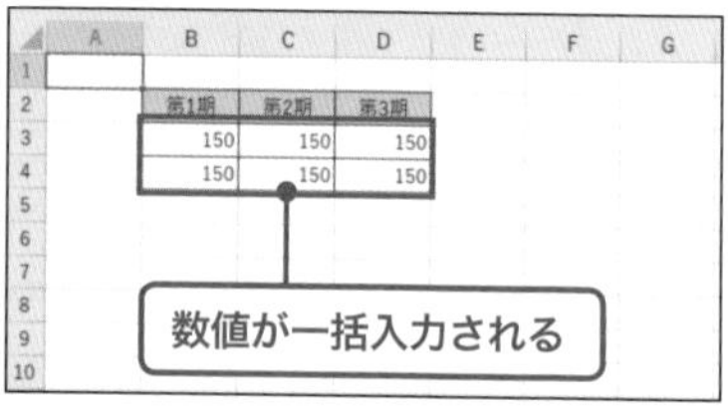

COLUMN

セル範囲に同じ文字列を入力する

セル範囲に文字列を入力する場合も、やはり複数のセルを含むRangeオブジェクトのValueプロパティに代入します。次の例は、B3:E3のセル範囲に一括で「佐藤直美」と入力するコードです。

SAMPLE　セル範囲に「佐藤直美」を一括入力　s052_2

```
Sub m052_2()
    Range("B3:E3").Value = "佐藤直美"
End Sub
```

セル範囲に数式を入力する

セル範囲に数式を入力する操作も、ValueプロパティやFormulaプロパティを使って行えます。ただし、Excelの通常の操作で数式を一括入力したりコピーしたりした場合と同様、数式中の「$」の付いていない相対参照は、各セルの位置に応じて変化します。基準となるのは、対象範囲の先頭(左上端)のセルです。ここでは、E3:E5のセル範囲に、同じ行のC列のセルとD列のセルの掛け算の結果を表示する数式を一括入力します。

SAMPLE　セル範囲に「=C3*D3」を一括入力　s052_3

```
Sub m052_3()
    Range("E3:E5").Formula = "=C3*D3"
End Sub
```

▶ 実行結果

●Before

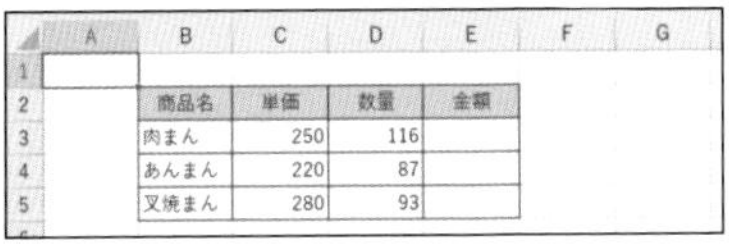

●After

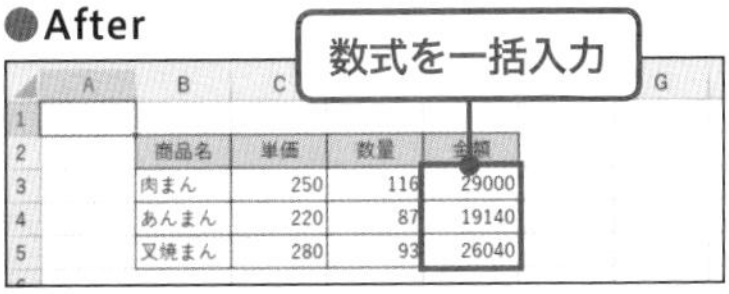

絶対参照の数式を一括入力する

数式の中で、セルの位置に応じて変化させたくないセル参照は、その行番号または列番号の前に「$」を付けた絶対参照(複合参照)で指定します。ここでは、C4:C6のセル範囲に入力された税別価格に、D1セルの消費税率を掛ける数式を一括入力します。

SAMPLE　セル範囲に「=C4*D1」を一括入力　s052_4

```
Sub m052_4()
    Range("D4:D6").Formula = "=C4*$D$1"
End Sub
```

▶ 実行結果

●Before

●After

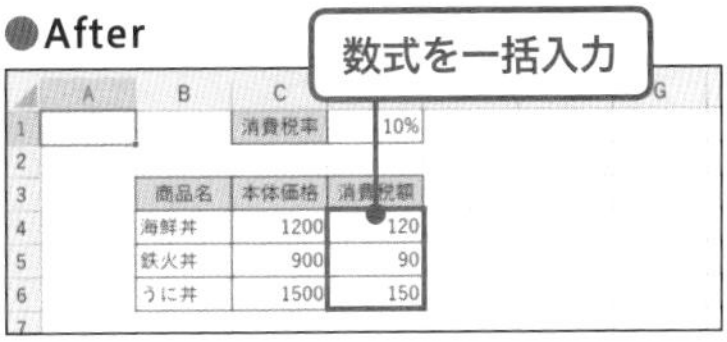

SECTION 053
セルへの入力

セル範囲にそれぞれ異なるデータを入力する

セル範囲の各セルにそれぞれ異なるデータを一括で入力したい場合は、「配列」(P.76参照)を利用すると便利です。この方法はやや高度ですが、後で紹介する「セル範囲の値をそのまま別のセル範囲に入力する」方法の前提なので、ここで理解しておきましょう。

第1章
第2章
第3章
第4章 セルへの入力
第5章

セル範囲に配列の値を入力する

横に3つ並んだセルに、それぞれ異なる数値を入力します。横1行のセル範囲には、1次元配列の各要素を、そのまま同じ位置に入力することができます。VBAで1次元配列を作成し、各要素に値を設定するには、Array関数を利用するのが簡単な方法です。Array関数の引数に自由な個数のデータを指定すると、その要素数の配列が作成されます。横1行に並ぶセル範囲には、そのセル数と同じ要素数の1次元配列をそのまま入力できます。ここでは、B3:D3のセル範囲に「100」「120」「150」という数値を入力します。

SAMPLE セル範囲に配列の値を入力　　s053_1

```
Sub m053_1()
    Range("B3:D3").Value = Array(100, 120, 150)
End Sub
```

▶ 実行結果

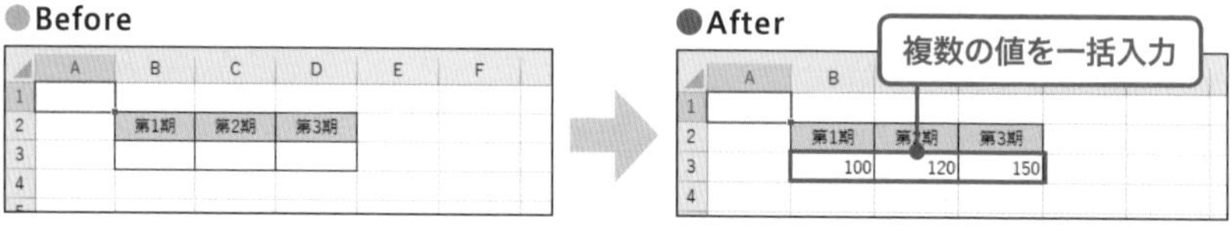

2つの数式を複数行に一括入力する

2要素の配列を2列×複数行のセル範囲に入力すると、各列のすべてのセルに、各要素の同じデータがまとめて入力されます。ここでは、数式を収めた2要素の配列をE3:F5のセル範囲に入力し、同じ行の左側3列分の「合計」と「平均」を求める数式をそれぞれの列に一括入力します。使用するプロパティは、やはりValueでもFormulaでも問題ありません。

SAMPLE 複数列に数式を一括入力　s053_2

```
Sub m053_2()
    Range("E3:F5").Formula = Array("=SUM(B3:D3)","=AVERAGE(B3:D3)")
End Sub
```

▶ 実行結果

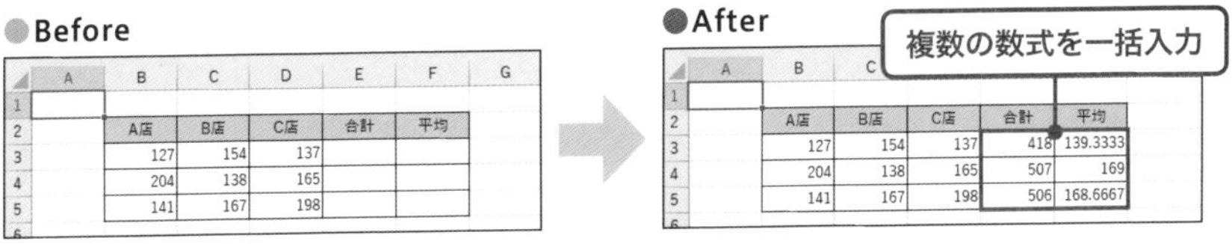

複数行×複数列の配列をセル範囲に入力する

複数行×複数列の2次元配列は、同じ行数×列数のセル範囲にそのまま代入することができます。Array関数では1次元配列しか作成することができないので、ここでは2行×2列の配列変数を作成し、それぞれの要素に値を代入した上で、そのままセル範囲に入力します。

SAMPLE 複数行×複数列に一括入力　s053_3

```
Sub m053_3()
    Dim hairetsu(1, 1) As Variant
    hairetsu(0, 0) = "山本美奈"
    hairetsu(0, 1) = 185
    hairetsu(1, 0) = "鈴木健太郎"
    hairetsu(1, 1) = 220
    Range("B3:C4").Value = hairetsu
End Sub
```

▶ 実行結果

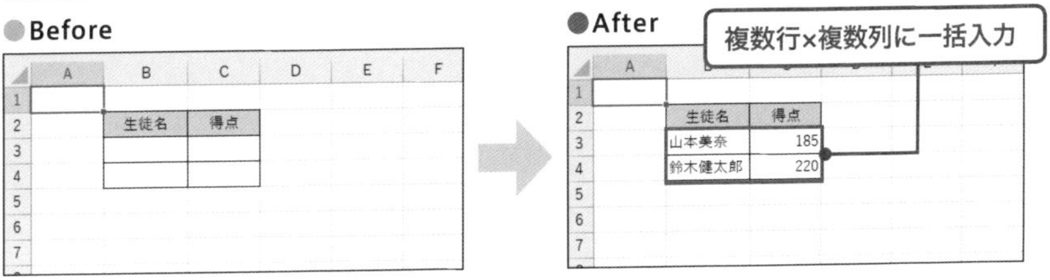

SECTION
054
セルへの入力

セルの値を別のセルに代入する

セルの値を取り出す操作（P.90参照）と、セルに入力する操作（P.122参照）を組み合わせて、特定のセルに入力されている値をそのまま別のセルに入力してみましょう。また、直接ではなく、いったん変数を経由して、セルの値を別のセルに代入する方法も紹介します。

セルの値をそのまま別のセルに入力する

特定のセルの値(数式ではないデータ) をRangeオブジェクトのValueプロパティで取り出し、それを別のセルを表すRangeオブジェクトのValueプロパティに代入して、そのセルに入力しましょう。ここでは、B3セルの値を直接D3セルに入力します。

SAMPLE　B3セルの値をD3セルに入力　　s054_1

```
Sub m054_1()
    Range("D3").Value = Range("B3").Value
End Sub
```

▶実行結果

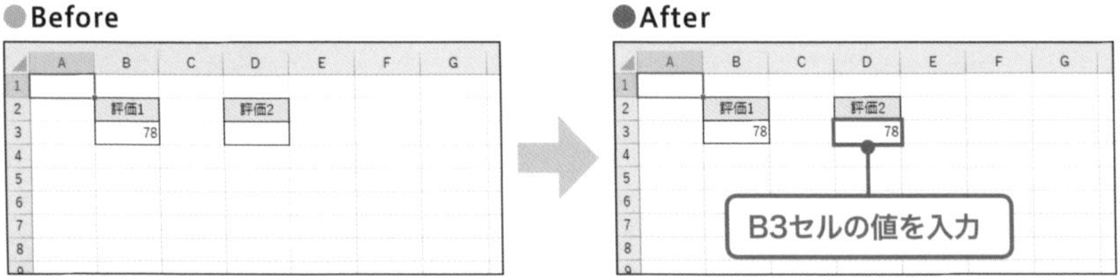

✔ COLUMN

そのほかのプロパティで値を取り出す

上のコードの「=」の右側では、RangeオブジェクトのValueプロパティを使用して、B3セルの値を取り出しています。一方、「=」の左側のRangeオブジェクトのValueプロパティは、取り出した値をD3セルに代入しています。値をセルに入力する操作では、Valueプロパティの代わりにFormulaプロパティなどを使用できますが、値を取り出す操作でもValueプロパティの代わりにFormulaプロパティを使用できます。
ただし、どちらを使ってもよいのは、対象のセルに入力されているのが数式ではなく値（数値や文字列）である場合に限ります。数式の場合については、P.130を参照してください。

1つのセルの値を複数のセルに入力する

P.124では、1つの値をセル範囲の各セルに一括で入力する方法について解説しました。1つのセルから取り出した値も、同様にセル範囲内のすべてのセルに対して入力することができます。ここでは、E3セルの値をC3:C5のセル範囲に一括で入力します。

SAMPLE　E3セルの値をC3:C5のセル範囲に入力　　s054_2

```
Sub m054_2()
    Range("C3:C5").Value = Range("E3").Value
End Sub
```

▶ 実行結果

●Before

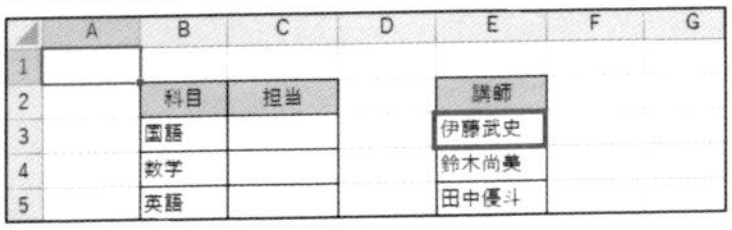

●After

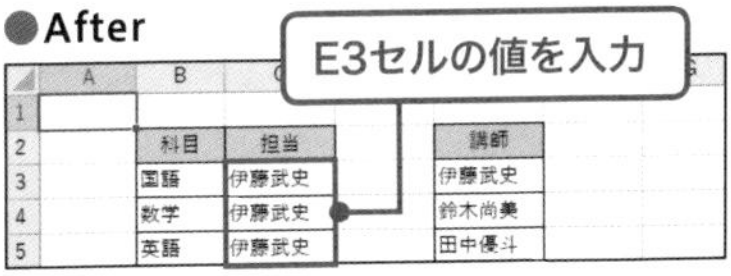

セルの値を変数経由で別のセルに入力する

取り出したセルの値を一度変数に代入し、その変数の値を改めて別のセルに代入することもできます。変数を使用することで、同じ値を複数箇所のセルに入力したり、入力以外の用途に利用したりできます。次の例は、E4セルの値を変数varに代入し、この変数の値をC3セルとC5セルに代入するコードです。

SAMPLE　E4セルの値を2カ所に入力　　s054_3

```
Sub m054_3()
    Dim var As Variant
    var = Range("E4").Value
    Range("C3").Value = var
    Range("C5").Value = var
End Sub
```

▶ 実行結果

●Before

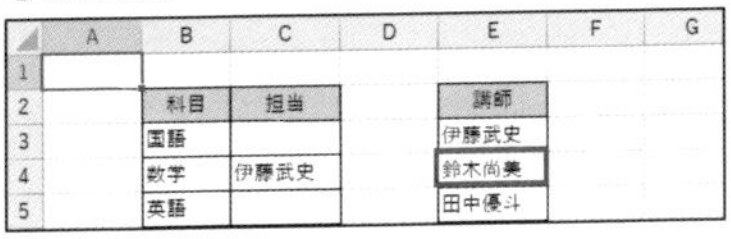

●After

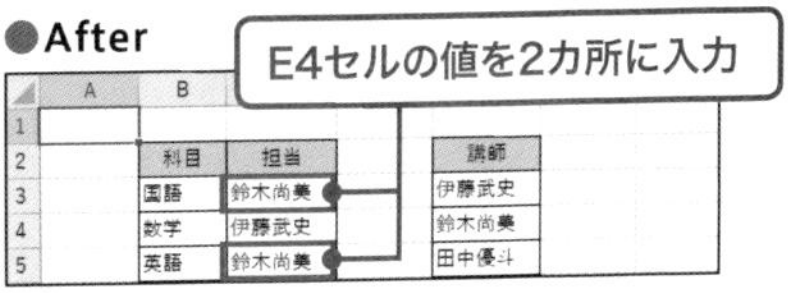

SECTION
055
セルへの入力

セルの数式を別のセルに代入する

セルに入力されている数式を取り出すには、値の場合とは異なるプロパティを使用する必要があります。さらに、取り出した数式を別のセルに入力する場合、その数式中のセル参照を変化させるかどうかに応じて、2種類のプロパティを使い分けるようにします。

数式をそのまま別のセルに入力する

RangeオブジェクトのFormulaプロパティを使用すると、セルに入力された数式そのものが文字列として取り出されます。次の例は、D4セルの数式とまったく同じ内容の数式をF4セルに入力するコードです。セル参照は、相対参照であっても変化しません。

SAMPLE　数式をそのまま別のセルに入力　s055_1

```
Sub m055_1()
    Range("F4").Formula = Range("D4").Formula
End Sub
```

▶実行結果

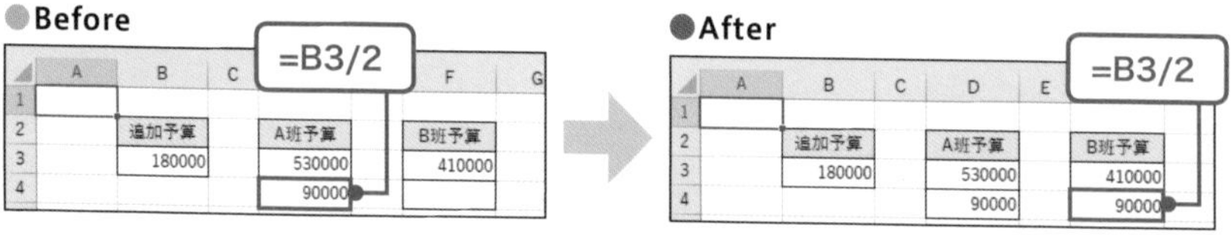

COLUMN

数式のセルのValueプロパティ

数式が入力されたセルを表すRangeオブジェクトのValueプロパティでは、数式ではなく、その計算結果の値が取り出されます。このことを利用して、数式をその結果の値に変換できます。次のコードを実行すると、F4セルには、D4セルと同じ数式ではなく、その計算結果の数値が入力されます。

SAMPLE　D4セルの計算結果をF4セルに入力　s055_2

```
Sub m055_2()
    Range("F4").Value = Range("D4").Value
End Sub
```

数式の参照関係を保って別のセルに入力する

前ページのコードでは、D4セルに入力された「=B3/2」という数式が、そのままの内容でF4セルに代入されます。「B3」というセル参照は相対参照で指定されていますが、コピーしたときのように、位置に応じて変化はしません。
位置に応じてセル参照を変化させたい場合は、FormulaプロパティではなくFormulaR1C1プロパティを使用します。次の例は、D5セルの数式を、セル参照の相対的な参照関係を維持したまま、F5セルに入力するコードです。

SAMPLE D5セルの数式の相対参照を保ってF5セルに入力 s055_3

```
Sub m055_3()
    Range("F5").FormulaR1C1 = Range("D5").FormulaR1C1
End Sub
```

▶ 実行結果

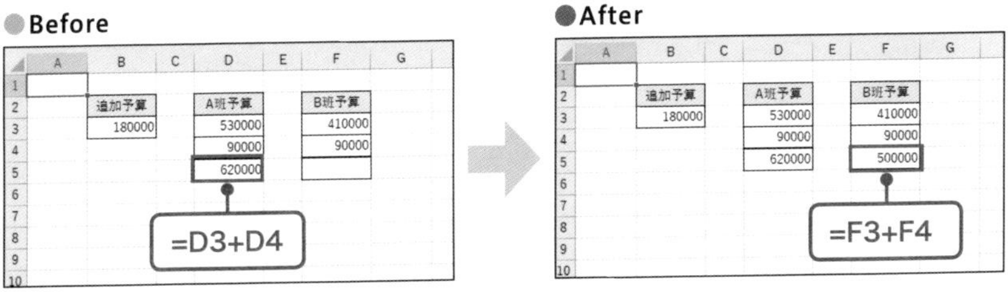

COLUMN

セル参照をR1C1形式で表す

Formulaプロパティでは、数式中のセル参照が「A1」や「$B $3」のようなA1形式の文字列で取り出されます。取り出されたデータは文字列なので、これをそのまま別のセルに代入しても、相対参照も絶対参照も変化することはありません。
一方、FormulaR1C1プロパティでは、数式中のセル参照が「R1C1」や「RC[-1]」、「R[1]C1」のようなR1C1形式の文字列で取り出されます。「R」は行、「C」は列を表し、その後に普通の数字が付く場合は、ワークシートの左上端からの絶対的な位置を表します。また、[ ]で囲んだ数字は、数式が入力されたセルとの相対的な位置関係を表します。「C[-1]」なら数式セルの1列左、「R[1]」なら数式セルの1行下を意味します。数字が省略されている場合は、数式セルと同じ行または列という意味です。
FormulaR1C1プロパティで、数式をR1C1形式の文字列として取り出すことで、どのセルに入力した場合も、そのセルとの相対的な位置関係を表すセル参照になります。この場合、入力する側のセルにもFormulaR1C1プロパティを指定します。
以上を参考に、FormulaプロパティとFormulaR1C1プロパティ、およびValueプロパティの3つを使い分けてください。

SECTION
056
セルへの入力

セル範囲の値を別のセル範囲に代入する

セル範囲からまとめて取り出した値は、そのまま2次元配列として扱うことができます。P.126では配列の値をセル範囲に入力する方法を紹介しましたが、これを応用して、セル範囲に入力されている値を、そのまま別のセル範囲に代入する方法を紹介します。

セル範囲の値をそのまま他のセル範囲に入力する

1つの長方形のセル範囲に含まれている複数の値は、RangeオブジェクトのValueプロパティで、そのまま同じデータ構成の2次元配列として取り出すことができます。それを別のセル範囲を表すRangeオブジェクトのValueプロパティに代入することで、同じ内容をセル範囲に一括入力することができます。ここでは、C3:D5のセル範囲の値を、そのままG3:H5のセル範囲に入力してみましょう。

SAMPLE　C3:D5のセル範囲の値をD3:H5のセル範囲に一括代入　s056_1

```
Sub m056_1()
    Range("G3:H5").Value = Range("C3:D5").Value
End Sub
```

▶ 実行結果

●Before

●After

COLUMN

そのほかのプロパティでデータを取り出す

セル範囲を表すRangeオブジェクトからValueプロパティを使ってデータを取り出すことで、各セルに入力された数値や文字列、または数式の結果の値を、配列として取得することができます。Valueプロパティの代わりにFormulaプロパティを使用すると、値はそのままで、数式はA1参照形式で表した文字列として、配列のデータを取得できます。また、FormulaR1C1プロパティを使用した場合は、値はそのままで、数式はR1C1参照形式で表した文字列として、配列のデータを取得できます。

セル範囲の値を配列変数経由で別のセル範囲に入力する

セル範囲から取り出した配列データをそのまま別のセル範囲に入力するのではなく、一度配列変数に代入し、その配列変数の値を改めて別のセル範囲に代入することもできます。配列変数を使用することで、元のセル範囲と同じ形でデータを保持し、さまざまな用途に利用することができます。配列データを取り出したセル範囲を含むブックを閉じた後で、別のブックのセル範囲にその配列データを入力するといった操作も可能です。また、繰り返し処理(第7章参照) などで個々のセルの値を1つずつ処理していく場合、セルの値を直接読み込んで修正するより、一度配列に取り出して繰り返し処理を行った後、改めて元のセル範囲に代入したほうが、特にデータ量が多い場合、確実に処理時間が短くなります。

次の例は、C3:D5のセル範囲の値を配列としてバリアント型の配列変数aryに代入し、この配列変数の値をG3:H5とG8:H10のセル範囲に代入するコードです。

SAMPLE 配列変数経由でセル範囲に値を一括代入 s056_2

```
Sub m056_2()
    Dim ary() As Variant
    ary = Range("C3:D5").Value
    Range("G3:H5").Value = ary
    Range("G8:H10").Value = ary
End Sub
```

▶ 実行結果

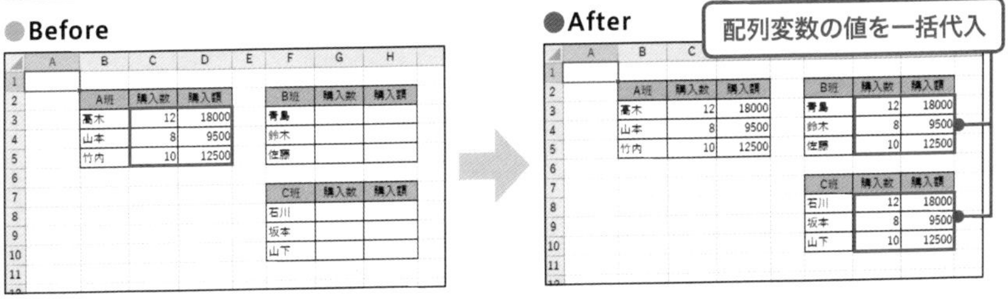

COLUMN

配列変数への代入

セル範囲の値をそのまま代入するために使用する配列変数は、バリアント型の動的配列にします。つまり、変数名の後に付ける「()」には何も入れず、データ型は「As Variant」とするか省略します。なお、配列変数ではなく、「()」を付けないバリアント型の変数に配列データを代入することも可能です。配列として宣言していない変数でも、バリアント型であれば、配列データを代入することで配列変数として扱えるようになります。

SECTION
057
セルの移動・複製

セル範囲を書式ごと移動・複製する

セル範囲の値だけでなく、書式なども含めて別のセル範囲に移動させたい場合は、切り取りと貼り付けの操作を実行します。また、元のセル範囲にデータを残したまま、別のセル範囲に複製したい場合は、コピーと貼り付けの操作を実行します。

セル範囲の内容を別のセル範囲に移動する

特定のセル範囲を別のセル範囲に移動させたい場合は、元のセル範囲を表すRangeオブジェクトのCutメソッドを実行します。移動先のセルは、引数DestinationにRangeオブジェクトとして指定できます。移動先に1つのセルを指定した場合、そのセルを左上端とするセル範囲に、切り取ったセル範囲のデータが貼り付けられます。

SAMPLE　B2:C5のセル範囲を切り取ってE3セルに貼り付ける　s057_1

```
Sub m057_1()
    Range("B2:C5").Cut Destination:=Range("E3")
End Sub
```

▶ 実行結果

●Before

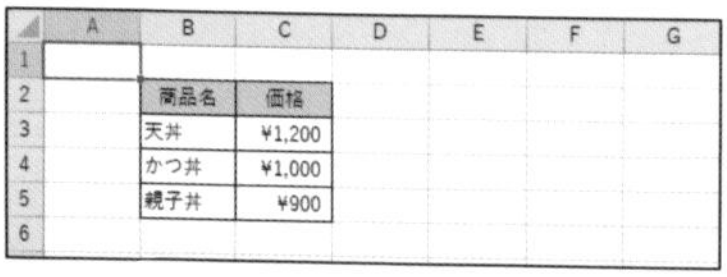

●After

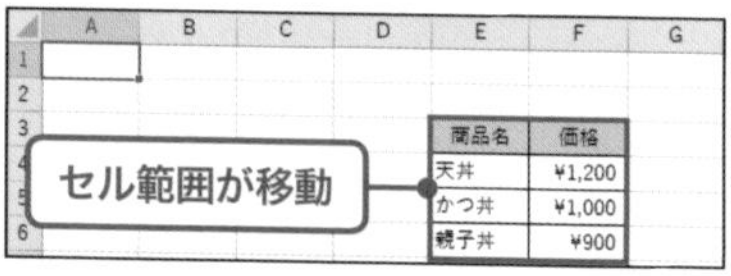

COLUMN

Pasteメソッドで貼り付ける

SAMPLE　移動先を選択してから貼り付ける　s057_2

```
Sub m057_2()
    Range("B2:C5").Cut
    Range("E3").Select
    ActiveSheet.Paste
End Sub
```

Excelの通常の操作のように「切り取り」と「貼り付け」を個別に行うには、Cutメソッドに引数を指定しないで「切り取り」だけを実行します。そして、Selectメソッドで移動先のセルを選択し、ActiveSheetプロパティで作業中のワークシートを表すWorksheetオブジェクトを取得して、そのPasteメソッドで「貼り付け」を実行します。

第1章
第2章
第3章
第4章 セルの移動・複製
第5章

セル範囲を書式ごと複製する

特定のセル範囲を別のセル範囲に複製したい場合は、元のセル範囲を表すRangeオブジェクトのCopyメソッドを実行します。複製先のセルは、引数DestinationにRangeオブジェクトとして指定できます。複製先に1つのセルを指定した場合、そのセルを左上端とするセル範囲に、コピーしたセル範囲のデータが貼り付けられます。

SAMPLE　B2:C5のセル範囲をコピーしてE3セルに貼り付ける　　s057_3

```
Sub m057_3()
    Range("B2:C5").Copy Destination:=Range("E3")
End Sub
```

▶ 実行結果

● Before

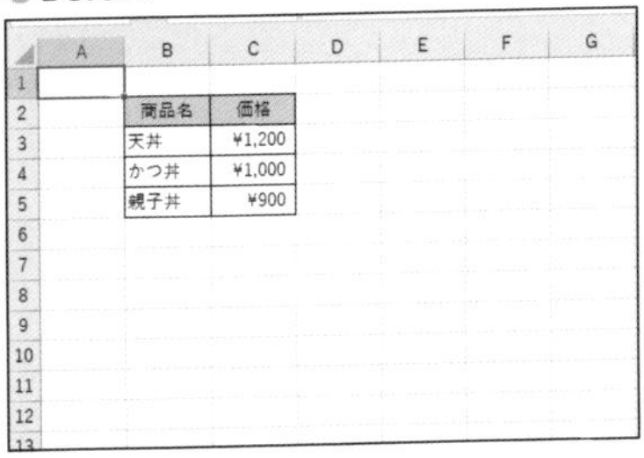

● After

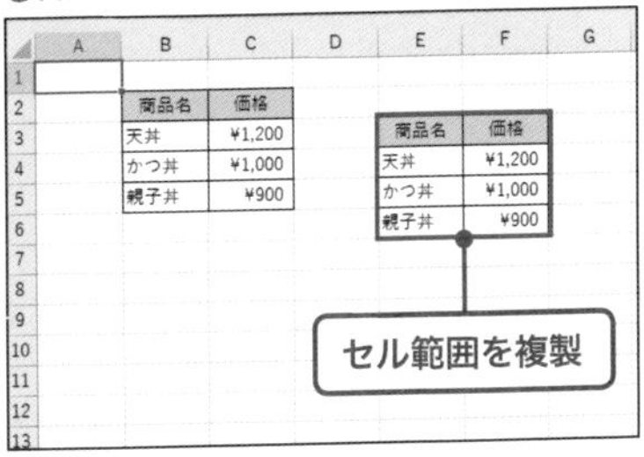

COLUMN

複数の箇所に同じ内容を複製する

複製先が1カ所だけではなく、連続して複数のセルに貼り付けていきたい場合は、まずCopyメソッドを実行します。そして、それぞれの貼り付け先のセルを選択し、ActiveSheetプロパティで取得した作業中のワークシートを表すWorksheetオブジェクトのPasteメソッドを実行します。

SAMPLE　複数の箇所に貼り付ける　　s057_4

```
Sub m057_4()
    Range("B2:C5").Copy
    Range("E3").Select
    ActiveSheet.Paste
    Range("B7").Select
    ActiveSheet.Paste
    Application.CutCopyMode = False
End Sub
```

Excelのコピーでは、貼り付けを行った後もコピー元のセル範囲が動く点線で囲まれていて、この状態（コピーモード）が続いている限り、何度でも貼り付けることができます。VBAでも、引数で複製先を指定せずにCopyメソッドを実行すると、コピーモードになります。コピーモードを終了するには、ApplicationオブジェクトのCutCopyModeプロパティにFalseを設定します。

SECTION
058 書式だけ・値だけを貼り付ける

セルの移動・複製

セル範囲の値ではなく、書式の設定だけを別のセル範囲にコピー・貼り付けすることができます。反対に、貼り付け先の書式はそのままにして、値だけを貼り付けることも可能です。これらはいずれも、通常とは異なる特殊な貼り付け方法を使用します。

セル範囲の書式を別のセル範囲にコピーする

特定のセル範囲の書式を別のセル範囲にコピーしたい場合も、元のセル範囲を表すRangeオブジェクトのCopyメソッドを実行します。次に貼り付け先のセル範囲を表すRangeオブジェクトのPasteSpecialメソッドで、引数Pasteに定数xlPasteFormatsを指定します。

SAMPLE **B2:C5のセル範囲の書式のみを複製**　s058_1

```
Sub m058_1()
    Range("B2:C5").Copy
    Range("E3:F4").PasteSpecial Paste:=xlPasteFormats
    Application.CutCopyMode = False
End Sub
```

▶ 実行結果

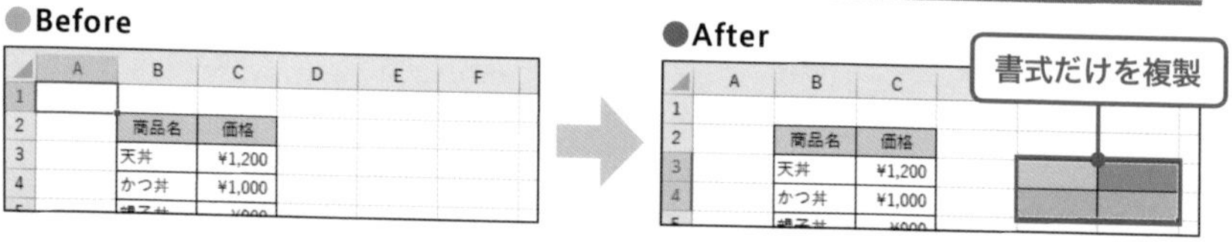

COLUMN

PasteSpecialメソッドで貼り付ける

PasteSpecialメソッドはPasteメソッドの代わりにも利用できますが、その対象は貼り付け先のセルを表すRangeオブジェクトです。必ずCopyメソッドと組み合わせて使い、Cutメソッドとの組み合わせでは使えません。

SAMPLE **PasteSpecialメソッドで貼り付ける**　s058_2

```
Sub m058_2()
    Range("B2:C5").Copy
    Range("E3").PasteSpecial
    Application.CutCopyMode = False
End Sub
```

セル範囲に数値を加算して貼り付ける

数値が入力されているセルをコピーし、別のセル範囲に入力されている数値と演算して貼り付けることができます。ここでは、引数Pasteに定数xlPasteValuesを指定して、値だけを貼り付けます。また、引数Operationに、加算を意味する定数xlPasteSpecialOperationAddを指定します。

SAMPLE 値を加算して貼り付ける s058_3

```
Sub m058_3()
    Range("E3").Copy
    Range("C3:C5").PasteSpecial Paste:=xlPasteValues, _
        Operation:=xlPasteSpecialOperationAdd
    Application.CutCopyMode = False
End Sub
```

▶ 実行結果

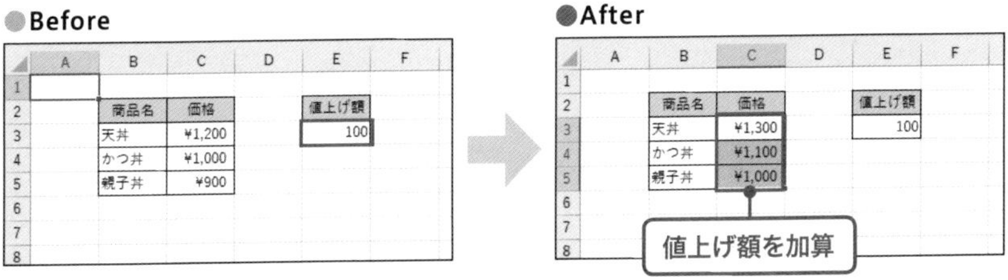

COLUMN

PasteSpecialメソッドの引数

PasteSpecialメソッドには4つの引数を指定できますが、ここではPasteとOperationについて説明します。引数Pasteは、貼り付ける内容を指定するものです。指定できる定数の一部を表1に示します。また、引数Operationは、コピーした数値を貼り付け先のセルの値と演算する指定で、表2のような定数を指定できます。

【表1】

定数	貼り付け内容
xlPasteAll	すべて
xlPasteFormulas	数式
xlPasteVaues	値
xlPasteFormats	書式設定
xlPasteFormulasAndNumberFormats	数式と数値の書式
xlPasteValuesAndNumberFormats	値と数値の書式

【表2】

定数	演算の内容
xlPasteSpecialOperationNone	なし
xlPasteSpecialOperationAdd	加算
xlPasteSpecialOperationSubtract	減算
xlPasteSpecialOperationMultiply	乗算
xlPasteSpecialOperationDivide	除算

SECTION 059 セルの挿入

セルをコピー・切り取りして挿入する

コピーまたは切り取りしたセル（範囲）は、通常、目的のセル（範囲）に上書きする形で貼り付けられますが、目的の位置に挿入する形で貼り付けることもできます。この機能を利用して、たとえば、表の特定の行を、上にある行と入れ替えるといった操作が行えます。

表の特定の行を挿入モードで移動する

特定のセル範囲の内容を、別の位置に挿入モードで移動するには、まず元のセル範囲を表すRangeオブジェクトのCutメソッドで「切り取り」の操作を行います。そして、移動先のセルを表すRangeオブジェクトを取得し、そのInsertメソッドを実行します。

SAMPLE 行を挿入モードで移動　s059_1

```
Sub m059_1()
    Range("B7:D7").Cut
    Range("B4:D4").Insert
End Sub
```

▶実行結果

●Before

	A	B	C	D	E	F	G
1							
2		店名	担当者	販売数			
3		中野店	青島哲也	193			
4		高円寺店	石川美香	216			
5		阿佐ヶ谷店	上島隆太	145			
6		荻窪店	江口尚美	231			
7		吉祥寺店	大島孝弘	179			

●After

挿入モードで移動

	A	B	C	D	E	F	G
1							
2		店名	担当者	販売数			
3		中野店	青島哲也	193			
4		吉祥寺店	大島孝弘	179			
5		高円寺店	石川美香	216			
6		阿佐ヶ谷店	上島隆太	145			
7		荻窪店	江口尚美	231			

COLUMN

挿入モードで移動する

セル範囲の挿入モードでの移動をExcelの操作で行う場合は、「ホーム」タブの「クリップボード」グループの「切り取り」を実行してから、目的の位置を選択し、「ホーム」タブの「セル」グループの「挿入」をクリックします。

また、このような操作は、ドラッグ&ドロップで行う方法がより一般的でしょう。セル（範囲）を選択し、その外枠の部分をドラッグすると、選択範囲の内容を移動することができます。この操作を「Shift」キーを押しながら行うと、ドラッグした位置に線が表示され、その位置に挿入される形で選択範囲を移動できます。

表の特定の行を挿入モードで複製する

特定のセル範囲の内容を、別の位置に挿入モードで複製するには、まず元のセル範囲を表すRangeオブジェクトのCopyメソッドで「コピー」の操作を行います。そして、複製先のセルを表すRangeオブジェクトを取得し、そのInsertメソッドを実行します。

SAMPLE 行を挿入モードで複製 s059_2

```
Sub m059_2()
    Range("B7:D7").Copy
    Range("B4:D4").Insert
    Application.CutCopyMode = False
End Sub
```

▶ 実行結果

Before

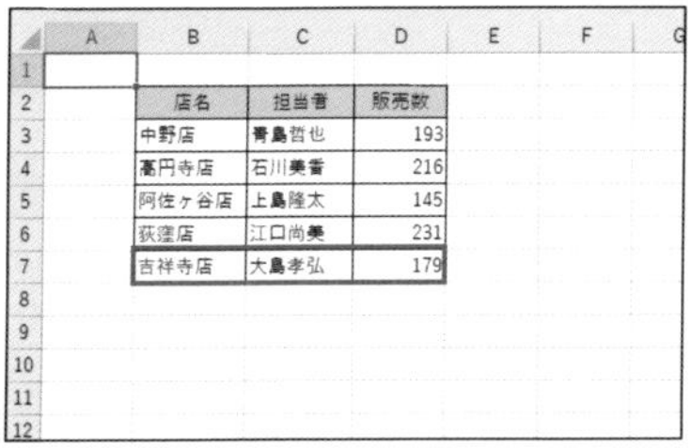

After

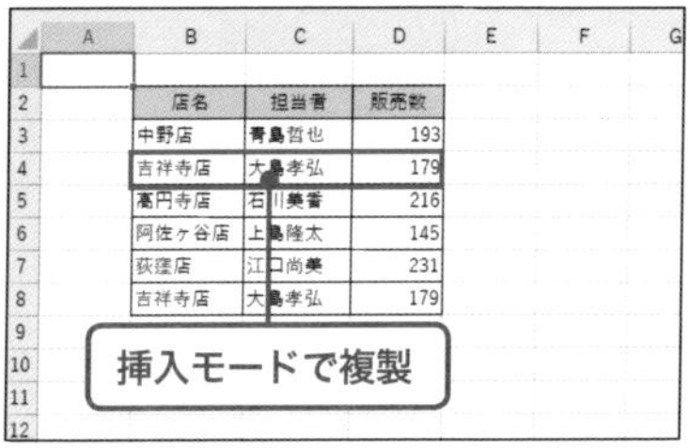

COLUMN

挿入モードで複製する

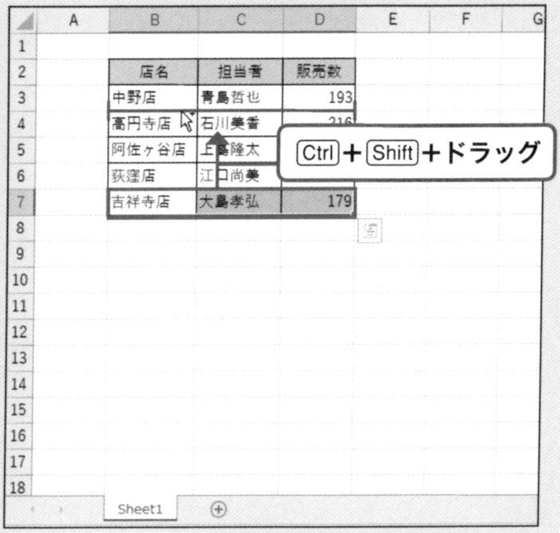

セル範囲の挿入モードでの複製をExcelの操作で行う場合は、「ホーム」タブの「クリップボード」グループの「コピー」を実行してから、目的の位置を選択し、「ホーム」タブの「セル」グループの「挿入」をクリックします。

この操作も、ドラッグ&ドロップで行うのが一般的でしょう。セル（範囲）を選択し、その外枠の部分を、[Ctrl] キーと [Shift] キーを押しながらドラッグします。目的の位置に線が表示されたところでマウスボタンを離すと、その位置に選択範囲の内容が挿入される形で複製されます。

SECTION 060 セルの挿入

空白のセルを挿入する

セル範囲に空白のセルを挿入し、その位置にもともとあったセルを右方向または下方向へずらすことができます。その場合、既存のセルをずらす方向を指定しておくのが確実です。また、行単位または列単位で空白セルを挿入することも可能です。

空白セルを挿入して右方向へずらす

表の範囲に3行×2列の空白セルを挿入し、その位置にもともとあったセルの内容を右方向へずらします。この操作は、対象のセル範囲を表すRangeオブジェクトのInsertメソッドで行います。既存のセルをずらす方向は、引数Shiftに定数xlShiftDown(下方向)またはxlShiftToRight(右方向)のいずれかで指定します。この引数を省略した場合、対象範囲の行数が列数以上なら下方向、列数が行数より多ければ右方向にセルがずれます。

SAMPLE 空白を挿入して右へずらす　s060_1

```
Sub m060_1()
    Range("D3:E5").Insert Shift:=xlShiftToRight
End Sub
```

▶ 実行結果

●Before

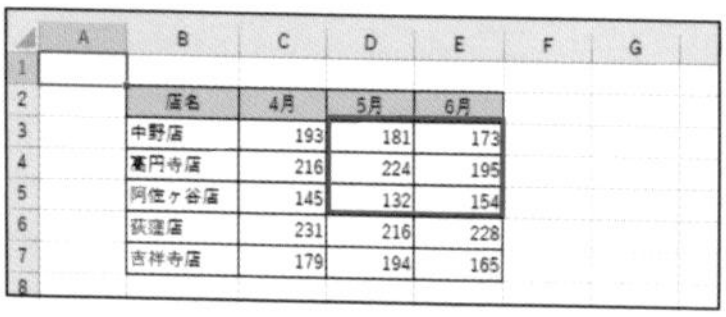

●After

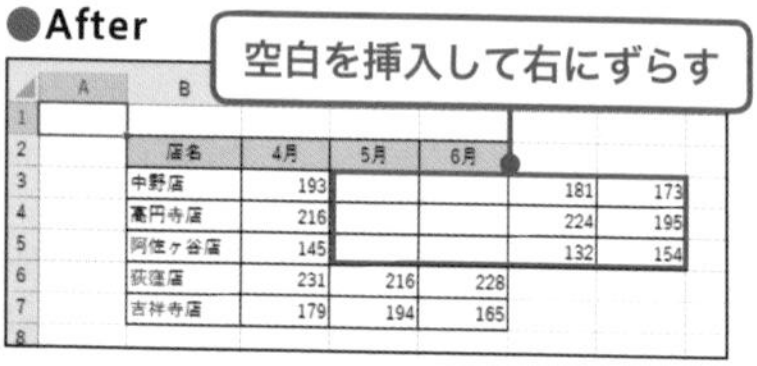

COLUMN

コピーした内容を挿入しないようにする

ここで紹介した空白セルを挿入するコードは、事前にセル範囲のコピーを行っていない、つまりコピーモードになっていないことが前提です。コピーモードの状態では、空白セルではなくコピーした内容が挿入されてしまうからです。確実にコピーモードを解除してから挿入を実行するには、挿入の前に「Application.CutCopyMode＝False」の1行を追加します。

空白の列を挿入する

セル単位ではなく、列単位のセル範囲を表すRangeオブジェクトを対象にInsertメソッドを実行すると、空白の列が挿入され、引数Shiftを指定しなくても右方向にずれます。ここでは、Columnsプロパティを使用してD～F列を表す列単位のRangeオブジェクトを取得し、Insertメソッドを実行しています。なお、行単位で空白セルを挿入したい場合は、Rowsプロパティを使って対象の行の範囲を取得します。

SAMPLE 列単位で空白を挿入 s060_2

```
Sub m060_2()
    Columns("D:F").Insert
End Sub
```

▶ 実行結果

●Before

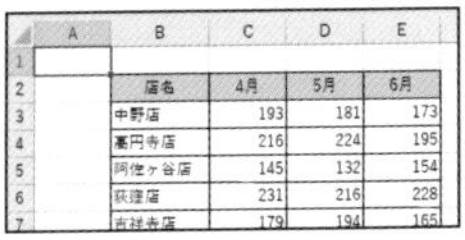

●After

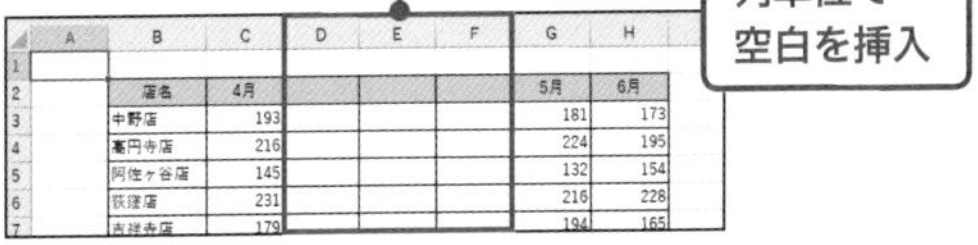

選択範囲を含む行全体に空白セルを挿入する

選択範囲を含む行全体を対象に空白行を挿入します。まず、RangeオブジェクトのEntireRowプロパティで、その行全体を表すRangeオブジェクトを取得します(P.108参照)。そのInsertメソッドを実行すると、行単位の空白セルが挿入されます。同様の操作を列単位で行いたい場合は、EntireColumnプロパティを使用します。

SAMPLE 選択範囲の行全体に空白を挿入 s060_3

```
Sub m060_3()
    Selection.EntireRow.Insert
End Sub
```

▶ 実行結果

●Before

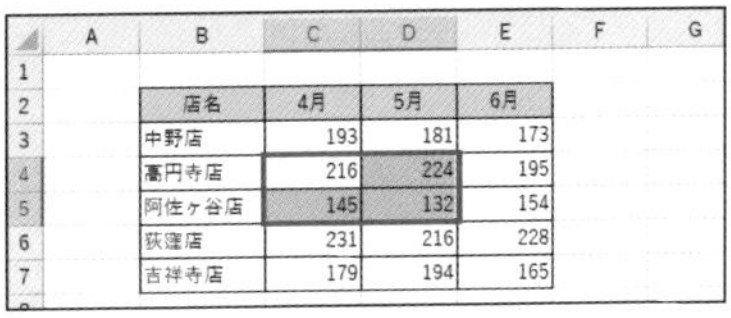

●After

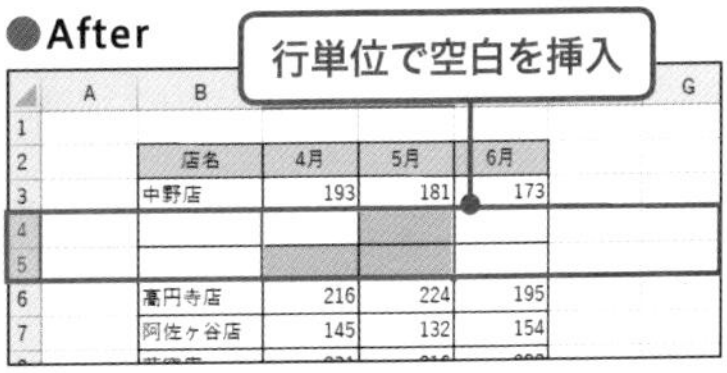

SECTION
061 セル範囲に規則的なデータを入力する

連続データの入力

セル範囲を指定して、その先頭のセルのデータを範囲全体にコピーしたり、連続的なデータを入力したりする方法を紹介します。また、先頭の2つのセルを基準として、その差の分だけ自動的に増減する連続データを入力することも可能です。

基準のセルを範囲全体にコピーする

セル範囲の上端のセルの値と書式を、同じ列の下にあるすべてのセルにコピー(フィル) します。その範囲を表すRangeオブジェクトのFillDownメソッドを使用するのが簡単です。ここでは、C3セルの内容をC4:C6のセル範囲にフィルします。

SAMPLE　C3セルの内容を下のセル範囲にフィル　s061_1

```
Sub m061_1()
    Range("C3:C6").FillDown
End Sub
```

▶ 実行結果

●Before

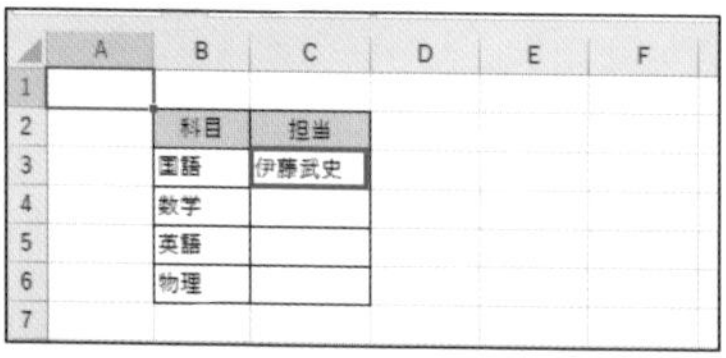

●After

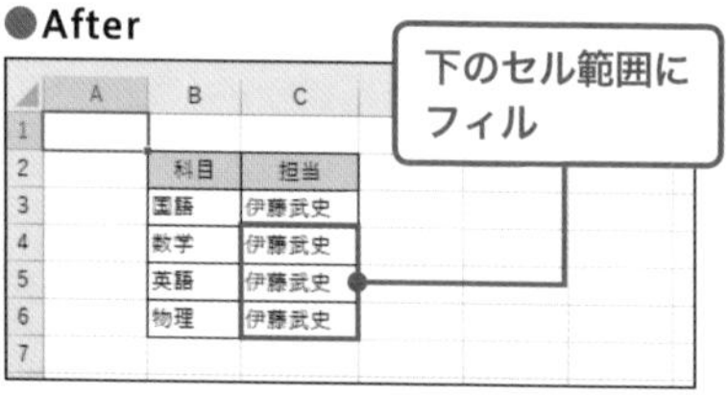

COLUMN

その他の方向にフィルする

ここでは1列のセル範囲の上端セルを下方向にフィルしましたが、下端セルを上方向にフィルするには、FillUpメソッドを使います。また、セル範囲の左端セルを同じ行の右方向にフィルするにはFillRightメソッドを、右端セルを左方向にフィルするにはFillLeftメソッドを使います。右のコードはFillRightメソッドの使用例です。

SAMPLE　右のセル範囲にフィル　s061_2

```
Sub m061_2()
    Range("C5:F7").FillRight
End Sub
```

連続データを入力する

先頭セルの数値が1ずつ増加していく連続データをフィルするには、先頭セルを表すRangeオブジェクトのAutoFillメソッドで、引数Destinationに入力対象のセル範囲を表すRangeオブジェクトを、引数Typeに定数xlFillSeriesを指定します。

SAMPLE 1ずつ増加する連続データを入力 s061_3

```
Sub m061_3()
    Range("C2").AutoFill Destination:=Range("C2:F2"), _
        Type:=xlFillSeries
End Sub
```

▶ 実行結果

●Before

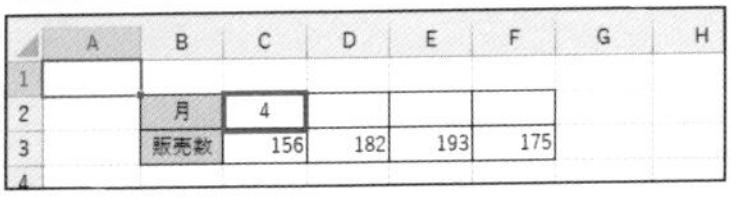

●After

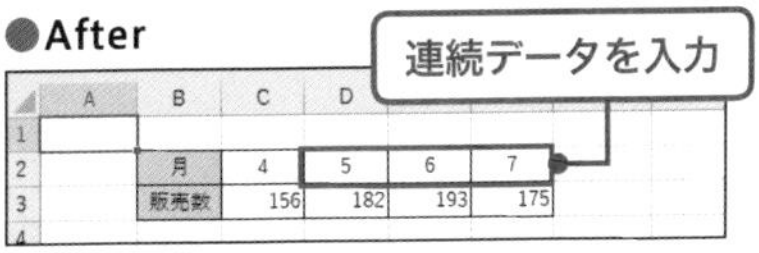

2つのセルを基準に連続データを入力する

先頭の2つのセルに数値を入力し、これらのセルを基準としてオートフィルの操作を行うと、以下、その2つの数値の差の分だけ増減していく連続データを入力できます。ここでは、最初の2つのセルに「2」と「5」と入力し、以下3ずつ増えていく連続データを入力します。AutoFillメソッドの引数Typeは定数xlFillDefaultを指定するか、省略します。

SAMPLE 3ずつ増加する連続データを入力 s061_4

```
Sub m061_4()
    Range("B3").Value = 2
    Range("B4").Value = 5
    Range("B3:B4").AutoFill Destination:=Range("B3:B8")
End Sub
```

▶ 実行結果

●Before

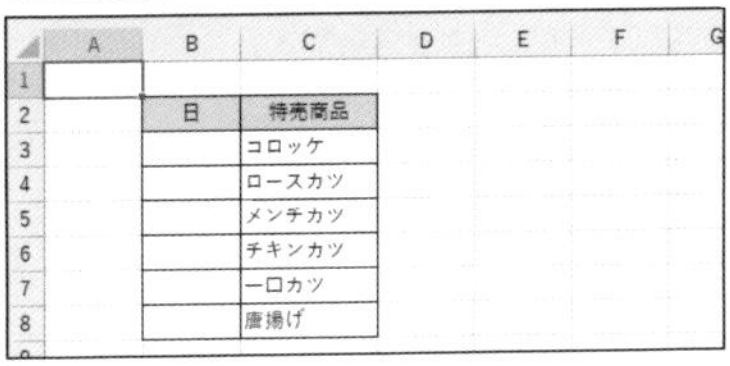

●After

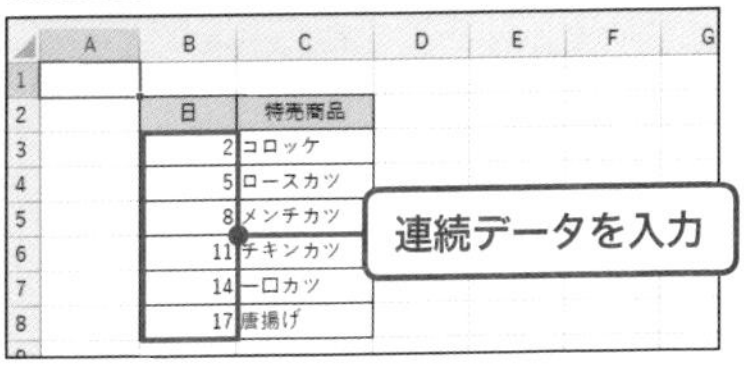

SECTION
062
連続データの入力

規則を指定して連続データを入力する

前の項ではフィル関連の基本的な機能を解説しましたが、さらに細かい規則を設定して、セル範囲に連続データを入力することもできます。ここでは、増加する単位や増減する量、最後の値を指定して連続データを入力する方法を紹介します。

日付を月単位で入力する

基準のセルの値が「2021/1/20」なら、「2021/2/20」、「2021/3/20」…のように月単位で変化していく日付の連続データを入力します。このような連続データを入力するには、Rangeオブジェクトの AutoFill メソッドで、引数 Type に定数 xlFillMonths を指定します。

SAMPLE 月単位の連続データを入力　s062_1

```
Sub m062_1()
    Range("B3").AutoFill Destination:=Range("B3:B8"), _
        Type:=xlFillMonths
End Sub
```

▶ 実行結果

●Before

●After

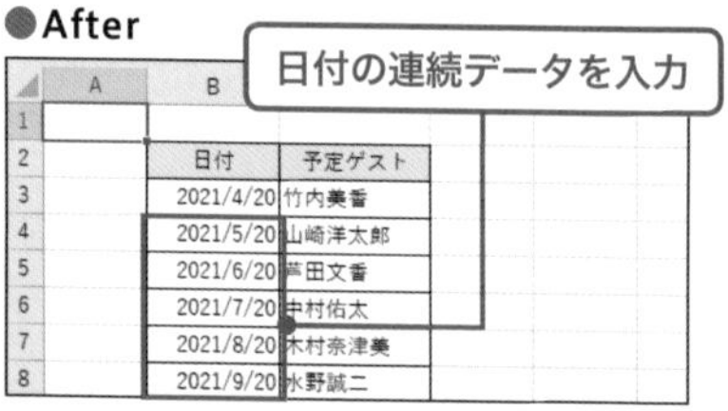

COLUMN

AutoFillメソッドの引数Typeの指定値

AutoFillメソッドの引数Typeには、次のような定数を指定できます。

定数	フィルの内容
xlFillDefault	オートフィル(省略)
xlFillSeries	連続データ
xlFillCopy	セルのコピー
xlFillValues	書式なしコピー
xlFillFormats	書式のみコピー
xlLinearTrend	加算

定数	フィルの内容
xlGrowthTrend	乗算
xlFillYears	年単位
xlFillMonths	月単位
xlFillWeekdays	週日単位
xlFillDays	日単位

増減量を指定して連続データを入力する

Rangeオブジェクトの DataSeriesメソッドでも、対象の範囲の先頭のセルから始まる連続データを、以降のセル範囲に入力できます。このメソッドでは、データが増減する量を、引数Stepで直接指定できます。また、フィルの種類として、引数TypeにxlDataSeriesLinear(加算)、xlGrowth(乗算)、xlChronological(日付)、xlAutoFill(オートフィル)のいずれかの定数を指定できます。省略した場合は加算になります。xlChronologicalを指定した場合、引数DateにxlDay(日)、xlWeekday(週日)、xlMonth(月)、xlYear(年)のいずれかの定数を指定できます。

ここでは、B3セルに入力されている日付から2年ずつさかのぼっていく連続データを、B4:B7のセル範囲に入力します。

SAMPLE 2年ずつさかのぼる日付を入力 s062_2

```
Sub m062_2()
    Range("B3:B7").DataSeries Type:=xlChronological, _
        Date:=xlYear,Step:=-2
End Sub
```

▶ 実行結果

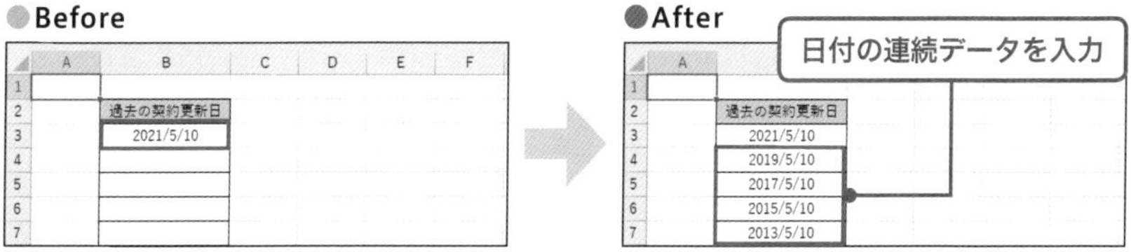

COLUMN

終了値を指定して連続データを入力する

連続データは、通常、対象のセル範囲のすべてのセルに入力されますが、指定した値が入力されたところで、それ以降の入力を打ち切ることができます。終了値は、DataSeriesメソッドの引数Stopに指定します。次のコードでは、15ずつ増加する連続データが90になったところで入力を打ち切ります。

SAMPLE 上限を設定して連続データを入力 s062_3

```
Sub m062_3()
    Range("B3:B9").DataSeries Step:=15, Stop:=90
End Sub
```

SECTION
063
文字列の加工

セルの文字列を加工する

セルに入力されている文字列を取り出して一定の規則で加工し、再び同じセルに収める操作を紹介します。ここでは1つのセルだけを対象とした処理ですが、繰り返し処理（第7章参照）と組み合わせて、複数のセルのデータを一括で加工するといった応用も可能です。

セルのデータの前後に文字列を追加する

特定のセルを表すRangeオブジェクトのValueプロパティでデータを取り出し、その前後に「第」と「回」という文字を結合して、改めて同じセルのValueプロパティに設定します。文字列の結合には、Excelの数式と同様に「&」という文字列演算子を使用します。

SAMPLE　B3セルの値の前後に文字を追加　s063_1

```
Sub m063_1()
    Range("B3").Value = "第" & Range("B3").Value & "回"
End Sub
```

▶実行結果

●Before

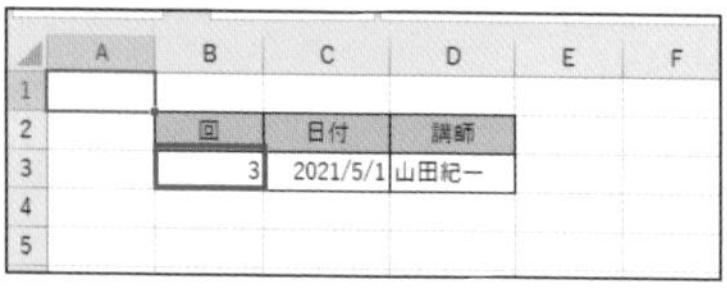

●After

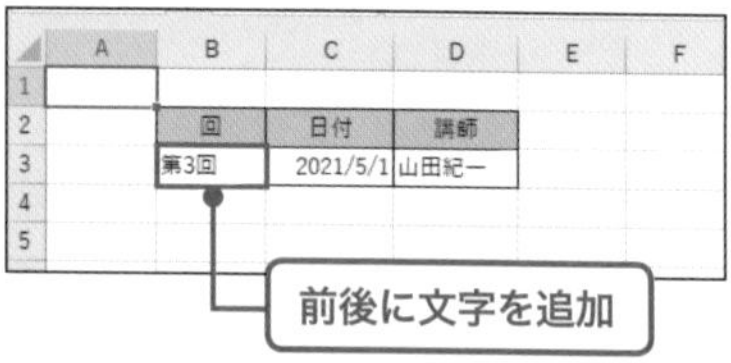

COLUMN

VBAの文字列演算子

Excelの数式では、文字列のデータを処理する「文字列演算子」は「&」だけです。これに対してVBAの場合、文字列を結合する演算子として、ここで紹介した「&」のほかに「+」も使用可能です。ただし、結合するデータとして数値を指定した場合、「&」では自動的に文字列として結合されますが、「+」では数値として処理されます。これを利用して、2つのデータがともに文字列か数値かによって、それぞれ異なる処理を行うようなコードを書くこともできます。しかし、2つのデータの一方が数値で一方が文字列の場合、「+」ではエラーが発生してしまうので、結合には基本的に「&」を使うことをお勧めします。

文字列の中に別の文字列を挿入する

文字列データの先頭から指定した文字数の文字列を取り出すにはLeft関数、末尾から指定した文字数の文字列を取り出すにはRight関数を使用します。ここでは、入力済みの8文字の商品コードの3文字目と4文字目の間に「-ABC-」という文字列を追加します。

SAMPLE　B3セルの文字列に別の文字列を挿入　　s063_2

```
Sub m063_2()
    Range("B3").Value = Left(Range("B3").Value, 3) & "-ABC-" & _
        Right(Range("B3").Value, 5)
End Sub
```

▶ 実行結果

●Before

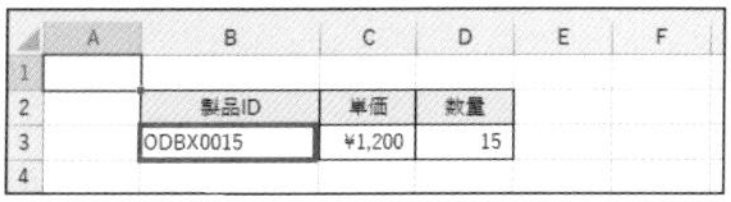

●After

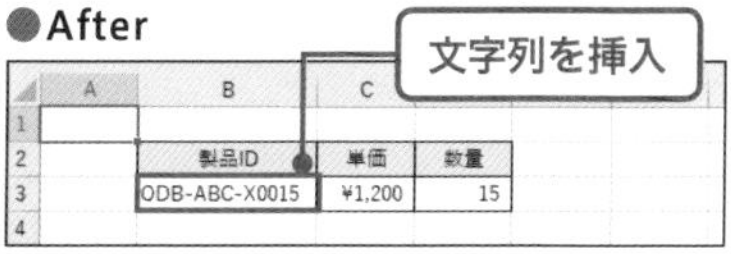

ひらがなをカタカナに変換する

対象のセルに入力されているひらがなをカタカナに変換します。これには、各種の文字種の変換が行えるStrConv関数を使用し、引数Conversionに定数vbKatakanaを指定します。なお、StrConv関数の引数Conversionには、変換したい文字種に応じて、これ以外にもvbUpperCase(大文字)、vbLowerCase(小文字)、vbWide(全角)、vbNarrow(半角)、vbHiragana(ひらがな) などの定数が指定できます。

SAMPLE　B3セルのひらがなをカタカナに変換　　s063_3

```
Sub m063_3()
    Range("B3").Value = StrConv(Range("B3").Value, vbKatakana)
End Sub
```

▶ 実行結果

●Before

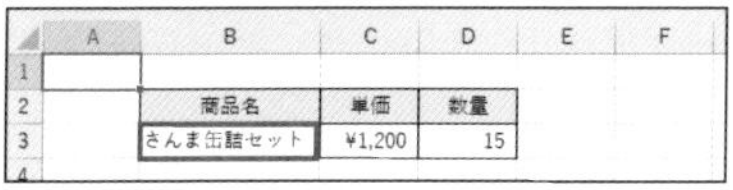

●After

SECTION
064
セルの書式

塗りつぶしの色を設定する

セルの塗りつぶしの色を設定するコードを解説します。塗りつぶしの設定としては、パターンやグラデーションといった設定も可能ですが、ここでは最も基本的な色について、2種類の設定方法を紹介します。

標準の色を設定する

セルの塗りつぶしに関する設定は、RangeオブジェクトのInteriorプロパティで取得できる、Interiorオブジェクトのプロパティとして設定します。赤や青といった「標準の色」は、InteriorオブジェクトのColorプロパティに、色を表す数値や定数で指定できます。「赤」を指定する方法はいくつかありますが、ここでは定数rgbRedを設定します。

SAMPLE　B2:D2のセル範囲の色を赤に変更　s064_1

```
Sub m064_1()
    Range("B2:D2").Interior.Color = rgbRed
End Sub
```

▶ 実行結果

●Before

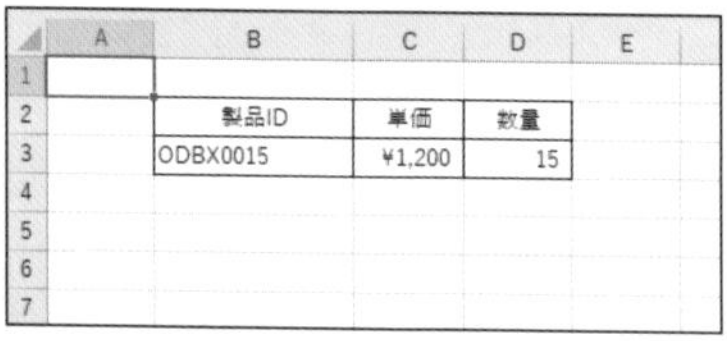

●After

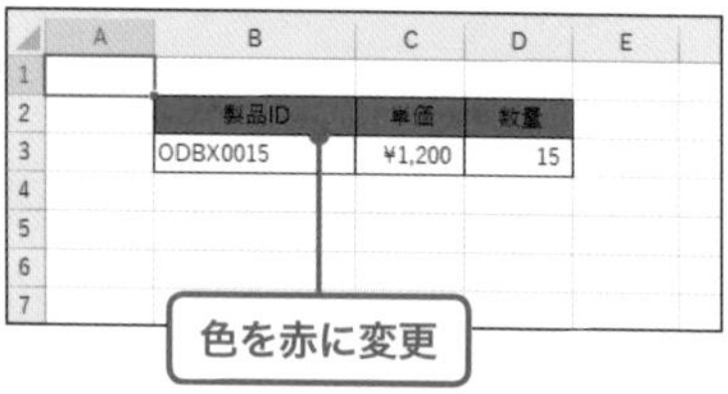

COLUMN

標準の色の指定方法

塗りつぶしの設定を表すInteriorオブジェクトだけでなく、フォントや罫線など、色を設定できる書式のオブジェクトでは、いずれもColorプロパティを設定できます。このプロパティの設定値は、「RGB」と呼ばれる色の表現方法に基づいて、特定の色を1つの数値で表したものです。Excel VBAでは、色を表す数値の多くに「rgb」＋色の英語名で表される定数が設定されており、これを使ってColorプロパティを設定することが可能です（P.341参照）。

テーマの色を設定する

「テーマの色」は、InteriorオブジェクトのThemeColorプロパティで設定します。設定値は、「背景1」はxlThemeColorDark1、「テキスト1」はxlThemeColorLight1、「アクセント1」はxlThemeColorAccent1という定数で指定できます。「背景」と「テキスト」は1と2、「アクセント」は1～6までありますが、対応する定数もそれぞれ数字を変えればOKです。
また、各テーマの色のバリエーションとして、InteriorオブジェクトのTintAndShadeプロパティで色の濃淡を指定できます。この設定値は-1～1の範囲の小数で、中間値を0として、大きくなるほど明るく(白に近く)なり、小さくなるほど暗く(黒に近く)なります。
ここでは、この2つのプロパティを使用して、「アクセント1」の明るい色を設定します。

SAMPLE B2:D2のセル範囲にテーマの色を設定 s064_2

```
Sub m064_2()
    Range("B2:D2").Interior.ThemeColor = xlThemeColorAccent1
    Range("B2:D2").Interior.TintAndShade = 0.8
End Sub
```

▶ 実行結果

Before

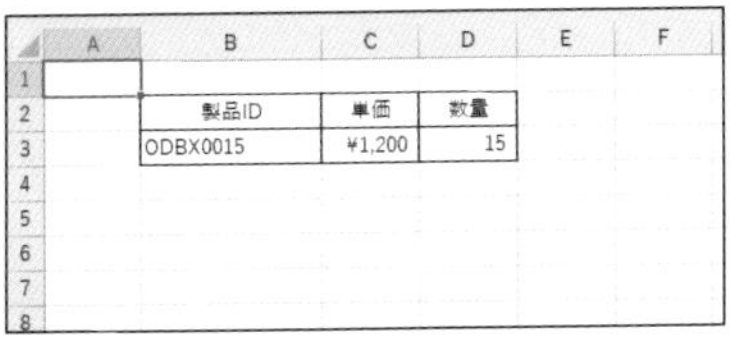

After

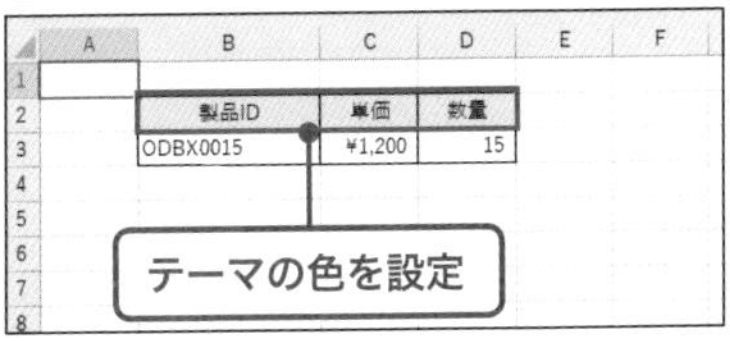

COLUMN

テーマの色とは?

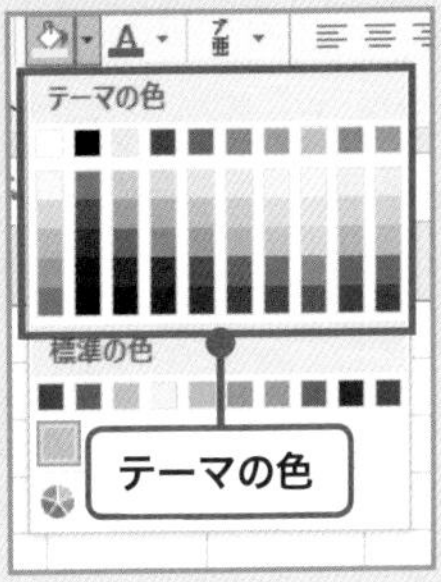

「テーマの色」とは、各ブックに設定されている「テーマ」に、あらかじめ登録されている色の組み合わせのことです。リボンや各種の設定画面で色を設定する際には、「標準の色」よりも「テーマの色」が大きく表示されます。一番上が基本の色で、その下は濃淡を変えたバリエーションです。
これらのテーマの色には、左から「背景1」「テキスト1」…といった名前が付けられています。それぞれの名前が白などの特定の色を表しているわけではなく、テーマごとにさまざまな色が割り当てられています。このため、ブックに設定したテーマを変えると、セルの塗りつぶしなどに設定したテーマの色も変化します。

SECTION 065 セルの書式

その他の書式を設定する

フォント（文字）や罫線、表示形式、配置といった、塗りつぶし以外のセルの書式について、まとめて説明します。ただし、ここで紹介しているのは概要だけなので、具体的な設定方法については、マクロの記録機能などを使って調べてみてください。

セルのフォントを設定する

セルの文字の書式に関する設定は、RangeオブジェクトのFontプロパティで取得できる、Fontオブジェクトのプロパティとして設定します。次の表は、Fontオブジェクトに設定できる主なプロパティと、その設定値です。

プロパティ	書式	設定値
Name	フォント名	フォント名の文字列
ThemFont	テーマのフォント	テーマのフォントを表す定数
Color	フォントの色	色を表す数値または定数
ThemeColor	フォントのテーマの色	テーマの色を表す定数
TintAndShade	フォントの色の濃淡	-1～1の範囲の小数
FontStyle	フォントスタイル	「太字」「斜体」などの文字列
Size	フォントサイズ	フォントサイズの数値
Underline	下線	下線の種類を表す定数

セルの罫線を設定する

セルの罫線には、線の太さや線種、線の色といった書式を設定できます。対象のセルの四辺すべての罫線の書式を一括で変更することも、特定の一辺の罫線の書式だけを変更することも可能です。セルの四辺すべての罫線の書式に関する設定は、RangeオブジェクトのBordersプロパティで取得できる、Bordersコレクションに対して設定します。また、Bordersコレクションに対してインデックスを指定することで、セル（範囲）の特定の位置を表すBorderオブジェクトを取得できます。設定に使用できるプロパティはどちらも同様です。Bordersコレクションに指定できるインデックスには、次の表のようなものがあります。

定数	罫線の位置
xlEdgeTop	セル(範囲)の上辺
xlEdgeBottom	セル(範囲)の下辺
xlEdgeLeft	セル(範囲)の左辺
xlEdgeRight	セル(範囲)の右辺
xlInsideHorizontal	セル範囲の内側の水平線
xlInsideVertical	セル範囲の内側の垂直線
xlDiagonalDown	セルの内側の右下がり斜線
xlDiagonalUp	セルの内側の右上がり斜線

BordersコレクションまたはBorderオブジェクトに設定できるプロパティには、次の表のようなものがあります。

プロパティ	書式	設定値
LineStyle	線種	線種を表す定数
Weight	罫線の太さ	太さを表す定数
Color	罫線の色	色を表す数値または定数
ThemeColor	罫線のテーマの色	テーマの色を表す定数
TintAndShade	罫線の色の濃淡	-1～1の範囲の小数

セルの配置を設定する

セルの横方向の配置は、対象のセルを表すRangeオブジェクトのHorizontal Alignmentプロパティに、定数で設定します。たとえば、「標準」はxlGeneral、「左詰め」はxlLeft、「中央揃え」はxlCenter、「右詰め」はxlRightです。
また、セルの縦方向の配置は、対象のセルを表すRangeオブジェクトのVertical Alignmentプロパティに、定数で設定します。たとえば、「上詰め」はxlTop、「中央揃え」はxlCenter、「下詰め」はxlBottomです。

セルの表示形式を設定する

セルの表示形式は、対象のセルを表すRangeオブジェクトのNumberFormatLocalプロパティで設定します。その設定値は、書式記号を使って表した表示形式の文字列です。各表示形式を書式記号でどのように表すかは、「セルの書式設定」ダイアログボックスの「表示形式」タブを表示し、その「分類」で「ユーザー定義」を選べば、「種類」で確認することができます。

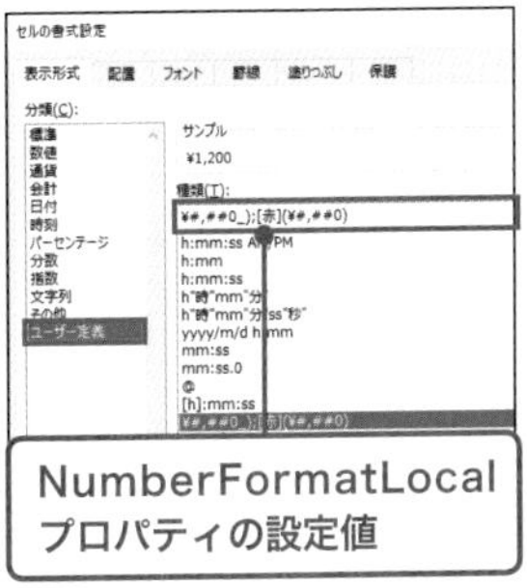

SECTION 066
消去・削除

セルをクリアする

セルに入力されているデータをクリア（消去）するコードを解説します。Excelの通常の作業では、セルを選択して［Delete］キーを押す操作に相当します。さらに、書式も含めてクリアしたり、書式だけをクリアしたりするコードも紹介します。

セルのデータをクリアする

特定のセルを表すRangeオブジェクトのClearContentsメソッドで、そのセルに入力されているデータをクリアできます。セルに設定されている書式はそのまま残ります。なお、このメソッドには引数は指定しません。ここでは、C3セルのデータをクリアします。

SAMPLE　C3セルの内容を消去　s066_1

```
Sub m066_1()
    Range("C3").ClearContents
End Sub
```

▶実行結果

●Before

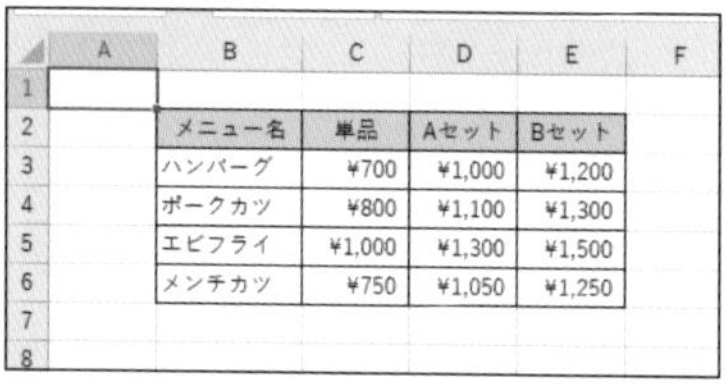

●After

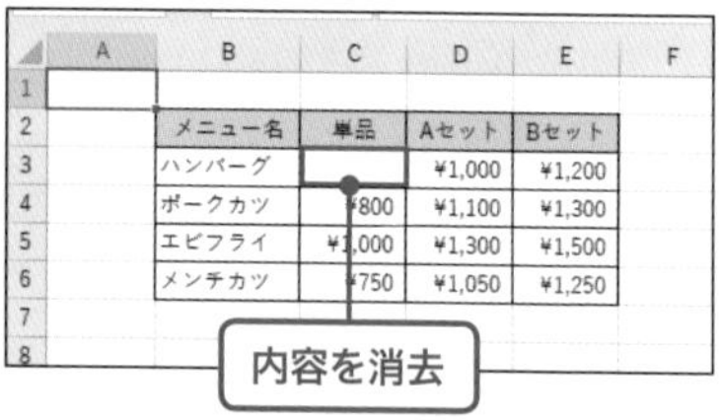

COLUMN

セル範囲のデータをクリアする

単独のセルだけではなく、セル範囲に入力されている複数のデータについても、同じ方法でまとめてクリアできます。次のコードは、C3:E6のセル範囲に含まれているすべてのセルのデータをクリアします。

SAMPLE　C3:E6のセル範囲の内容を消去　s066_2

```
Sub m066_2()
    Range("C3:E6").ClearContents
End Sub
```

書式も含めてすべてクリアする

セルのデータに加え、設定されている罫線や塗りつぶしの色などの書式をすべてクリアして初期状態に戻したい場合は、対象のセル(範囲)を表すRangeオブジェクトのClearメソッドを実行します。ここでは、D2:E6のセル範囲のデータと書式をクリアします。

SAMPLE D2:E6のセル範囲を書式ごと消去 s066_3

```
Sub m066_3()
    Range("D2:E6").Clear
End Sub
```

▶ 実行結果

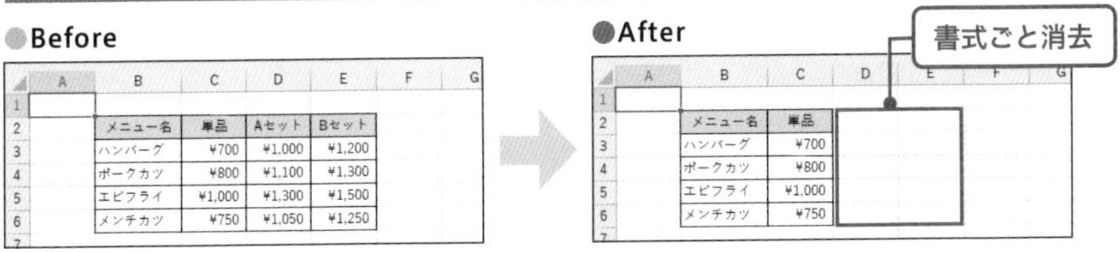

セルの書式だけをクリアする

セルに入力されているデータはそのまま残し、罫線や塗りつぶしの色などの書式だけをクリアして初期設定に戻したい場合は、対象のセルを表すRangeオブジェクトのClearFormatsメソッドを実行します。ここでは、D2:E6セルの書式だけをクリアします。

SAMPLE D2:E6のセル範囲の書式を消去 s066_4

```
Sub m066_4()
    Range("D2:E6").ClearFormats
End Sub
```

▶ 実行結果

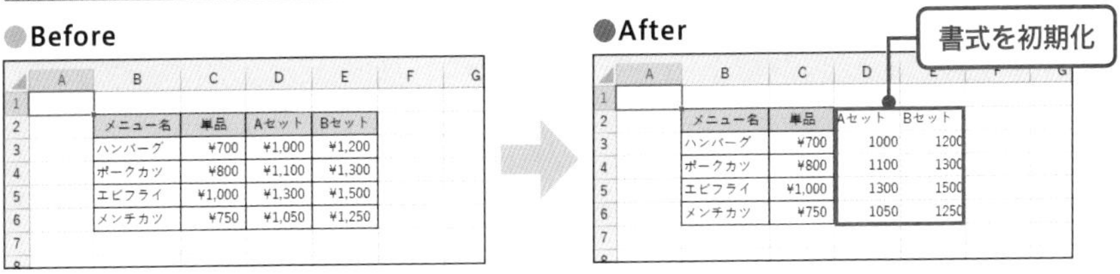

SECTION
067
消去・削除

セルを削除する

セル自体をワークシート上から削除し、その分、右側または下側のセルを詰めるには、セルの「削除」を実行します。ここでは、詰める方向を指定して、特定のセルまたはセル範囲を削除する方法を紹介します。

セル範囲を削除して下から繰り上げる

特定のセル範囲を削除するには、対象のセル範囲を表すRangeオブジェクトのDeleteメソッドを実行します。削除された位置に詰めるセルの方向は、引数ShiftにxlShiftUp(下から上へ）またはxlShiftToLeft(右から左へ）のいずれかを指定します。ここでは、B4:E5のセル範囲を削除し、下側のセルを上に詰めます。

SAMPLE　B4:E5のセル範囲を削除　　s067_1

```
Sub m067_1()
    Range("B4:E5").Delete Shift:=xlShiftUp
End Sub
```

▶ 実行結果

●Before

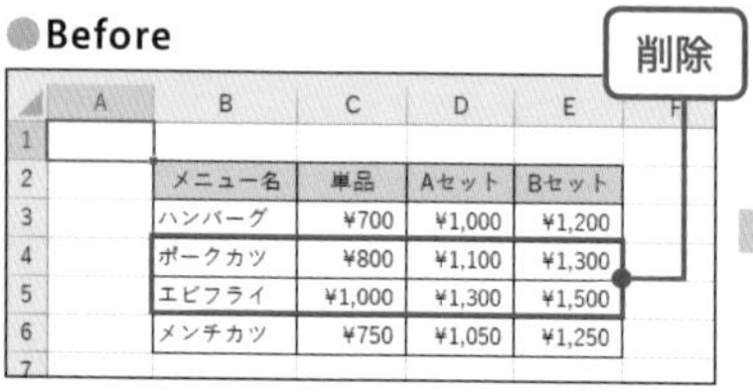

	A	B	C	D	E	F
1						
2		メニュー名	単品	Aセット	Bセット	
3		ハンバーグ	¥700	¥1,000	¥1,200	
4		ポークカツ	¥800	¥1,100	¥1,300	
5		エビフライ	¥1,000	¥1,300	¥1,500	
6		メンチカツ	¥750	¥1,050	¥1,250	
7						

●After

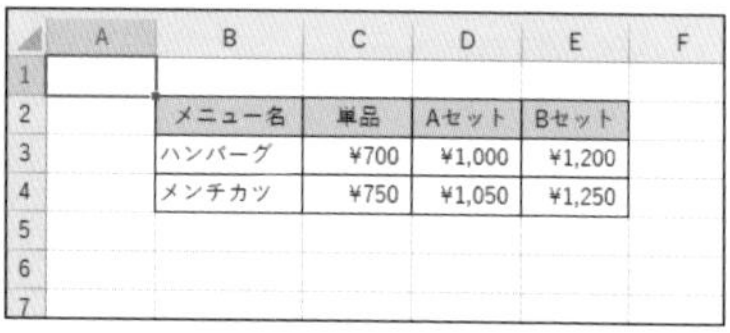

	A	B	C	D	E	F
1						
2		メニュー名	単品	Aセット	Bセット	
3		ハンバーグ	¥700	¥1,000	¥1,200	
4		メンチカツ	¥750	¥1,050	¥1,250	
5						
6						
7						

COLUMN

セルの削除時に詰める方向

Deleteメソッドの引数Shiftを省略した場合、詰める方向は、対象のセル範囲の行数と列数に応じて自動的に決まります。列数が行数以上の場合は、下から上方向へセルが詰められます。逆に行数が列数より多い場合は、右から左方向へセルが詰められます。この例の対象範囲は2行×4列なので、引数Shiftの指定を省略しても上方向へ詰められます。

行単位で削除する

行単位のセル範囲を表すRangeオブジェクトを対象にDeleteメソッドを実行すると、引数Shiftを指定しなくても、下から上へ詰められます。ここでは、Rowsプロパティを使用して3～4行目のRangeオブジェクトを取得し、Deleteメソッドを実行します。同様に列単位で削除したい場合は、Columnsプロパティで対象の列の範囲を取得します。

SAMPLE 3～4行目を行単位で削除 s067_2

```
Sub m067_2()
    Rows("3:4").Delete
End Sub
```

▶ 実行結果

●Before

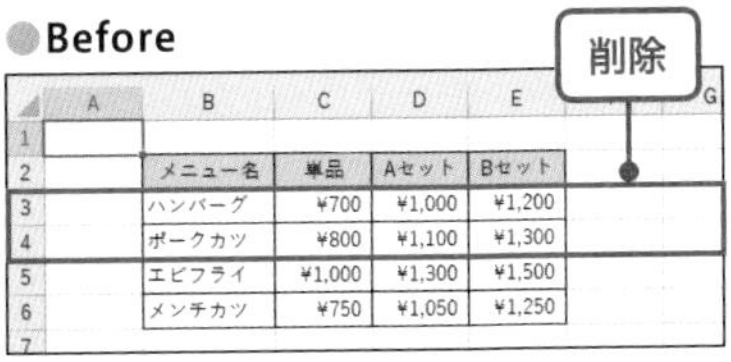

●After

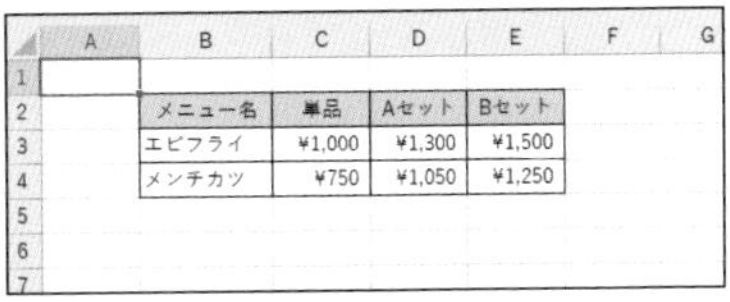

選択範囲を含む列全体を削除する

ここでは、選択範囲を含む列全体を削除します。Rangeオブジェクトを対象としたEntireColumnプロパティで、その列全体を表すRangeオブジェクトを取得します(P.108参照)。そのDeleteメソッドで、列単位で削除されます。同様に選択範囲を含む行全体を削除したい場合は、RangeオブジェクトのEntireRowプロパティを使用します。

SAMPLE 選択範囲を含む行全体を削除 s067_3

```
Sub m067_3()
    Selection.EntireColumn.Delete
End Sub
```

▶ 実行結果

●Before

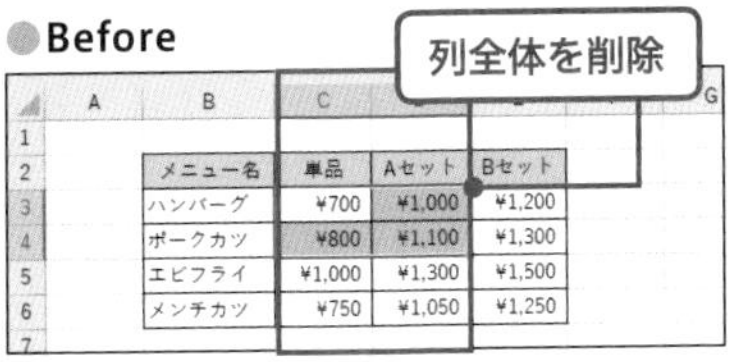

●After

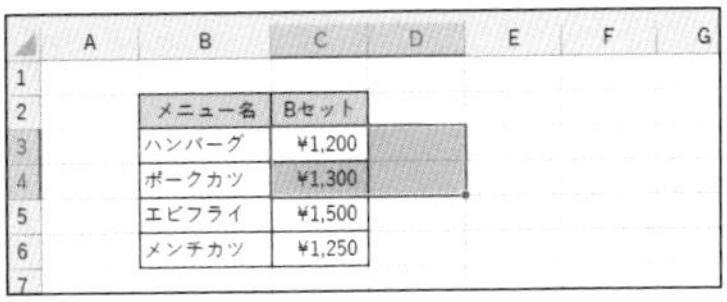

SECTION
068 行・列のサイズを変更する

行・列のサイズ

セルの幅は、個々のセルごとに変更することはできず、そのセルを含む列全体の幅として設定します。同様に、セルの高さについても、行全体の高さとして設定します。ここでは、VBAで列の幅や行の高さを変更する方法を紹介します。

行の高さを変更する

行の高さは、対象のセル(範囲)を表すRangeオブジェクトのRowHeightプロパティで取得・設定できます。対象のセルだけでなく、そのセルを含む行全体の高さが変更されます。行の高さの単位は、Excelでの操作と同じく「ポイント」です。次のコードは、C5セルを含む行全体(5行目)の高さを「24」に変更します。

SAMPLE　C5セルの行の高さを「24」に変更　s068_1

```
Sub m068_1()
    Range("C5").RowHeight = 24
End Sub
```

▶実行結果

●Before

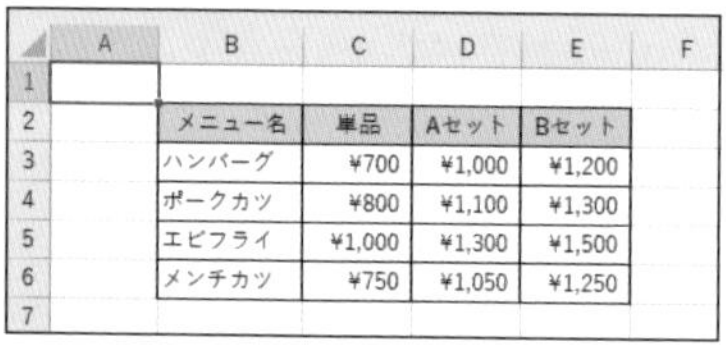

●After

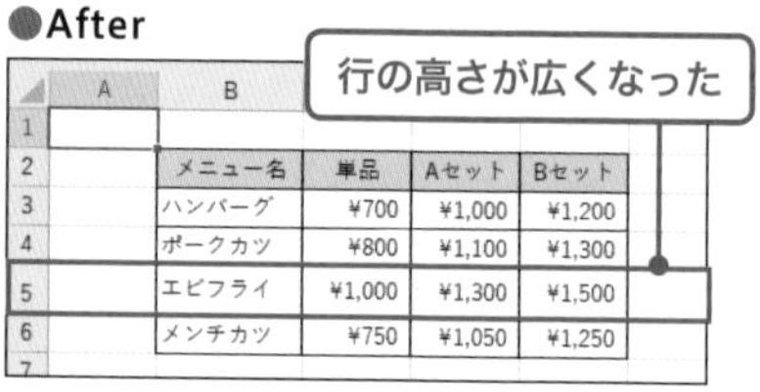

COLUMN

現在の高さを基準に設定する

ここでは高さを直接指定していますが、現在の高さよりも○ポイント大きくするといった指定の仕方も可能です。たとえば、現在よりも5ポイント大きくしたい場合は、対象のセルを表すRangeオブジェクトのRowHeightプロパティで現在の値を取得し、それに5を加えた値を、改めて同じRangeオブジェクトのRowHeightプロパティに設定します。

列の幅を変更する

列の幅は、対象のセル(範囲)を表すRangeオブジェクトのColumnWidthプロパティで取得・設定できます。対象のセルだけでなく、そのセルを含む列全体の幅が変更されます。列の幅の単位は「ポイント」ではなく、標準フォントの幅を基準とする特殊な単位です。次のコードは、C3:E5のセル範囲を含む列全体(C～E列)の幅を「13」に変更します。

SAMPLE C3:E5の列の幅を「13」に変更 s068_2

```
Sub m068_2()
    Range("C3:E5").ColumnWidth = 13
End Sub
```

▶実行結果

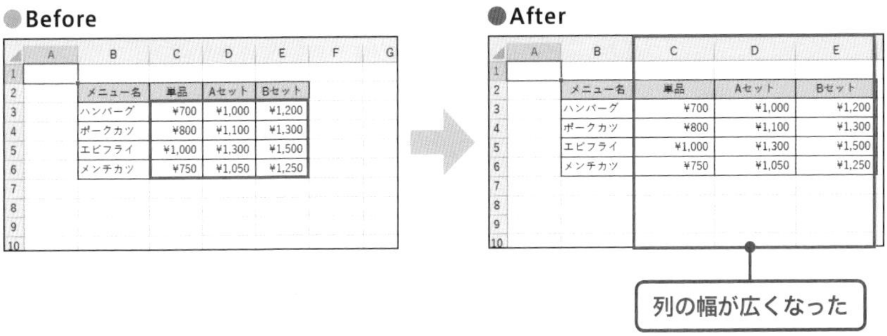

COLUMN

行の高さを列の幅に合わせる

行の高さと列の幅の単位は異なるため、両方のサイズを揃えたい場合、単純にRowHeightプロパティにColumnWidthプロパティの値を代入するといった方法ではうまくいきません。RangeオブジェクトのWidthプロパティを使えば、列の幅をポイント単位で取得できるため、この値をRowHeightプロパティに代入するという方法で、行の高さを列の幅に合わせることができます。なお、Widthプロパティは値の取得のみ可能で、設定することはできないため、列の幅を行の高さに合わせることはできません。

SAMPLE 行の高さを列の幅と同じにする s068_3

```
Sub m068_3()
    Range("C2").RowHeight = Range("C2").Width
End Sub
```

SECTION
069
非表示

行・列を非表示にする

行や列を削除するのではなく、一時的に非表示にすることが可能です。作業者には見せたくない計算の基礎データを隠しておく場合などに使用します。ここでは、VBAで行や列を非表示にする方法と、再表示する方法を紹介します。

行を非表示にする

行や列を非表示にするには、行単位または列単位のセル範囲を表すRangeオブジェクトのHiddenプロパティにTrueを設定します。セル単位での設定はできないので注意してください。ここでは、4～5行目を非表示にします。

SAMPLE　4～5行目を非表示にする　s069_1

```
Sub m069_1()
    Rows("4:5").Hidden = True
End Sub
```

▶ 実行結果

Before

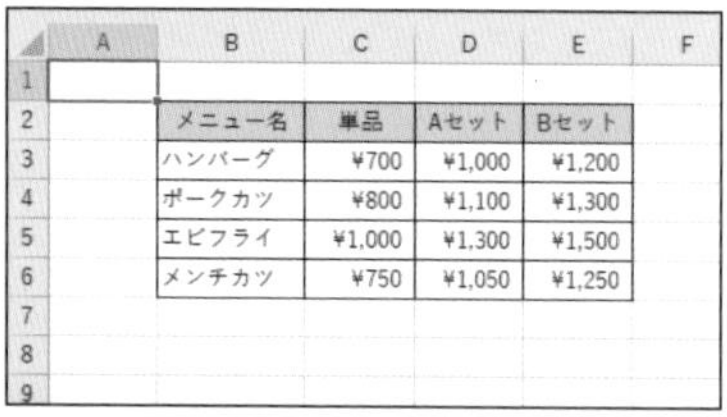

After

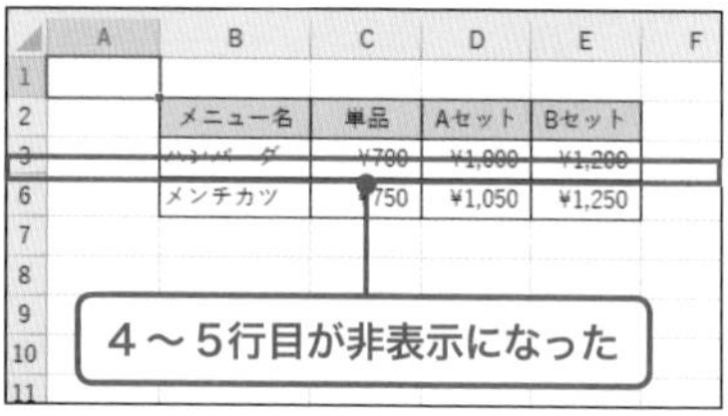

COLUMN

非表示の行・列を再表示する

非表示になっている行や列を再び表示させるには、その行または列を表すRangeオブジェクトのHiddenプロパティにFalseを設定します。プロパティ名が「Hidden」（隠された）なので、通常イメージしやすいTrue＝表示、False＝非表示とは逆になっていることに注意してください。

SAMPLE　行を再表示する　s069_2

```
Sub m069_2()
    Rows("4:5").Hidden = False
End Sub
```

第5章

シートやブックの指定・操作方法を知ろう

SECTION 070
シートのコレクション

3種類のシートのコレクション

Excelの「シート」にはいくつか種類がありますが、現在、一般的に使われているのは、「ワークシート」と「グラフシート」の2種類です。ここでは、この2種類のシートと、すべてのシートをまとめて取り扱うための3種類のコレクションの取得方法を解説します。

ブック内の全シートの集合を取得する

作業中のブック内のすべてのシートの集合は、対象オブジェクトを省略したSheetsプロパティで、Sheetsコレクションとして取得できます。次の例では、コレクションに含まれるオブジェクトの数を返すCountプロパティでブック内のシートの数を求め、メッセージ画面に表示しています。

SAMPLE　ブック内のシートの数を表示　s070_1

```
Sub m070_1()
    MsgBox "シート数:" & Sheets.Count
End Sub
```

実行結果

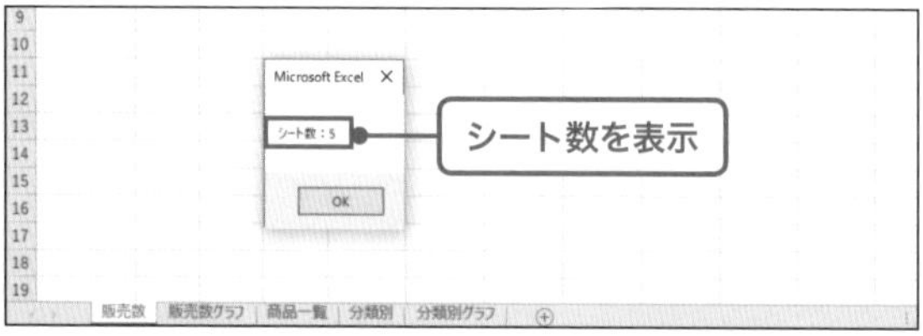

COLUMN

Excelの「シート」の種類

Excelで単に「シート」というと、通常は「ワークシート」のことを指します。「グラフシート」は、最近のバージョンではリボンから直接作成する方法も用意されておらず、目にする機会が減っています。ほかにも「マクロシート」や「ダイアログシート」といったシートがありますが、以前のマクロ機能で使われていたもので、現在ではまず使用されません。ただし、いずれのシートも、作成する機能自体は残されています。Sheetsプロパティでは、これらを含めたすべての「シート」のまとまりを表すSheetsコレクションが取得できます。

すべてのワークシートの集合を取得する

作業中のブックのすべてのワークシートは、対象オブジェクトを省略したWorksheetsプロパティで、Worksheetsコレクションとして取得できます。次の例では、WorksheetsコレクションのCountプロパティでワークシートの数を求め、メッセージ画面に表示しています。

SAMPLE **ブック内のワークシートの数を表示** s070_2

```
Sub m070_2()
    MsgBox "ワークシート数:" & Worksheets.Count
End Sub
```

▶ 実行結果

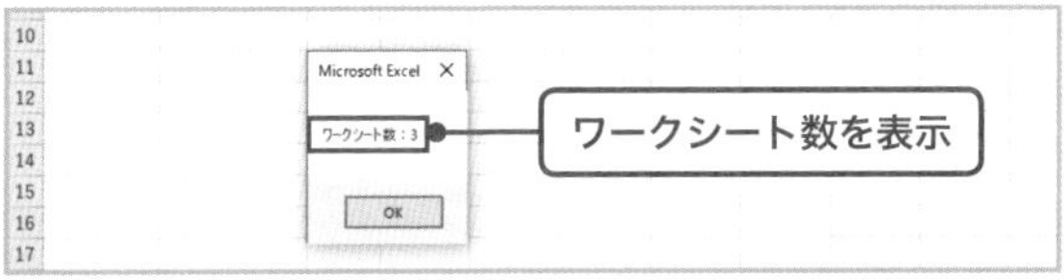

すべてのグラフシートの集合を取得する

作業中のブックのすべてのグラフシートは、対象オブジェクトを省略したChartsプロパティで、Chartsコレクションとして取得できます。次の例では、ChartsコレクションのCountプロパティでブックに含まれるグラフシートの数を求め、メッセージ画面に表示しています。

SAMPLE **ブック内のグラフシートの数を表示** s070_3

```
Sub m070_3()
    MsgBox "グラフシート数:" & Charts.Count
End Sub
```

▶ 実行結果

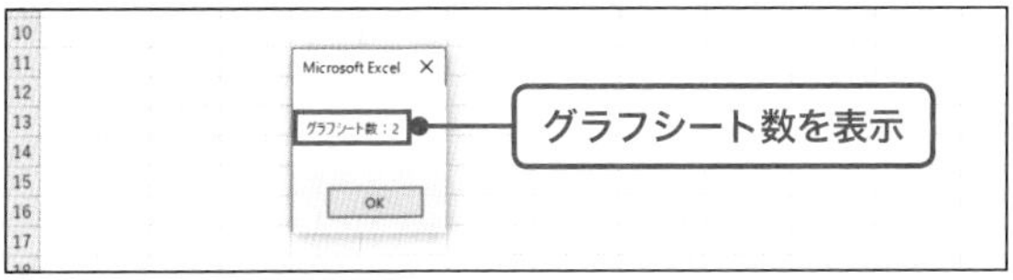

SECTION 071 シートの指定

2種類のシートの指定方法

シートの集合を表すコレクションから単体のシートのオブジェクトを取り出すには、コレクションにインデックスを指定して取得します。インデックスに指定できるのは、シート見出しの左からの並び順を表す数値、またはシート名の文字列です。

シートの種類を調べる

作業中のブックに含まれているすべてのシートの中で、シート見出しの左から3番目の位置に表示されているシートをWorksheetオブジェクトまたはChartオブジェクトとして取得するには、Sheetsコレクションにインデックスとして「3」を指定します。次の例は、データ型を表す文字列を返すTypeName関数で、取得したオブジェクトの種類を調べ、メッセージ画面に表示するコードです。

SAMPLE 3番目のシートの種類を表示　s071_1

```
Sub m071_1()
    MsgBox "シートの種類:" & TypeName(Sheets(3))
End Sub
```

▶実行結果

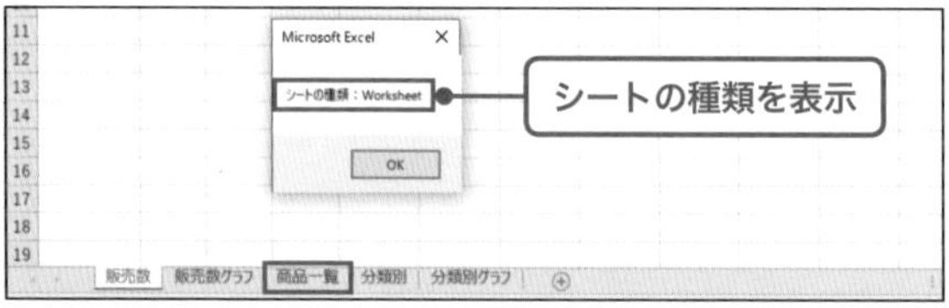

COLUMN

SheetsコレクションからWorksheetオブジェクトを取得する

シートの集合を表すコレクションにインデックスとして指定する数値は、シート見出しの表示位置を左から数えた順番です。ここではSheetsコレクションに数値を指定し、その位置にある単体のオブジェクト（WorksheetオブジェクトまたはChartオブジェクト）を取得しています。SheetsコレクションではなくWorksheetsコレクションまたはChartsコレクションにインデックスを指定して、オブジェクトを取得することも可能です。その場合、ワークシートまたはグラフシートだけを対象として、指定した順番に当たるシートが取得されます。

他シートのセルの値を調べる

シートの集合を表すコレクションには、インデックスとしてシートの名前を指定し、特定のシートを表すオブジェクトを取得することもできます。次の例は、「商品一覧」というワークシートのB5セルの値をメッセージ画面に表示するコードです。

SAMPLE **他シートの情報を表示** s071_2

```
Sub m071_2()
    MsgBox "価格:" & Worksheets("商品一覧").Range("B5").Value
End Sub
```

▶ 実行結果

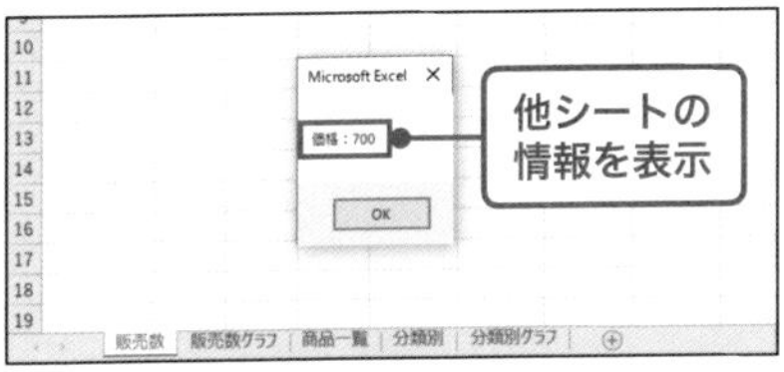

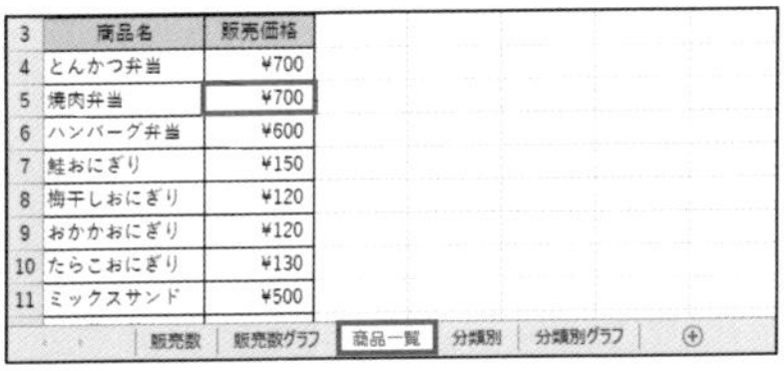

特定のグラフシートの名前を調べる

次の例では、Chartsコレクションのインデックスに「2」を指定して、左から2番目のグラフシートを表すChartオブジェクトを取得し、Nameプロパティでそのシート名を取り出して、メッセージ画面に表示しています。

SAMPLE **グラフシートの名前を表示** s071_3

```
Sub m071_3()
    MsgBox "グラフシート名:" & Charts(2).Name
End Sub
```

▶ 実行結果

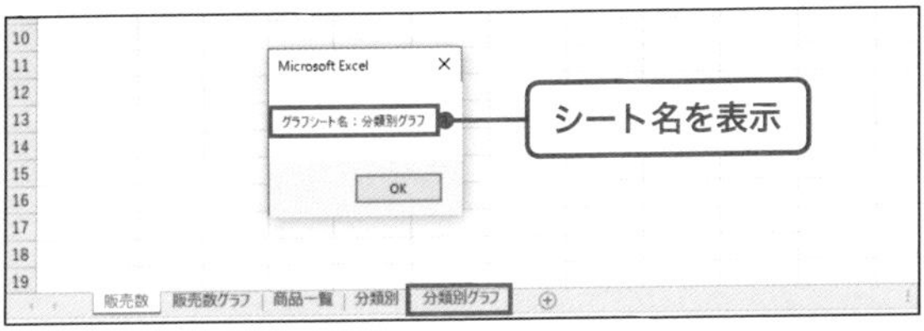

SECTION 072 シートの指定

アクティブシートを指定する

ブックに含まれるシートのうち、画面に表示して現在作業を行っているシートのことを「アクティブシート」といいます。ここでは、アクティブシートを表すオブジェクトの取得方法と、取得したオブジェクトに対する操作の例を紹介します。

アクティブシートの名前を表示する

対象オブジェクトを省略したActiveSheetプロパティで、アクティブシートを表すWorksheetオブジェクトまたはChartオブジェクトを取得できます。次の例では、Nameプロパティでアクティブシートの名前を調べ、メッセージ画面に表示しています。

SAMPLE アクティブシートの名前を表示　s072_1

```
Sub m072_1()
    MsgBox ActiveSheet.Name
End Sub
```

▶ 実行結果

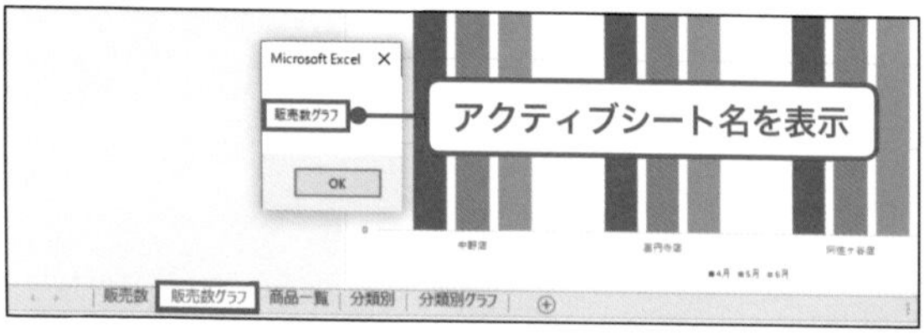

COLUMN

オブジェクトの違いに注意

ActiveSheetプロパティで取得できるのは、作業中のワークシートを表すWorksheetオブジェクト、または作業中のグラフシートを表すChartオブジェクトです。コードを書くとき、Worksheetオブジェクトになると思い込んでプロパティなどを指定すると、実際にはChartオブジェクトだった場合にエラーになる可能性があります。
グラフシートを使用している可能性があるブックの場合は、Ifステートメント（P.192参照）とTypeName関数を利用し、「If TypeName(ActiveSheet) = "Worksheet" Then」のような条件判断を行ったうえで、種類に応じた操作を行うとよいでしょう。

選択しているシートの数を調べる

Excelでは、Shiftキーまたは Ctrlキーを押しながらシート見出しをクリックしていくことで、複数のシートを同時に選択することができます。この複数選択した状態を「作業グループ」といいます。対象オブジェクトを省略したActiveWindowプロパティで、作業中の文書ウィンドウを表すWindowオブジェクトが取得でき、そのSelectedSheetsプロパティで、選択されている複数のシートの集合を、Sheetsコレクションとして取得することができます。次の例では、選択されているシートの数を、メッセージ画面に表示しています。

SAMPLE 選択しているシート数を表示 s072_2

```
Sub m072_2()
    MsgBox "選択シート数:" & ActiveWindow.SelectedSheets.Count
End Sub
```

▶実行結果

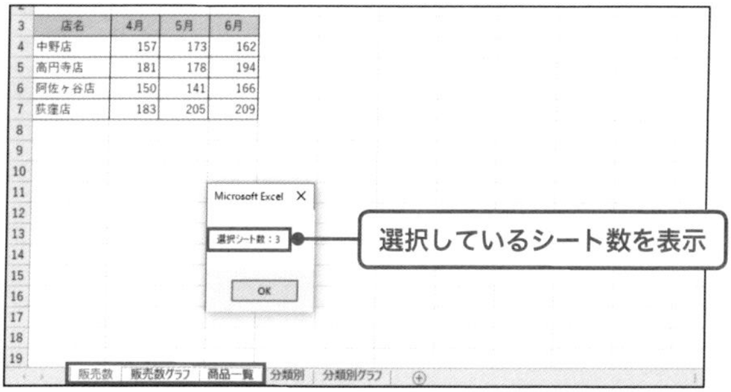

COLUMN

選択中の複数のシートから指定した順番のシートを取得する

SelectedSheetsプロパティで取得できるのはSheetsコレクションなので、インデックスとして数値を指定することで、選択しているシートのうち、左から数えてその順番に当たるシートを表すオブジェクトを取り出すことができます。たとえば、左から3番目に当たるシートがワークシートなのかグラフシートなのかを調べたい場合は、インデックスに「3」を指定し、TypeName関数でその種類を調べます。

SAMPLE 選択シート中3番目のシートの種類を表示 s072_3

```
Sub m072_3()
    MsgBox "シートの種類:" & TypeName(ActiveWindow.SelectedSheets(3))
End Sub
```

SECTION 073 シートの操作

シートをアクティブにする

Excelの作業で、操作したいシートのシート見出しをクリックしてアクティブシートにすることを、「シートをアクティブにする」といいます。ここでは、VBAで特定のワークシートまたはグラフシートをアクティブにする操作を説明します。

特定のワークシートをアクティブにする

ブック内にあるワークシートのうち、シート見出しの左から3番目にあるシートをアクティブにしてみましょう。Worksheetsコレクションに、インデックスとして「3」を指定してWorksheetオブジェクトを取得し、Activateメソッドを実行します。

SAMPLE 左から3番目のワークシートをアクティブ化　s073_1

```
Sub m073_1()
    Worksheets(3).Activate
End Sub
```

▶実行結果

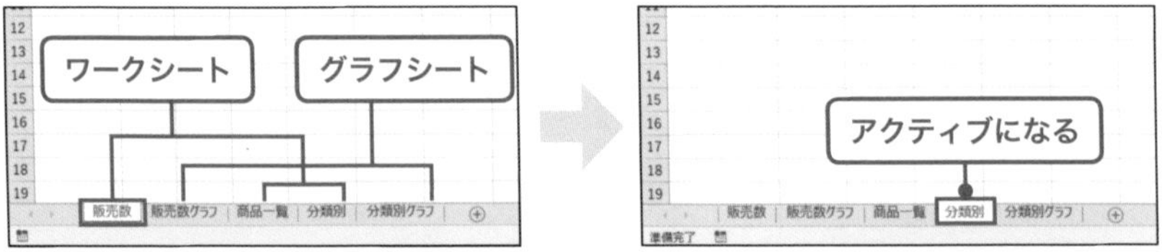

COLUMN

特定のグラフシートをアクティブにする

上の例では、ブック内のすべてのワークシートを表すWorksheetsコレクションにインデックスを指定して、特定のワークシートをWorksheetオブジェクトとして取得しています。一方、特定のグラフシートを取得してアクティブにしたい場合は、Chartsコレクションにインデックスを指定して、同様のコードを記述します。

SAMPLE 左から2番目のグラフシートをアクティブ化　s073_2

```
Sub m073_2()
    Charts(2).Activate
End Sub
```

複数のシートを選択する

シートをアクティブにする操作は、WorksheetオブジェクトまたはChartオブジェクトのSelectメソッドでも実行できます。Selectメソッドを使うと、現在のシートを選択している状態のまま別のシートを追加選択して、作業グループにすることも可能です。シートを追加選択するには、Selectメソッドの引数ReplaceにFalseを指定します。この引数を省略するか、Trueを指定すると、単にアクティブシートが切り替わるだけになります。次の例では、最初に2番目のシートをアクティブにし、次に4番目のシートを追加選択しています。

SAMPLE **別のシートを追加選択**　s073_3

```
Sub m073_3()
    Sheets(2).Select
    Sheets(4).Select Replace:=False
End Sub
```

▶実行結果

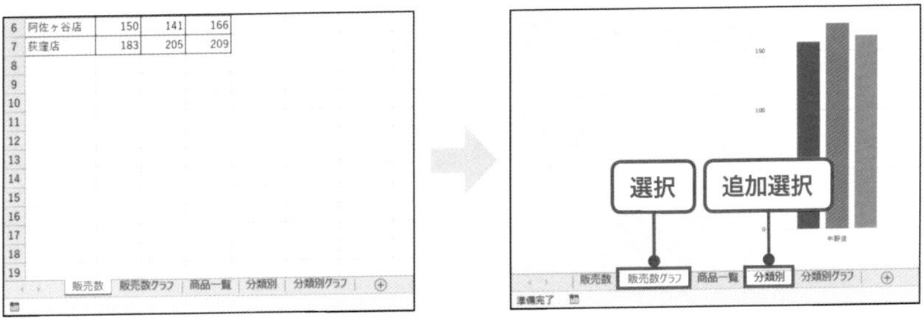

COLUMN

配列を使って複数のシートを一括選択する

Sheetsコレクションなどのインデックスとして、複数の番号または名前を配列として指定することで、該当するシートの集合を表すSheetsコレクションを取得できます。このコレクションに対してSelectメソッドを実行すると、複数のシートをいっぺんに選択することが可能です。次の例では、Array関数を使って「2」「3」「4」の配列を作成し、この順番に当たる3つのシートを作業グループとして選択しています。

SAMPLE **2､3､4番目のシートを一括選択**　s073_4

```
Sub m073_4()
    Sheets(Array(2, 3, 4)).Select
End Sub
```

SECTION 074 シートの操作

シート名を変更する

ここでは、特定のワークシートやグラフシートの名前を変更するコードを紹介します。なお、1つのブックの中に同じ名前のシートを複数作成することはできないため、指定したシート名によってはエラーが発生する可能性があります。

特定のワークシートの名前を変更する

ブック内にあるワークシートのうち、シート見出しの左から2番目にあるワークシートの名前を「商品リスト」に変更します。Worksheetsコレクションにインデックスを指定して対象のWorksheetオブジェクトを取得し、そのNameプロパティに「商品リスト」という文字列を設定します。

SAMPLE 左から2番目のワークシート名を変更　s074_1

```
Sub m074_1()
    Worksheets(2).Name = "商品リスト"
End Sub
```

実行結果

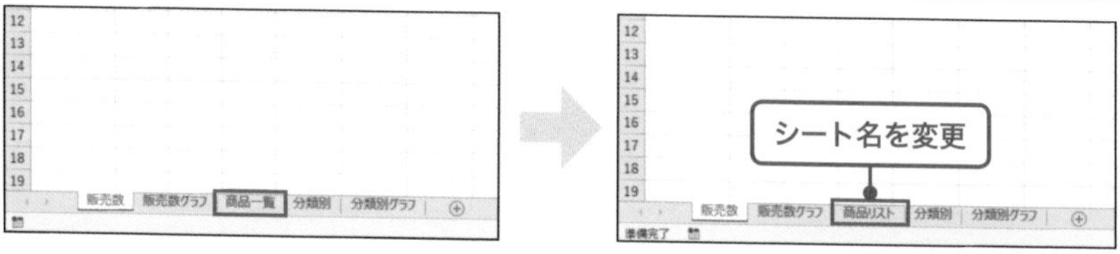

COLUMN

重複する名前を指定した場合

1つのブック内に作成したシートには、ワークシート、グラフシートを問わず、同じ名前を付けることはできません。既存のシートと同じ名前を設定しようとすると「実行時エラー」になり、次のようなメッセージが表示されます。

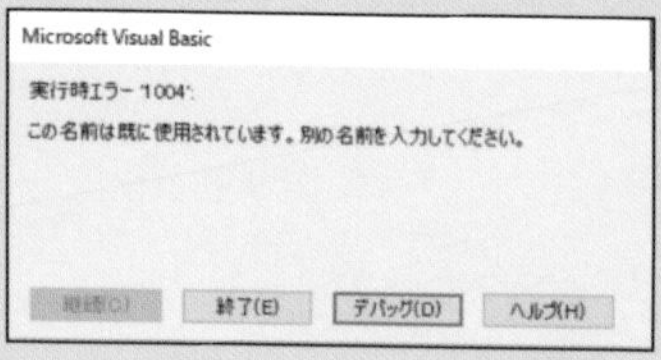

現在のシート名に追加する

現在のシート名に文字を追加する形で、新しいシート名を設定します。次の例では、左から4番目のシートを表すWorksheetオブジェクトまたはChartオブジェクトの名前をNameプロパティで取得し、「前月分」という文字列を追加して、同じオブジェクトのNameプロパティに設定します。

SAMPLE **シート名に文字列を追加** 　s074_2

```
Sub m074_2()
    Sheets(4).Name = Sheets(4).Name & "前月分"
End Sub
```

▶ 実行結果

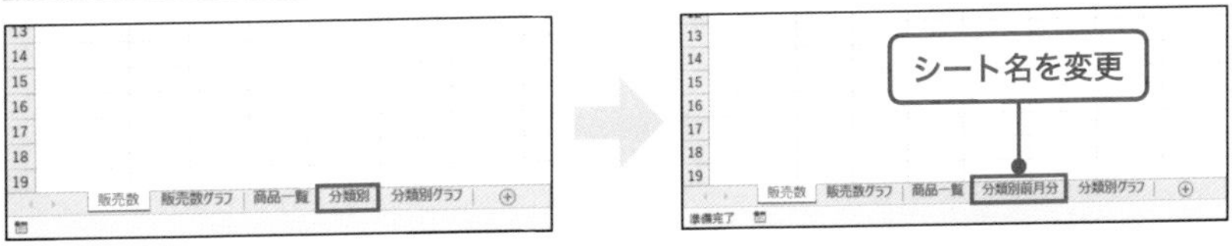

現在のシート名の一部を置換する

次の例では、3番目のシートの名前の「商品」という文字列を「メニュー」に置換し、改めてシート名として設定します。これによって、「商品一覧」が「メニュー一覧」に変更されます。文字列の置換は、VBAのReplace関数を使って行います。この関数は、第1引数に指定した文字列を対象に第2引数の文字列を検索し、第3引数の文字列に置き換えます。

SAMPLE **シート名の「商品」を「メニュー」に置換** 　s074_3

```
Sub m074_3()
    Sheets(3).Name = Replace(Sheets(3).Name, "商品", "メニュー")
End Sub
```

▶ 実行結果

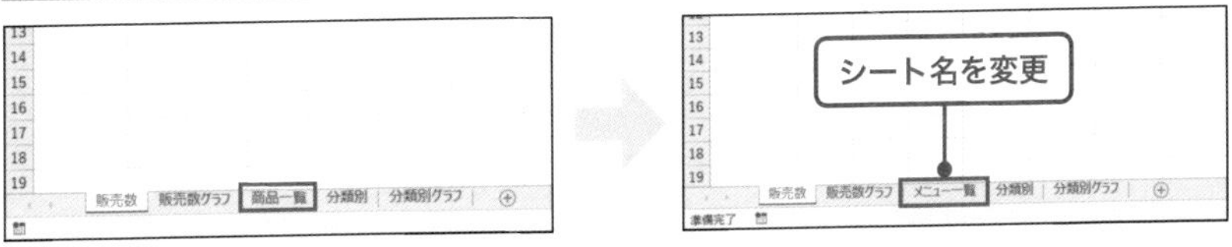

SECTION 075

シートの操作

シートを移動・コピーする

指定したシートを同じブック内、または別のブックの指定した位置へ移動したり、コピーしたりするコードを紹介します。また、新しいブックを作成して、その中へシートを移動・コピーすることも可能です。

シートを移動する

シートを表すオブジェクトのMoveメソッドで、ブック内でのシートの位置を移動することができます。引数BeforeまたはAfterに、移動したい位置の後または前に当たるシートのオブジェクトを指定します。ここでは、現在シート見出しの左端にある「販売数」というワークシートを、現在左から3番目にある「商品一覧」シートの後ろへ移動します。

SAMPLE シートを左から3番目のシートの後ろへ移動　s075_1

```
Sub m075_1()
    Worksheets("販売数").Move After:=Sheets(3)
End Sub
```

実行結果

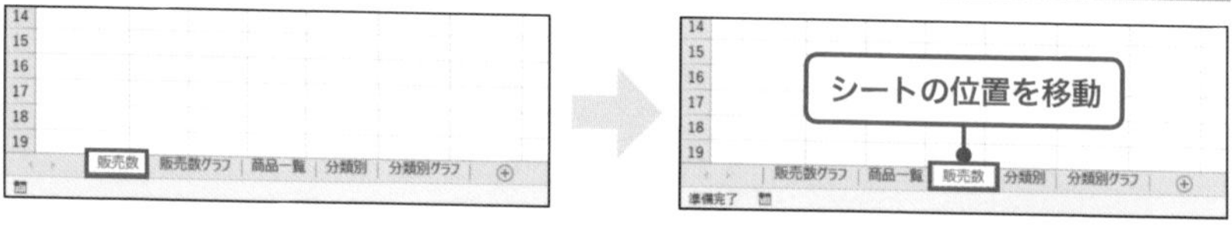

COLUMN

新しいブックへ移動する

SAMPLE シートを新しいブックへ移動　s075_2

```
Sub m075_2()
    Worksheets("販売数").Move
End Sub
```

Moveメソッドの引数BeforeまたはAfterに、ほかのブックを表すWorkbookオブジェクト（P.175参照）と、その中のシートを表すオブジェクトを指定すると、別ブックの指定した位置にシートを移動できます。さらに、上の例のように引数を省略した場合は、新しいブックが作成されてそこにシートが移動します。

シートをコピーする

WorksheetオブジェクトのCopyメソッドで、対象のシートを元の位置に残したまま、同じブック内や別のブックにコピーすることができます。引数BeforeまたはAfterに、コピーしたい位置の後または前に当たるシートのオブジェクトを指定します。同じブック内の場合、同名のシートは複数存在できないので、自動的に末尾に「(2)」などが付きます。次の例では、シート見出しの左から3番目にある「商品一覧」というワークシートを、左端のシートの前、つまり全シートの先頭へコピーします。

SAMPLE **左から3番目のシートを先頭へコピー** s075_3

```
Sub m075_3()
    Sheets(3).Copy Before:=Sheets(1)
End Sub
```

▶実行結果

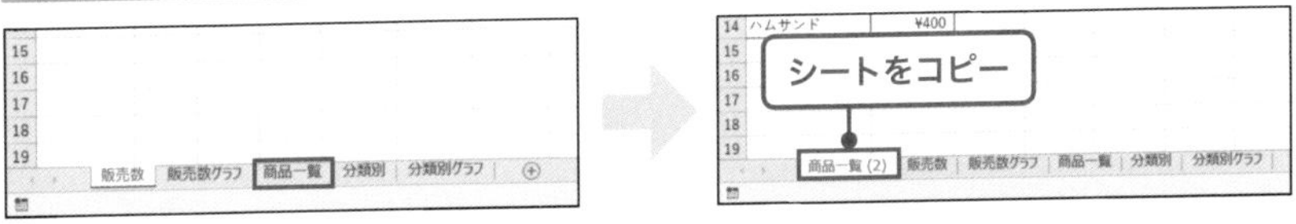

新しいブックにコピーする

Copyメソッドの引数BeforeまたはAfterに、ほかのブックを表すWorkbookオブジェクト(P.175参照)と、その中のシートを表すオブジェクトを指定すると、別ブックの指定した位置にシートをコピーすることができます。さらに、次の例のように引数を省略した場合は、元のシートを残したまま、コピーされたシートだけを含む新しいブックが作成されます。

SAMPLE **シートを新しいブックへコピー** s075_4

```
Sub m075_4()
    Sheets(3).Copy
End Sub
```

▶実行結果

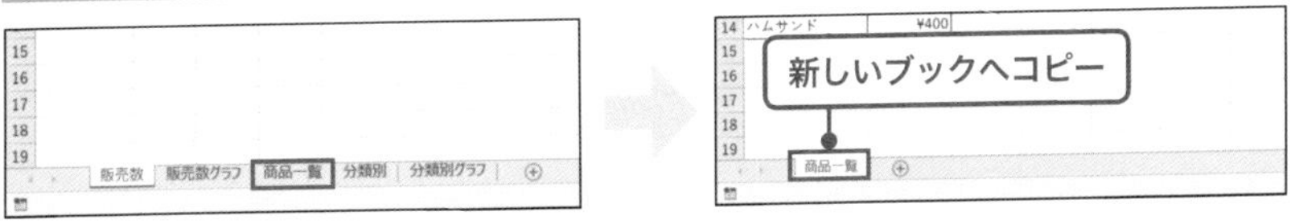

SECTION
076
シートの操作

新しいシートを追加する

VBAを使って、ワークシートやグラフシートを新規作成するコードを紹介します。追加する位置や数を指定することも可能です。なお、グラフシートの場合、作成した時点では元データが設定されていないため、元データを設定する方法も解説します。

ワークシートを追加する

新しいワークシートを作成するには、作業中のブック内のすべてのワークシートを表すWorksheetsコレクションのAddメソッドを実行します。引数AfterまたはBeforeを指定して、ブックを追加する位置を指定することも可能です。次の例では、3番目のシートの後に新しいワークシートを挿入しています。

SAMPLE 左から3番目のシートの後にワークシートを新規作成　s076_1

```
Sub m076_1()
    Worksheets.Add After:=Sheets(3)
End Sub
```

▶実行結果

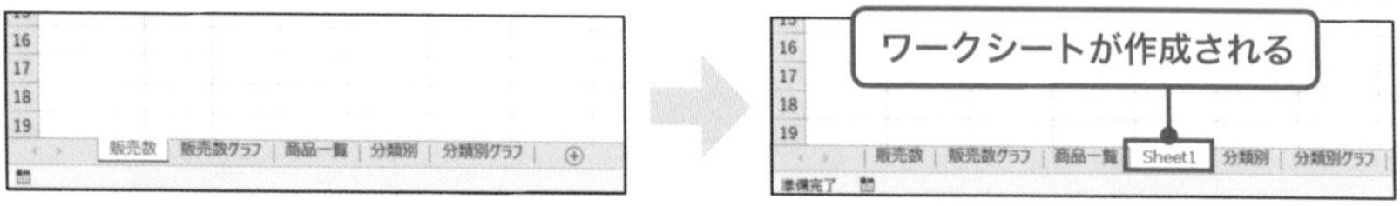

COLUMN

追加するシートの数を指定する

AddメソッドのCountに整数を指定すると、その枚数だけ新しいシートが作成されます。次の例は、「商品一覧」シートの前に新しいワークシートを3つ作成するコードです。なお、追加されるシートが並ぶ順番は、Excelのバージョンによって異なります。

SAMPLE 追加するシートの数を指定する　s076_2

```
Sub m076_2()
    Worksheets.Add Before:=Sheets("商品一覧"), Count:=3
End Sub
```

シートの作成と名前付けを同時に行う

Addメソッドでは、シートの作成と同時に、作成されたシートを表すオブジェクトを戻り値として取得することも可能です。戻り値を取得して使用する場合、引数をカッコで囲んで指定します。次の例では、ワークシートを作成し、戻り値として取得したWorksheetオブジェクトのNameプロパティに文字列を設定して、シート名を「当月作業分」に変更します。

SAMPLE シートを作成して「当月作業分」という名前を付ける s076_3

```
Sub m076_3()
    Worksheets.Add(After:=Sheets(2)).Name = "当月作業分"
End Sub
```

▶ 実行結果

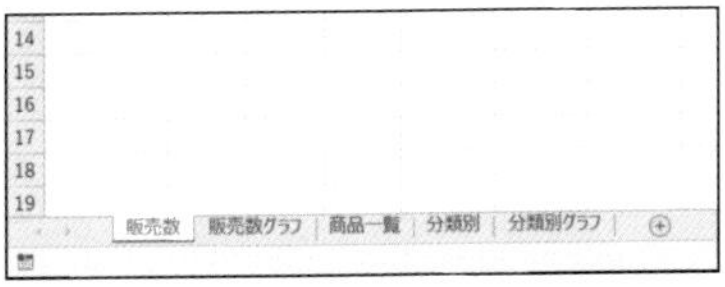

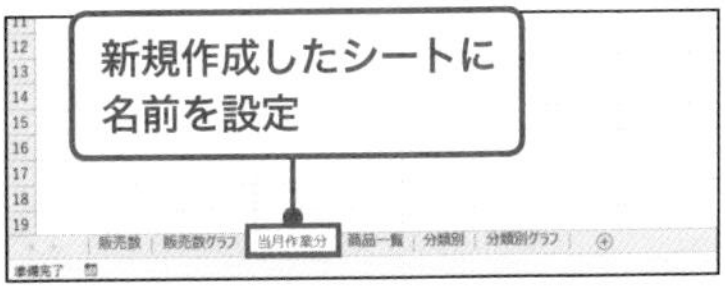

元データを設定してグラフシートを追加する

ChartsコレクションのAddメソッドで、新しいグラフシートを作成できます。ただし、作成した時点では、グラフの元データが設定されていません。次の例では、アクティブシートの後ろにグラフシートを作成し、戻り値のChartオブジェクトに直接SetSourceDataメソッドを実行して、そのグラフの元データを設定しています。

SAMPLE アクティブシートの後ろに元データを設定したグラフシートを作成 s076_4

```
Sub m076_4()
    Charts.Add(After:=ActiveSheet).SetSourceData _
        Source:=Sheets(1).Range("A3:D7")
End Sub
```

▶ 実行結果

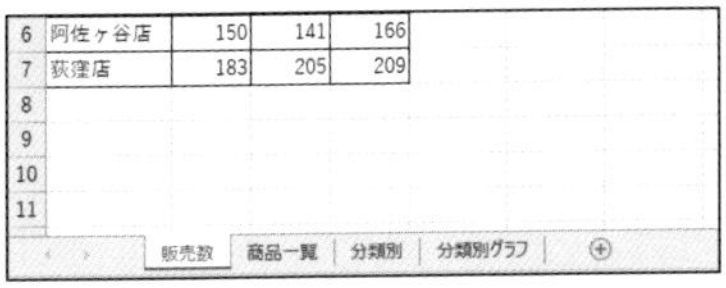

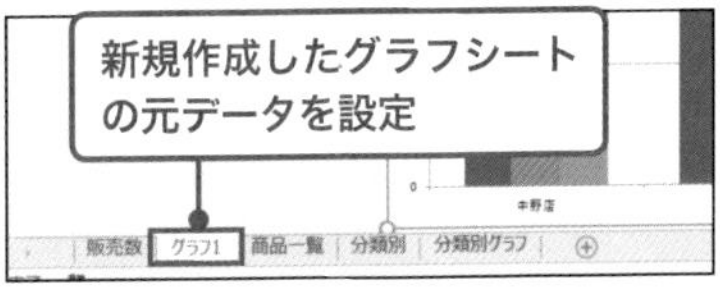

SECTION 077 シートの操作

シートを削除する

指定したシートをブック内から削除します。ワークシートの場合もグラフシートの場合も、同じ方法です。なお、この操作を実行すると、本当にシートを削除してよいかどうかを確認するメッセージが表示されます。

シートを削除する

特定のシートを削除するには、そのシートを表すWorksheetオブジェクトまたはChartオブジェクトのDeleteメソッドを実行します。このメソッドには引数は指定しません。ここでは、シート見出しの左から2番目のワークシートを削除してみましょう。

SAMPLE　左から2番目のシートを削除　s077_1

```
Sub m077_1()
    Worksheets(2).Delete
End Sub
```

▶実行結果

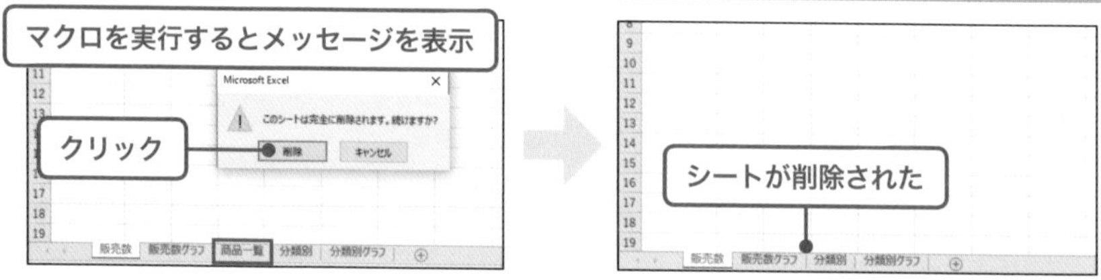

COLUMN

警告メッセージを表示せずにシートを削除する

ApplicationオブジェクトのDisplayAlertsプロパティにFalseを設定すると、警告メッセージを表示させずにシートを削除することができます。シートを削除した後は、このプロパティにTrueを設定して、再び警告メッセージが表示されるようにしておきます。

SAMPLE　警告を出さずにシートを削除　s077_2

```
Sub m077_2()
    Application.DisplayAlerts = False
    Worksheets(2).Delete
    Application.DisplayAlerts = True
End Sub
```

SECTION 078 ブックの指定

特定のブックを指定する

VBAでブックを操作するには、まず現在Excelで開かれているすべてのブックを表すコレクションを取得します。さらに、そのコレクションにインデックスを指定することで、特定のブックを表すオブジェクトを取得することができます。

ブックの名前を表示する

開かれているすべてのブックは、対象オブジェクトを省略したWorkbooksプロパティで、Workbooksコレクションとして取得できます。このコレクションにインデックスとしてブック名、または開かれた順番を意味する数値を指定すると、特定のブックを表すWorkbookオブジェクトを取得できます。次の例では、2番目に開いたブックを表すWorkbookオブジェクトを取得し、そのNameプロパティでブック名を調べて、メッセージ画面に表示しています。

SAMPLE **2番目のブック名を表示**　s078_1

```
Sub m078_1()
    MsgBox Workbooks(2).Name
End Sub
```

▶ 実行結果

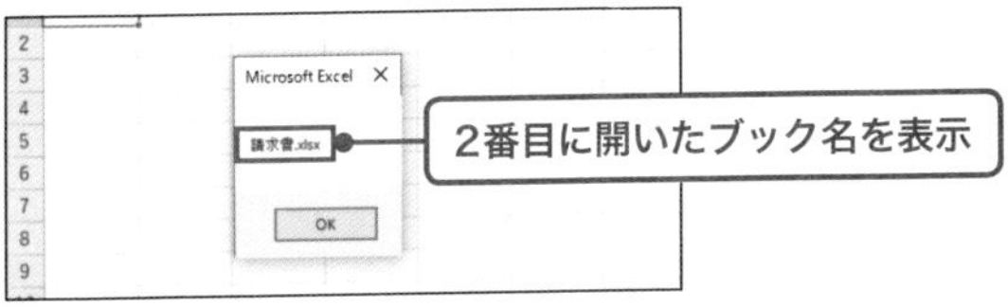

✓ COLUMN

作業中のブックを取得する

対象を省略したActiveWorkbookプロパティを使うと、現在開いて作業しているブックを表すWorkbookオブジェクトを取得することができます。

SAMPLE **現在のブック名を表示**　s078_2

```
Sub m078_2()
    MsgBox ActiveWorkbook.Name
End Sub
```

SECTION
079
ブックの操作

ブックを保存する

開いて変更を加えたブックを上書き保存したり、新規作成したブックに名前を付けて保存したりする操作を行う方法を紹介します。また、作業中のブックの状態は変更せず、別の名前で「コピー」として保存する方法も解説します。

ブックに名前を付けて保存する

開いている特定のブックに名前を付け、指定したフォルダーに保存するには、対象のブックを表すWorkbookオブジェクトのSaveAsメソッドを使用します。保存するファイル名は、引数Filenameに指定します。「C:」などのドライブ名から始まる絶対パスで指定すると、保存するフォルダーを確実に指定できます。パスを省略してファイル名だけを指定した場合は、既定のファイル保存用フォルダーか、ファイル操作のダイアログボックスで最後に表示したフォルダーに保存されます。
次の例は、2番目に開いたブック(マクロなし)を、ドキュメントフォルダーに「1月集計.xlsx」というファイル名で保存します。「ユーザー名」の部分は実際のユーザー名に変更してください。また、ブックを2つ以上開いている状態で実行してください。

SAMPLE 「1月集計.xlsx」という名前を付けて保存する　s079_1

```
Sub m079_1()
    Workbooks(2).SaveAs _
        Filename:="C:¥Users¥ユーザー名¥Documents¥1月集計.xlsx"
End Sub
```

▶実行結果

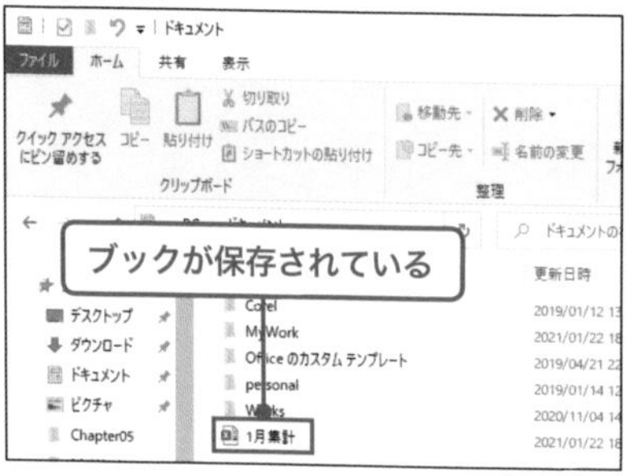

ブックを上書き保存する

一度名前を付けて保存したブックを、同じ名前で上書き保存する操作は、対象のブックを表すWorkbookオブジェクトのSaveメソッドで実行できます。このメソッドに引数はありません。次のコードは、必ず2つ以上ブックを開いている状態で実行してください。

SAMPLE 上書き保存する s079_2

```
Sub m079_2()
    Workbooks(2).Save
End Sub
```

ブックのコピーを保存する

開いている特定のブックのコピーを、指定したファイル名で保存する操作は、対象のブックを表すWorkbookオブジェクトのSaveCopyAsメソッドで実行できます。やはり、引数Filenameに、保存するファイル名を指定します。次の例は、作業中のブック(マクロなし)のコピーを、デスクトップに「集計見本.xlsx」という名前で保存します。「ユーザー名」の部分は実際のユーザー名に変更してください。
なお、この操作を行っても、元のブックはそのままの状態で開かれています。変更を加えて保存していない場合は未保存の状態なので、注意してください。

SAMPLE ブックのコピーを「集計見本.xlsx」という名前で保存する s079_3

```
Sub m079_3()
    ActiveWorkbook.SaveCopyAs _
        Filename:="C:¥Users¥ユーザー名¥Desktop¥集計見本.xlsx"
End Sub
```

▶実行結果

SECTION
080
ブックの操作

ブックを閉じる

ここでは、開いているブックを閉じる方法を紹介します。変更を加えたブックを通常の操作で閉じるときは、保存するかどうかを確認されます。VBAでは、保存して閉じるか保存せずに閉じるかを、コードで指定することが可能です。

ブックを保存して閉じる

ブックを保存して閉じたい場合は、対象のブックを表すWorkbookオブジェクトのCloseメソッドで、引数SaveChangesにTrueを指定します。次の例は、「請求書.xlsx」を保存して閉じるコードです。必ずこの名前のブックを開いている状態で実行してください。

SAMPLE **ブックを保存して閉じる**　s080_1

```
Sub m080_1()
    Workbooks ("請求書.xlsx").Close SaveChanges:=True
End Sub
```

▶実行結果

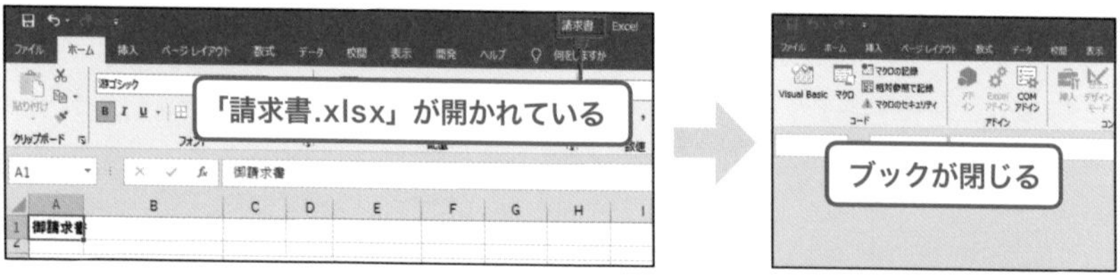

✔ COLUMN

ブックを保存しないで閉じる

ブックを保存しないで閉じるには、Closeメソッドの引数SaveChangesにFalseを指定します。

SAMPLE **ブックを保存せずに閉じる**　s080_2

```
Sub m080_2()
    Workbooks("請求書.xlsx").Close SaveChanges:=False
End Sub
```

閉じるときに保存するかどうかを確認する

Closeメソッドの引数SaveChangesの指定を省略し、変更されたブックを閉じようとすると、保存を確認するダイアログボックスが表示されます。ここで、[保存] または[保存しない] ボタンで、ブックを閉じる前に保存するかしないかを指定します。[キャンセル] をクリックすると、ブックを閉じる操作自体がキャンセルされます。

SAMPLE 保存を確認して閉じる s080_3

```
Sub m080_3()
    Workbooks("請求書.xlsx").Close
End Sub
```

▶ 実行結果

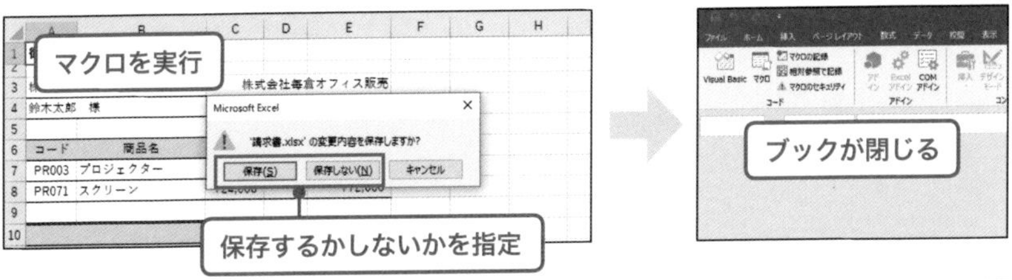

✓ COLUMN

Excelを終了する

作業を完了する操作として、Excel自体を終了する方法も紹介しておきましょう。Excelを終了するには、Excelアプリケーションそのものを表すApplicationオブジェクトのQuitメソッドを実行します。変更したブックがある場合は、保存するかどうかを確認されます。

SAMPLE Excelを終了する s080_4

```
Sub m080_4()
    Application.Quit
End Sub
```

▶ 実行結果

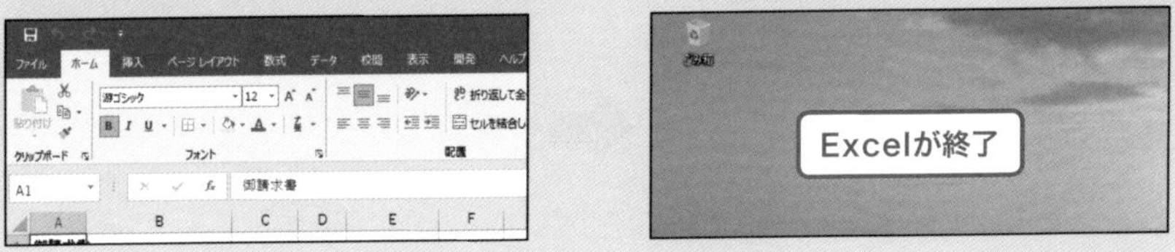

ブックを開く

ハードディスクなどに保存されているブックのファイル名を指定し、Excelで作業できるように開く方法を紹介します。開く前のブックはVBAのオブジェクトとして扱えませんが、開くことによってWorkbookオブジェクトとして操作が可能になります。

ファイル名を指定して開く

ブックを開くには、開かれているすべてのブックの集合を表すWorkbooksコレクションのOpenメソッドで、引数Filenameに開きたいファイル名を指定します。ファイル名は、「C:」などのドライブ名から始まる絶対パスで指定するのが確実です。パスを省略してファイル名だけを指定した場合は、既定のファイル保存用フォルダーか、ファイル操作のダイアログボックスで最後に表示したフォルダーにあるファイルと判断されます。
次の例は、ドキュメントフォルダーにある「請求書.xlsx」というファイルを開きます。開くファイルのパスとファイル名は、適宜変更してください。

SAMPLE 指定したブックを開く s081_1

```
Sub m081_1()
    Workbooks.Open _
        Filename:="C:¥Users¥ユーザー名¥Documents¥請求書.xlsx"
End Sub
```

▶実行結果

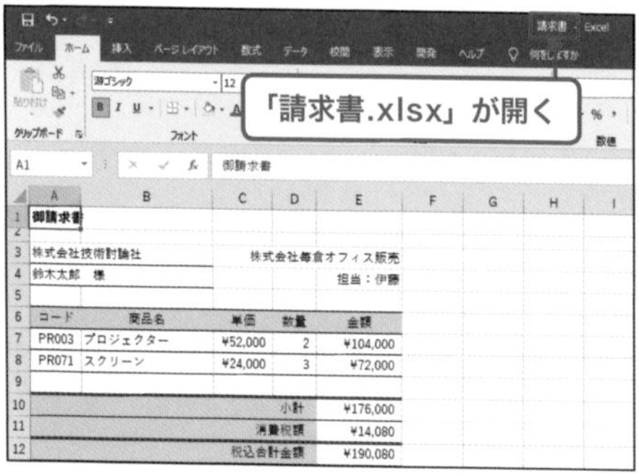

開いたブックを操作する

Workbooksコレクションの Open メソッドは、戻り値として、開かれたブックを表すWorkbookオブジェクトを返します。戻り値を取得して利用する場合、Open メソッドの引数はカッコで囲んで指定します。次の例は、既定のフォルダーに保存されている「請求書.xlsx」というブックを開き、その先頭のシート名をメッセージ画面に表示するコードです。

SAMPLE **「請求書.xlsx」を開いて先頭のシート名を表示** s081_2

```
Sub m081_2()
    MsgBox Workbooks.Open("請求書.xlsx").Sheets(1).Name
End Sub
```

▶ 実行結果

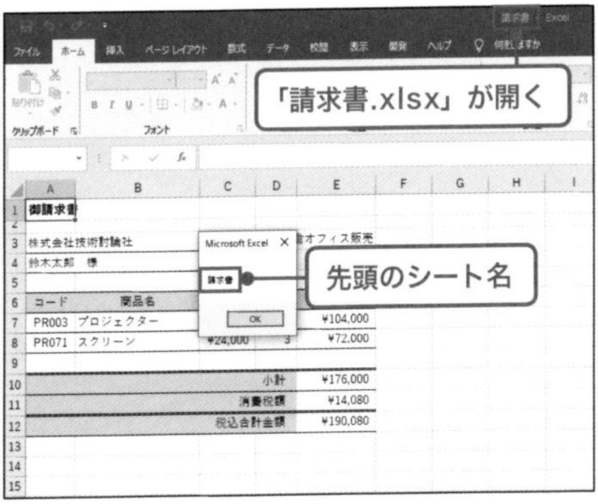

COLUMN

最近使用したブックを開く

SAMPLE **最近使ったブックの3番目を開く** s081_3

```
Sub m081_3()
    Application.RecentFiles(3).Open
End Sub
```

[ファイル] タブをクリックして表示されるBackstageビューなどに「最近使ったブック」として一覧表示されるファイルのリストは、VBAではRecentFilesコレクションとして表されます。その中の特定のファイルを表すRecentFileオブジェクトのOpenメソッドで、そのファイルをブックとして開くことができます。RecentFilesコレクションはApplicationオブジェクトのRecentFilesプロパティで取得でき、このコレクションにインデックスとして数値を指定することで、その順番に当たるファイルを表すRecentFileオブジェクトが取得できます。
上の例は、「最近使ったブック」で3番目に表示されるブックを開くコードです。

SECTION
082
ブックの操作

特定の場所にあるブックを開く

ファイルとして保存されたブックを開く方法の応用例として、目的のファイルが保存されているフォルダーを特定するためのテクニックをいくつか紹介していきましょう。具体的には、現在作業しているブックと同じフォルダーなどです。

作業中のブックと同じ場所にあるブックを開く

現在表示して作業しているブック(アクティブブック) を表すWorkbookオブジェクトは、対象オブジェクトを省略したActiveWorkbookプロパティで取得できます。また、そのブックが保存されたフォルダーのパスを表す文字列は、Pathプロパティで求めることが可能です。

次の例は、アクティブブックと同じフォルダーにある「作業用4月分.xlsx」というブックを開くコードです。(実行結果は省略)

SAMPLE　アクティブブックと同じフォルダーにある「作業用4月分.xlsx」を開く　s082_1

```
Sub m082_1()
    Workbooks.Open Filename:=ActiveWorkbook.Path & "¥作業用4月分.xlsx"
End Sub
```

COLUMN

マクロを含むブックと同じ場所のブックを開く

実行中のマクロが記述されたブックを表すWorkbookオブジェクトは、対象オブジェクトを省略したThisWorkbookプロパティで取得できます。次の例は、マクロを含むブックと同じフォルダーにある「請求書.xlsx」というブックを開くコードです。

SAMPLE　マクロのブックと同じ場所の「請求書.xlsx」を開く　s082_2

```
Sub m082_2()
    Workbooks.Open Filename:=ThisWorkbook.Path & "¥請求書.xlsx"
End Sub
```

現在のブック名と一部異なるブックを開く

現在「作業用4月分.xlsx」で作業していて、「作業用5月分.xlsx」を開きたいといった場合のように、作業中のブックと名前が一部だけ異なるブック名を指定して開く方法もあります。まずWorkbookオブジェクトのFullNameプロパティで、アクティブなブックの絶対パスの文字列を求めます。そして、VBAのReplace関数で文字列中の「4月」を「5月」に置換し、WorkbooksコレクションのOpenメソッドの引数Filenameに指定します。

SAMPLE 作業中のブック名を使ってブックを開く s082_3

```
Sub m082_3()
    Workbooks.Open Filename:=Replace(ActiveWorkbook.FullName, "4月","5月")
End Sub
```

▶ 実行結果

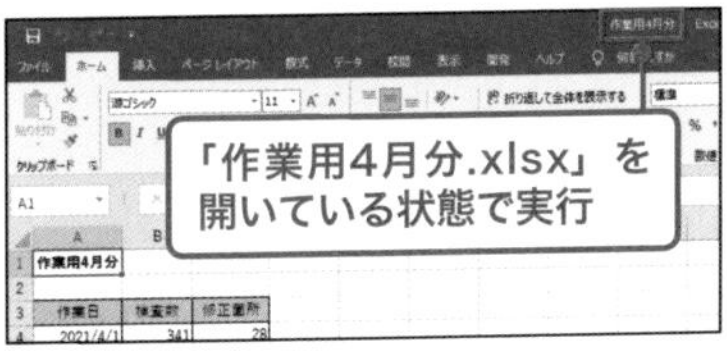

COLUMN

カレントフォルダーを調べる

ファイルを開く操作や名前を付けて保存する操作で、「C:¥Users¥ユーザー名¥~」のようなパスを省略してファイル名だけを指定すると、カレントフォルダーが対象となります。カレントフォルダーとは現在操作対象となっているフォルダーのことで、初期状態では「既定のローカルファイルの保存場所」に設定されているフォルダーですが、ファイルを開いたり保存したりした場合は、最後にダイアログボックスに表示したフォルダーに変わります。
カレントフォルダーを表す文字列は、VBAのCurDir関数で調べられます。また、ChDirステートメントで、カレントフォルダーを引数で指定したパスに変更できます。次の例は、現在のカレントフォルダー名を表示し、カレントフォルダーをデスクトップに変更した後、そのカレントフォルダー名を表示するコードです。「ユーザー名」の部分は実際のユーザー名に変更してください。

SAMPLE カレントフォルダーの操作 s082_4

```
Sub m082_4()
    MsgBox "現在のカレントフォルダーは" & CurDir & "です。"
    ChDir "C:¥Users¥ユーザー名¥DeskTop"
    MsgBox "カレントフォルダーを" & CurDir & "に変更しました。"
End Sub
```

SECTION 083 ブックの操作

新しいブックを作成する

新しい作業を開始するために、空白のブックを作成する方法を紹介します。また、既存のブックを「テンプレート」にして新規ブックを作成する方法や、新規作成したブックに対してさらに別の操作を行う方法も解説します。

ブックを新規作成する

新しいブックを作成するには、開かれているすべてのブックを表すWorkbooksコレクションのAddメソッドを実行します。標準的な空白のブックを作成する場合は、引数を指定する必要はありません。

SAMPLE 新規ブックの作成　s083_1

```
Sub m083_1()
    Workbooks.Add
End Sub
```

▶実行結果

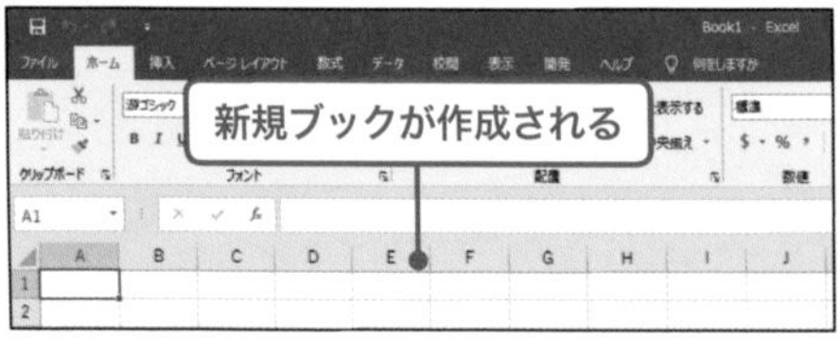

COLUMN

シート数を指定して新規ブックを作成する

新規ブックに含まれるシートの数は、通常は「1」ですが、これはApplicationオブジェクトのSheetsInNewWorkbookプロパティで変更できます。次の例は、このプロパティの値を「5」に変更して、新規ブックを作成後、再び「1」に戻すコードです。

SAMPLE シートが5つある新規ブックを作成　s083_2

```
Sub m083_2()
    Application.SheetsInNewWorkbook = 5
    Workbooks.Add
    Application.SheetsInNewWorkbook = 1
End Sub
```

テンプレートに基づいてブックを作成する

既存のテンプレートファイルやブックファイルを指定し、それと同じ内容のブックを、「新規ブック」として開くことができます。その場合、タイトルバーに表示されるブック名は「元のブック名」+「1から始まる連続番号」の形になりますが、このファイル名で保存されているわけではなく、自由な名前で新規保存することが可能です。
ブックをテンプレートとして指定するには、Addメソッドの引数Templateに、そのファイル名の文字列を指定します。次の例は、このマクロを含むブックと同じフォルダーにある「作業用.xlsx」をテンプレートとして新規ブックを作成するコードです(実行結果は省略)。

SAMPLE 「作業用.xlsx」をテンプレートにして新規ブックを作成　s083_3

```
Sub m083_3()
    Workbooks.Add Template:=ThisWorkbook.Path & "¥作業用.xlsx"
End Sub
```

作成したブックのシート名を変更する

WorkbooksコレクションのAddメソッドでは、戻り値として、作成された新規ブックを表すWorkbookオブジェクトを取得でき、そのままブックを対象とする操作を行うことが可能です。次の例は、新規作成したブックに含まれるワークシートの名前を「本日作業分」に変更するコードです。

SAMPLE ブックを新規作成してシート名を「本日作業分」に変更　s083_4

```
Sub m083_4()
    Workbooks.Add.Sheets(1).Name = "本日作業分"
End Sub
```

▶ 実行結果

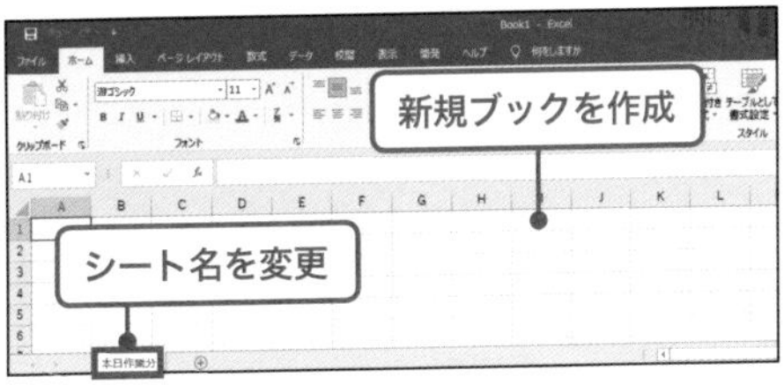

SECTION
084
ブックの操作

ファイルを選択してブックを開く

開くブックをコード中で指定するのではなく、ダイアログボックスを表示してユーザーに選択させて、そのブックを開くことも可能です。方法はいくつかありますが、ここでは単にブックを開くだけの方法と、開いたブックを操作する方法を紹介します。

ダイアログボックスからブックを開く

［ファイルを開く］ダイアログボックスを表示し、選択されたファイルをExcelで開きたいときは、ApplicationオブジェクトのFindFileメソッドを使うのが簡単な方法です。このメソッドに引数はありません。

SAMPLE ［ファイルを開く］ダイアログで選択する　s084_1

```
Sub m084_1()
    Application.FindFile
End Sub
```

▶実行結果

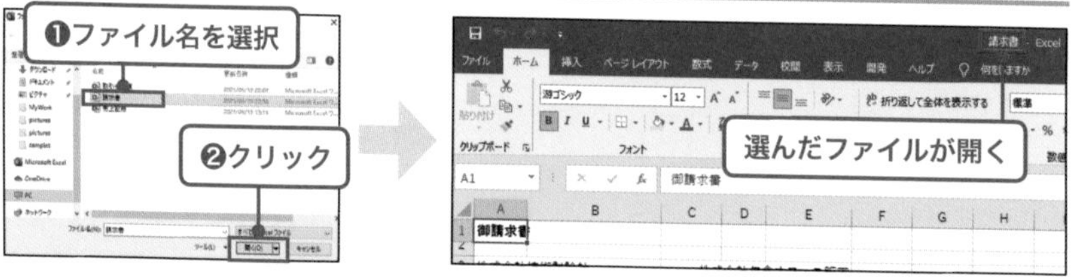

COLUMN

Dialogオブジェクトを利用する

SAMPLE ［ファイルを開く］ダイアログで選択する　s084_2

```
Sub m084_2()
    Application.Dialogs(xlDialogOpen).Show
End Sub
```

同様の操作を、Dialogオブジェクトを利用して行うことも可能です。ApplicationオブジェクトのDialogsプロパティでDialogsコレクションを取得し、インデックスとして［ファイルを開く］ダイアログボックスを表す定数xlDialogOpenを指定して、目的のDialogオブジェクトを取得します。そのShowメソッドで、ダイアログボックスを表示します。

ダイアログボックスでファイル名を取得する

Applicationオブジェクトの GetOpenFilename メソッドでは、[ファイルを開く] ダイアログボックスを表示してユーザーにファイルを選択させるところまでは同じですが、そのファイルを開くのではなく、ファイル名の文字列を戻り値として返します。この文字列をOpenメソッドの引数に指定して開くことで、開いたブックをWorkbookオブジェクトとして取得し、続けて別の操作を行うことが可能です。
次の例は、GetOpenFilenameメソッドの戻り値を変数fNameに収め、Openメソッドで開いて、さらにそのブック名をメッセージ画面に表示するコードです。

SAMPLE ダイアログで選択して開いたファイルの名前を表示する s084_3

```
Sub m084_3()
    Dim fName As Variant
    fName = Application.GetOpenFilename
    MsgBox Workbooks.Open(fName).Name
End Sub
```

▶実行結果

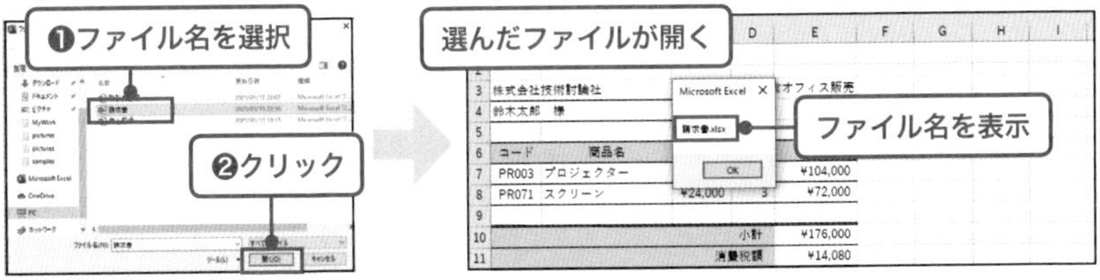

COLUMN

[キャンセル]ボタンが押された場合に対処する

GetOpenFilenameメソッドの [ファイルを開く] ダイアログボックスで、[開く] ボタンではなく [キャンセル] ボタンがクリックされた場合、戻り値としてFalseが返されます。これに対処するには、Ifステートメント (P.192参照) と組み合わせて、戻り値がFalseでなかった場合のみ、ファイルを開く処理を行うとよいでしょう。

SAMPLE [キャンセル]をクリックしたときは開かない s084_4

```
Sub m084_4()
    Dim fName As Variant
    fName = Application.GetOpenFilename
    if fName <> False Then MsgBox Workbooks.Open(fName).Name
End Sub
```

SECTION 085 ブックの操作

ファイル名を指定してブックを保存する

名前を付けて保存する際、ブック名をコードで指定しておくのではなく、ダイアログボックスを表示してユーザーに指定させることが可能です。方法はいくつかありますが、ここではブック名を指定する操作と保存する操作をそれぞれ別に行う方法を紹介します。

ダイアログボックスでブックを保存する

[名前を付けて保存] ダイアログボックスを表示し、指定された保存場所とファイル名でブックを保存するには、Dialogオブジェクトを利用します。Applicationオブジェクトの Dialogsプロパティで Dialogsコレクションを取得し、インデックスとして定数 xlDialogSaveAsを指定して、目的の Dialogオブジェクトを取得します。そのShowメソッドで、ダイアログボックスを表示します。

SAMPLE [名前を付けて保存] ダイアログボックスを表示する s085_1

```
Sub m085_1()
    Application.Dialogs(xlDialogSaveAs).Show
End Sub
```

▶実行結果

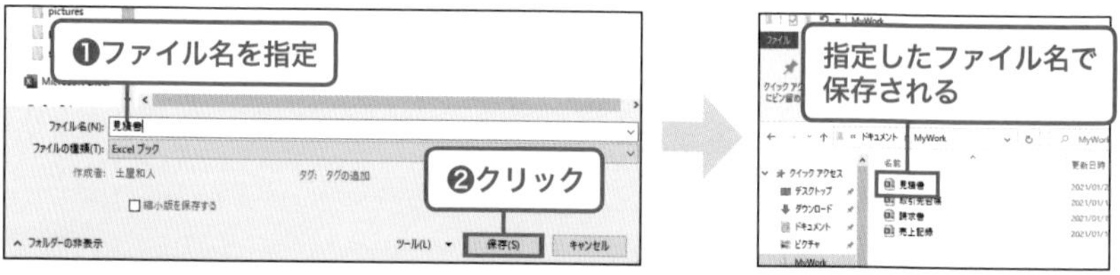

COLUMN

GetSaveAsFilenameメソッドを利用する

[名前を付けて保存] ダイアログボックスを表示し、指定された保存場所とファイル名を表すパスの文字列を求めたい場合は、ApplicationオブジェクトのGetSaveAsFilenameメソッドが利用できます。このメソッドはパスとファイル名を取得するだけなので、戻り値として取得した文字列を引数に指定し、WorkbookオブジェクトのSaveAsメソッドを実行して保存します。この方法は、ブック以外の形式で保存する操作などにも応用できます。

第6章

条件に応じて処理を分けよう

SECTION 086 条件式と論理値

条件式と論理値

VBAでは、何らかの「条件」を設定し、その判定結果が正しいか正しくないかによって、それぞれ別の処理を行うことができます。たとえば、セルの値やシートの状態などを判定することが可能です。ここではまず、「条件」の設定方法について説明します。

条件式について

VBAで設定できる「条件」には、作業内容ごとにさまざまなものがあります。Excelの作業では、対象のセルが空白か入力済みか、入力済みの場合は数値か文字列か、数値の場合は10以上か10未満かなど、データの判定に利用できます。

「対象のセルの値」は、そのセルを表すRangeオブジェクトのValueプロパティで取得できます。それを利用して、B5セルが空白かどうかは、空文字列を表す「""」を使って、次のような条件式で調べられます(空文字列についてはP.210のコラムも参照)。

条件式

```
Range("B5").Value = ""
```

これだけだとB5セルに空文字列「""」を代入するステートメントのように見えますが、条件式ではこれをステートメントとしては使いません。P.192で解説する「Ifステートメント」と組み合わせ、条件を判定する「式」として使います。

実際に試してみましょう。この式の前に「?」を付けて、イミディエイトウィンドウ(P.326参照)に入力し、Enterキーを押してください。条件式の判定結果が表示されます。

▶ 実行結果

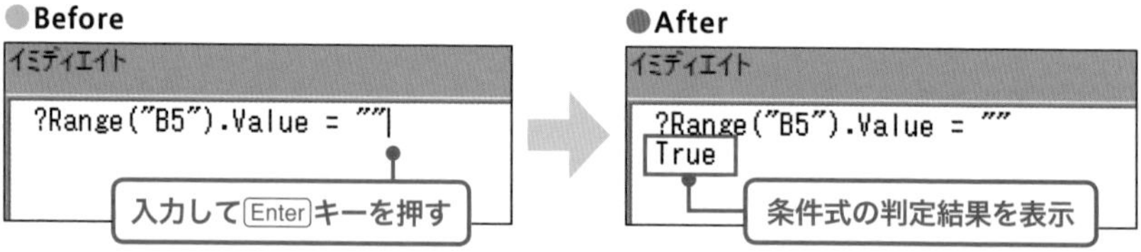

条件式を判定した結果は、正しいこと(真)を意味する「True」、または正しくないこと(偽)を意味する「False」のどちらかです。この2種類の値のいずれかのデータを「論理値」または「真偽値」と呼びます。上記の条件式の場合、B5セルが未入力の場合や、数式の結果として空文字列("")が表示されている場合はTrue、何らかのデータが入力・表示されている場合はFalseという判定結果になります。

比較演算子について

前ページの条件式では、2つの値が等しいかどうかを判定するために「=」を使っています。足し算や引き算を行う「+」や「-」などの「算術演算子」(P.57参照)に対し、この「=」のように2つの値を比較するために使う演算子を「比較演算子」と呼びます。
なお、プロパティや変数に値を代入するときに使う「=」は「代入演算子」と呼び、同じ文字でも使われる状況によって機能が変わります。混同しないように注意しましょう。
次の表は、VBAで使用できる主な比較演算子です。

比較演算子	機能	Trueになる例	Falseになる例
=	左辺と右辺が等しい	5 = 5	6 = 5
<>	左辺と右辺が等しくない	7 <> 3	3 <> 3
>	左辺が右辺より大きい	4 > 2	8 > 8
>=	左辺が右辺以上	8 >= 8	4 >= 5
<	左辺が右辺より小さい	3 < 7	4 < 4
<=	左辺が右辺以下	4 <= 4	3 <= 2

たとえば、「A3セルの値が50以下」という条件式は、次のように指定します。

条件式

```
Range("A3").Value <= 50
```

なお、比較演算子は上の表以外にもありますが、それらについてはまた改めて説明します。

論理演算子について

たとえば、「B5セルの値が10以上」と「C7セルの値が100未満」といった2つの条件がどちらとも正しかった場合だけ処理を実行したい、というケースも考えられます。このような条件は、次のような式で表すことができます。

条件式

```
Range("B5").Value >= 10 And Range("C7").Value < 100
```

式の中間にある「And」は、その左右の式が「両方ともTrue」の場合だけTrueを返す「論理演算子」です。論理演算子にはこれ以外にも、左右の式の「どちらか一方でもTrue」ならTrueを返す「Or」、直後に指定した式の論理値(True/False)の逆を返す「Not」などがあります。

SECTION 087 条件分岐

条件が正しいときだけ処理を実行する

VBAのコードの中でP.190で紹介したような条件式を指定して判定し、その結果がTrue(真)だった場合だけ処理を実行するには、Ifステートメントを利用します。ここでは、Ifステートメントの基本的な使い方を解説します。

条件を満たす場合に1つの処理を実行する

「If」の後に条件式を指定し、さらに「Then」に続けて実行させたい処理を書くと、その条件がTrueの場合だけ処理が実行されます。次のコードは、B3セルの値が1000以上なら「目標を達成しました」というメッセージを表示します。

SAMPLE　B3セルの値が1000以上なら処理を実行　s087_1

```
Sub m087_1()
    If Range("B3").Value >= 1000 Then MsgBox "目標を達成しました"
End Sub
```

▶実行結果

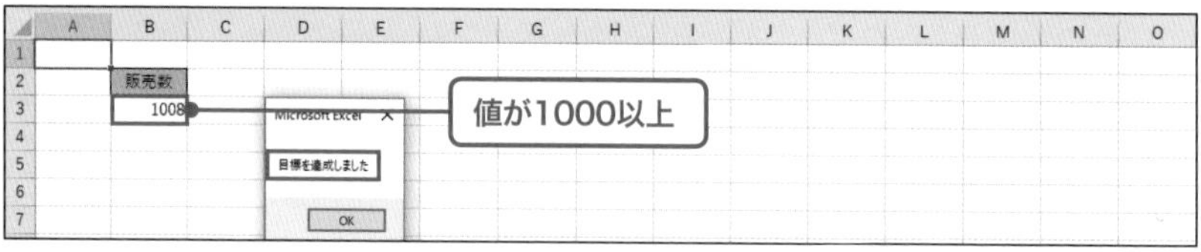

✔ COLUMN

数値が一定の範囲内にあるかどうかを判定する

セルの数値が1000～1500の範囲内ならメッセージを表示したい、といった条件は、「1000以上」と「1500以下」という2つの条件式を、論理演算子Andでつないで指定します。

SAMPLE　範囲内なら処理を実行　s087_2

```
Sub m087_2()
    If Range("B3").Value >= 1000 And Range("B3").Value <= 1500 _
        Then MsgBox "範囲内です"
End Sub
```

条件を満たす場合に複数の処理を実行する

条件が真の場合に実行したい処理が2行以上ある場合、「If ～ Then ～」という1行のコードでは対応できません。このようなときには、「If ～ Then」で条件を指定した後に改行し、真の場合に実行したい複数行の処理を記述して、最後に「End If」という行を書きます。次の例は、アクティブセルの値が800未満の場合は50を加算し、さらに「50円値上げしました」というメッセージを表示するコードです。「If ～ Then」行と「End If」行の間のブロックは、このようにインデントを1段階下げて記述します。

SAMPLE アクティブセルの値が800未満なら複数の処理を実行 s087_3

```
Sub m087_3()
    If ActiveCell.Value < 800 Then
        ActiveCell.Value = ActiveCell.Value + 50
        MsgBox "50円値上げしました"
    End If
End Sub
```

▶ 実行結果1

●Before

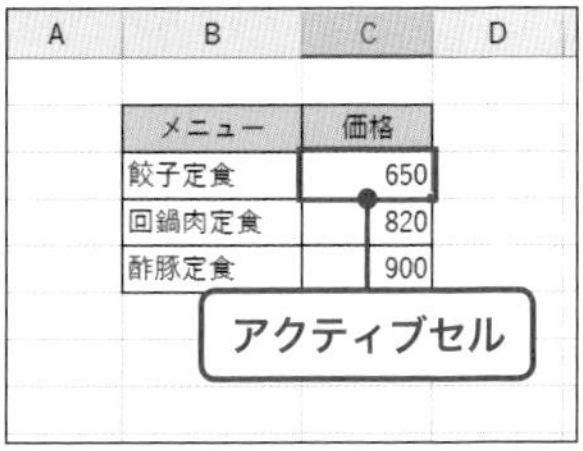

●After

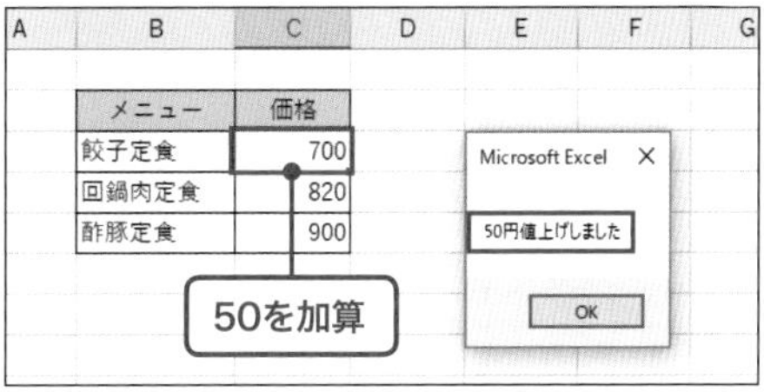

▶ 実行結果2

●Before

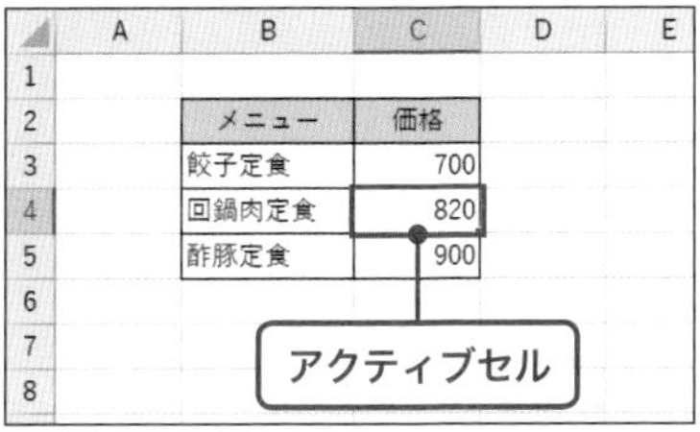

●After

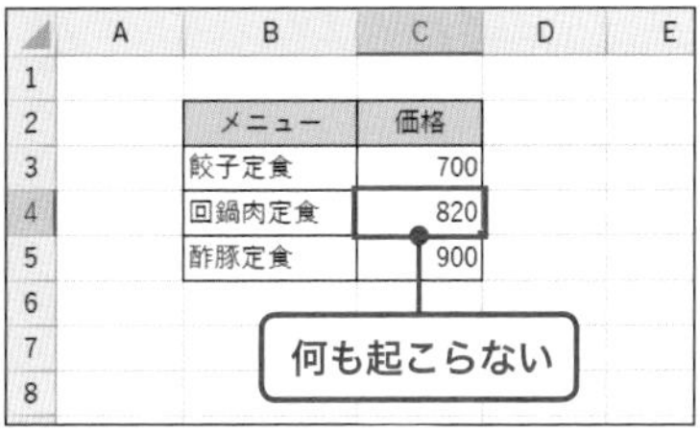

SECTION 088 条件分岐

条件に応じて異なる処理を実行する

Ifステートメントでは、指定した条件の判定結果がTrueかFalseかによって、それぞれ異なる処理を実行することができます。また、Trueの場合とFalseの場合のそれぞれについて、複数行の処理を実行することも可能です。

条件に応じて異なるメッセージを表示する

条件判定がFalseのときにも処理を実行するには、IfステートメントにElseキーワードを追加して、偽のときに実行するコードを記述します。アクティブセルの値が80以上であれば「合格」、そうでなければ「不合格」というメッセージを表示させてみましょう。

SAMPLE 点数に応じて異なるメッセージを表示　s088_1

```
Sub m088_1()
    If ActiveCell.Value >= 80 Then MsgBox "合格" Else MsgBox "不合格"
End Sub
```

▶ 実行結果1

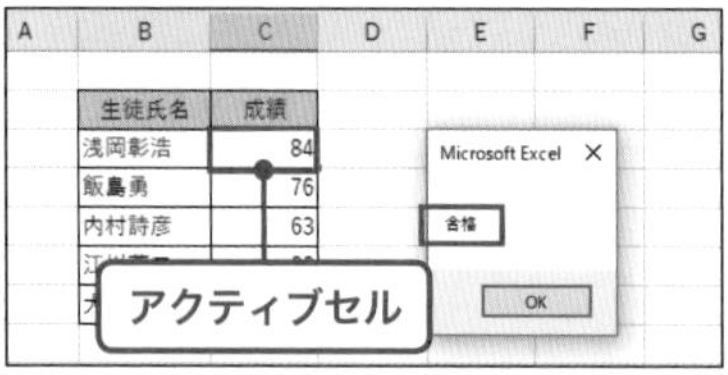

▶ 実行結果2

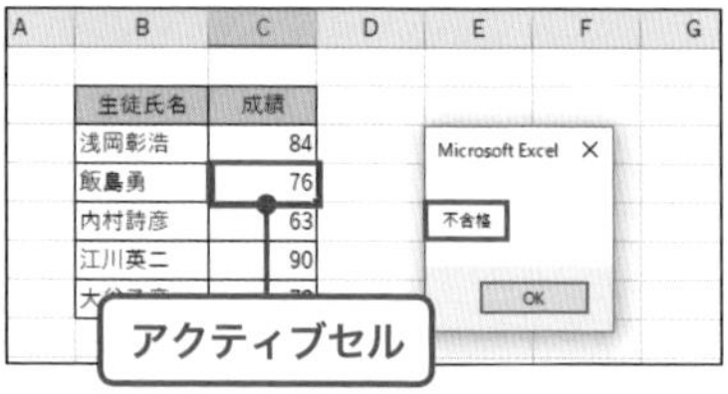

COLUMN

IIf関数を利用する

VBAでは、ワークシート関数のIF関数と同様の機能を持つIIf関数も利用できます。第1引数の条件の判定結果がTrueなら第2引数の値を、Falseなら第3引数の値を返します。処理の内容が同じでデータだけを変えたい場合は、この関数を利用することもできます。

SAMPLE 点数に応じて表示メッセージを変える　s088_2

```
Sub m088_2()
    MsgBox IIf(ActiveCell.Value >= 80, "合格", "不合格")
End Sub
```

条件に応じて複数の処理を実行する

条件判定がFalseのときに複数の処理を実行したい場合は、ブロック形式のIfステートメントを利用します。「Else」キーワードはそれだけで改行し、以下、「End If」行までの間の行にFalseのときの処理を記述します。次の例は、アクティブセルの値が250以の場合は30を引き、「30円値引きしました」というメッセージを表示します。そうでない場合は10を引き、「10円値引きしました」というメッセージを表示します。

SAMPLE 金額に応じて値引額を決定　s088_3

```
Sub m088_3()
    If ActiveCell.Value >= 250 Then
        ActiveCell.Value = ActiveCell.Value - 30
        MsgBox "30円値引きしました"
    Else
        ActiveCell.Value = ActiveCell.Value - 10
        MsgBox "10円値引きしました"
    End If
End Sub
```

▶ 実行結果1

●Before

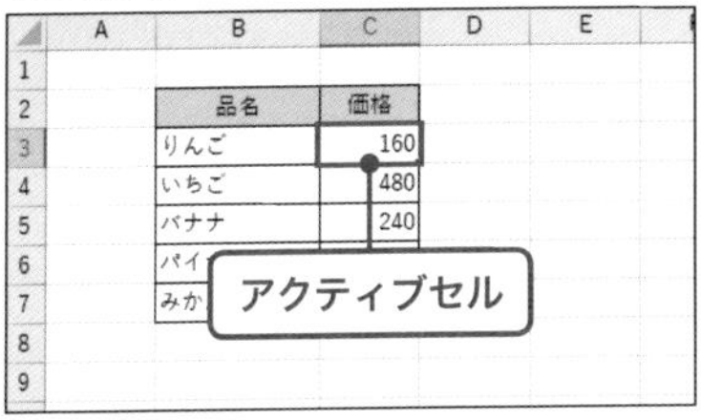

●After

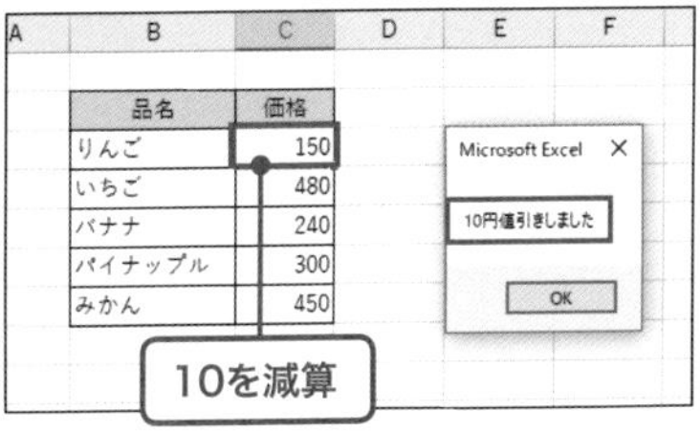

▶ 実行結果2

●Before

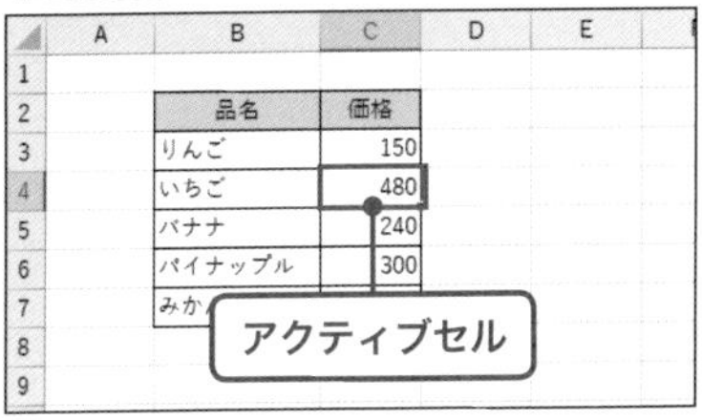

●After

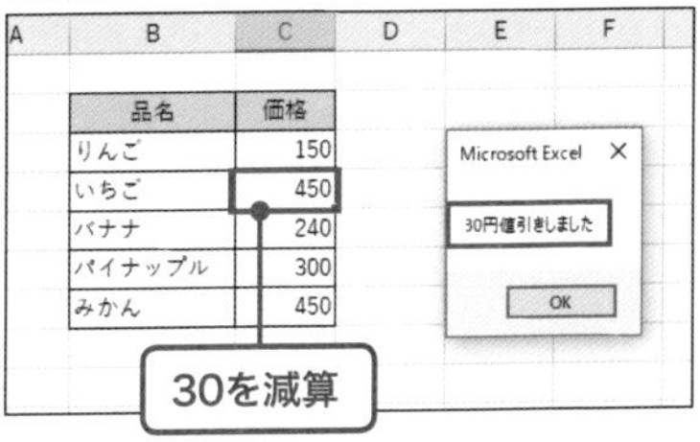

SECTION
089
複数の条件分岐

複数の条件を判定して処理を分ける

ここまで紹介した条件分岐では、1つの条件に応じて処理を2通りに分けました。これを拡張して、1つの条件で分けた処理の中で2つ目の条件を判定することで、さらに処理を分けることも可能です。これによって3通りやそれ以上に処理を分岐できます。

条件が偽の場合に別の条件を判定する

ブロック形式のIfステートメントでは、最初の判定結果がFalseの場合に、さらに別の条件を指定することができます。このとき使用するキーワードが「ElseIf」です。Ifと同様にこのキーワードの後に条件を指定し、続けてThenを指定します。

ElseIfは、Ifステートメントのブロックの中にいくつも指定できます。さらに、指定したすべての条件判定がFalseだった場合の処理を、Elseキーワードに続けて指定することも可能です。次の例では、C3セルの値が100以上なら「A級合格です」というメッセージを表示し、100以上でない場合、80以上なら「B級合格です」、60以上なら「C級合格です」、それ以外なら「不合格です」と表示します。

SAMPLE　点数に応じて級と合否を表示　s089_1

```
Sub m089_1()
    If Range("C3").Value >= 100 Then
        MsgBox "A級合格です"
    ElseIf Range("C3").Value >= 80 Then
        MsgBox "B級合格です"
    ElseIf Range("C3").Value >= 60 Then
        MsgBox "C級合格です"
    Else
        MsgBox "不合格です"
    End If
End Sub
```

▶ 実行結果

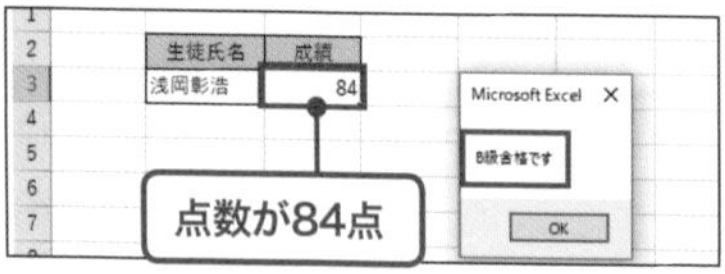

分岐した処理でさらに条件を判定する

指定した条件の真偽に応じて2つに処理を分け、その中でさらにIfステートメントを使用して処理を分けることもできます。このような書き方を、Ifを「ネストする」といいます。この方法なら、最初の条件がTrueの場合の処理中でも、条件に応じて複数の処理に分けることが可能になります。この場合、条件を指定する「If ～ Then」の行に対応して、同じ数だけ「End If」行を指定する必要があります。各「End If」行がどの「If ～ Then」行に対応しているのかをわかりやすくするために、それぞれの行はインデントの位置を揃えるように記述します。

次の例では、アクティブセルの値が80以上だった場合、その右隣のセルの値が「○」だったときは「筆記と実技ともに合格です」、そうでなければ「筆記のみ合格です」というメッセージを表示します。また、アクティブセルの値が80以上でなかった場合、その右隣のセルの値が「○」だったら「実技のみ合格です」、そうでなければ「筆記も実技も不合格です」というメッセージを表示します。

SAMPLE 筆記と実技の合否を表示　s089_2

```
Sub m089_2()
    If ActiveCell.Value >= 80 Then
        If ActiveCell.Offset(ColumnOffset:=1).Value = "○" Then
            MsgBox "筆記と実技ともに合格です"
        Else
            MsgBox "筆記のみ合格です"
        End If
    ElseIf ActiveCell.Offset(ColumnOffset:=1).Value = "○" Then
        MsgBox "実技のみ合格です"
    Else
        MsgBox "筆記も実技も不合格です"
    End If
End Sub
```

▶ 実行結果

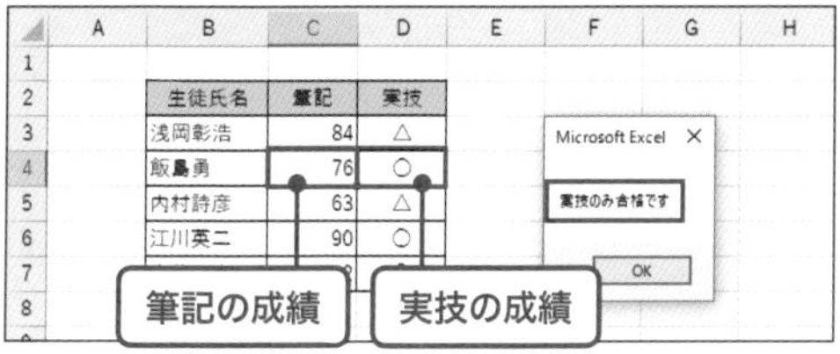

SECTION 090 複数の条件分岐

値に応じて複数の条件分岐を行う

分岐させたい処理の選択肢が多い場合は、Ifステートメントの代わりに「Select Case」ステートメントを使う方法もあります。このステートメントは、最初に判定対象の値を指定し、それに対する複数の条件とそれぞれの処理を、ブロック形式で分割して指定します。

値に対して複数の条件分岐を行う

Select Caseステートメントは、「Select Case ～」の行で始まり、「End Select」の行で終わるブロック形式のステートメントです。先頭行では「Select Case」に続けて判定したい値を指定し、以下の行では、「Case」の後にその値と対比させる条件を指定します。そして、上から順に判定を行い、最初に条件に合ったCaseのブロック内の処理が実行されます。

次の例は、C3セルの値が空白なら「未入力です」、「○」なら「合格です」、「△」なら「不合格です」というメッセージをそれぞれ表示します。

SAMPLE　C3セルの値に応じて3通りのメッセージを表示　s090_1

```
Sub m090_1()
    Select Case Range("C3").Value
    Case ""
        MsgBox "未入力です"
    Case "○"
        MsgBox "合格です"
    Case "△"
        MsgBox "不合格です"
    End Select
End Sub
```

▶ 実行結果

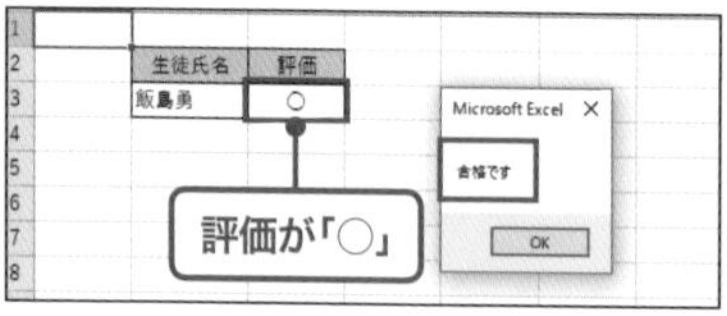

さまざまな方法で値を判定する

Select Caseステートメントで「Case」の後に判定の条件を指定するとき、前ページの「値そのもの」のほかにも、さまざまな判定方法が使用できます。

具体的には、①判定対象の値を表す「Is」キーワードを利用して比較を行う方法、②2つの値を「To」キーワードでつなぎ、その範囲内かどうかを判定する方法、③複数の指定方法を「,」(半角カンマ) でつないで指定する方法、④それ以前に指定したすべての条件に当てはまらない場合に実行する操作を「Else」キーワードで指定する方法の4つです。

次の例では、C3セルに入力された順位が3以下なら「メダル獲得です」、4～10なら「入賞です」、20、50、100のいずれかなら「特別賞です」、200より大きい場合は「失格です」、それ以外なら「合格です」と表示します。なお、この例はC3セルに1以上の数値が入力されているという前提なので、「それ以外」とは、11～200の範囲内で20、50、100を除いた値ということになります。

SAMPLE　C3セルの値に応じて5通りのメッセージを表示　s090_2

```
Sub m090_2()
    Select Case Range("C3").Value
    Case Is <= 3
        MsgBox "メダル獲得です"
    Case 4 To 10
        MsgBox "入賞です"
    Case 20, 50, 100
        MsgBox "特別賞です"
    Case Is > 200
        MsgBox "失格です"
    Case Else
        MsgBox "合格です"
    End Select
End Sub
```

▶ 実行結果

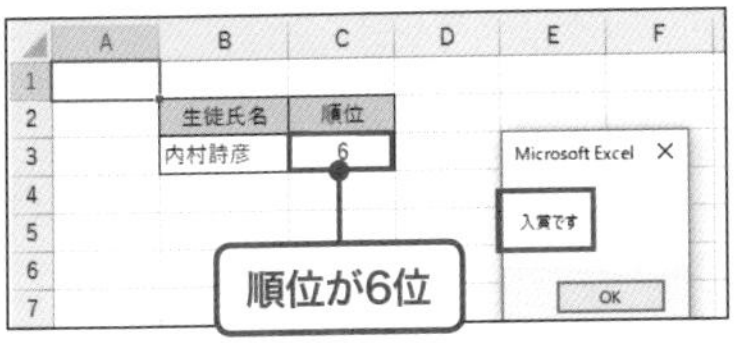

SECTION 091 文字列パターン判定

文字列をパターンで判定する

判定対象のデータが文字列の場合、「Like」演算子を使用して、指定した文字列のパターンに該当するかどうかを判定できます。たとえば、特定の単語を含む商品名や、特定の文字と数字の組み合わせのパターンなどを判定することが可能です。

特定の語を含む文字列を判定する

文字列パターンを判定するには、対象の文字列に続けて「Like」を指定し、その後に文字列パターンを指定します。対象の文字列が文字列パターンにマッチすればTrue、そうでなければFalseが返されます。

たとえば、「*」という記号は「0文字以上の任意の文字列」を表します。対象の文字列に「カレー」が含まれるかどうかを調べたい場合は、「カレー」の前後に「*」を指定すればOKです。次の例は、アクティブセルの商品名に「カレー」が含まれていた場合、「カレー関連の商品です」というメッセージを表示します。

SAMPLE 商品名に「カレー」を含むかどうかを判定　s091_1

```
Sub m091_1()
    If ActiveCell.Value Like "*カレー*" Then MsgBox "カレー関連の商品です"
End Sub
```

▶ 実行結果

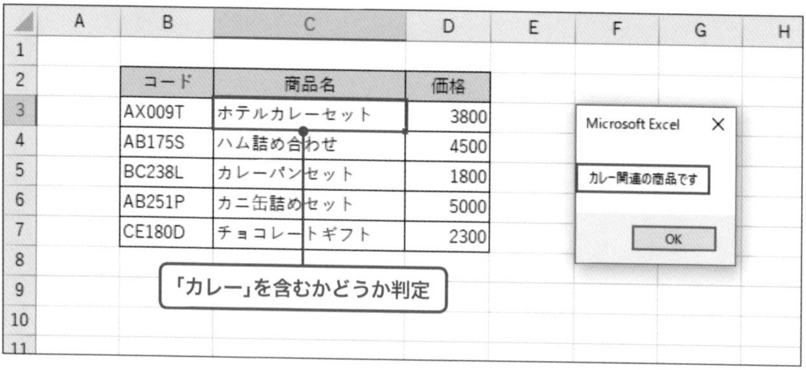

特定の文字と数字の組み合わせを判定する

次の例では、対象の商品コードが、「AB」で始まり、その後に任意の3桁の数字と任意の1文字が続く形かどうかを判定しています。この場合、「任意の数字1文字」を表す「#」と、「任意の1文字」を表す「?」を利用します。この文字列パターンにマッチした場合は、「該当する商品です」というメッセージを表示します。

SAMPLE 商品コードのパターンを判定 s091_2

```
Sub m091_2()
    If ActiveCell.Value Like "AB###?" Then MsgBox "該当する商品です"
End Sub
```

▶ 実行結果

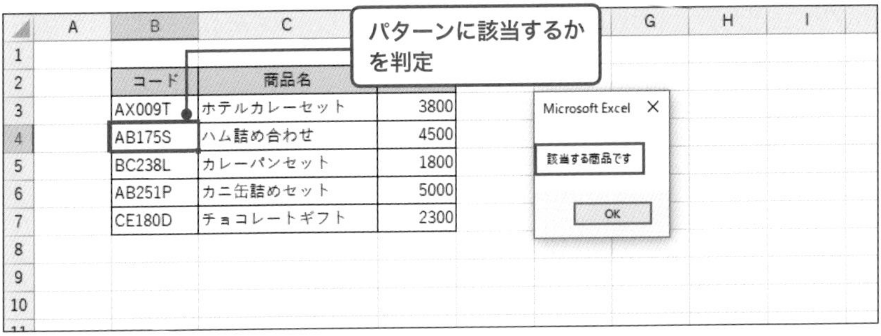

COLUMN

その他の文字列パターンの指定方法

複数の文字を「[ ]」で囲んで指定し、その中のいずれか1つというパターン判定を行うことも可能です。たとえば、「A」か「P」か「X」のどれかであることを判定したい場合は、「[APX]」のように指定します。上の例で、最後の部分が任意の1文字ではなく、この3つの文字のいずれかである場合にメッセージを表示するには、次のようにします。

SAMPLE 文字列パターンで文字の候補を指定 s091_3

```
Sub m091_3()
    If ActiveCell.Value Like "AB###[APX]" Then MsgBox "該当する商品です"
End Sub
```

指定した文字以外の文字かどうかを判定するには、文字リストの先頭に「!」を付けます。また、「A」「B」「C」「D」のような連続した範囲は、「[A-D]」と「-」でつないで指定できます。

SECTION
092
対話形式で分岐

メッセージ画面を使って処理を分ける

MsgBox関数は、これまで画面にメッセージを表示するためだけに使用してきましたが、その戻り値を取得して利用することも可能です。ここでは、メッセージ画面に複数のボタンを表示し、クリックされたボタンに応じて処理を分ける方法を紹介します。

「OK」と「キャンセル」で処理を分ける

ここまでのMsgBox関数の使用例では、引数として、表示するメッセージを表す第1引数Promptと、メッセージ画面のタイトルの表示を指定する第3引数Titleだけを指定していました。この関数で指定可能な引数は、これ以外にも、表示するボタンを表す第2引数Buttonsなどがあります。

メッセージ画面に「OK」と「キャンセル」というボタンを表示するには、引数Buttonsに定数vbOkCancelを指定します。また、戻り値を取得するには、引数を「( )」内に指定して、式の形で記述します。戻り値は数値で、「OK」がクリックされた場合は定数vbOKで、「キャンセルがクリックされた場合は定数vbCancelで判定できます。

次の例は、「選択範囲をすべてクリアしますか?」というメッセージを表示し、「OK」がクリックされた場合は選択範囲を書式ごとクリアします。「キャンセル」がクリックされた場合は何もしません。

SAMPLE 「OK」がクリックされたらクリア　　s092_1

```
Sub m092_1()
    If MsgBox(Prompt:="選択範囲をすべてクリアしますか？", _
        Buttons:=vbOKCancel) = vbOK Then Selection.Clear
End Sub
```

▶ 実行結果

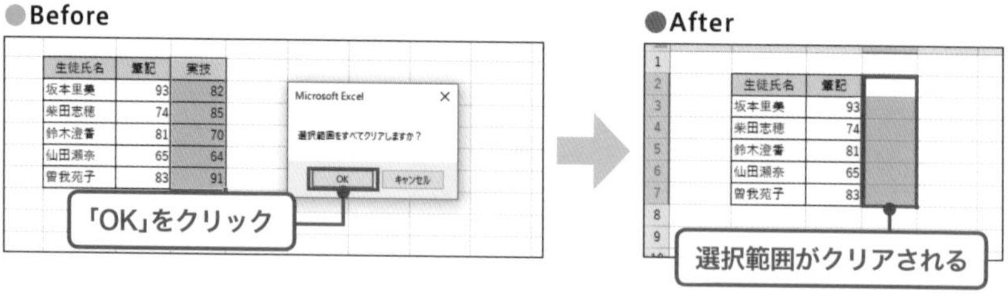

3つのボタンに応じて処理を分ける

メッセージ画面に「はい」「いいえ」の2つのボタンを表示したいときはMsgBox関数の引数Buttonsに定数vbYesNoを、「はい」「いいえ」「キャンセル」の3つのボタンを表示したいときは定数vbYesNoCancelを指定します。戻り値は数値で、「はい」は定数vbYes、「いいえ」は定数vbNo、「キャンセル」は定数vbCancelで判定できます。
次の例では、「確認」というタイトルのメッセージ画面で「店内で召し上がりますか?」と表示し、その戻り値をいったん変数Ansに代入します。「はい」がクリックされた場合はB5セルの数値を1.1倍し、「いいえ」がクリックされた場合はB5セルの数値を1.08倍して、それぞれC5セルに入力します。「キャンセル」がクリックされた場合は何もしません。

SAMPLE 2つの選択肢とキャンセルで処理を分ける s092_2

```
Sub m092_2()
    Dim Ans As Integer
    Ans = MsgBox(Prompt:="店内で召し上がりますか？", _
        Buttons:=vbYesNoCancel, Title:="確認")
    If Ans = vbYes Then
        Range("C5").Value = Range("B5").Value * 1.1
    ElseIf Ans = vbNo Then
        Range("C5").Value = Range("B5").Value *1.08
    End If
End Sub
```

▶ 実行結果1

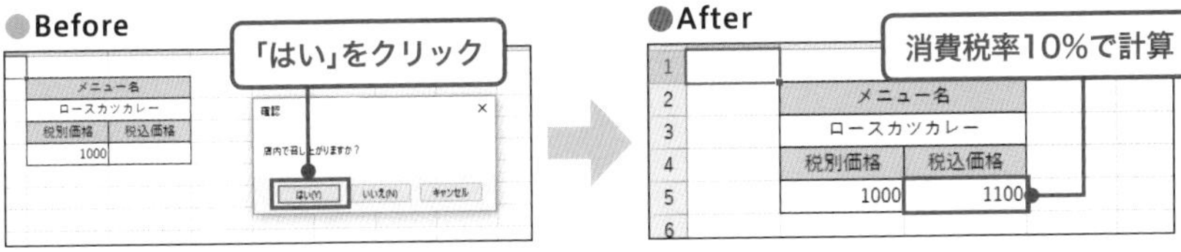

▶ 実行結果2

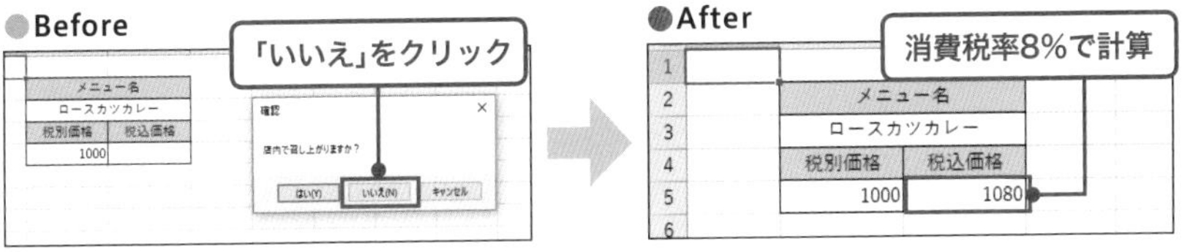

SECTION
093
対話形式で分岐

文字を入力させて処理を分ける

VBAには、簡単に利用できるダイアログボックスとして、MsgBox関数のほかにInputBox関数による入力画面も用意されています。入力された文字列を戻り値として取得できるので、それ以降の処理でこの文字列を利用することができます。

入力された点数に応じて合否を表示する

マクロの実行中にユーザーにデータを入力させたい場合は、InputBox関数を利用します。この関数では、引数Promptで画面に表示するメッセージを指定できます。入力画面が表示されるので、任意の内容を入力して「OK」をクリックすると、入力した文字列が戻り値として返されます。なお、「キャンセル」ボタンをクリックした場合は、空文字列("")が返されます(空文字列についてはP.210のコラムも参照)。
次のコードは、「得点を入力してください」というメッセージとともに入力画面を表示し、入力された点数が80以上なら「合格」を、それ以外なら「不合格」をC3セルに入力します。

SAMPLE　入力した点数に応じてC3セルに合否を入力　　s093_1

```
Sub m093_1()
    If InputBox(Prompt:="得点を入力してください") >= 80 Then
        Range("C3").Value = "合格"
    Else
        Range("C3").Value = "不合格"
    End If
End Sub
```

▶ 実行結果

● Before

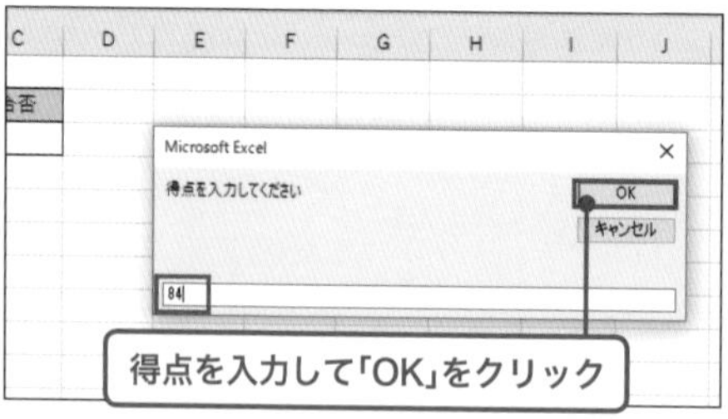

● After

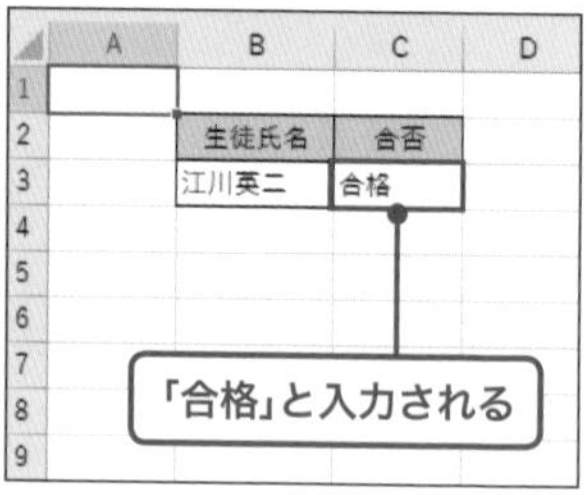

InputBox関数の「キャンセル」に対応する

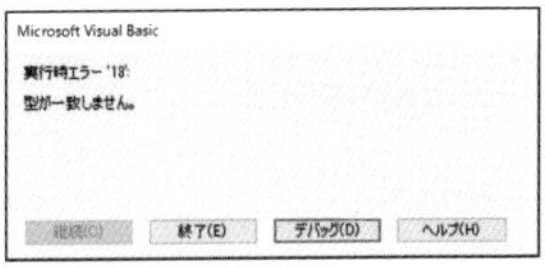

前ページのコードは、入力画面に数値を入力して「OK」をクリックした場合は問題ありませんが、「キャンセル」をクリックした場合、処理がキャンセルされるのではなく、「型が一致しません」というエラーメッセージが表示されてしまいます。「キャンセル」に対応するには、InputBox関数の戻り値を変数に収めて、その内容に応じて処理を分けます。まずIfステートメントで、「キャンセル」が押された場合の戻り値である空文字列("")でないかどうか判定し、真であればIfステートメントをネストして、入力値を判定します。なお、InputBox関数の引数Titleの指定で、「得点入力」というタイトルも表示しています。

SAMPLE 入力画面の「キャンセル」に対応　s093_2

```
Sub m093_2()
    Dim Ans As Variant
    Ans = InputBox(Prompt:="得点を入力してください", Title:="得点入力")
    If Ans <> "" Then
        If Ans >= 80 Then
            Range("C3").Value = "合格"
        Else
            Range("C3").Value = "不合格"
        End If
    End If
End Sub
```

▶ 実行結果

●Before

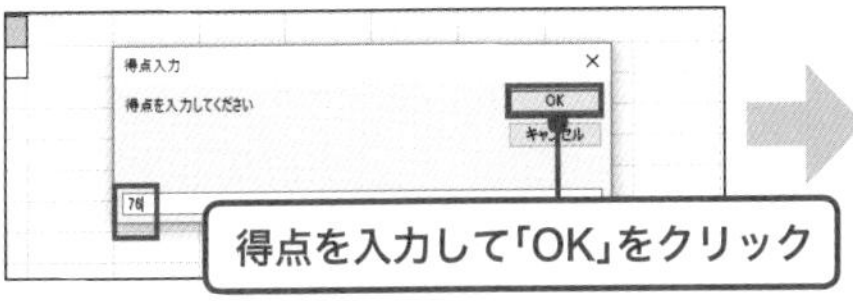

●After

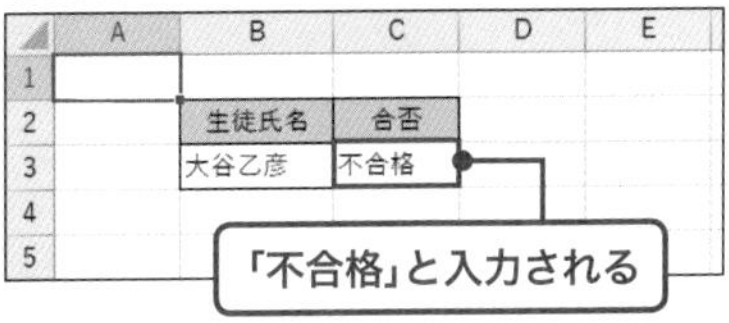

✓ COLUMN

InputBox関数の戻り値のデータ型に注意!

ここではInputBox関数の入力画面に必ず数値が入力されるという前提で処理を行っていますが、実際には文字列が入力される可能性もあります。また、上で解説した通り、「キャンセル」ボタンがクリックされた場合の戻り値は空文字列になります。こうした複数の種類のデータに対応するために、InputBox関数の戻り値を収める変数はVariant型で宣言しています。なお、入力画面に数値ではなく文字列が入力された場合も、「>=」などでの比較は可能であり、エラーにはなりません。

SECTION
094
対話形式で分岐

入力画面に入力されたデータの種類を判定する

数値を入力することが前提の入力画面でも、間違って文字列が入力される可能性はあります。前項のマクロではエラーにはなりませんでしたが、入力されたデータの種類を判定し、目的に合ったデータでない場合は処理を行わないようにすると安全です。

数値が入力された場合のみ合否を表示する

VBAでは、状況に応じて、処理するデータの形式が自動的に変換されます。たとえば、InputBox関数の戻り値は基本的に文字列を意味するString型のデータですが、条件式では数値に自動変換されて比較が行われています。対象のデータが数値として処理できるかどうかは、IsNumeric関数を使って調べることができます。

次の例は、InputBox関数の戻り値をいったん変数Ansに収め、数値に変換できるデータかどうかを判定します。数値に変換できる場合はそのまま使用しても問題ありませんが、ここではより確実に、CInt関数で整数型のデータに変換し、その値が80以上かどうかに応じて合否の判定をC3セルに入力します。数値に変換できないデータの場合は、「入力されたデータが不適切です」というメッセージを表示します。

SAMPLE　数値として処理できるかどうかを判定　s094_1

```
Sub m094_1()
    Dim Ans As Variant
    Ans = InputBox(Prompt:="得点を入力してください")
    If IsNumeric(Ans) Then
        If CInt(Ans) >= 80 Then
            Range("C3").Value = "合格"
        Else
            Range("C3").Value = "不合格"
        End If
    Else
        MsgBox "入力されたデータが不適切です"
    End If
End Sub
```

日付が入力された場合のみ残り日数を表示する

入力されたデータが日付として処理できるかどうかは、IsDate関数を使って調べることができます。次の例は、「締切日を入力してください」というメッセージを表示して、入力されたデータが日付として処理できる場合は、CDate関数で日付データに変換し、その日付からB3セルに入力されている今日の日付を引いて、残りの日数を表示させています。一方、日付データに変換できない場合は、「日付データではありません」というメッセージを表示します。

SAMPLE　日付として処理できるかどうかを判定　s094_2

```
Sub m094_2()
    Dim Ans As Variant
    Ans = InputBox(Prompt:="締切日を入力してください")
    If IsDate(Ans) Then
        Range("C3").Value = CDate(Ans) - Range("B3").Value
    Else
        MsgBox "日付データではありません"
    End If
End Sub
```

▶ 実行結果

●Before

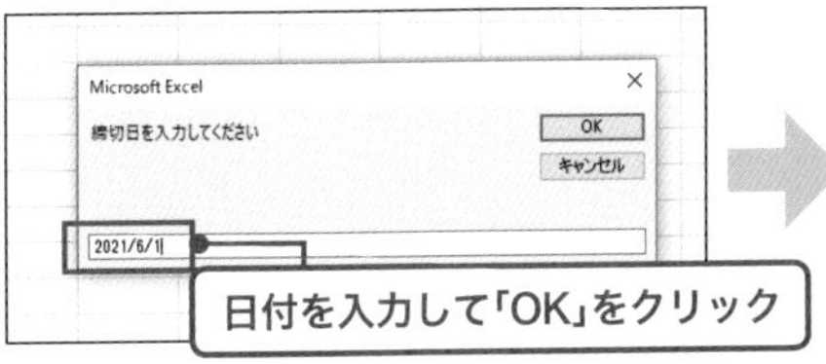

●After

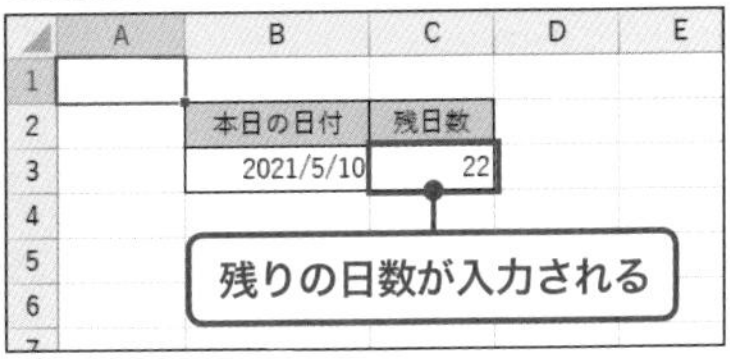

COLUMN

データ型のチェックと強制変換

対象のデータのデータ型そのものは、VarType関数やTypeName関数で判定できます。前者はデータ型を数値で返し、vbIntegerやvbStringといった定数で判定できます。また、後者はデータ型を「Integer」や「String」といった文字列で返します。

ただし、InputBox関数は基本的にString型のデータを返すため、戻り値をそのままVarType関数などで調べても、常に「文字列型」になります。現在のデータ型ではなく、そのデータが数値や日付として処理できるかどうかは、ここで紹介したIsNumeric関数やIsDate関数を使って判定します。数値や日付に変換可能なデータは、行う処理によっては自動的にデータ型が変換されますが、CInt関数やCDate関数といった型変換関数で強制的に変換しておくのが確実です。

SECTION 095 対話形式で分岐

データの種類を指定して入力画面を使用する

ExcelのVBAには、すべてのアプリケーションのVBAで共通のInputBox関数のほかに、独自のInputBoxメソッドも用意されています。このメソッドには、入力するデータの種類を限定したり、クリックやドラッグでセル参照を入力したりできる利点があります。

特定の種類のデータのみ入力可能にする

InputBoxメソッドはInputBox関数と同じ名前ですが、Applicationオブジェクトを対象とすることでメソッドとみなされます。InputBox関数と同じ引数PromptやTitleのほかに、入力可能なデータの種類を引数Typeで指定できます。この引数に指定できる値と、指定時に入力可能になるデータは、次の表の通りです。

値	データの種類
0	数式
1	数値
2	文字列
4	論理値
8	セル参照
16	エラー値
64	配列

この指定を行った入力画面に、指定データ以外の値を入力して「OK」をクリックすると、エラーメッセージが表示され、入力画面を完了することができなくなります。なお、複数の種類のデータを入力可能にしたい場合は、そのすべての指定値を加算した数値を指定します。

次の例は、引数Typeに1を指定して数値だけを入力可能にし、入力値が80点以上かどうかを判定するコードです。ここではあえて文字列を入力してみます。

SAMPLE 数値だけを入力可能にする　　s095_1

```
Sub m095_1()
    Dim Ans As Integer
    Ans = Application.InputBox(Prompt:="得点を入力してください", Type:=1)
    If Ans >= 80 Then
        Range("C3").Value = "合格"
    Else
        Range("C3").Value = "不合格"
    End If
End Sub
```

▶ 実行結果

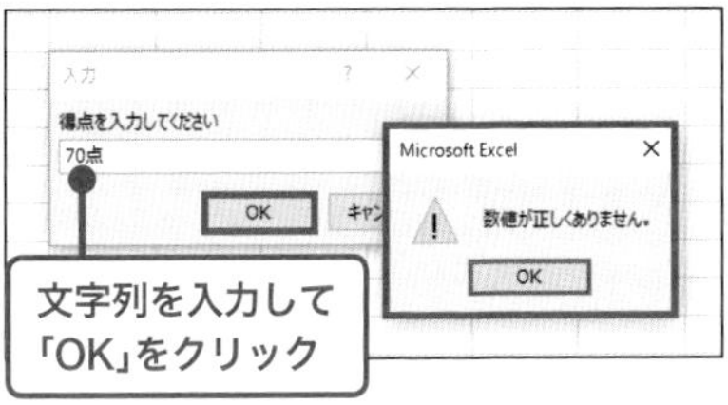

InputBoxメソッドの「キャンセル」に対応する

InputBox関数の入力画面で「キャンセル」がクリックされた場合は空文字列("")が返されますが、InputBoxメソッドの「キャンセル」では論理値Falseが返されます。前ページのコードの場合、戻り値が整数型の変数Ansに代入された時点で数値0に変換され、「不合格」と入力されてしまいます。

「キャンセル」がクリックされたらそれ以降の作業を中断したい場合は、戻り値を代入する変数をVariant型にし、Ifステートメントでその値がFalseかどうかを判定する必要があります。次の例は、前ページのコードにこの判定を組み込んだものです。

SAMPLE キャンセルに対応する s095_2

```
Sub m095_2()
    Dim Ans As Variant
    Ans = Application.InputBox(Prompt:="得点を入力してください", Type:=1)
    If Ans <> False Then
        If Ans >= 80 Then
            Range("C3").Value = "合格"
        Else
            Range("C3").Value = "不合格"
        End If
    End If
End Sub
```

▶ 実行結果

Before

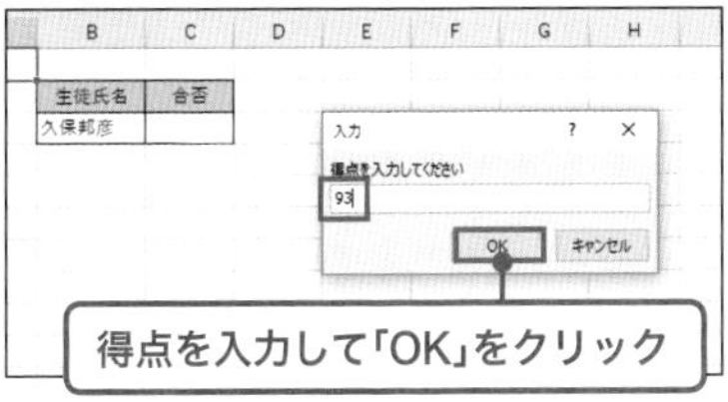

After

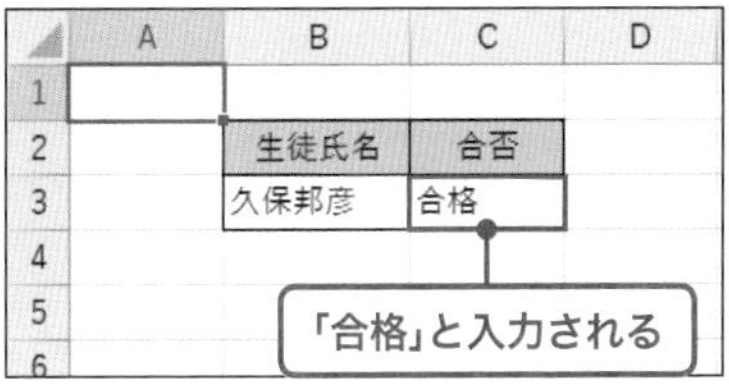

入力画面でセル参照を指定する

InputBoxメソッドでは、入力画面でユーザーにセル参照を指定させ、戻り値としてそのセル(範囲)を表すRangeオブジェクトを取得することも可能です。セル参照を指定させるには、InputBoxメソッドの引数Typeに8を指定します。この場合、入力中に直接ワークシート上をクリックまたはドラッグして、そのセル参照を入力することが可能です。
次の例は、InputBoxメソッドでセル範囲の参照をRangeオブジェクトとして取得し、そのセル範囲に塗りつぶしの色を設定するコードです。ただし、この入力画面で「キャンセル」がクリックされた場合、前述のFalseかどうか判定する方法では、エラー(P.316参照)が発生してしまいます。この問題には、「On Error Goto」などのエラー処理(P.319参照)を使って対処してください。

SAMPLE 入力画面で指定された範囲の塗りつぶしを設定 s095_3

```
Sub m095_3()
    Dim Rng As Range
    Set Rng = Application.InputBox( _
        Prompt:="処理対象の範囲を指定してください", Type:=8)
    Rng.Interior.Color = rgbLightSkyBlue
End Sub
```

▶ 実行結果

COLUMN

未入力の判定

P.190では、セルが未入力かどうかを判定するために空文字列「""」を使用しました。しかし、「Range("B5").Value = ""」という判定方法では、未入力のセルだけでなく、数式の結果として「""」が入力されている場合もTrueになります。セルが未入力かどうかを正確に判定したい場合は、Valueの代わりにFormulaを使うか、判定式を「IsEmpty(Range("B5"))」のようにします。
また、P.205の例のようにInputBox関数の戻り値の判定に空文字列「""」を使うと、未入力で「OK」がクリックされた場合も、「キャンセル」がクリックされた場合もTrueになります。「キャンセル」の場合だけを判定するには、「StrPtr(Ans)」が0かどうかを調べます。

第7章

繰り返し処理を使いこなそう

SECTION
096
繰り返し処理

繰り返し処理とは?

プログラムでは、一連の操作を反復して実行する「繰り返し処理」がよく用いられます。ここでは、プログラミングにおける繰り返し処理の基本的な考え方と、VBAで利用可能な繰り返し処理の種類と使い分けのポイントを紹介します。

「繰り返し処理」の基礎知識

「繰り返し処理」は「ループ」とも呼ばれ、「条件分岐」と並ぶプログラミングの基本要素の1つです。プログラムの流れを制御するという意味で、これらをまとめて「制御構造」ともいいます。

まったく同じ処理を繰り返しても意味がないので、通常は、繰り返すたびに処理の内容が少しずつ変化していくようにプログラムを作ります。そのため、繰り返しは変数と組み合わせて行われることが多く、繰り返すたびに変数の中身の値を変えることで処理の内容を変えていきます。また、処理の対象だけを変えて同じ操作を繰り返すといったこともよく行われます。たとえば、処理対象のセルを変数で切り替えながら、同じ値や書式を設定するといった操作を繰り返すことができます。

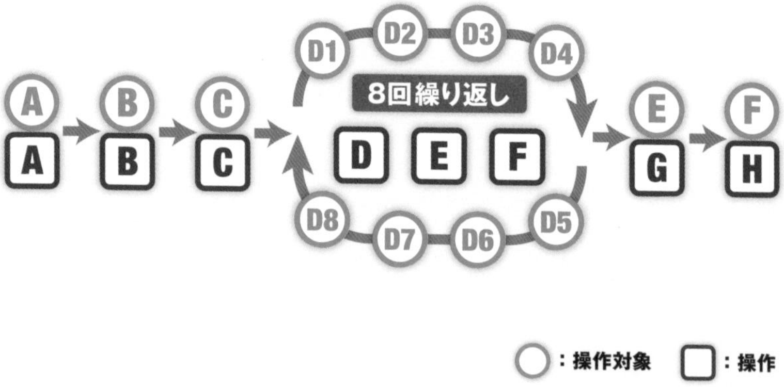

ループの中では、変数や操作対象を少しずつ変えながら処理を繰り返します

VBAの繰り返し処理

VBAでは、大きく分けて次の4種類の繰り返し処理を利用できます。すべて、先頭の行と末尾の行で囲むブロック形式で、その中の1行以上の処理を繰り返します。

❶ Do～Loopステートメント
❷ While～Wendステートメント

回数を決めずに処理を繰り返します。その代わりに、Ifステートメントと同様の条件式を設定し、その判定結果に応じて繰り返しを終了します。特に①は、さまざまな方法で条件を指定できます。②は指定した条件がTrueの間、処理を繰り返すものですが、①でも同様に条件を設定することができるので、本書では②については詳しく説明しません。①については、P.214で具体的な利用法を解説します。

❸ For～Nextステートメント

一定の間隔で変化する変数が指定した値になるまで、処理を繰り返します。処理対象に応じて決まった回数だけ繰り返しを行いたい場合に、よく利用されます。詳しくはP.220で解説します。

❹ For Each～Nextステートメント

対象としてコレクションや配列を指定し、その中に含まれる要素（オブジェクトまたは配列のデータ）の数だけ処理を繰り返します。繰り返しの中の処理では、各要素が1つずつ順番に変数に設定されていくので、全要素を対象とする繰り返し操作が簡単に行えます。詳しくはP.224で解説します。

このほかに、指定したラベルの行にジャンプするGoToステートメントと条件分岐を組み合わせて、繰り返しと同じような処理をする方法もあります。ただし、入り組んでわかりにくいプログラムになることが多いため、推奨されていません。

COLUMN

無限ループに注意!

Do～Loopステートメントを使うとき、繰り返しを抜けるための条件を指定し忘れたり、条件が意図通りに判定されなかったりして、処理がいつまでも繰り返されることがあります。このように、無制限に繰り返しが続く状態のことを「無限ループ」といいます。無限ループの状態になるといつまで経ってもマクロが終わらなくなるので、Ctrlキーを押しながらBreakキーまたはPauseキーを押してマクロを強制終了してください。ただし、これらのキーが存在しないキーボードもあります。Escキーで終了できる場合もありますが、確実ではありません。最悪の場合、ExcelやPCそのものを強制終了/再起動しなければならないこともあるので、注意してください。

SECTION
097
繰り返し処理

条件を満たすまで無制限に繰り返す

比較的シンプルな繰り返し処理の例として、Do～Loopステートメントを紹介します。このステートメントでは、繰り返しを終了する「Exit Do」という命令が実行されるまで、「Do」行と「Loop」行の間の処理の中を無制限に繰り返します。

空白のセルまで繰り返す

Do～Loopステートメントでは、「Do」と「Loop」の行の間の行を無制限に繰り返します。それだけだと無限ループになってしまうので、「Do」または「Loop」の行、あるいはブロックの中の行で、繰り返しを終了するための条件を指定します。ここでは、繰り返されるブロックの中で、終了の条件を設定する方法を解説します。

次の例は、マクロ実行時のアクティブセル以下のセルの値を、順番にメッセージ画面に表示していく処理です。最後の行でアクティブセルの1つ下のセルを選択し、操作対象を変更しています。Ifステートメントを使用して、アクティブセルが空白だった場合は「Exit Do」という命令で繰り返しを終了します。

SAMPLE　アクティブセルの下方向のセルの値を連続表示　s097_1

```
Sub m097_1()
    Do
        If ActiveCell.Value = "" Then Exit Do
        MsgBox ActiveCell.Value
        ActiveCell.Offset(RowOffset:=1).Select
    Loop
End Sub
```

▶ 実行結果

●Before

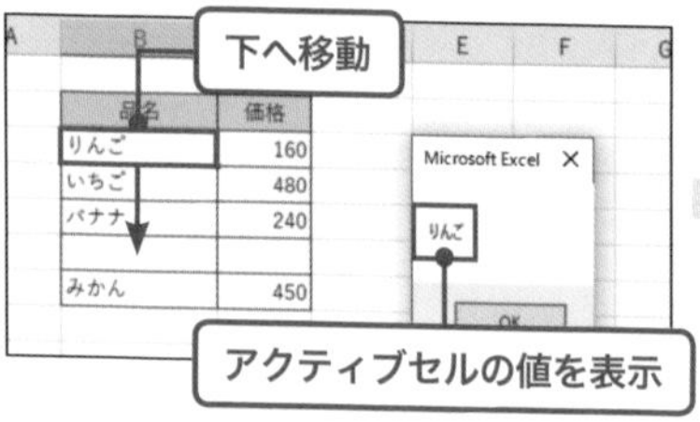

●After

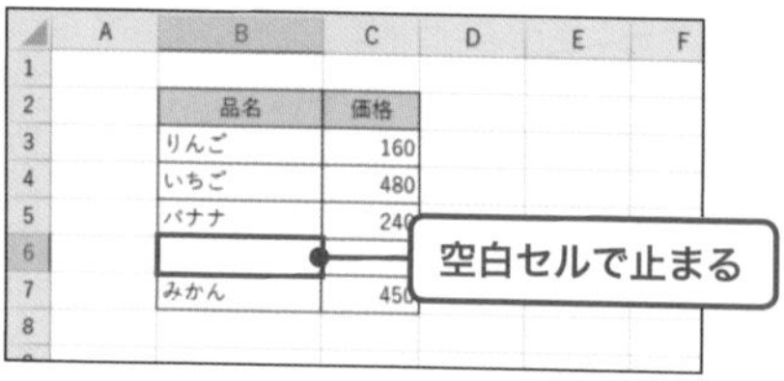

一定の時間になるまで繰り返す

繰り返しを抜ける条件として、現在の時刻を利用することも可能です。次の例では、時刻の秒単位が0、つまり○時○分ちょうどに「暗算チャレンジ」がスタートするように、Do～Loopステートメントを使用して時刻の判定を行います。このワークシートでは、問題を入力したC列をあらかじめ非表示にしています。

「暗算チャレンジ」の初期画面

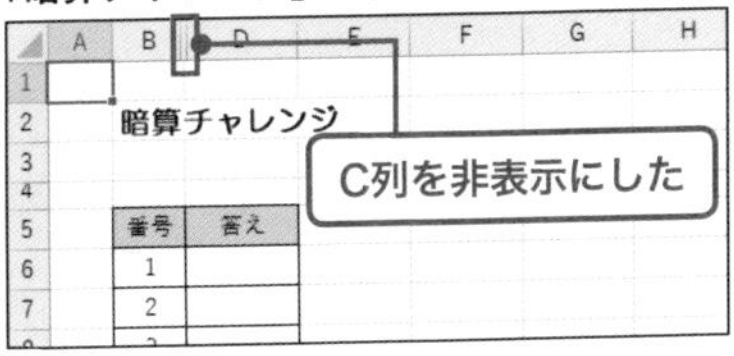

「Do」と「Loop」の繰り返し内では、Time関数で現在の時刻を求め、それを引数としたSecond関数で秒単位の整数を求めています。その結果が「0」だった場合、「Exit Do」で繰り返しを終了します。そうでない場合は、60からその秒数を引いた値、つまり次に時刻が0秒になるまでの残り秒数をB3セルに表示していきます。この間、残り秒数が変わらなくても、繰り返しのたびに何度も秒数が上書き入力されます。

繰り返しが終了したら、C列を表すRangeオブジェクトのHiddenプロパティにFalseを設定して、非表示の列を再表示させ、B3セルに「チャレンジスタート！」と表示します。

SAMPLE **0秒ちょうどに繰り返しを終了** s097_2

```
Sub m097_2()
    Do
        If Second(Time) = 0 Then Exit Do
        Range("B3").Value = 60 - Second(Time) & "秒後にスタート"
    Loop
    Columns(3).Hidden = False
    Range("B3").Value = "チャレンジスタート！"
End Sub
```

▶ 実行結果

Before

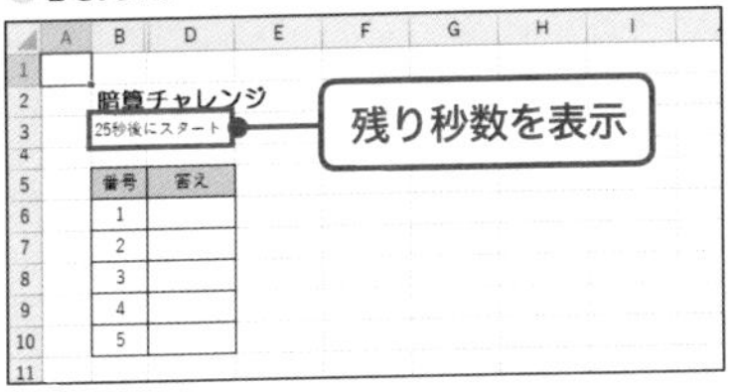

After

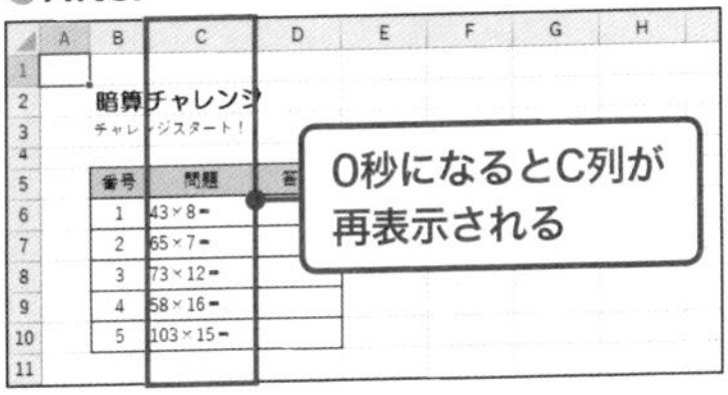

SECTION 098 繰り返し処理

条件を指定して繰り返す

Do～Loopステートメントでは、「Do」行か「Loop」行に続けて、キーワードを使って繰り返し処理を終了する条件を指定することができます。使用するキーワードに応じて、指定した条件がTrueまたはFalseになるまで、ブロックの中の処理を繰り返します。

条件がTrueの間は処理を繰り返す

「Do」行で、「While」キーワードに続けてTrueまたはFalseを返す条件式を指定すると、その判定結果がTrueである間は処理を繰り返し、Falseになったら繰り返しを終了します。次の例では、最初の所持金額として変数zKinに「2000」を代入し、C3セルから下方向へ、各セルに入力された金額を所持金額から引きながら、アクティブセルを移動していきます。そして、変数zKinの値がアクティブセルの金額を下回ったところで繰り返しを終了し、アクティブセルの上まで購入した場合の残金をメッセージ画面に表示します。

SAMPLE 残金がある間は購入価格を引く　s098_1

```
Sub m098_1()
    Dim zKin As Integer
    Range("C3").Select
    zKin = 2000
    Do While zKin >= ActiveCell.Value
        zKin = zKin - ActiveCell.Value
        ActiveCell.Offset(RowOffset:=1).Select
    Loop
    MsgBox "残金は" & zKin & "円です"
End Sub
```

▶ 実行結果

●Before

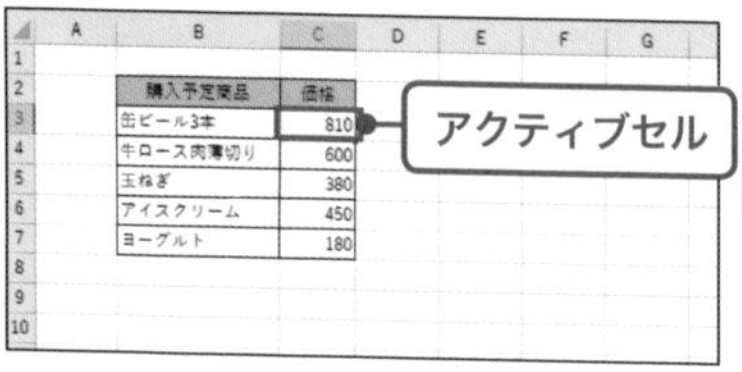

●After

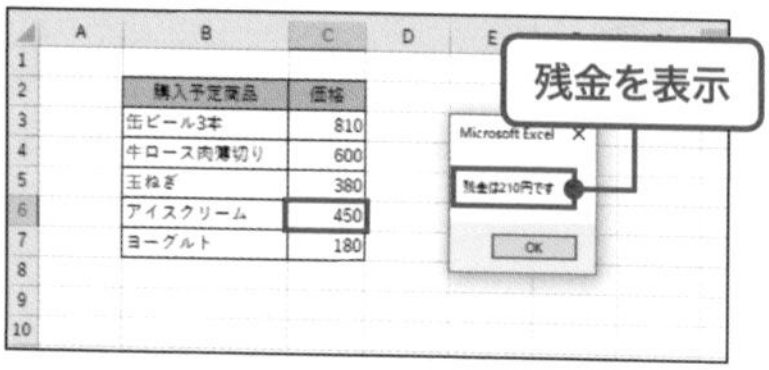

条件がTrueになったら繰り返しを終了する

「Do」行で、「Until」キーワードに続けて条件式を指定すると、その判定結果がFalseの間は繰り返しを行い、Trueになったところで繰り返しを終了します。Whileを使用する場合と条件を逆にすればよいので、どちらを使っても同じ処理が行えます。次の例の場合、アクティブセルの値が変数zKinより大きくなったところで繰り返し処理を終了しているので、左ページの例と同じ結果になります。

SAMPLE　残金がなくなるまで購入価格を引く　　s098_2

```
Sub m098_2()
    Dim zKin As Integer
    Range("C3").Select
    zKin = 2000
    Do Until zKin < ActiveCell.Value
        zKin = zKin - ActiveCell.Value
        ActiveCell.Offset(RowOffset:=1).Select
    Loop
    MsgBox "残金は" & zKin & "円です"
End Sub
```

▶ 実行結果

●Before

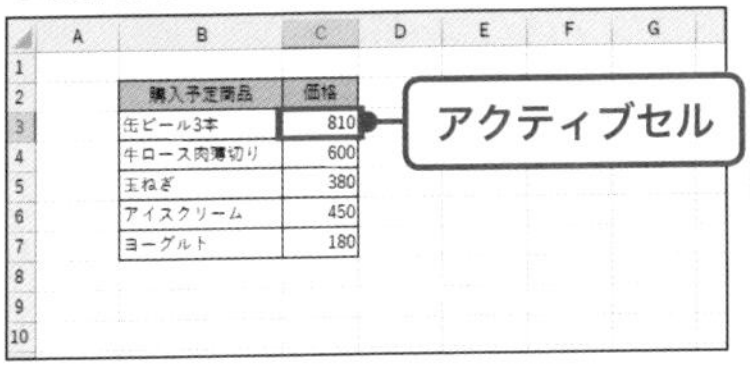

●After

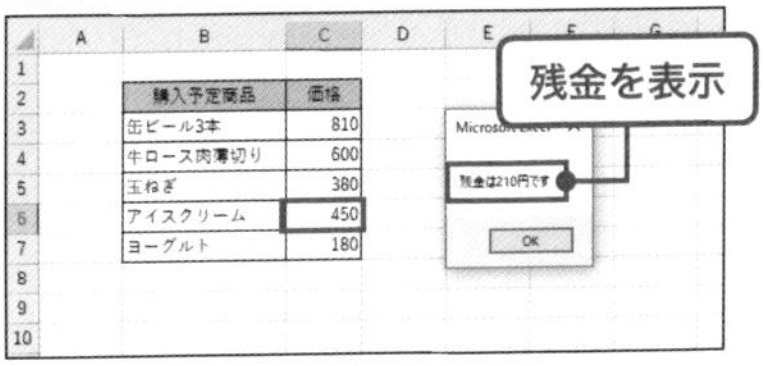

COLUMN

「Loop」行で条件を指定する

ここで紹介したマクロでは「Do」の後に「While zKin >= ～」や「Until zKin < ～」を付けましたが、これらは「Loop」の後に付けることもできます。その場合、1つ目の繰り返しが終わった時点で条件が判定されるため、少なくとも1回は処理が実行されます。
上のマクロの場合、最初のC3セルの金額が2000円以上だったときでも、変数zKinの値からその金額が引かれるところまで処理が行われ、マイナスの金額が「残金」としてメッセージ画面に表示されてしまいます。このような動作を理解した上で、目的に応じて使い分けてください。

SECTION 099 繰り返し処理

カウンター変数を利用して繰り返す

繰り返して実行する処理の中で、規則的に増減する値を使用したいケースはよくあります。このような値を収めるための変数を「カウンター変数」と呼びます。Do ~ Loopステートメントで繰り返しを終了する条件としても、カウンター変数はよく利用されます。

5までカウントする

次の例では、1から始めて1ずつ増えていく値をメッセージ画面に表示し、5になったところで繰り返しを終了しています。ここでは、カウンター変数sNumを用意して、初期値として1を代入し、繰り返し処理の中で1ずつ増加させています。

SAMPLE **5までカウントする**　s099_1

```
Sub m099_1()
    Dim sNum As Integer
    sNum = 1
    Do Until sNum > 5
        MsgBox sNum
        sNum = sNum + 1
    Loop
End Sub
```

▶ 実行結果

Before

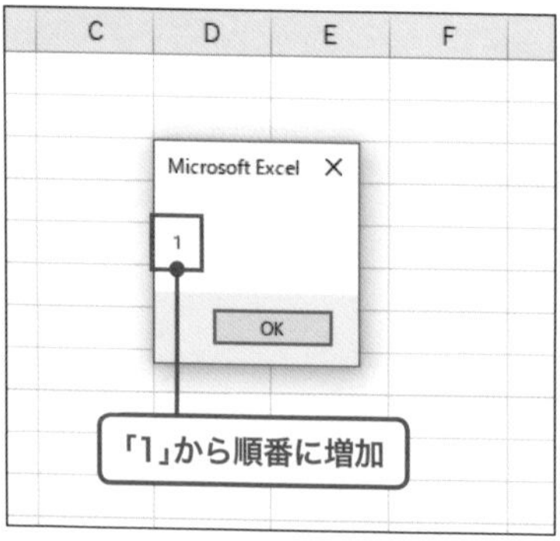

After

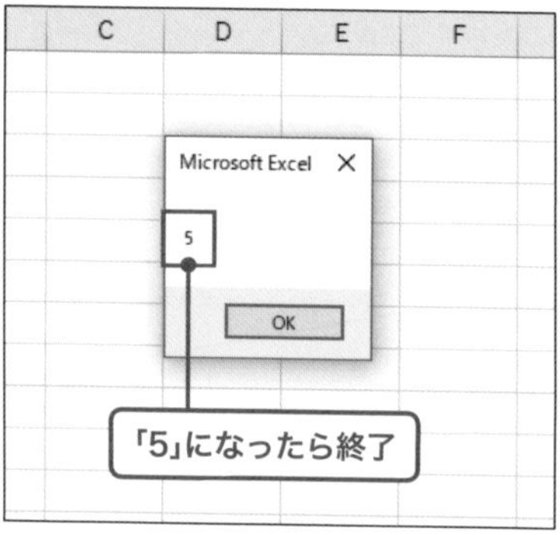

指定した値から1ずつ減少する連続データを入力する

最初に入力画面で指定した数値をもとに、アクティブセルを起点にして下方向へと、0になるまで1ずつ減少していく数値を自動入力します。
まず、InputBoxに入力された初期値を変数sNumに収めます。「キャンセル」がクリックされた場合は「Exit Sub」という命令でマクロそのものを終了します。
最初の繰り返しでは、変数iNumに値を代入していない状態でOffsetプロパティの引数に指定していますが、整数型の変数の初期値は自動的に「0」になるので、最初はアクティブセルに入力されます。その後、変数iNumに1を加えることで、値が「1」に変わります。
2回目以降の繰り返しでは、アクティブセルよりもiNumの数だけ下にあるセルに、sNumからiNumを引いた値を代入し、さらにiNumの値を1増加させます。iNumがsNumよりも大きくなったところで、繰り返しが終了します。

SAMPLE **1ずつ減少する連続データを入力** s099_2

```
Sub m099_2()
    Dim sNum As Variant, iNum As Integer
    sNum = InputBox("初期値を指定してください")
    If sNum = "" Then Exit Sub
    Do Until iNum > sNum
        ActiveCell.Offset(RowOffset:=iNum).Value = sNum - iNum
        iNum = iNum + 1
    Loop
End Sub
```

▶ 実行結果

Before

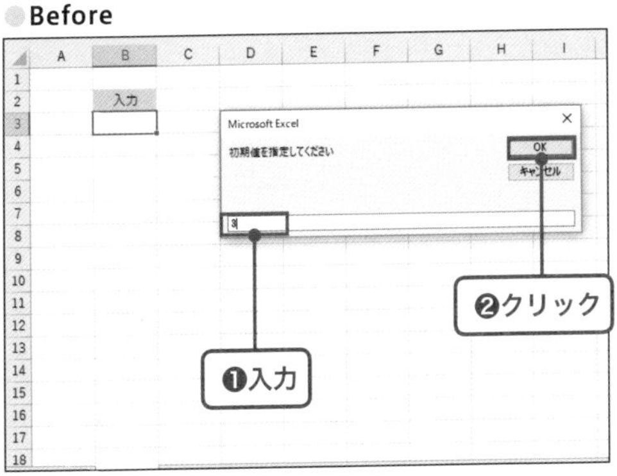

After

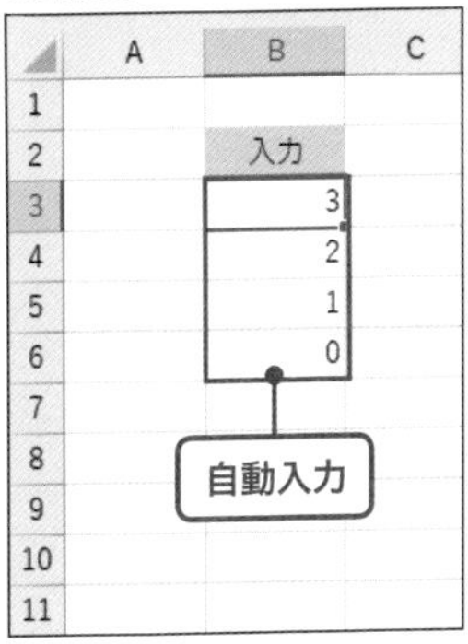

SECTION
100
繰り返し処理

指定した回数だけ繰り返す

Do ～ Loopステートメントは、一般に、開始する時点では何回繰り返すか決まっていない処理で使用します。繰り返す回数が事前に決まっている場合は、For ～ Nextステートメントを利用したほうが便利です。

5までカウントする

P.218のマクロと同様に、1から5までの連続した数字を、順番にメッセージ画面に表示します。For～Next ステートメントでは、先頭の行で「For 変数名 = 開始値 To 終了値」のように指定すると、変数を1ずつ増加させながら、開始値から終了値になるまで「Next 変数名」の行までの間の処理を繰り返します。なお、「Next」の後の変数名は省略可能です。この変数もカウンター変数ですが、変数を1ずつ増やす場合は、変数の値を変化させるコードを記述する必要がありません。また、繰り返す回数が決まっているので、繰り返しを終了する条件を指定する必要もありません。

SAMPLE　**5までカウントする**　s100_1

```
Sub m100_1()
    Dim iNum As Integer
    For iNum = 1 To 5
        MsgBox iNum
    Next iNum
End Sub
```

▶ 実行結果

Before　　**After**

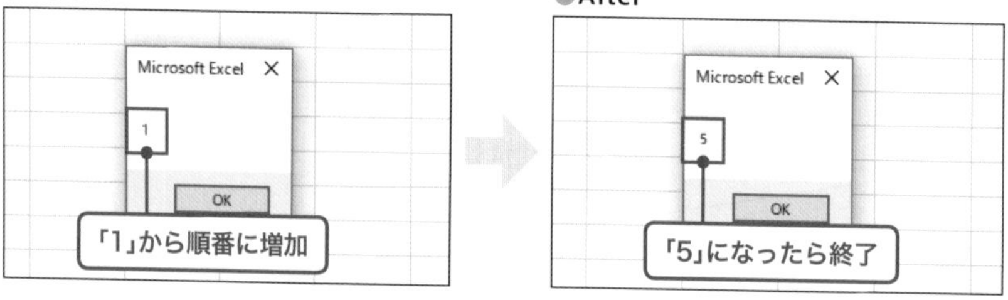

指定値から1ずつ減少する連続データを入力する

P.219のマクロと同様に、最初に入力画面で初期値を指定したら、アクティブセルを起点として下方向へ、0になるまで1ずつ減少していく数値を自動入力します。
まず指定された数値を変数sNumに収めます。入力画面で「キャンセル」がクリックされた場合は、「Exit Sub」でマクロそのものを終了します。
For～Nextステートメントの変数の開始値は0とし、終了値にはsNumを指定します。繰り返し処理では、アクティブセルから変数iNumの値だけ下方向にあるセルに、sNumからiNumを引いた数値を入力します。

SAMPLE **1ずつ減少する連続データを入力** s100_2

```
Sub m100_2()
    Dim sNum As Variant, iNum As Integer
    sNum = InputBox("初期値を指定してください")
    If sNum = "" Then Exit Sub
    For iNum = 0 To sNum
        ActiveCell.Offset(RowOffset:=iNum).Value = sNum - iNum
    Next iNum
End Sub
```

▶ 実行結果

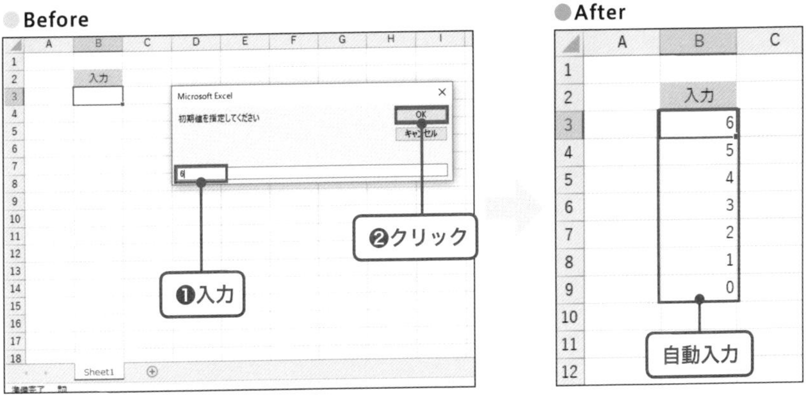

SECTION 101 繰り返し処理

増減数を指定して繰り返す

For～Nextステートメントでは、通常、変数を1ずつ増加させながら繰り返しを実行しますが、増加させる量を指定したり、一定の間隔で減少させたりすることも可能です。また、変数が終了値になる前に、条件を判定して繰り返しを終了することもできます。

3ずつ減少する連続値を入力する

アクティブセルから右方向へ、15から3ずつ減少していく連続値を自動入力します。

For～Nextステートメントの先頭の行では、「For 変数名 = 開始値 To 終了値」の後に、「Step」に続けて変化する量を指定できます。3ずつ減少させたいときは、「-3」を指定すればいいわけです。なお、変数の値を減少させる場合は、「開始値」に「終了値」よりも大きい数値を指定する必要があります。

この例では、入力対象のセルを指定するために、0から1ずつ増加していく変数が必要になります。変数iNumの値から計算して求めることもできますが、ここではコードをわかりやすくするため、別にカウンター変数cNumを用意して、ループの中で1ずつ増加させています。

SAMPLE **3ずつ減少する値を入力** s101_1

```
Sub m101_1()
    Dim cNum As Integer, iNum As Integer
    For iNum = 15 To 0 Step -3
        ActiveCell.Offset(ColumnOffset:=cNum).Value = iNum
        cNum = cNum + 1
    Next iNum
End Sub
```

▶ 実行結果

Before

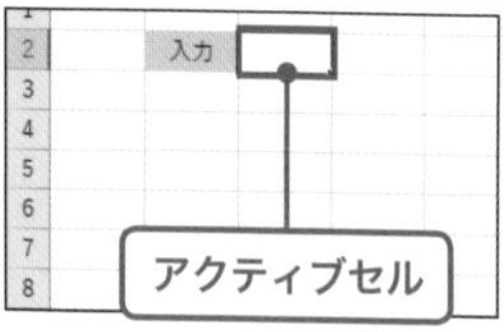

After

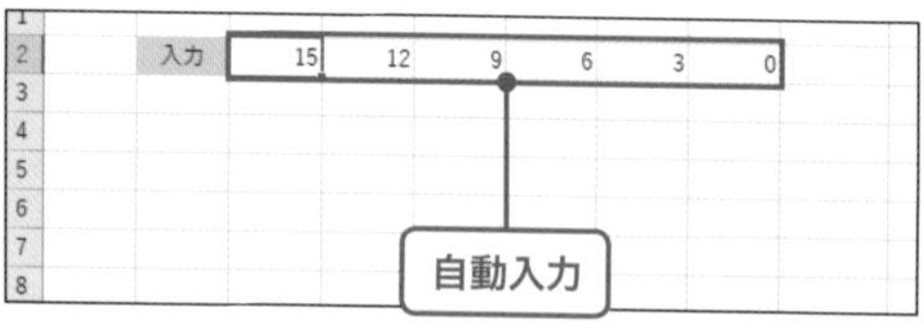

3ずつ減少する値を正の数の範囲内で入力する

入力画面で値を指定させ、その値から3ずつ減少していく数値を、アクティブセルから右方向へと5つのセルに自動入力します。ただし、入力する数値が0以下になったら、その時点で入力したセルが5つ未満でも繰り返しを終了します。
For～Nextステートメントのカウンター変数には、入力するセルの位置を表す0～4の数値を設定します。それとは別に、入力画面で指定された値から3ずつ減っていく数値を収めるための変数を用意します。繰り返すたびにこの変数から3ずつ引いていき、その値が0以下になったら、「Exit For」で繰り返しを強制的に終了します。

SAMPLE **正の数の範囲で連続データを入力** s101_2

```
Sub m101_2()
    Dim sNum As Variant, iNum As Integer
    sNum = InputBox("初期値を指定してください")
    If sNum = "" Then Exit Sub
    For iNum = 0 To 4
        ActiveCell.Offset(ColumnOffset:=iNum).Value = sNum
        sNum = sNum - 3
        If sNum <= 0 Then Exit For
    Next iNum
End Sub
```

▶ 実行結果

Before

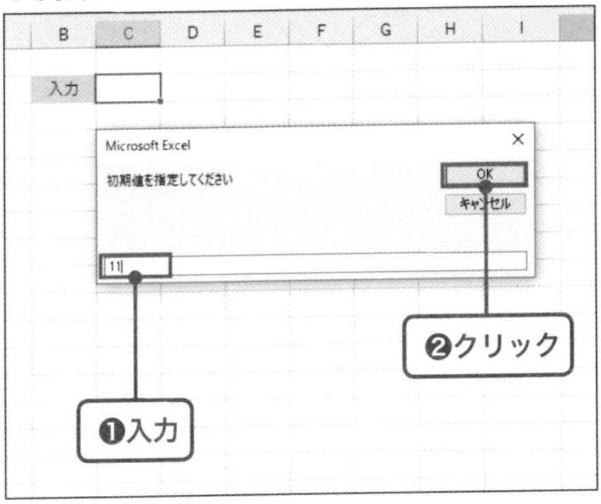

After

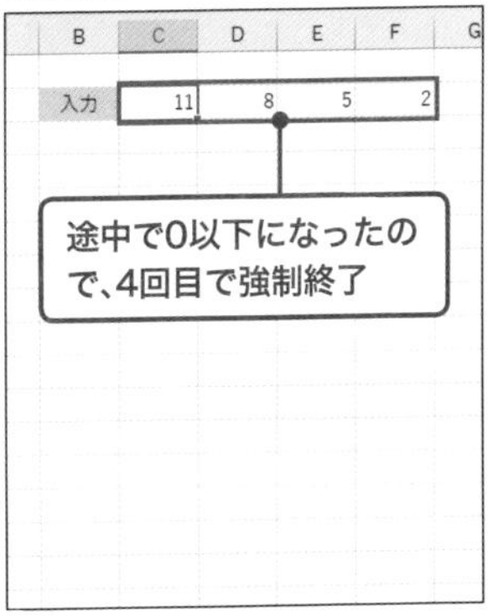

SECTION 102 コレクション

コレクションの全オブジェクトに対して処理する

対象のコレクションに含まれるすべてのオブジェクトに対して、同じ処理を繰り返し実行したい場合は、For Each ～ Nextステートメントを使用します。複数のセルを含むRangeコレクションを対象に、全セルに同じ処理を実行する、といったことが可能です。

選択範囲の個々のセルに対して処理を実行する

セルまたはセル範囲を表すRangeオブジェクトは、対象のセルが1つか複数かによって、実行できる操作が異なります。複数のセルを含むRangeコレクションの場合、For Each～Nextステートメントを使うと、その中の個々のセルを表すRangeオブジェクトに対して同じ処理を実行することができます。

For Each～Nextステートメントでは、先頭の行で「For Each 変数名 In コレクション」と指定すると、コレクションに含まれるオブジェクトを1つずつオブジェクト変数にセットしながら、「Next 変数名」の行までの間の処理を繰り返します。この「Next」の後の変数名は省略可能です。

次の例では、選択範囲の各セルの文字列の後ろに「支店」という文字列を追加します。

SAMPLE **各セルの文字列に一括で追加で追加**　s102_1

```
Sub m102_1()
    Dim tRng As Range
    For Each tRng In Selection
        tRng.Value = tRng.Value & "支店"
    Next tRng
End Sub
```

▶ 実行結果

Before

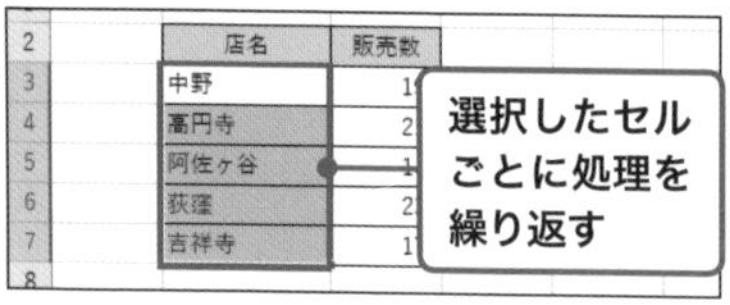

After

指定範囲の各行に対して処理を実行する

1つの長方形のセル範囲を表すRangeオブジェクトは、セルの集合としてのRangeコレクションだけでなく、その範囲を行単位や列単位で区切り直したRangeコレクションとして指定することも可能です。Rangeオブジェクトを行単位で区切り直すにはRowsプロパティを、列単位で区切り直すにはColumnsプロパティを使用します。これをFor Each～Nextステートメントに指定することで、対象のセル範囲の各行または各列に対して同じ処理を実行できます。
次の例では、C3:D8セルを表すRangeコレクションを対象として、行単位で繰り返し処理を実行します。オブジェクト変数tRowには、Rowsプロパティによって、各行のセル範囲を表すRangeコレクションがセットされます(P.106参照)。Cellsプロパティで再びセル単位のRangeコレクションに区切り直し、さらにその範囲内での順番を数値で指定することで、各行の特定の列のセルを表すRangeオブジェクトを取得できます。ここでは1列目のセルに入力された分類を調べ、「和菓子」だった場合は2列目のセルに入力された価格から20を引いています。

SAMPLE **和菓子の価格だけ20円値引きする** s102_2

```
Sub m102_2()
    Dim tRow As Range
    For Each tRow In Range("C3:D8").Rows
        If tRow.Cells(1).Value = "和菓子" Then _
            tRow.Cells(2).Value = tRow.Cells(2).Value - 20
    Next tRow
End Sub
```

▶ 実行結果

● **Before**

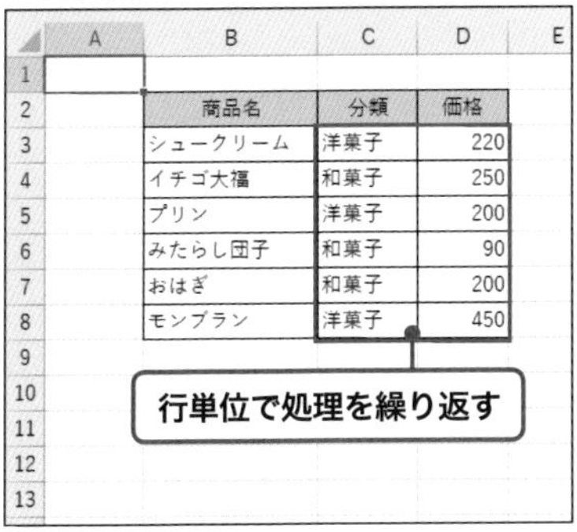

● **After**

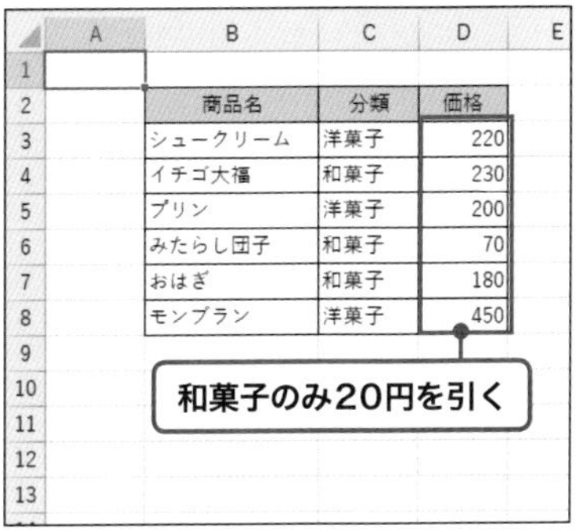

SECTION 103 コレクション

特定のオブジェクトの有無を調べる

For Each ～ Nextステートメントは、対象のコレクションの中に、特定の条件を満たすオブジェクトが存在するかどうかを調べるために利用することもできます。たとえば、アクティブブックの中にグラフシートが存在するかどうかを調べる、といったことが可能です。

グラフシートが存在するかどうか調べる

現在のアクティブブックの中に、グラフシートが存在するかどうかを調べてみましょう。For Each～Nextステートメントに Sheetsコレクションを指定し、取得されるシートを表すオブジェクトを対象に、TypeName関数でデータ型が「Chart」かどうかを調べます。グラフシートだった場合、「グラフシートが存在します」というメッセージを表示してそのシートをアクティブにし、「Exit For」でFor Each～Nextステートメントを終了します。

SAMPLE グラフシートの有無を調べる　s103_1

```
Sub m103_1()
    Dim tSh As Object
    For Each tSh In Sheets
        If TypeName(tSh) = "Chart" Then
            tSh.Activate
            MsgBox "グラフシートが存在します"
            Exit For
        End If
    Next tSh
End Sub
```

▶ 実行結果

Before

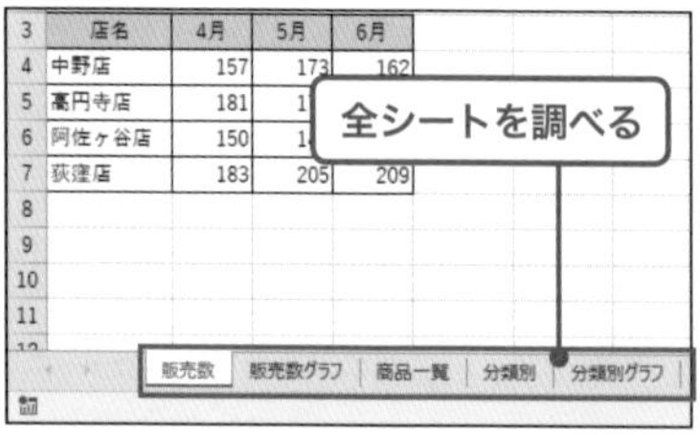

After

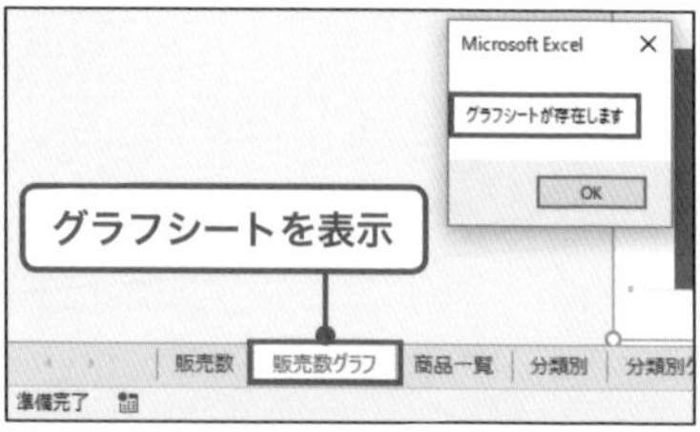

名前に特定の文字列を含むブックをアクティブにする

現在開かれているブックの中で、ブック名に特定の文字列を含むものが存在するかどうかを調べます。For Each～Next ステートメントでWorkbooksコレクションを指定し、取得される各Workbookオブジェクトの Nameプロパティで名前を調べます。対象の文字列の中に特定の文字列が含まれているかどうかは、Like 演算子（P.200 参照）で調べることができます。

ここでは、ブック名に「作業用」という文字列を含むブックが見つかった場合、その時点で繰り返し処理を終了して、見つかったブックをアクティブにします。なお、最後まで繰り返しても「作業用」を含むブックが見つからなかった場合は、現在のブックがそのまま表示されます。

SAMPLE 「作業用」を含むブックをアクティブ化　s103_2

```
Sub m103_2()
    Dim tWb As Workbook
    For Each tWb In Workbooks
        If tWb.Name Like "*作業用*" Then
            tWb.Activate
            Exit For
        End If
    Next tWb
End Sub
```

▶ 実行結果

● Before

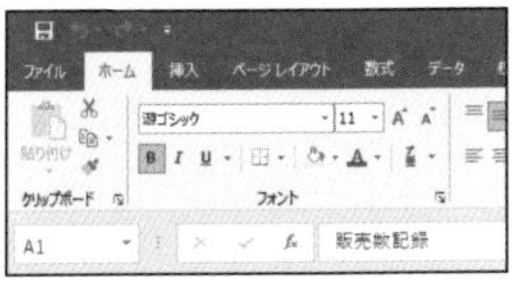

● After

✔ COLUMN

Sheetオブジェクトは存在しない

Sheetsコレクションに含まれる各シートを表すオブジェクトは、Worksheetオブジェクトまたは Chartオブジェクトになります。単体の「Sheetオブジェクト」は存在しません。そのため、P.226のマクロでは、For Each ～ Nextステートメントで各オブジェクトをセットするオブジェクト変数tShを宣言する際、データ型を特定のオブジェクトとして指定することができないので、オブジェクト全般を表す「As Object」で宣言しています。

SECTION
104
コレクション

すべてのシートの名前を変更する

ここでは、For Each ～ Nextステートメントの利用例として、すべてのシートに対して一括で処理を行うマクロを紹介しましょう。現在のシート名の一部を修正する例と、現在のシート名に関係なく、規則的なシート名に変更する例の2つです。

現在のシート名の一部を置き換える

作業中のブックに含まれるすべてのシートについて、そのシート名の一部を置換します。この操作は、対象がワークシートかグラフシートかは問いません。ここでは、シート名の中の「製品」という文字列を「商品」に置換します。シートを表すオブジェクトはWorksheetまたはChartですが、いずれの場合も、Nameプロパティでそのシート名を取得・設定することができます。文字列の置換には、VBAのReplace関数を使用します。シート名に「製品」が含まれていない場合、シート名は変化しません。

SAMPLE　すべてのシート名を一括で置換する　s104_1

```
Sub m104_1()
    Dim tSh As Object
    For Each tSh In Sheets
        tSh.Name = Replace(tSh.Name, "製品", "商品")
    Next tSh
End Sub
```

実行結果

Before

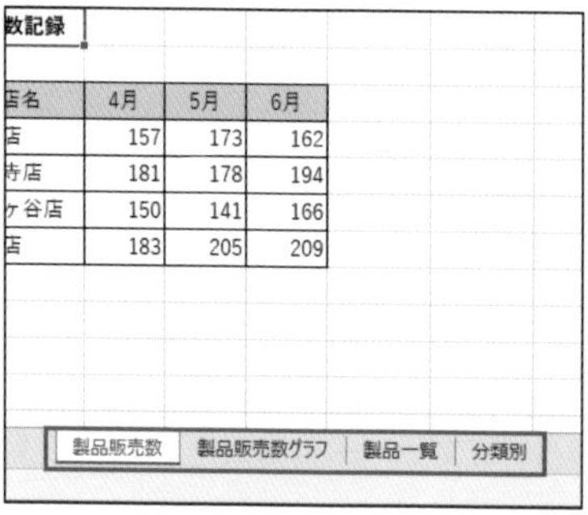

After

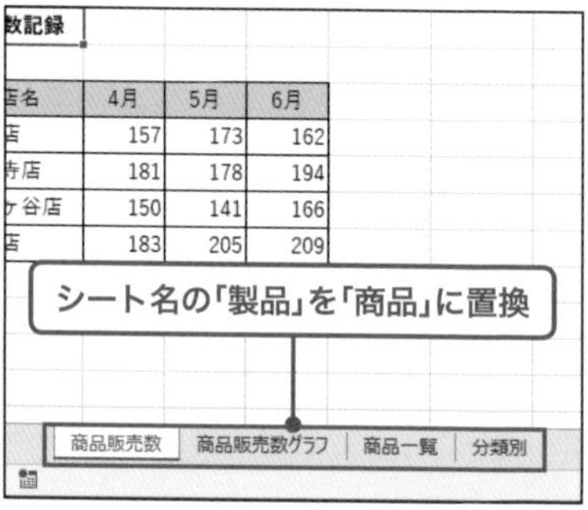

すべてのシート名を規則的に再設定する

現在のブックの中に、シート名に「請求書」または「見積書」のいずれかを含むワークシートがそれぞれいくつか含まれているとします。これを、シート見出しの左側から、「請求書」と「見積書」のそれぞれについて、1から始まる連続番号を付けたシート名に修正します。For Each～Nextステートメントで Worksheetsコレクションを指定し、取得されるWorksheetオブジェクトのNameプロパティで名前を調べ、Like演算子で「請求書」を含むかどうかを判定します。請求書用と見積書用にそれぞれ変数を用意し、対象のシートの名前に「請求書」があれば、「請求書」の文字列とその変数を結合して、シート名に設定します。さらに、請求書用の変数に1を加えます。対象のシートに「請求書」がない場合は「見積書」かどうかを調べ、同様の処理を行います。「請求書」でも「見積書」でもないシートについては何もしません。

SAMPLE **規則的なシート名を設定する** s104_2

```
Sub m104_2()
    Dim tSh As Worksheet
    Dim sNum As Integer, mNum As Integer
    For Each tSh In Worksheets
        If tSh.Name Like "*請求書*" Then
            sNum = sNum + 1
            tSh.Name = "請求書" & sNum
        ElseIf tSh.Name Like "*見積書*" Then
            mNum = mNum + 1
            tSh.Name = "見積書" & mNum
        End If
    Next tSh
End Sub
```

▶ 実行結果

Before

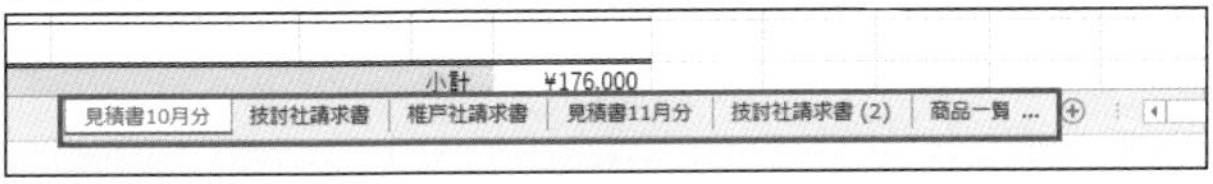

After

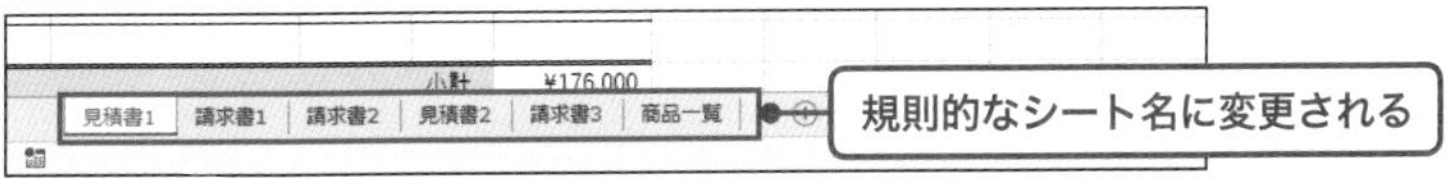

SECTION 105 コレクション

繰り返しを二重に使用する

繰り返しの処理の中で、さらに繰り返しをネストすることができます。ここでは、For～Nextステートメントでセル範囲の行と列をそれぞれ指定したり、For Each～Nextステートメントで各ブックに含まれる各シートの名前を変更したりする方法を紹介します。

行番号と列番号をそれぞれ指定して繰り返す

九九の一覧表を作成します。各行について、For～Nextステートメントで1～9までの数値を繰り返し、その中でもう一度、For～Nextステートメントで1～9までの数値を繰り返します。この外側の繰り返しを行番号、内側の繰り返しの列番号として、それぞれの数値を乗算した結果を、行・列の番号で表される位置に入力していきます。RangeオブジェクトのItemプロパティでは、対象のセル範囲（ここではC3:K11）の中で、行番号と列番号で指定した位置に当たるセルをRangeオブジェクトとして取得できます。なお、For～NextステートメントのNext側に変数名を付けておくと、ForとNextの対応がわかりやすくなります。

SAMPLE **九九の一覧表を作成** s105_1

```
Sub m105_1()
    Dim rNum As Integer, cNum As Integer
    For rNum = 1 To 9
        For cNum = 1 To 9
            Range("C3:K11").Item(rNum, cNum).Value = rNum * cNum
        Next cNum
    Next rNum
End Sub
```

▶ 実行結果

Before

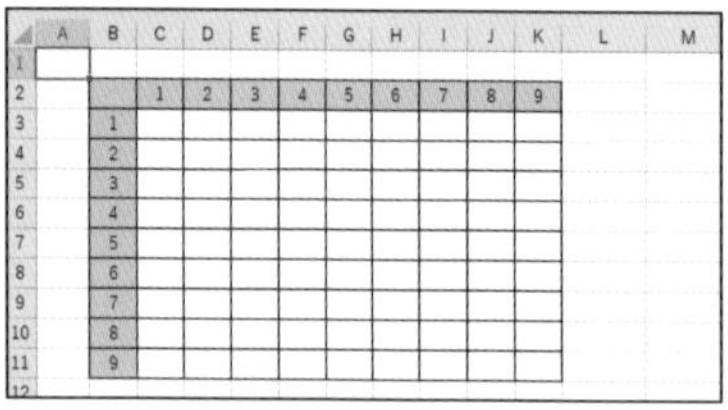

After

	1	2	3	4	5	6	7	8	9
1	1	2	3	4	5	6	7	8	9
2	2	4	6	8	10	12	14	16	18
3	3	6	9	12	15	18	21	24	27
4	4	8	12	16	20	24	28	32	36
5	5	10	15	20	25	30	35	40	45
6	6	12	18	24	30	36	42	48	54
7	7	14	21	28	35	42	49	56	63
8	8	16	24	32	40	48	56	64	72
9	9	18	27	36	45	54	63	72	81

全ブックの全シート名を変更する

開かれているすべてのブックについて、その中のすべてのシートをチェックして、シート名に含まれる「(仮)」を削除します。このような操作は、Workbooksコレクションを対象としたFor Each～Nextステートメントと、Sheetsコレクションを対象としたFor Each～Nextステートメントをネストすることで実現できます。このとき、内側のSheetsコレクションは、各Workbookオブジェクトを対象としたSheetsプロパティで取得するのがポイントです。なお、シート名の中の「(仮)」を削除する操作は、シートを表すオブジェクトのNameプロパティとReplace関数を使って行います。

SAMPLE **全ブックのシート名から「(仮)」を削除する** s105_2

```
Sub m105_2()
    Dim tWb As Workbook, tSh As Object
    For Each tWb In Workbooks
        For Each tSh In tWb.Sheets
            tSh.Name = Replace(tSh.Name, "(仮)", "")
        Next tSh
    Next tWb
End Sub
```

▶ 実行結果

●Before

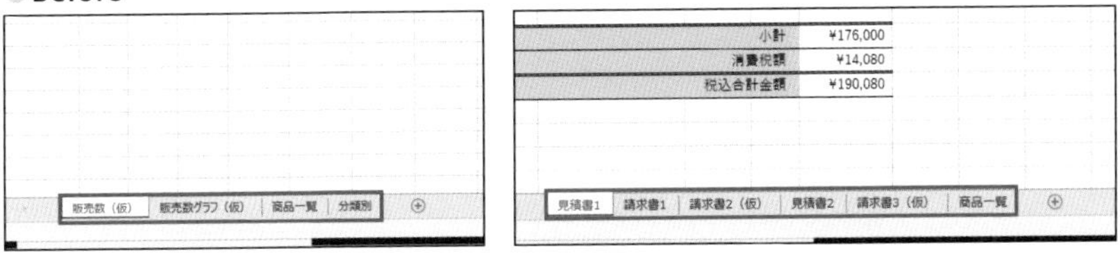

●After

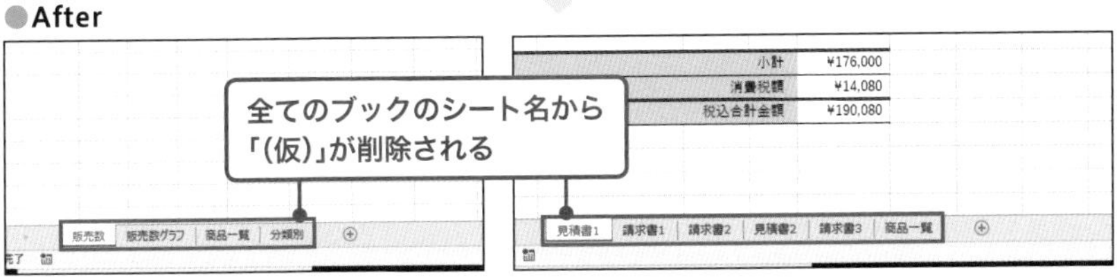

SECTION 106 コレクション

すべてのブックを保存して閉じる

繰り返し処理の解説の最後に、開かれているすべてのブックを保存して閉じる例を紹介します。Workbooksコレクションを対象としたFor Each ~ Nextステートメントで、Closeメソッドを使って保存して閉じる操作を実行します。

全ブックを保存して閉じる

開かれているすべてのブックを対象とした処理は、Workbooksコレクションを対象としたFor Each～Nextステートメントで実行できます。ここでは各WorkbookオブジェクトのCloseメソッドで、引数SaveChangesにTrueを指定することで、すべてのブックを保存して閉じることができます。ただし、このマクロが記述されたブック自身が対象になって閉じてしまうと、その時点でマクロも終了してしまうので、閉じられないブックが出る可能性があります。

そこで、同じオブジェクトかどうかを調べる「Is」演算子と、マクロが書かれているブックを表すWorkbookオブジェクトを返すThisWorkbookプロパティを利用して、対象のWorkbookオブジェクトがマクロのブックかどうかを判定し、それ以外であれば保存して閉じます。マクロが書かれたブック自体は、繰り返しが終了した後に保存して閉じています。

SAMPLE 全ブックを保存して閉じる　s106_1

```
Sub m106_1()
    Dim tWb As Workbook
    For Each tWb In Workbooks
        If Not tWb Is ThisWorkbook Then tWb.Close SaveChanges:=True
    Next tWb
    ThisWorkbook.Close SaveChanges:=True
End Sub
```

COLUMN

すべてのブックを閉じる

すべてのブックを閉じる操作は、WorkbooksコレクションのCloseメソッドで実行できます。ただし、引数が指定できないため、保存されていないブックは、保存するかどうかを1つずつ確認されます。

SAMPLE 全ブックを閉じる　s106_2

```
Sub m106_2()
    Workbooks.Close
End Sub
```

第 8 章

データ処理を自動化・効率化しよう

SECTION
107
並べ替え

表を昇順・降順に並べ替える

ここでは、リスト形式の表を行単位で並べ替える基本的なコードを紹介します。あまり細かいオプションは指定せず、1つの列をキーとして、数値の大小や漢字の読みの五十音順などで、昇順または降順で並べ替えます。

年齢の大きい順に並べ替える

並べ替えの対象としては、1行目が列見出しで、2行目以降、1行に1件分のデータが入力された「リスト」形式のデータがわかりやすいでしょう。ここでは、会員名簿を、年齢の大きい順に並べ替えます。
対象として表の範囲全体を指定しなくても、1つのセルを指定すれば、そのセルを含む表の範囲が並べ替えの対象となります。ここではB2セルを表すRangeオブジェクトを対象に、Sortメソッドを実行します。その引数Key1には、並べ替えのキーとして、「年齢」列のC3セルを表すRangeオブジェクトを指定します。引数Order1には、降順(大きい順)を意味する定数xlDescendingを指定します。対象の範囲の1行目を見出し行として除外するかどうかは、引数Headerに定数xlYes(除外する)またはxlNo(除外しない)で指定します。定数xlGuessを指定した場合、表の構成から自動判定されます。

SAMPLE　**年齢の降順で並べ替え**　s107_1

```
Sub m107_1()
    Range("B2").Sort Key1:=Range("C3"), Order1:=xlDescending, _
        Header:=xlYes
End Sub
```

▶ 実行結果

Before

	A	B	C	D	E	F
1						
2		氏名	年齢	住所	携帯番号	
3		原田晴彦	40	神奈川県平塚市山塚町0-0-0	000-0000-000X	
4		千葉智恵美	31	東京都世田谷区中馬0-0-1	000-1111-111X	
5		赤西淳宏	27	埼玉県朝霞市泉沼0-0-2	000-2222-222X	
6		戸川智也	54	神奈川県鎌倉市小船0-0-3	000-3333-333X	
7		江口恵美	30	東京都板橋区小山町0-0-4	000-4444-444X	
8		藤原文香	23	東京都清瀬市外里0-0-5	000-5555-555X	
9		小林幸之助	41	東京都中野区鳥見0-0-6	000-6666-666X	
10		氷川日美子	28	埼玉県新座市古座0-0-7	000-7777-777X	
11		伊沢郁江	51	千葉県習志野市小久保0-0-8	000-8888-888X	
12		柴田翔太	33	東京都練馬区小泉町0-0-9	000-9999-999X	
13						

After

	A	B	C	D	E	F
1						
2		氏名	年齢	住所	携帯番号	
3		戸川智也	54	神奈川県鎌倉市小船0-0-3	000-3333-333X	
4		伊沢郁江	51	千葉県習志野市小久保0-0-8	000-8888-888X	
5		小林幸之助	41	東京都中野区鳥見0-0-6	000-6666-666X	
6		原田晴彦	40	神奈川県[illegible]	[illegible]	
7		柴田翔太	33	東京都練[illegible]	[illegible]	
8		千葉智恵美	31	東京都世[illegible]	[illegible]	
9		江口恵美	30	東京都板[illegible]	[illegible]	
10		氷川日美子	28	埼玉県新座市古座0-0-7	000-7777-777X	
11		赤西淳宏	27	埼玉県朝霞市泉沼0-0-2	000-2222-222X	
12		藤原文香	23	東京都清瀬市外里0-0-5	000-5555-555X	
13						

氏名の昇順で並べ替える

次に、同じ住所録を、「氏名」の五十音順に並べ替えます。ここでは、Sortメソッドの引数Key1に「氏名」列のB3セルを表すRangeオブジェクトを指定します。また、引数Order1に定数xlAscendingを指定して、昇順に設定しています。「昇順」は、数値の場合は小→大の順番に並べ替えますが、文字列の場合は、その文字種に応じてアルファベット順や五十音順、または文字コード順に並べ替えます。「降順」はその逆の順番です。
漢字が入力されたセルの場合、並べ替えにそのふりがなを使用したい場合は、引数SortMethodに定数xlPinYinを指定します。ふりがなを使わず、漢字の文字コード順にしたい場合は、定数xlStrokeを指定します。

SAMPLE **氏名をふりがなの昇順で並べ替え**　s107_2

```
Sub m107_2()
    Range("B2").Sort Key1:=Range("B3"), Order1:=xlAscending, _
        Header:=xlYes, SortMethod:=xlPinYin
End Sub
```

▶ 実行結果

Before

	A	B	C	D
1				
2		氏名	年齢	住所
3		原田晴彦	40	神奈川県平塚市山塚町0-0-0
4		千葉智恵美	31	東京都世田谷区中馬0-0-1
5		赤西淳宏	27	埼玉県朝霞市泉沼0-0-2
6		戸川智也	54	神奈川県鎌倉市小船0-0-3
7		江口恵美	30	東京都板橋区小山町0-0-4
8		藤原文香	23	東京都清瀬市外里0-0-5
9		小林幸之助	41	東京都中野区黒鷺0-0-6
10		氷川日美子	28	埼玉県新座市古座0-0-7
11		伊沢郁江	51	千葉県習志野市小久保0-0-8
12		柴田翔太	33	東京都練馬区小泉町0-0-9
13				

After

	A	B	C	D
1				
2		氏名	年齢	住所
3		赤西淳宏	27	埼玉県朝霞市泉沼0-0-2
4		伊沢郁江	51	千葉県習志野市小久保0-0-8
5		江口恵美	30	東京都板橋区小山町0-0-4
6		小林幸之助	41	
7		柴田翔太	33	
8		千葉智恵美	31	
9		戸川智也	54	
10		原田晴彦	40	神奈川県平塚市山塚町0-0-0
11		氷川日美子	28	埼玉県新座市古座0-0-7
12		藤原文香	23	東京都清瀬市外里0-0-5
13				

氏名の五十音順に並べ替え

COLUMN

文字列の並べ替え

文字列の並べ替えの基準は、数値よりも複雑で、わかりにくくなっています。単純な文字コード順ではなく、ひらがなとカタカナは基本的に区別されません。
漢字の場合、Excelでセルに入力すると、その変換前のかなが、「ふりがな」としてセルに設定されます。標準設定では、セルに表示されている漢字の文字コードではなく、ふりがなを使って並べ替えが行われます。

SECTION 108 並べ替え

表を複数の条件で並べ替える

今回は、やや複雑な設定で並べ替えを行うコードを解説します。キーとして2つの列を指定し、1番目のキーの値が同じときは2番目のキーに基づいて並べ替えるといった指定が可能です。また、行単位ではなく列単位で並べ替えることもできます。

商品分類と価格に基づいて並べ替える

まず「商品分類」の列の五十音順（昇順）で並べ替え、同じ分類の中では、単価の高い順（降順）で並べ替えます。

ここではP.235のマクロと同様、Sortメソッドの引数Key1にC3セルを表すRangeオブジェクトを指定し、引数Order1に定数xlAscendingを指定します。また、並べ替えの第2キーとして、引数Key2にD3セルを表すRangeオブジェクトを指定し、引数Order2に定数xlDescendingを指定しています。

SAMPLE 商品分類と単価を基準に並べ替え　s108_1

```
Sub m108_1()
    Range("B2").Sort Key1:=Range("C3"), Order1:= xlAscending, _
        Header:=xlYes, Key2:=Range("D3"), Order2:= xlDescending, _
        SortMethod:=xlPinYin
End Sub
```

実行結果

●Before

	A	B	C	D	E	F
1						
2		商品名	商品分類	単価	販売数量	売上金額
3		梅干しおにぎり	おにぎり	¥110	34	¥3,740
4		唐揚げ弁当	弁当	¥450	36	¥16,200
5		コロッケ	総菜	¥100	40	¥4,000
6		鮭おにぎり	おにぎり	¥140	51	¥7,140
7		ツナおにぎり	おにぎり	¥120	62	¥7,440
8		とんかつ弁当	弁当	¥600	31	¥18,600
9		ネギトロおにぎり	おにぎり	¥150	39	¥5,850
10		ハムカツ	総菜	¥120	30	¥3,600
11		ハンバーグ弁当	弁当	¥500	29	¥14,500
12		メンチカツ	総菜	¥150	27	¥4,050
13		焼き肉弁当	弁当	¥550	25	¥13,750
14						
15						
16						
17						

●After

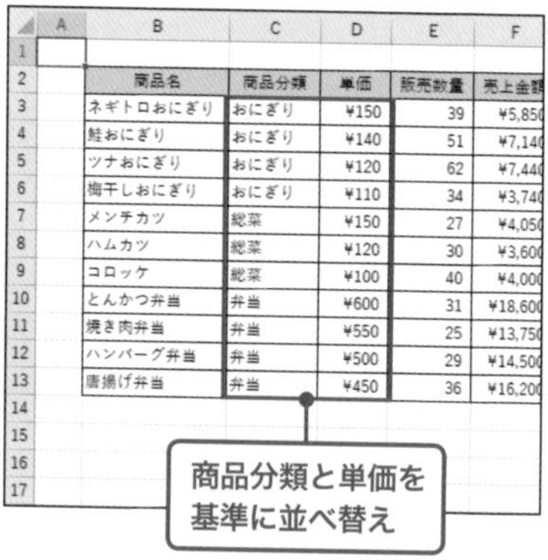

	A	B	C	D	E	F
1						
2		商品名	商品分類	単価	販売数量	売上金額
3		ネギトロおにぎり	おにぎり	¥150	39	¥5,850
4		鮭おにぎり	おにぎり	¥140	51	¥7,140
5		ツナおにぎり	おにぎり	¥120	62	¥7,440
6		梅干しおにぎり	おにぎり	¥110	34	¥3,740
7		メンチカツ	総菜	¥150	27	¥4,050
8		ハムカツ	総菜	¥120	30	¥3,600
9		コロッケ	総菜	¥100	40	¥4,000
10		とんかつ弁当	弁当	¥600	31	¥18,600
11		焼き肉弁当	弁当	¥550	25	¥13,750
12		ハンバーグ弁当	弁当	¥500	29	¥14,500
13		唐揚げ弁当	弁当	¥450	36	¥16,200
14						
15						
16						
17						

商品分類を列単位で並べ替える

支店別の販売数一覧の各商品分類を、「合計」の大きい順に列単位で並べ替えます。表の範囲全体を並べ替えるのではなく、「弁当」～「惣菜」の3列分だけを並べ替えるため、このC2:E8のセル範囲を表すRangeオブジェクトを対象にSortメソッドを実行します。並べ替えのキーとして、引数Key1に「合計」行のC8セルを表すRangeオブジェクトを指定します。そして、行単位ではなく列単位で並べ替えるため、引数Orientationに列単位を意味する定数xlLeftToRightを指定します。行単位を指定する定数もありますが、この引数自体を省略すれば行単位になります。

SAMPLE 商品分類の列を「合計」行を基準に並べ替え　s108_2

```
Sub m108_2()
    Range("C2:E8").Sort Key1:=Range("C8"), Order1:=xlDescending, _
        Orientation:=xlLeftToRight
End Sub
```

実行結果

Before

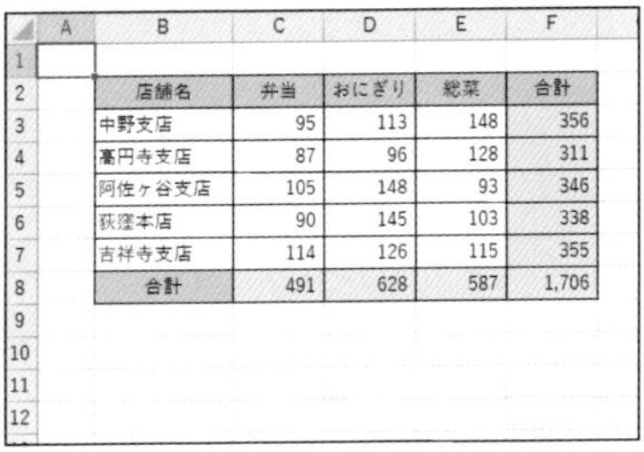

店舗名	弁当	おにぎり	総菜	合計
中野支店	95	113	148	356
高円寺支店	87	96	128	311
阿佐ヶ谷支店	105	148	93	346
荻窪本店	90	145	103	338
吉祥寺支店	114	126	115	355
合計	491	628	587	1,706

After

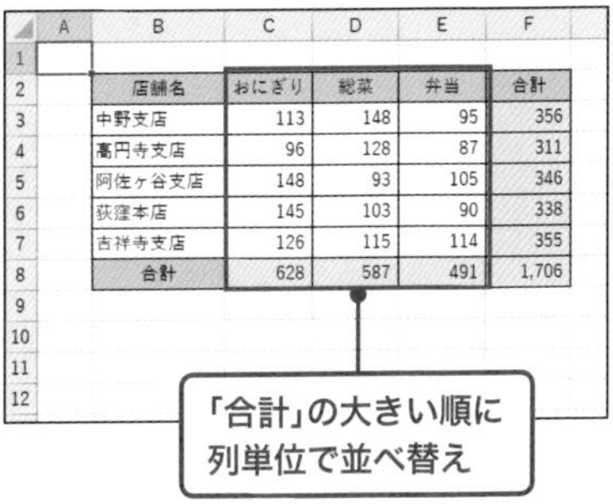

店舗名	おにぎり	総菜	弁当	合計
中野支店	113	148	95	356
高円寺支店	96	128	87	311
阿佐ヶ谷支店	148	93	105	346
荻窪本店	145	103	90	338
吉祥寺支店	126	115	114	355
合計	628	587	491	1,706

COLUMN

複数のキーの指定

P.236のマクロでは並べ替えのキーを2つ指定しましたが、Sortメソッドでは同様に引数Key3とOrder3で、3つまでのキーを指定することができます。

しかし、キーを4つ以上指定したい場合は、Sortメソッドでは実現できません。Sortオブジェクトを使用する必要がありますが、本書では、このオブジェクトについては詳しく説明しません。Sortメソッドでも、対象の列を変えて何度か連続で並べ替えを実行することによって、同様の結果を得ることが可能です。

SECTION 109 検索

ワークシートを検索する

ワークシートのセルに入力されている特定のデータを検索するコードを紹介します。Excelの通常の検索機能では見つかったセルを選択しますが、VBAの場合は単にRangeオブジェクトとして取得できるので、選択せずにそのまま別の操作を行うことが可能です。

特定の文字列を検索する

「本店」という文字列を含むセルを検索し、その4つ右にあるセルの値を表示します。
セルの検索は、対象のセル範囲を表すRangeオブジェクトのFindメソッドで実行します。ここでは、Cellsプロパティで作業中のワークシートのすべてのセルを表すRangeオブジェクトを取得し、検索対象としています。
検索のオプションは、すべてFindメソッドの引数として指定します。検索文字列を指定するWhatは必須ですが、それ以外の引数はすべて省略可能です。引数を省略した場合は、既定の設定またはExcelを起動してから実行した検索設定が適用されます。次の例では、引数はWhatとLookAtだけを指定しています。
検索を実行し、該当するセルが見つかった場合は、戻り値としてそのセルを表すRangeオブジェクトを取得できます。しかし、発見できなかった場合はオブジェクトがないことを意味する「Nothing」というキーワードの状態になり、この戻り値をそのまま何らかのセル操作に使用するとエラーになります。そこで、戻り値を一度オブジェクト変数fRngにセットし、Ifステートメントで「Is」演算子を使用してNothingでないことを確認してから、その4つ右側のセルの値をメッセージ画面に表示させています。

SAMPLE **「本店」の行の販売数合計を表示**　s109_1

```
Sub m109_1()
    Dim fRng As Range
    Set fRng = Cells.Find(What:="本店", LookAt:=xlPart)
    If Not fRng Is Nothing Then
        MsgBox "販売数合計:" & fRng.Offset(ColumnOffset:=4).Value
    End If
End Sub
```

▶ 実行結果

Before

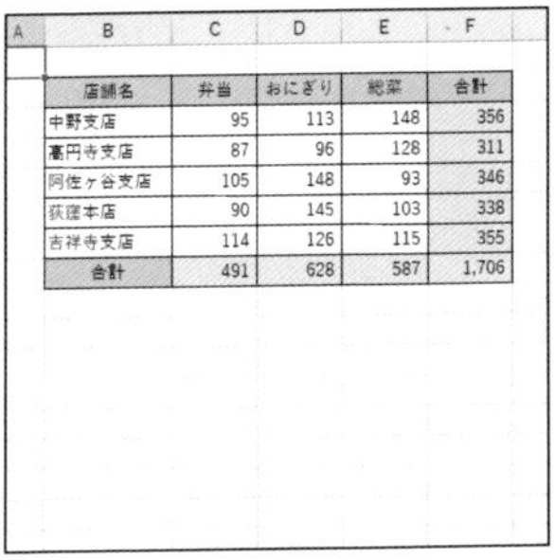

After

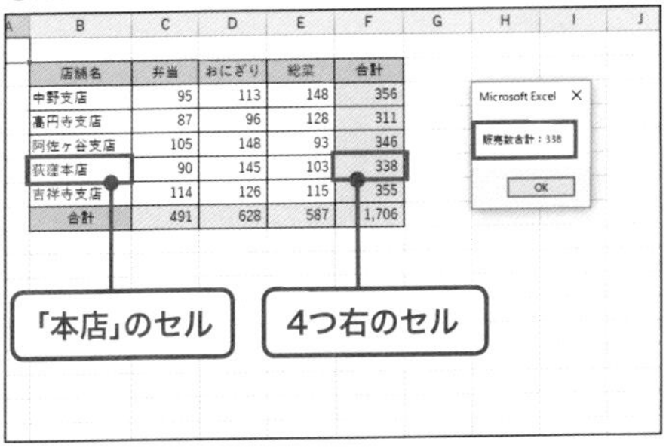

COLUMN

Findメソッドの引数

Findメソッドに指定できるWhat以外の引数には、次のような種類があります。

引数	指定内容	指定値
After	検索の起点となるセル	Rangeオブジェクト
LookIn	検索対象を表す定数	数式：xlFormulas、 値：xlValues、 コメント：xlComments
LookAt	セルと完全に一致するものだけを検索するかどうかを表す定数	完全一致：xlWhole、 一部一致：xlPart
SearchOrder	検索方向を表す定数	行方向：xlByRows、 列方向：xlByColumns
SearchDirection	起点のセルからどちらに向けて検索を行うかを表す定数	後方：xlNext、 前方：xlPrevious
MatchCase	大文字と小文字を区別するかどうかを表す論理値	しない：False、 する：True
MatchByte	全角と半角を区別するかどうかを表す論理値	しない：False、 する：True
SearchFormat	書式を検索するかどうかを表す論理値	しない：False、 する：True

COLUMN

ワイルドカードを使用した検索

Excelの検索機能では、任意の文字列を表す「*」と、任意の1文字を表す「?」という2種類のワイルドカードが使用できます。VBAで検索を行う場合も、これらのワイルドカードは使用可能です。たとえば、「営業第一部」「営業第二部」「営業本部」をすべて検索したい場合は、引数Whatに「営業*部」のように指定します。

SECTION
110
置換

データを検索して置換する

対象のセル範囲の中で、指定した文字列を含むセルを検索し、見つかったセルの該当部分を別の文字列に置き換えるコードを紹介します。検索の操作とは違い、対象は1つのセルだけではなく、該当するすべてのセルのデータを一括で置換します。

第6章
第7章
第8章 置換
第9章
第10章

特定の文字列を別の文字列と置換する

対象のワークシート内に入力されたすべての「支店」を「支社」に置換します。

置換の操作は、対象のセル範囲を表すRangeオブジェクトのReplaceメソッドで実行します。ここでは、Cellsプロパティで作業中のワークシートのすべてのセルを表すRangeオブジェクトを取得し、置換対象としています。

置換のオプションは、すべてReplaceメソッドの引数として指定します。置換後の文字列を指定するReplaceと、書式の置換を行うかどうかをTrue／Falseで指定するReplaceFormatが加わる以外は、Findメソッドの引数と同様です。次の例の場合、引数Whatに「支店」、引数Replacementに「支社」と指定すれば、対象範囲内にあるすべての該当セルのデータが一括置換されます。

SAMPLE　ワークシート内の「支店」を「支社」に一括置換　s110_1

```
Sub m110_1()
    Cells.Replace What:="支店", Replacement:="支社", LookAt:=xlPart
End Sub
```

実行結果

Before

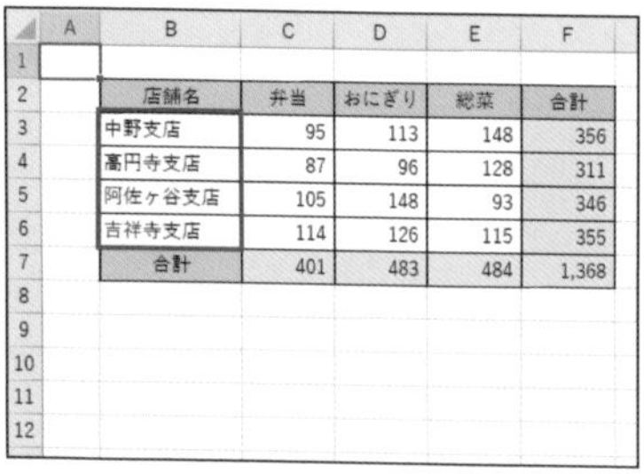

店舗名	弁当	おにぎり	総菜	合計
中野支店	95	113	148	356
高円寺支店	87	96	128	311
阿佐ヶ谷支店	105	148	93	346
吉祥寺支店	114	126	115	355
合計	401	483	484	1,368

After

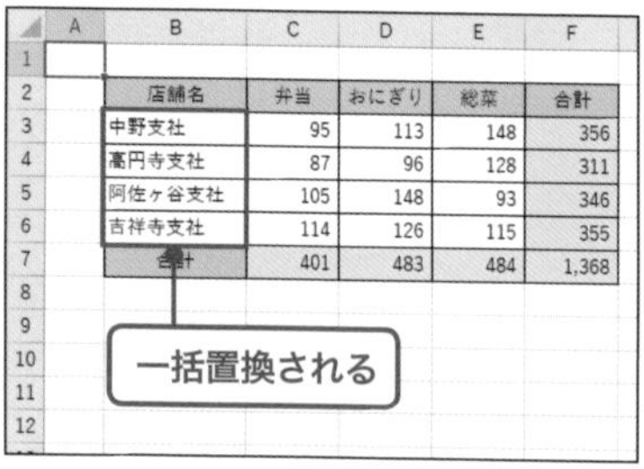

店舗名	弁当	おにぎり	総菜	合計
中野支社	95	113	148	356
高円寺支社	87	96	128	311
阿佐ヶ谷支社	105	148	93	346
吉祥寺支社	114	126	115	355
合計	401	483	484	1,368

最初に見つかったセルだけを置換する

ワークシート内のすべてのセルを一括置換するのではなく、最初に見つかったセルだけを置換したい場合は、Findメソッドと Replaceメソッドを組み合わせます。ここでは、最初に見つかった「空席」のセルを、「予約席」に置換します。
「空席」のセルが見つからない可能性もあるので、Findメソッドの戻り値を一度オブジェクト変数fRngに収め、IfステートメントでNothingでないかどうかを確認してから、この1つのセルを表すRangeオブジェクトに対してReplaceメソッドを実行します。変数fRngがNothingだった場合は、「空席はありません」というメッセージを表示します。
このマクロを連続して実行すれば、前方から順番に空席が埋まっていくわけです。

SAMPLE **最初の「空席」を「予約席」に置換**　s110_2

```
Sub m110_2()
    Dim fRng As Range
    Set fRng = Cells.Find(What:="空席", LookAt:=xlPart)
    If fRng Is Nothing Then
        MsgBox "空席はありません"
    Else
        fRng.Replace What:="空席", Replacement:="予約席"
    End If
End Sub
```

▶ 実行結果

Before

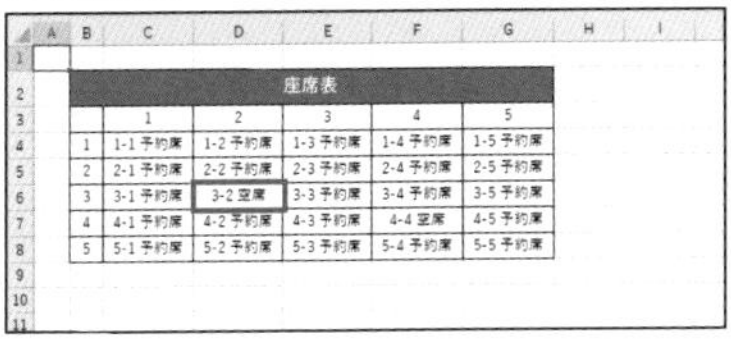

After

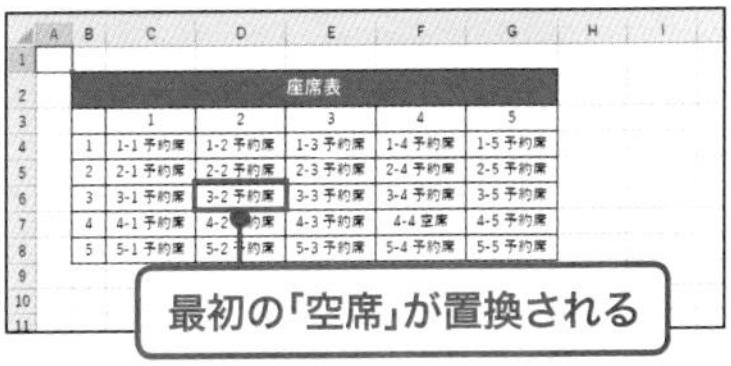

Before

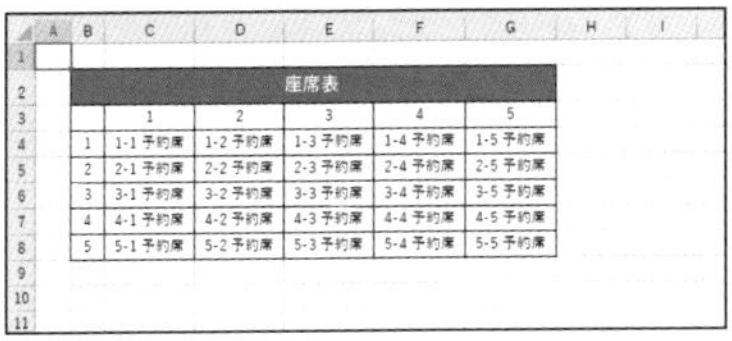

After

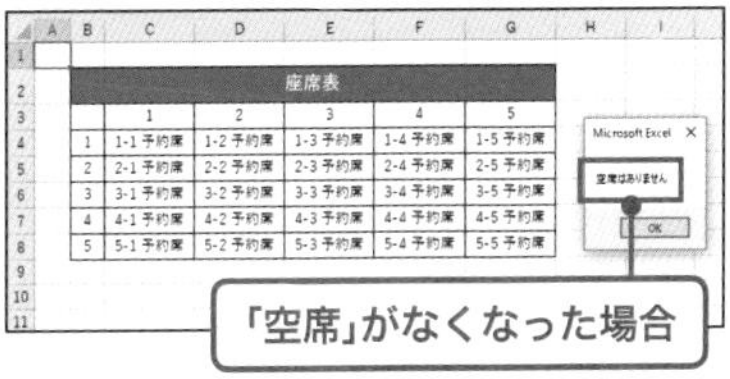

SECTION 111 抽出

フィルターでデータを抽出する

リスト形式の表は、特定の列で条件を指定して、その条件を満たす行以外を非表示にすることができます。このような操作を、Excelでは「フィルター」と呼びます。ここでは、表の範囲にフィルターを適用するコードを紹介します。

住所が「東京都」で始まる行だけを表示する

フィルターが設定できるのは、1行目に各列の見出しが入力され、2行目以降、1行に1件分のデータが入力されているリスト形式の表です。ここでは、「住所」列が「東京都」で始まっている行だけを抽出してみましょう。

フィルターの適用は、対象の表のセル範囲を表すRangeオブジェクトのAutoFilterメソッドで実行します。セル範囲ではなく、その中の1つのセルを対象としても、自動的にそのアクティブセル領域が対象となります。抽出の条件とする列は、引数Fieldに、左から数えた順番を表す数値で指定します。条件の内容は2つまで指定することが可能ですが、ここでは1つ目の条件を指定する引数Criteria1だけに、任意の文字列を表すワイルドカード「*」を使って「東京都*」と指定しています。

SAMPLE 「東京都」で始まる住所の行を抽出 s111_1

```
Sub m111_1()
    Range("B2").AutoFilter Field:=3, Criteria1:="東京都*"
End Sub
```

▶ 実行結果

Before

	A	B	C	D	E
1					
2		氏名	年齢	住所	携帯番号
3		原田晴彦	40	神奈川県平塚市山塚町0-0-0	000-0000-000X
4		千葉智恵美	31	東京都世田谷区中馬0-0-1	000-1111-111X
5		赤西淳宏	27	埼玉県朝霞市泉沼0-0-2	000-2222-222X
6		戸川智也	54	神奈川県鎌倉市小船0-0-3	000-3333-333X
7		江口恵美	30	東京都板橋区小山町0-0-4	000-4444-444X
8		藤原文香	23	東京都清瀬市外里0-0-5	000-5555-555X
9		小林幸之助	41	東京都中野区黒鷺0-0-6	000-6666-666X
10		氷川日美子	28	埼玉県新座市古座0-0-7	000-7777-777X
11		伊沢郁江	51	千葉県習志野市小久保0-0-8	000-8888-888X
12		柴田翔太	33	東京都練馬区小泉町0-0-9	000-9999-999X

After

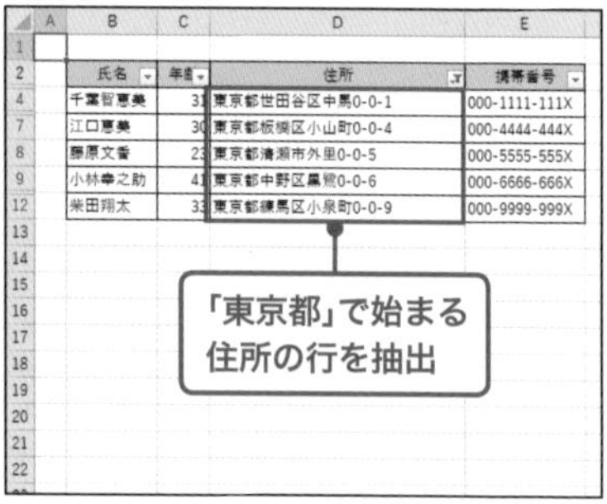

	A	B	C	D	E
1					
2		氏名	年齢	住所	携帯番号
4		千葉智恵美	31	東京都世田谷区中馬0-0-1	000-1111-111X
7		江口恵美	30	東京都板橋区小山町0-0-4	000-4444-444X
8		藤原文香	23	東京都清瀬市外里0-0-5	000-5555-555X
9		小林幸之助	41	東京都中野区黒鷺0-0-6	000-6666-666X
12		柴田翔太	33	東京都練馬区小泉町0-0-9	000-9999-999X

条件を組み合わせてフィルターを設定する

1つの列に対するフィルターは、一度に2つの条件を組み合わせて設定することも可能です。ここでは、「年齢」列で「30歳未満」または「50歳以上」の人の行だけを表示させましょう。

2つの条件を指定する場合は、AutoFilterメソッドの引数Operatorに定数xlAnd(AND条件) かxlOr(OR条件) を指定します。また、2つ目の条件を引数Criteria2に指定します。なお、数値に対して「以上」や「未満」といった条件を設定したい場合は、比較演算子を含めた文字列として指定します。

SAMPLE 30歳未満または50歳以上の人の行を抽出 s111_2

```
Sub m111_2()
    Range("B2").AutoFilter Field:=2, Criteria1:="<30", _
        Operator:=xlOr, Criteria2:=">=50"
End Sub
```

▶ 実行結果

●Before

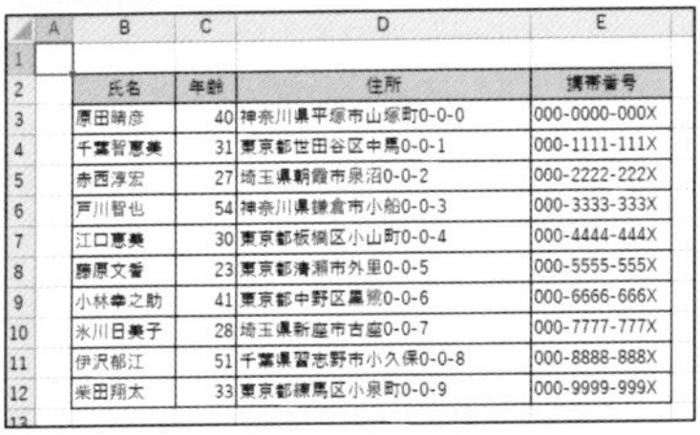

	A	B	C	D	E
1					
2		氏名	年齢	住所	携帯番号
3		原田晴彦	40	神奈川県平塚市山塚町0-0-0	000-0000-000X
4		千葉智恵美	31	東京都世田谷区中馬0-0-1	000-1111-111X
5		赤西淳宏	27	埼玉県朝霞市泉沼0-0-2	000-2222-222X
6		戸川智也	54	神奈川県鎌倉市小船0-0-3	000-3333-333X
7		江口恵美	30	東京都板橋区小山町0-0-4	000-4444-444X
8		藤原文香	23	東京都清瀬市外里0-0-5	000-5555-555X
9		小林幸之助	41	東京都中野区鷺鷲0-0-6	000-6666-666X
10		氷川日美子	28	埼玉県新座市古座0-0-7	000-7777-777X
11		伊沢郁江	51	千葉県習志野市小久保0-0-8	000-8888-888X
12		柴田翔太	33	東京都練馬区小泉町0-0-9	000-9999-999X

●After

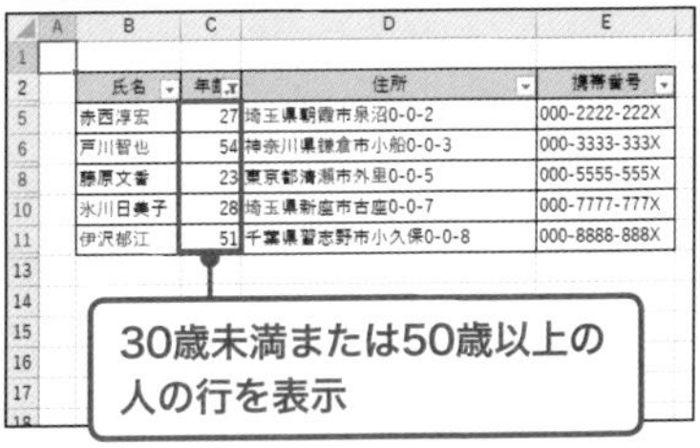

	A	B	C	D	E
1					
2		氏名	年齢	住所	携帯番号
5		赤西淳宏	27	埼玉県朝霞市泉沼0-0-2	000-2222-222X
6		戸川智也	54	神奈川県鎌倉市小船0-0-3	000-3333-333X
8		藤原文香	23	東京都清瀬市外里0-0-5	000-5555-555X
10		氷川日美子	28	埼玉県新座市古座0-0-7	000-7777-777X
11		伊沢郁江	51	千葉県習志野市小久保0-0-8	000-8888-888X

COLUMN

フィルターを解除する

フィルターが適用された状態を解除してすべての行を表示させるには、Field以外の引数を指定せずにAutoFilterメソッドを実行します。また、単にフィルターを解除するだけでなく、フィルター矢印の表示も消すには、WorksheetオブジェクトのAutoFilterModeプロパティにFalseを指定します。

SAMPLE フィルターモードを解除 s111_3

```
Sub m111_3()
    ActiveSheet.AutoFilterMode = False
End Sub
```

SECTION 112 抽出

複雑な条件でデータを抽出する

Excelの基本的なフィルター機能では、複数の列に対し、OR条件を設定して行を抽出することはできません。ここでは、フィルターを使わず、1行ずつチェックして、条件に該当する行以外をすべて非表示にするコードを紹介しましょう。

1科目でも100点を取った生徒の行のみ表示する

通常のフィルター機能では、抽出の条件として、1つの列を対象としたOR条件は設定可能です。また、連続してフィルターを実行することで、結果的に複数列へのAND条件の設定も可能です。たとえば、「国語が100点」かつ「英語が90点以上」といった条件で行を絞り込みたいときは、「国語」列と「英語」列の両方でフィルターを実行すればいいわけです。しかし、複数の列に対して、OR条件でフィルターを適用することはできません。「詳細設定」を利用すれば可能ですが、検索条件範囲を作成する必要があります。

次の例は、成績一覧表を対象に、国語、数学、英語の3科目のうちいずれか1科目でも100点を取った生徒の行だけを残し、該当しない行は非表示にするコードです。AutoFilterメソッドは使わず、CurrentRegionプロパティで自動的に取得した対象範囲を、Rowsプロパティで行単位に区切り直します。For Each 〜 Nextステートメントで各行の2〜4番目のセルの値がすべて100でないことを判定し、その判定結果を、そのままEntireRowプロパティで取得した対象の行全体のHiddenプロパティに設定しています。判定結果がTrueであれば、その行が非表示になるわけです。

SAMPLE **1科目でも100点を取った生徒の行を抽出**　s112_1

```
Sub m112_1()
    Dim tRng As Range, rNum As Integer
    Set tRng = Range("B2").CurrentRegion
    For rNum = 2 To tRng.Rows.Count
        tRng(rNum, 1).EntireRow.Hidden = _
            tRng(rNum, 2).Value <> 100 And _
            tRng(rNum, 3).Value <> 100 And _
            tRng(rNum, 4).Value <> 100
    Next rNum
End Sub
```

実行結果

Before

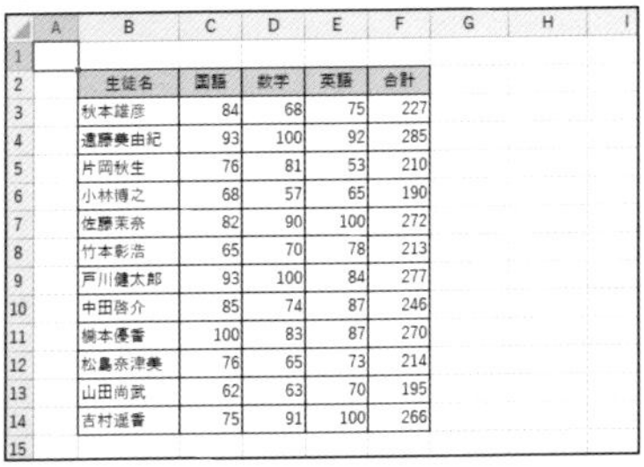

After

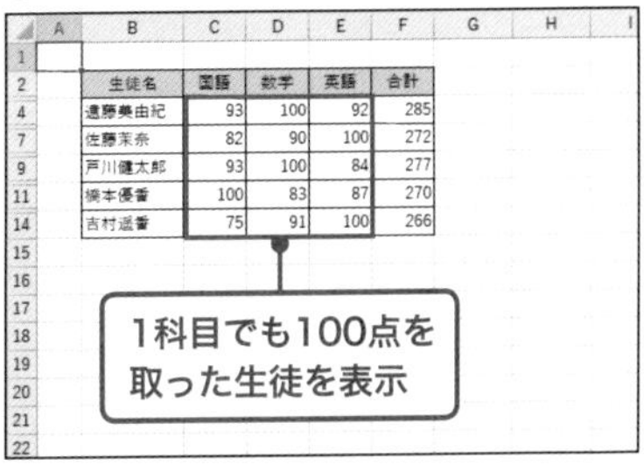

ふりがなを条件として抽出する

フィルター機能の場合、並べ替え機能のように、各セルに設定されたふりがなを条件として行を抽出することはできません。ここでは、氏名の読みに「タケ」を含む生徒の行だけを表示させてみましょう。繰り返し処理で各行をチェックする手順は前の例と同様で、対象のRangeオブジェクトのPhoneticプロパティでふりがなを表すPhoneticオブジェクトを取得し、そのTextプロパティでその文字列を取り出して、Like演算子で判定します。非表示にするのはその判定結果に該当しない行なので、さらに「Not」を付けています。

SAMPLE **生徒名の読みに「タケ」を含む行だけを抽出** s112_2

```
Sub m112_2()
    Dim tRng As Range, rNum As Integer
    Set tRng = Range("B2").CurrentRegion
    For rNum = 2 To tRng.Rows.Count
        tRng(rNum, 1).EntireRow.Hidden = _
            Not tRng(rNum, 1).Phonetic.Text Like "*タケ*"
    Next rNum
End Sub
```

実行結果

Before

After

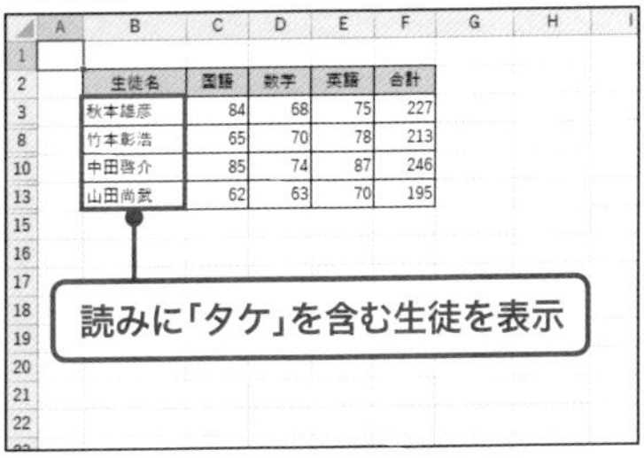

SECTION 113 テーブル

表をテーブルに変換する

「テーブル」とは、ワークシート上に設定できる特殊なデータ範囲のことで、データベース的なデータを管理するのに便利な機能です。ここでは、VBAでセル範囲をテーブルに変換する操作と、テーブル名を設定する操作を紹介します。

セル範囲をテーブルに変換する

1行目が各列の見出しで、2行目以降は1行に1件分のデータが入力されているリスト形式の表は、そのままテーブルに変換することができます。ここでは、パンの販売記録の表をテーブルに変換してみましょう。

WorksheetオブジェクトのListObjectsプロパティで、そのワークシート上のすべてのテーブルの集合を表すListObjectsコレクションが取得できます。そのAddメソッドで、新しいテーブルを表すListObjectオブジェクトを作成できます。セル範囲に入力されたデータをテーブルに変換する場合、ListObjectsコレクションのAddメソッドでは、引数SourceTypeに定数xlSrcRangeを指定します。また、引数Sourceに、テーブルに変換するセル範囲をRangeオブジェクトとして指定します。次の例は、B2セルを含む表の範囲（アクティブセル領域）をテーブルに変換するコードです。

SAMPLE **B2セルを含む表の範囲をテーブルに変換**　s113_1

```
Sub m113_1()
    ActiveSheet.ListObjects.Add SourceType:=xlSrcRange, _
        Source:=Range("B2").CurrentRegion
End Sub
```

▶ 実行結果

● **Before**

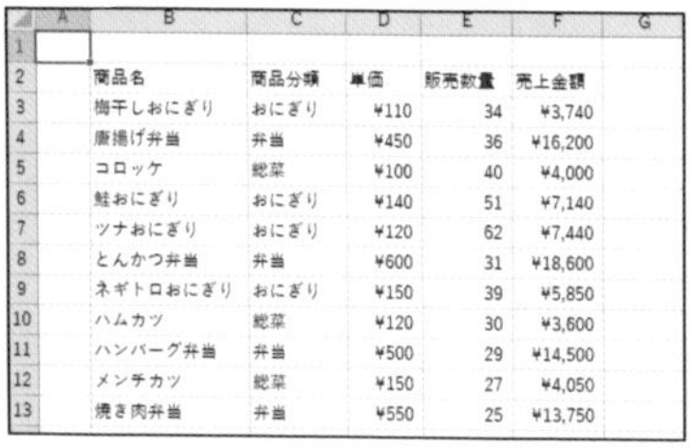

	A	B	C	D	E	F	G
1							
2		商品名	商品分類	単価	販売数量	売上金額	
3		梅干しおにぎり	おにぎり	¥110	34	¥3,740	
4		唐揚げ弁当	弁当	¥450	36	¥16,200	
5		コロッケ	総菜	¥100	40	¥4,000	
6		鮭おにぎり	おにぎり	¥140	51	¥7,140	
7		ツナおにぎり	おにぎり	¥120	62	¥7,440	
8		とんかつ弁当	弁当	¥600	31	¥18,600	
9		ネギトロおにぎり	おにぎり	¥150	39	¥5,850	
10		ハムカツ	総菜	¥120	30	¥3,600	
11		ハンバーグ弁当	弁当	¥500	29	¥14,500	
12		メンチカツ	総菜	¥150	27	¥4,050	
13		焼き肉弁当	弁当	¥550	25	¥13,750	

● **After**

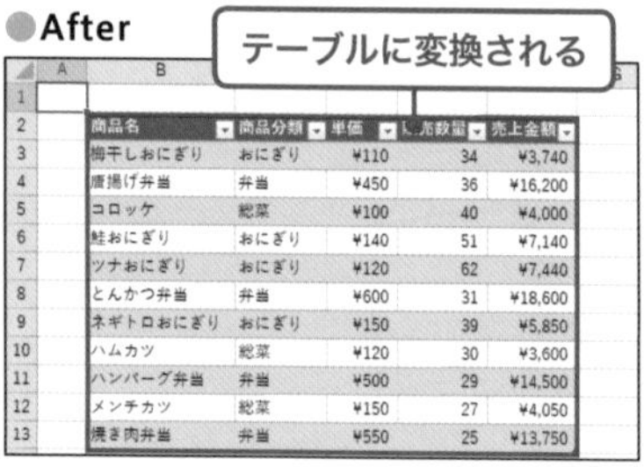

	A	B	C	D	E	F
1						
2		商品名	商品分類	単価	販売数量	売上金額
3		梅干しおにぎり	おにぎり	¥110	34	¥3,740
4		唐揚げ弁当	弁当	¥450	36	¥16,200
5		コロッケ	総菜	¥100	40	¥4,000
6		鮭おにぎり	おにぎり	¥140	51	¥7,140
7		ツナおにぎり	おにぎり	¥120	62	¥7,440
8		とんかつ弁当	弁当	¥600	31	¥18,600
9		ネギトロおにぎり	おにぎり	¥150	39	¥5,850
10		ハムカツ	総菜	¥120	30	¥3,600
11		ハンバーグ弁当	弁当	¥500	29	¥14,500
12		メンチカツ	総菜	¥150	27	¥4,050
13		焼き肉弁当	弁当	¥550	25	¥13,750

テーブル名を設定する

テーブルを作成すると、自動的に「テーブル1」などのテーブル名が設定されますが、これをユーザーが自由に変更することが可能です。
ListObjectsコレクションにワークシート内での作成順を表す数値またはテーブル名を指定することで、特定のテーブルを表すListObjectオブジェクトを取得できます。テーブル名は、ListObjectオブジェクトのNameプロパティに、設定したいテーブル名の文字列を指定することで変更できます。次の例では、作業中のワークシートに1つだけあるテーブルに「売上データ」という名前を設定します。

SAMPLE 「売上データ」というテーブル名を設定 s113_2

```
Sub m113_2()
    ActiveSheet.ListObjects(1).Name = "売上データ"
End Sub
```

▶ 実行結果

●Before

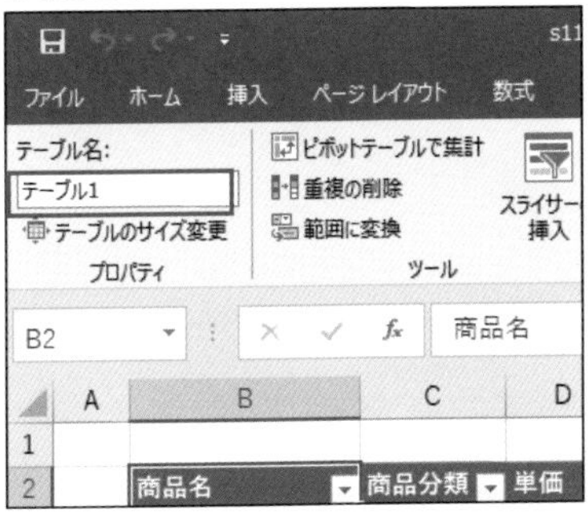

●After

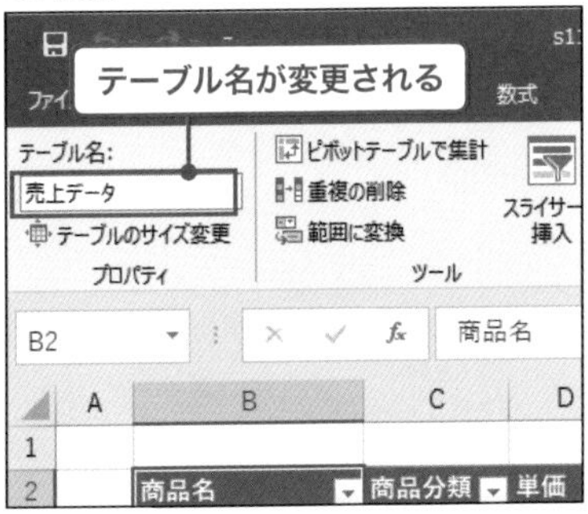

COLUMN

テーブルをセル範囲に戻す

テーブルの設定を解除して単なるセル範囲に戻すには、対象のListObjectオブジェクトのUnlistメソッドを実行します。次の例は、「売上データ」テーブルをセル範囲に戻します。

SAMPLE テーブルを解除 s113_3

```
Sub m113_3()
    ActiveSheet.ListObjects("売上データ").Unlist
End Sub
```

SECTION 114 テーブル

テーブルの特定の範囲を操作する

テーブル全体や見出し行、データ範囲、また特定の列などを、それぞれ個別に取得し、選択などの操作を行うことが可能です。また、集計行の指定した列の集計方法を、VBAで変更する方法についても解説します。

テーブルの見出し行を選択する

まず、テーブルの見出し行や集計行などを除いたデータ範囲だけを選択します。
テーブルの範囲全体はListObjectオブジェクトのRangeプロパティで、見出し行はHeaderRowRangeプロパティで、データ範囲は、DataBodyRangeプロパティで、それぞれRangeオブジェクトとして取得できます。次の例では、「売上データ」テーブルの見出し行の範囲を取得し、Selectメソッドで選択しています。

SAMPLE 「売上データ」テーブルの見出し行を選択　s114_1

```
Sub m114_1()
    ActiveSheet.ListObjects("売上データ").HeaderRowRange.Select
End Sub
```

実行結果

Before

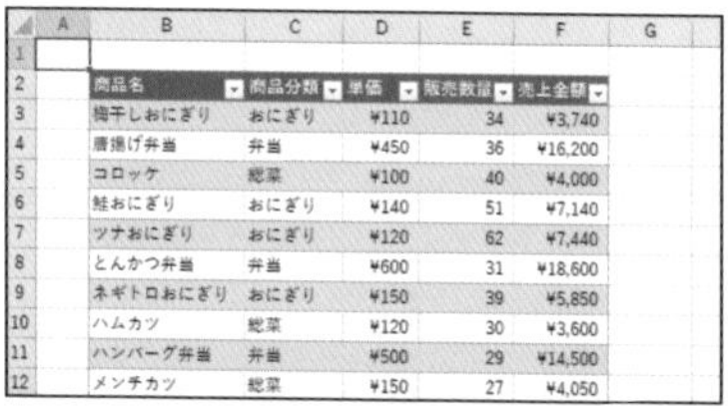

After

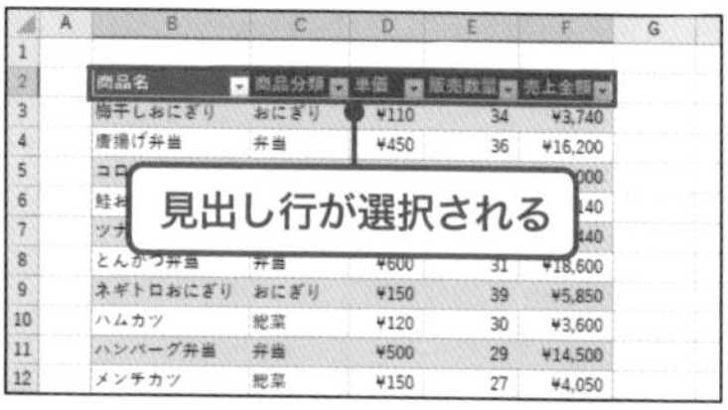

COLUMN

Rangeプロパティでテーブルの範囲を取得する

Excelの数式では、テーブル名や、テーブル名と列名を使用して、そのセル範囲を参照することができます。たとえば、単に「売上データ」とすると、「売上データ」テーブルのデータ範囲を参照でき、「売上データ[価格]」とすると「売上データ」テーブルの「価格」列のデータ範囲を参照できます。VBAでも、このような参照方法の文字列をそのままRangeプロパティの引数に指定して、その範囲をRangeオブジェクトとして取得することが可能です。

集計行の集計方法を変更する

集計行を表示するには、ListObjectオブジェクトのShowTotalsプロパティにTrueを設定します。集計行を表示すると、初期状態では、一番右側の列だけに集計結果が表示されます。集計方法は、その列のデータが数値の場合は合計に、文字列の場合はデータの個数になります。
テーブルの特定の列は、ListObjectオブジェクトのListColumnsプロパティで取得できるListColumnsコレクションに、左からの列の順番を表す数値、または列見出しを指定して、ListColumnオブジェクトとして取得できます。
集計行で、各列にどのような集計結果を表示するかは、そのTotalsCalculationプロパティに定数で指定します。「合計」を表す定数はxlTotalsCalculationSum、「平均」はxlTotalsCalculationAverage、「なし」はxlTotalsCalculationNoneです。
次の例では、「売上データ」テーブルに集計行を表示し、「販売数量」列の集計行の集計方法を平均に変更して、最初から表示されている「売上金額」列の集計方法をなしにします。

SAMPLE **集計行を表示して集計方法を変更** s114_2

```
Sub m114_2()
    With ActiveSheet.ListObjects("売上データ")
        .ShowTotals = True
        .ListColumns("販売数量").TotalsCalculation = _
            xlTotalsCalculationAverage
        .ListColumns("売上金額").TotalsCalculation = _
            xlTotalsCalculationNone
    End With
End Sub
```

▶ 実行結果

Before

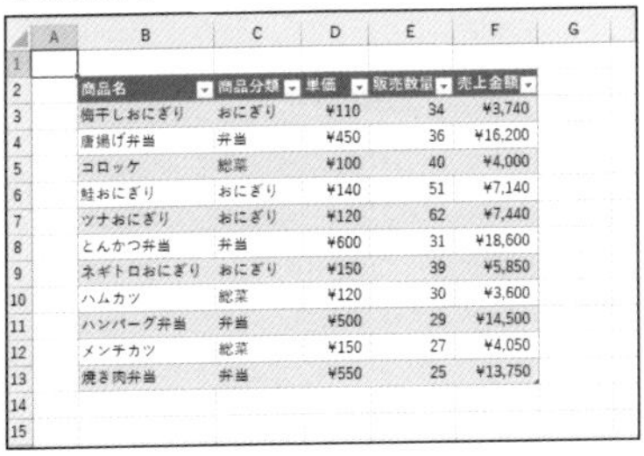

	A	B	C	D	E	F	G
1							
2		商品名	商品分類	単価	販売数量	売上金額	
3		梅干しおにぎり	おにぎり	¥110	34	¥3,740	
4		唐揚げ弁当	弁当	¥450	36	¥16,200	
5		コロッケ	総菜	¥100	40	¥4,000	
6		鮭おにぎり	おにぎり	¥140	51	¥7,140	
7		ツナおにぎり	おにぎり	¥120	62	¥7,440	
8		とんかつ弁当	弁当	¥600	31	¥18,600	
9		ネギトロおにぎり	おにぎり	¥150	39	¥5,850	
10		ハムカツ	総菜	¥120	30	¥3,600	
11		ハンバーグ弁当	弁当	¥500	29	¥14,500	
12		メンチカツ	総菜	¥150	27	¥4,050	
13		焼き肉弁当	弁当	¥550	25	¥13,750	
14							
15							

After

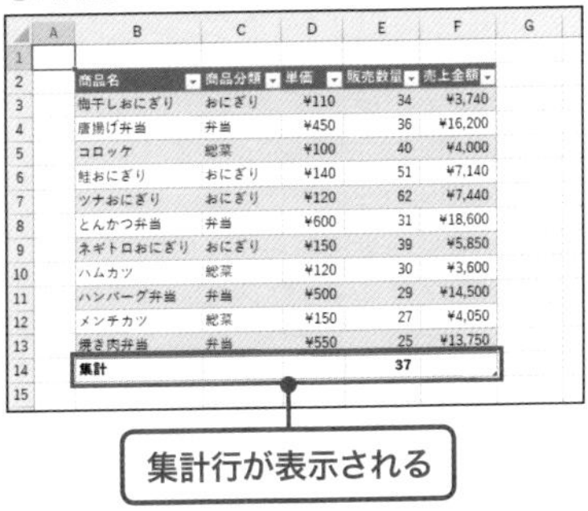

	A	B	C	D	E	F	G
1							
2		商品名	商品分類	単価	販売数量	売上金額	
3		梅干しおにぎり	おにぎり	¥110	34	¥3,740	
4		唐揚げ弁当	弁当	¥450	36	¥16,200	
5		コロッケ	総菜	¥100	40	¥4,000	
6		鮭おにぎり	おにぎり	¥140	51	¥7,140	
7		ツナおにぎり	おにぎり	¥120	62	¥7,440	
8		とんかつ弁当	弁当	¥600	31	¥18,600	
9		ネギトロおにぎり	おにぎり	¥150	39	¥5,850	
10		ハムカツ	総菜	¥120	30	¥3,600	
11		ハンバーグ弁当	弁当	¥500	29	¥14,500	
12		メンチカツ	総菜	¥150	27	¥4,050	
13		焼き肉弁当	弁当	¥550	25	¥13,750	
14		集計			37		
15							

集計行が表示される

SECTION
115
ピボットテーブル

ピボットテーブルでクロス集計を行う

蓄積されたデータに基づいてVBAでピボットテーブルを作成し、クロス集計表を完成させる手順を紹介します。ただし、ピボットテーブルの仕様はExcelのバージョンによって微妙に異なるため、コードの記述もバージョンに応じて修正する必要があります。

テーブルからピボットテーブルを作成する

ここでは「売上記録」というテーブルのデータから、「集計」というワークシート上に、「売上分析」という名前のピボットテーブルを作成します。

WorkbookオブジェクトのPivotCachesメソッドで取得したすべてのピボットテーブルのキャッシュメモリを表すPivotCachesコレクションのCreateメソッドで、新しいPivotCacheオブジェクトを作成します。そのCreatePivotTableメソッドで、そのキャッシュメモリに基づくピボットテーブルを作成します。

PivotCachesコレクションのCreateメソッドの引数には、元データのタイプと、元データがセル範囲の場合の参照文字列(テーブル名)、ピボットテーブルのバージョンを指定します。また、PivotCacheオブジェクトのCreatePivotTableメソッドには、ピボットテーブルを作成する位置とピボットテーブル名そしてバージョンを指定します。バージョンは、Excel 2016以降は6、Excel 2013は5です。

SAMPLE　**テーブルからピボットテーブルを作成**　s115_1

```
Sub m115_1()
    ActiveWorkbook.PivotCaches.Create(SourceType:=xlDatabase, _
        SourceData:="売上記録", Version:=6).CreatePivotTable _
        TableDestination:=Sheets("集計").Range("A1"), _
        TableName:="売上分析", DefaultVersion:=6
End Sub
```

▶ 実行結果

Before

After

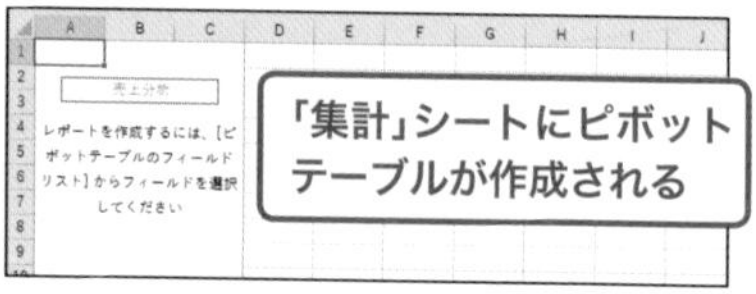

ピボットテーブルをレイアウトする

作成済みのピボットテーブルに各フィールドを配置し、クロス集計表を完成させましょう。WorksheetオブジェクトのPivotTablesプロパティでPivotTablesコレクションを取得し、そこに名前または番号でインデックスを指定して、特定のピボットテーブルを表すPivotTableオブジェクトを取得します。そのPivotFieldsプロパティでPivotFieldsコレクションを取得し、やはり名前または番号でインデックスを指定して、特定のフィールドを表すPivotFieldオブジェクトを取得します。

ピボットテーブルの「行」や「列」などにフィールドを配置する操作は、PivotFieldオブジェクトのOrientationプロパティで行います。指定できる定数は次の通りです。

定数	ボックス
xlColumnField	列
xlRowField	行
xlDataField	値
xlPageField	ページ
xlHidden	不使用

また、「値」に配置したフィールドの場合、Functionプロパティにxlsum(合計)やxlAverage(平均)といった定数で集計方法を指定することができます。次の例では、「顧客性別」を「列」に、「商品種別」を「行」に、「日付」を「ページ」に、「売上金額」を「値」に配置し、集計方法を「平均」にします。

SAMPLE **ピボットテーブルにフィールドを配置**

s115_2

```
Sub m115_2()
    With ActiveSheet.PivotTables("売上分析")
        .PivotFields("顧客性別").Orientation = xlColumnField
        .PivotFields("商品種別").Orientation = xlRowField
        .PivotFields("日付").Orientation = xlPageField
        With .PivotFields("売上金額")
            .Orientation = xlDataField
            .Function = xlAverage
        End With
    End With
End Sub
```

実行結果

Before

After

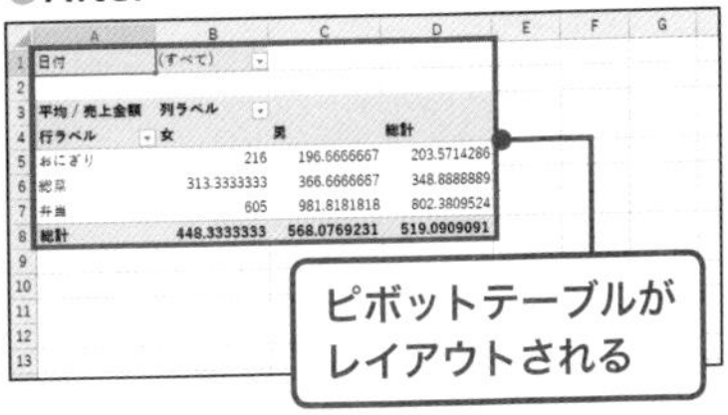

SECTION 116 グラフ

データに基づいてグラフを作成する

グラフシートを作成する方法はP.173でも紹介しましたが、ここではワークシート上にグラフ（埋め込みグラフ）を作成する手順を解説します。なお、ここでは紹介しませんが、ピボットグラフもほとんど同じ手順で作成することができます。

セル範囲のデータからグラフを作成する

次の例では、B2:E6のセル範囲のデータから、積み上げ縦棒グラフを作成します。Worksheetオブジェクトの Shapesプロパティで、ワークシート上の図形やグラフなどを表すShapesコレクションを取得できます。そのAddChart2メソッドで、グラフを作成できます。ただし、グラフを作成した時点では、元データが設定されていません。AddChart2メソッドでは、作成された描画オブジェクトを表すShapeオブジェクトを返します。そのChartプロパティで、描画オブジェクトのグラフとしての属性を表すChartオブジェクトを取得し、SetSourceDataメソッドでグラフの元データを設定します。また、後で操作しやすいように、「売上グラフ」という名前を設定しておきます。

SAMPLE **B2:E6のセル範囲のデータからグラフを作成**　s116_1

```
Sub m116_1()
    With ActiveSheet.Shapes.AddChart2(Style:=-1, _
        XlChartType:=xlColumnClustered, _
        Left:=280, Top:=30, Width:=350, Height:=250)
        .Chart.SetSourceData Source:=Range("B2:E6")
        .Name = "売上グラフ"
    End With
End Sub
```

▶ 実行結果

Before

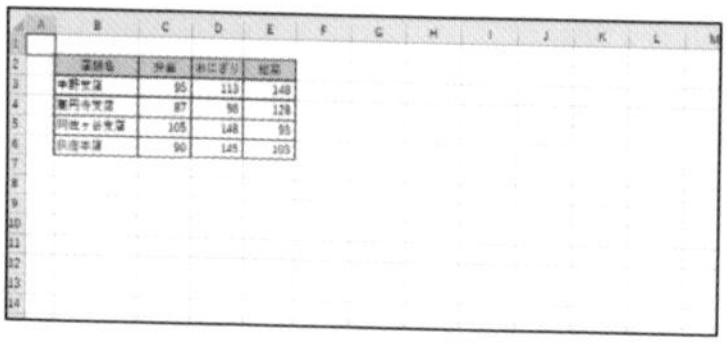

After

グラフが作成される

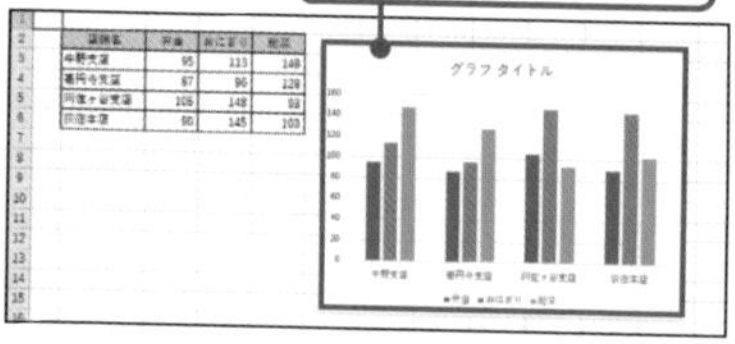

グラフのスタイルとレイアウトを変更する

グラフの見た目を変更したい場合、その構成要素ごとに書式を設定することも可能ですが、ここではグラフの全体的なデザインをまとめて変更する方法を紹介します。Excelの通常の操作では、［グラフツール］の［デザイン］タブの［グラフスタイル］から選択できるグラフスタイルと、［デザイン］タブの［グラフのレイアウト］グループの［クイックレイアウト］から選択できるレイアウトです。
ここではまず作成時に設定した名前を利用してShapeオブジェクトとして取得し、そのChartプロパティで、Chartオブジェクトとして取得します。グラフスタイルは、Chartオブジェクトの ChartStyleプロパティに対し、番号で指定することが可能です。また、グラフのレイアウトは、ChartオブジェクトのApplyLayoutメソッドで、引数Layoutにやはり番号で指定します。

SAMPLE **グラフのスタイルとレイアウトを変更**

s116_2

```
Sub m116_2()
    With ActiveSheet.Shapes("売上グラフ").Chart
        .ChartStyle = 205
        .ApplyLayout Layout:=5
    End With
End Sub
```

▶ 実行結果

Before

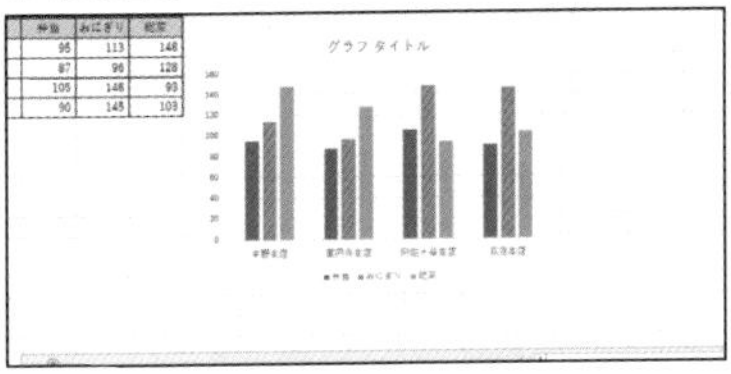

After

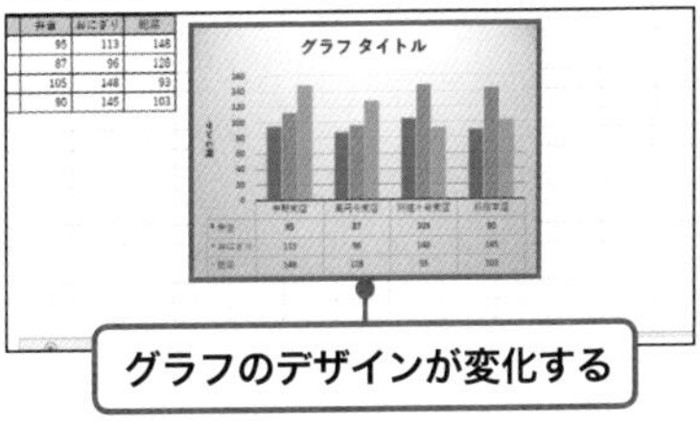

SECTION 117

外部プログラム

外部のプログラムを利用する

VBAでは、Excel内部の機能だけでなく、WordやPowerPointといったOfficeアプリケーションや、対応しているその他の外部プログラムを操作することも可能です。ここではまず、VBAで外部プログラムを操作するための基本について解説します。

外部プログラムを関数で使用可能にする

Excel VBAで、対応する外部のプログラムを操作する方法は、大きく分けて2つあります。1つは、CreateObject関数を使用して、外部プログラムを表すVBAのオブジェクトを作成する方法です。この関数では、引数として対象の外部プログラムを表す文字列を指定します。戻り値として取得された外部プログラムを表すオブジェクトをオブジェクト変数に収め、そのプロパティやメソッドを使って、外部プログラムの機能を実行します。
ただし、この方法の場合、マクロの実行時に初めてその外部プログラムが有効になるので、コードの記述中にそのプログラム固有の定数や、オブジェクトのデータ型などは使用できません。
次の例は、PowerPointをオブジェクトとして取得し、変数ppにセットするコードです。

SAMPLE **PowerPointをオブジェクトとして取得** s117_1

```
Set pp = CreateObject("PowerPoint.Application")
```

外部プログラムを参照して利用する

外部プログラムを使用するもう1つの方法は、事前にその機能を使いたいブックのプロジェクトから、目的の外部プログラムへの参照を設定しておく、というものです。この方法であれば、その外部プログラム固有の定数なども使用できます。参照設定した外部プログラムは、「New」というキーワードを付けて変数を宣言することで、オブジェクトとして使用可能になります。
以下では、この方法を使って外部プログラムを操作する方法を紹介していきます。具体的には、次のような手順になります。

外部プログラムへの参照を設定する

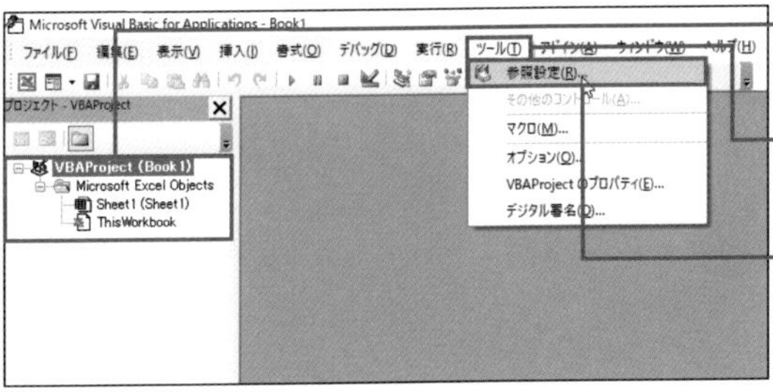

❶PowerPointを参照したいプロジェクトを選択し、

❷[ツール]メニューをクリックし、

❸[参照設定]をクリックします。

❹[参照設定]ダイアログボックスが表示されます。

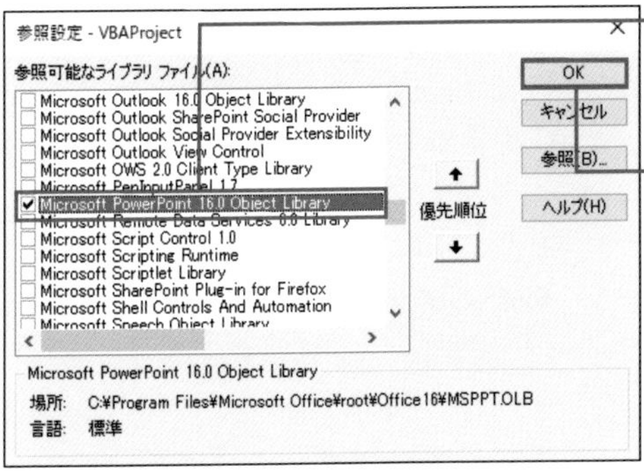

❺「Microsoft PowerPoint 16.0 Object Library」にチェックを付けます。

❻[OK]をクリックします。

> **MEMO バージョン**
> 「16.0」の数字は、Officeのバージョンによって異なる場合があります。

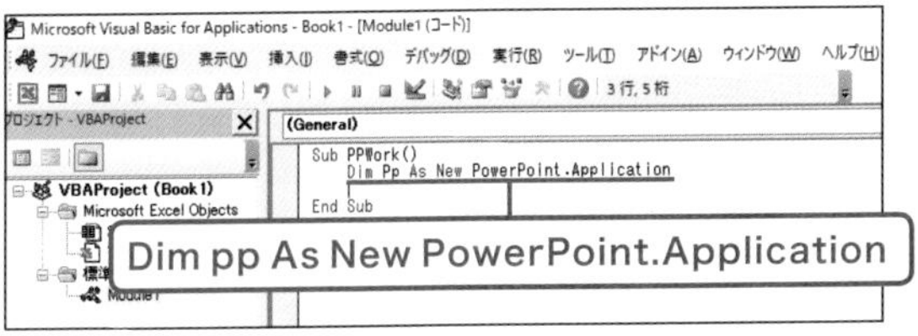

❼Excel VBAのプロシージャで、「New」キーワードを付けて変数を宣言します。

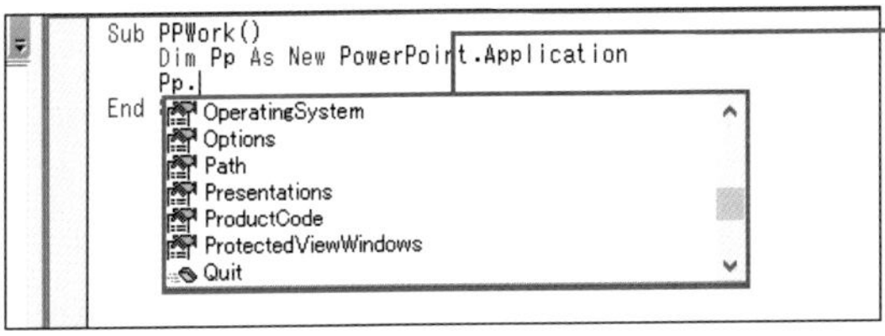

❽この変数から、PowerPointのプロパティやメソッドを使用できます。

COLUMN

参照設定をオブジェクトブラウザーで確認する

参照を設定した外部プログラムのオブジェクトとそのメンバーは、オブジェクトブラウザー（P.63参照）で確認できます。オブジェクトブラウザーの［すべてのライブラリー］をクリックすると追加した外部プログラムが表示され、選択するとそのオブジェクトが一覧表示されます。

SECTION

118

外部プログラム

ファイルを操作する

外部プログラムの使用例として、Excel VBAからWindowsのファイルを操作する方法を紹介します。これには「FileSystemObject」という機能を利用します。フォルダーやファイル情報の取得、ファイル名の変更、コピーや削除といった操作が可能です。

Scripting Runtimeへの参照を設定する

ここでは、事前にFileSystemObjectのオブジェクトライブラリーであるScripting Runtimeへの参照を設定します。P.255で解説した手順で[参照設定] ダイアログボックスを表示し、「Microsoft Scripting Runtime」にチェックを付けて、[OK] をクリックします。

なお、事前に参照設定をせずにFileSystemObjectを使用可能にするには、CreateObject関数(P.254参照)の引数に「Scripting.FileSystemObject」という文字列を指定し、その戻り値をオブジェクト変数にセットします。

ファイルの有無を調べる

FileSystemObjectをオブジェクトとして取得したら、そのFileExistメソッドに、引数としてファイルのパスを表す文字列を指定することで、そのファイルの有無をTrue/Falseの論理値で求められます。次の例では、実行中のマクロのブックのファイルと同じフォルダー内に「sample.txt」というファイルがあるかどうかに応じて、それぞれ異なるメッセージを表示します。

SAMPLE 「sample.txt」というファイルの有無を調べる　s118_1

```
Sub m118_1()
    Dim fs As New FileSystemObject
    If fs.FileExists(ThisWorkbook.Path & "¥sample.txt") _
        Then MsgBox "そのファイルは存在します。" _
        Else MsgBox "そのファイルは存在しません。"
End Sub
```

▶ 実行結果

● Before

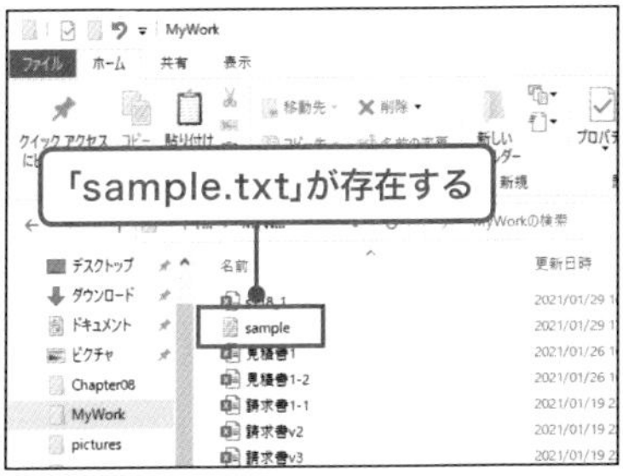

● After

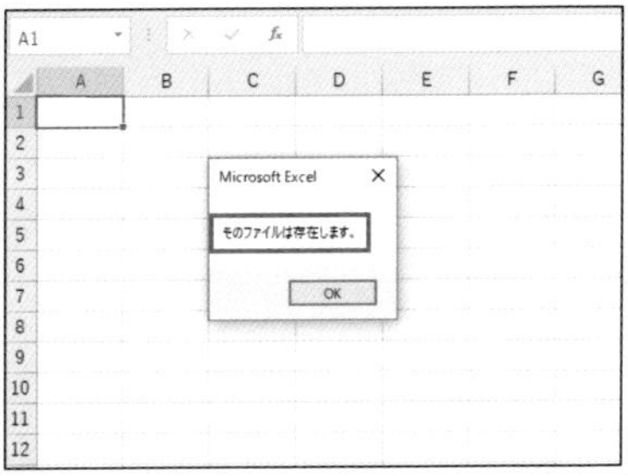

ファイルの一覧を作成する

次の例は、ダイアログボックスで選択したフォルダーに含まれるすべてのファイルの名前を、作業中のワークシートに自動入力するコードです。アクティブセルに選択したフォルダーのパスを入力し、その1つ下から下方向の各セルにファイル名を入力していきます。

ダイアログボックスの表示には、FileDialogオブジェクトを使用します。Applicationオブジェクトの FileDialogプロパティに、引数として定数msoFileDialogFolderPickerを指定することで、フォルダー選択用ダイアログを表すFileDialogオブジェクトを取得します。そのShowメソッドでダイアログを表示し、戻り値が[キャンセル] ボタンが押されたことを表す「0」だった場合はプロシージャを終了します。

キャンセルでなければ、SelectedItemsプロパティで取得したSelectedItemsコレクションにインデックスとして「1」を指定することで、選択されたフォルダーのパスを表す文字列を取得します。それを、まずアクティブセルに入力します。

さらに、FileSystemObjectオブジェクトのGetFolderメソッドの引数にこのパスの文字列を指定して、そのフォルダーを表すFolderオブジェクトを取得します。Folderオブジェクトの Filesプロパティで、フォルダー内のすべてのファイルを表すFilesコレクションを取得し、For Each ～ Nextステートメントで、各ファイルを表すFileオブジェクトに対して、以降の処理を繰り返します。

各繰り返しでは、カウンター変数の値を1ずつ増やしながら、FileオブジェクトのName プロパティで取得したファイル名を、Offsetプロパティを使用して、アクティブセルから下方向のセルへ入力していきます。

SAMPLE **選択したフォルダーのファイル名一覧を作成する** s118_2

```
Sub m118_2()
    Dim fs As New FileSystemObject
    Dim fd As Folder, f As File
    Dim rNum As Integer
    With Application.FileDialog(msoFileDialogFolderPicker)
        If .Show = 0 Then Exit Sub
        ActiveCell.Value = .SelectedItems(1)
    End With
    Set fd = fs.GetFolder(ActiveCell.Value)
    For Each f In fd.Files
        rNum = rNum + 1
        ActiveCell.Offset(rNum).Value = f.Name
    Next f
End Sub
```

▶ 実行結果

Before

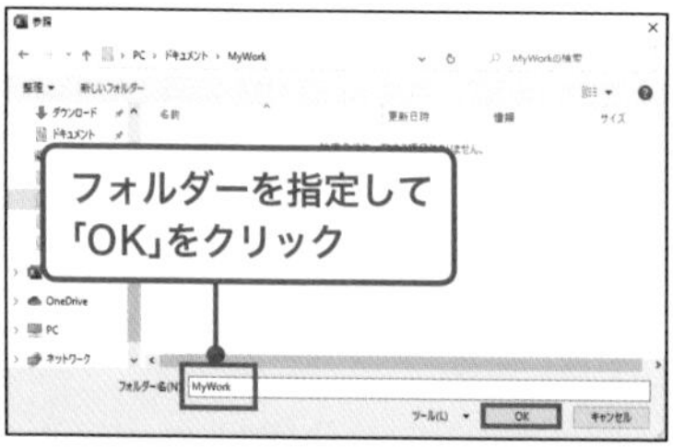

After

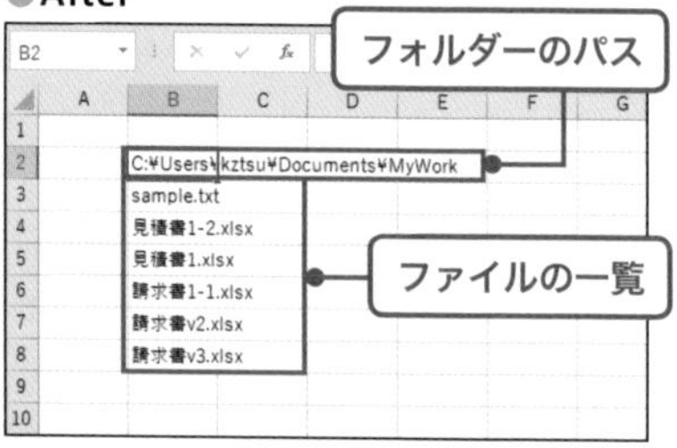

ファイル名を一括で変更する

上で作成したファイル一覧で、名前を変更したいファイルがあれば、右側にその名前を入力します。この表の中のセルを選択して次のコードを実行すると、左上端のパスのフォルダーの中の各ファイル名が、その右のファイル名に一括変更されます。

CurrentRegionプロパティ(P.110参照)で、アクティブセルを含む表の範囲全体を表すRangeオブジェクトを取得します。その左上端(1行目・1列目)のセルに入力された文字列を、フォルダーのパスとして取り出します。

For ～ Nextステートメントでカウンター変数の値を2から対象範囲の行数まで変化させて、以降の処理を繰り返します。各繰り返しでは、まず各行の1列目のセルが空白の場合は処理を終了します。次に、フォルダーのパスと各行の1列目のセルの値を組み合わせてファイルの絶対パスを作成します。

そして、FileSystemObjectオブジェクトのFileExistsメソッドで指定したファイルが存在するか、かつ各行の2列目が空白でないかを判定します。ともにTrueだった場合は、GetFileメソッドにファイルの絶対パスを指定してそのファイルを表すFileオブジェクトを取得し、そのNameプロパティに、同じ行の2列目のセルの値を設定します。

SAMPLE **ファイル名を一括で変更する** s118_3

```
Sub m118_3()
    Dim iArea As Range, rNum As Integer
    Dim fPath As String, fName As String
    Dim fs As New FileSystemObject
    Set iArea = ActiveCell.CurrentRegion
    fPath = iArea(1, 1).Value
    For rNum = 2 To iArea.Rows.Count
        If iArea(rNum, 1).Value = "" Then Exit Sub
        fName = fPath & "¥" & iArea(rNum, 1)
        If fs.FileExists(fName) And _
            iArea(rNum, 2).Value <> "" Then
            fs.GetFile(fName).Name = iArea(rNum, 2)
        End If
    Next rNum
End Sub
```

▶ 実行結果

Before

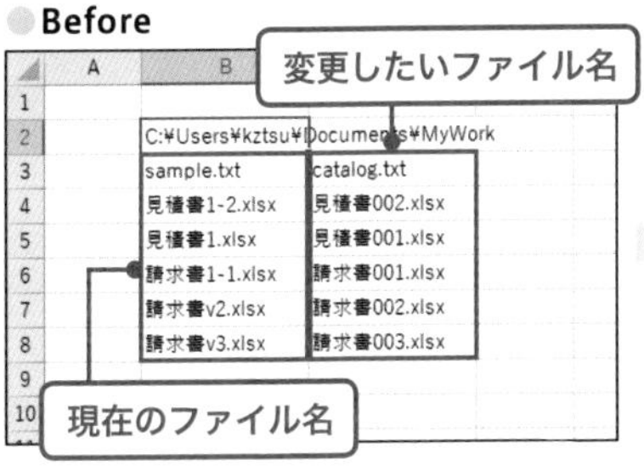

After

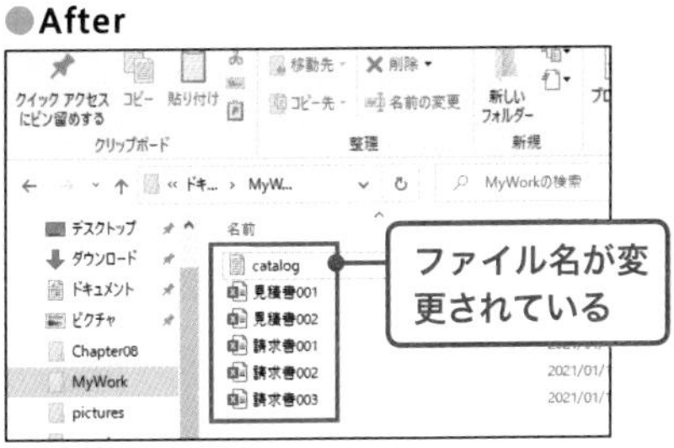

COLUMN

ファイル名変更時のエラー

ファイル名を変更する際、変更後のファイル名が同じフォルダー内にすでに存在していた場合は、エラーが発生してしまいます。これを防ぐには、やはりFileExistsメソッドを使って、変更後のファイルが存在してるかどうかを事前に調べるという方法があります。

SECTION
119
外部プログラム

Excel VBAでWordを操作する

外部プログラムを操作するもう1つの例として、Excel VBAからWordの機能を利用する方法を紹介します。Wordの文書を新規作成したり、作成済みの文書ファイルから情報を取り出したり、その内容を修正したりすることが可能です。

第6章
第7章
第8章 外部プログラム
第9章
第10章

Wordへの参照を設定する

ここでは、事前にWordのオブジェクトライブラリーへの参照を設定します。P.255で解説した手順で[参照設定] ダイアログボックスを表示し、Office 2019またはMicrosoft 365版Wordの場合は「Microsoft Word 16.0 Object Library」にチェックを付けて、[OK] をクリックします。

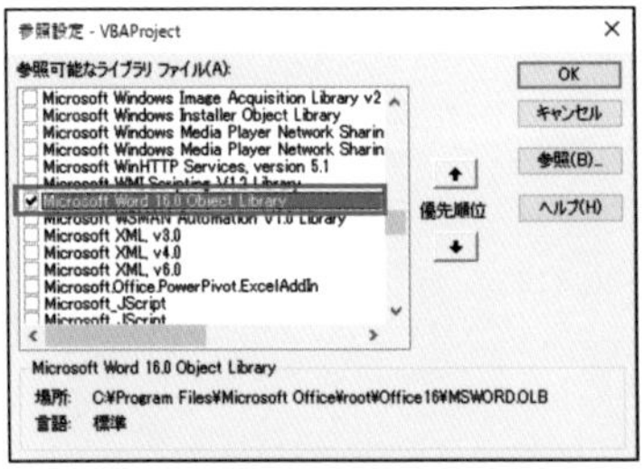

なお、数字の部分はWordのバージョンによって異なります。事前に参照設定をせずにWordを使用可能にするには、CreateObject関数（P.254参照）の引数に「Word.Application.16」という文字列を指定し、その戻り値をオブジェクト変数にセットします。Wordのバージョンを限定したくない場合は、末尾の「.16」を省略することもできます。

Wordで新規文書を作成する

まず、Excel VBAでWordの新規文書を作成し、文章を自動入力する方法を紹介しましょう。Wordの文書は、VBAではDocumentオブジェクトとして表されます。また、開かれているすべてのWord文書はDocumentsコレクションです。
次の例は、まずWordのアプリケーションを表すオブジェクトを作成し、そのDocumentsプロパティでDocumentsコレクションを取得し、そのAddメソッドで新規文書を作成します。この時点ではWordのウインドウは非表示の状態なので、VisibleプロパティにTrueを設定することで見えるようにします。さらに、Selectionプロパティで、Wordのカーソル位置または選択範囲を表すSelectionオブジェクトを取得し、そのTypeTextメソッドで、引数に指定した文字列を新規文書に入力しています。

SAMPLE **Wordの文書を作成して文字列を入力** s119_1

```
Sub m119_1()
    Dim wd As New Word.Application
    wd.Documents.Add
    wd.Visible = True
    wd.Selection.TypeText "Excel VBAで自動入力"
End Sub
```

実行結果

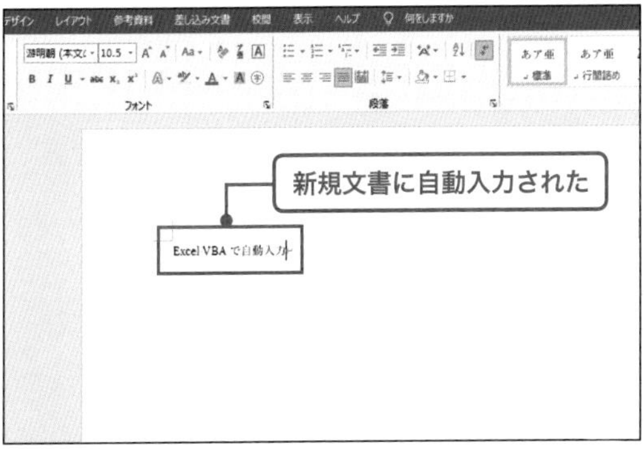

COLUMN

Documentオブジェクトを直接作成する

WordのDocumentオブジェクトをセットするための変数をNewキーワードを付けて宣言するだけでも、新規文書を作成できます。
次の例は、上のコードと同じ結果になります。VisibleプロパティはWordアプリケーションのプロパティなので、DocumentオブジェクトのApplicationプロパティで設定します。また、Selectionオブジェクトもアプリケーションに属するため、ここではDocumentオブジェクトのRangeメソッドで文書の範囲全体を表すRangeオブジェクトを取得し、そのTextプロパティに代入する形で文字列を入力しています。

SAMPLE **Wordの文書を作成して文字列を入力** s119_2

```
Sub m119_2()
    Dim wDoc As New Word.Document
    wDoc.Application.Visible = True
    wDoc.Range.Text = "Excel VBAで自動入力"
End Sub
```

既存のWord文書から文字列を取り出す

次の例は、作業中のブックと同じフォルダーにあるWord文書「members.docx」をExcel VBAから開き、その6文字目から9文字目に入力されたリーダーの氏名を取り出して、アクティブセルに入力するコードです。そのWord文書自体はデータを取り出したらすぐに閉じます。ほかに開かれている文書がない場合は、Word自体も終了します。

「ThisWorksbook.Path」とファイル名を結合することで、このマクロのブックと同じフォルダーにあるWord文書ファイルの絶対パスを作成し、WordのDocumentsコレクションのOpenメソッドで、そのファイルを開きます。開かれた文書を表すDocumentオブジェクトのRangeメソッドで、引数Startに開始位置、引数Endに終了位置を指定して、その範囲の文字列を表すRangeオブジェクトを取得します。この場合の「位置」とは文書の先頭、つまり1文字目の前が「0」、1文字目の後が「1」、2文字目の後が「2」…と続くものです。RangeオブジェクトのTextプロパティでその文字列を取り出し、アクティブセルに入力します。さらに、DocumentオブジェクトのCloseメソッドでこの文書を閉じます。最後に、WordのApplicationオブジェクトのQuitメソッドで、Wordを終了しています。

SAMPLE Word文書からデータを取り出してセルに入力 s119_3

```
Sub m119_3()
    Dim dName As String
    Dim wd As New Word.Application
    dName = ThisWorkbook.Path & "¥members.docx"
    With wd.Documents.Open(dName)
        ActiveCell.Value = .Range(Start:=5, End:=9).Text
        .Close
    End With
    wd.Quit
End Sub
```

▶ 実行結果

● Before

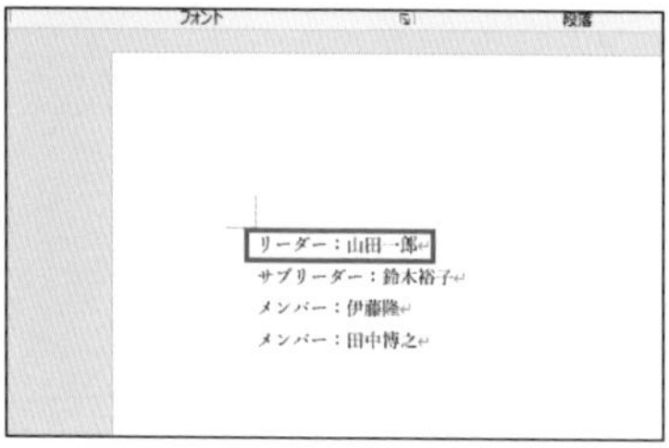

● After

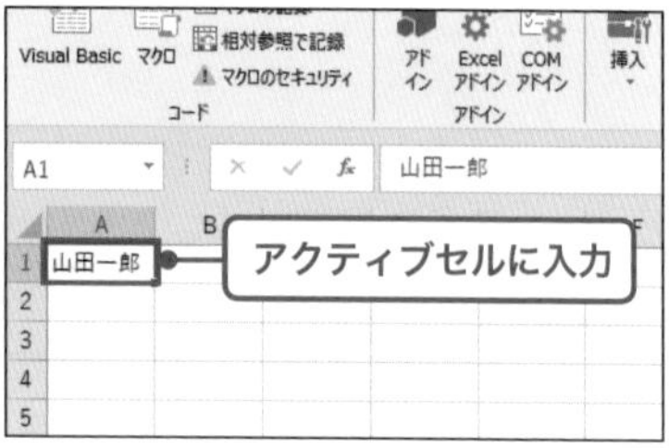

第 9 章

さまざまな方法で
マクロを実行しよう

SECTION 120 ボタン

マクロ実行用ボタンを作成する

特定のワークシートでのみ使用するマクロの場合、そのシート上にボタンを作成することで、誰でも簡単に実行できるようになります。ここでは、シート上に配置できるボタンの中でも、比較的扱いやすい「フォームコントロール」のボタンを紹介します。

フォームコントロールのボタンを作成する

ボタンをクリックして実行したいマクロは、事前に作成してこのブックに保存しています。

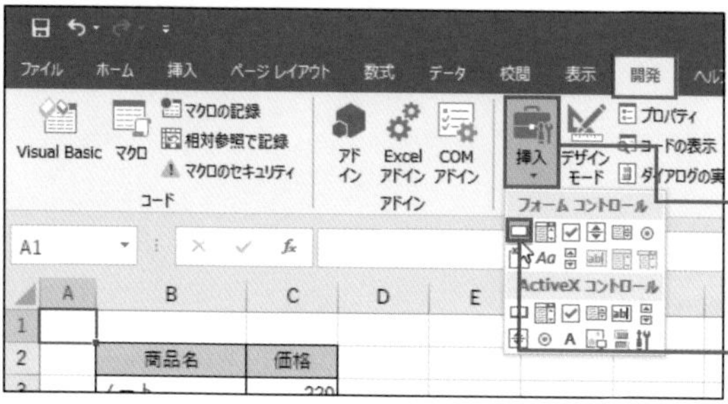

❶［開発］タブの［コントロール］グループの［挿入］をクリックし、

❷［ボタン（フォームコントロール）］をクリックします。

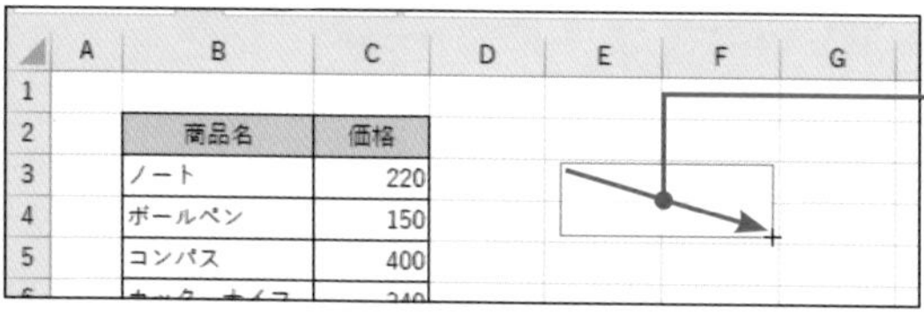

❸ボタンを作成したい位置とサイズになるようにワークシート上をドラッグします。

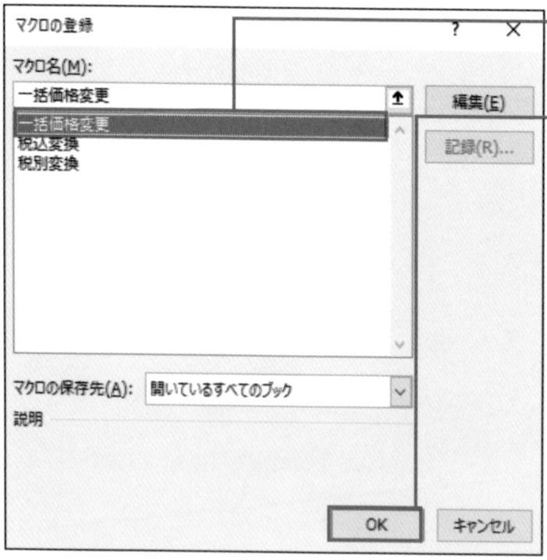

❹ボタンに登録したいマクロを選択し、

❺［OK］をクリックします。

第6章
第7章
第8章
第9章 ボタン
第10章

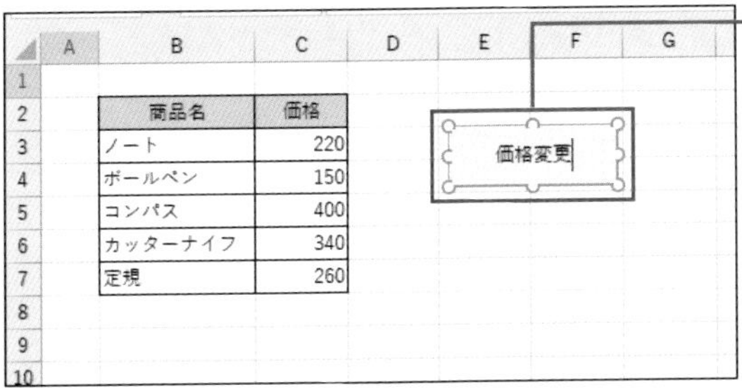

❻ボタンの表面の文字を選択し、「価格変更」と入力します。

❼任意のセルをクリックして、ボタンの選択状態を解除します。

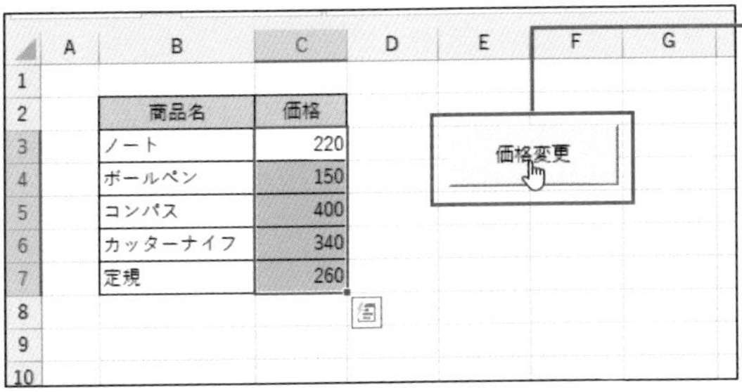

❽ボタンにマウスポインターを合わせると、指の形になります。クリックすると、ボタンに登録したマクロが実行されます。

COLUMN

図形や画像からマクロを実行する

ボタン以外にも、図形や画像（図）、グラフといった描画オブジェクトには、同様にマクロを登録し、クリックして実行することが可能です。具体的には、マクロを登録したい描画オブジェクトを右クリックし、表示されるメニューから［マクロの登録］を選びます。ボタンと同様の［マクロの登録］ダイアログボックスが表示されるので、登録したいマクロを選択して、［OK］をクリックします。登録したマクロの設定を解除したい場合は、やはりこのダイアログボックスを表示し、［マクロ名］欄の内容を削除して［OK］をクリックします。
なお、マクロを登録したボタンや図形などは、クリックするとマクロが実行されてしまうので、クリックで選択することができません。位置やサイズの変更などの操作を行いたい場合は、Ctrlキーを押しながらクリックして選択します。

▶図形などにマクロを登録する

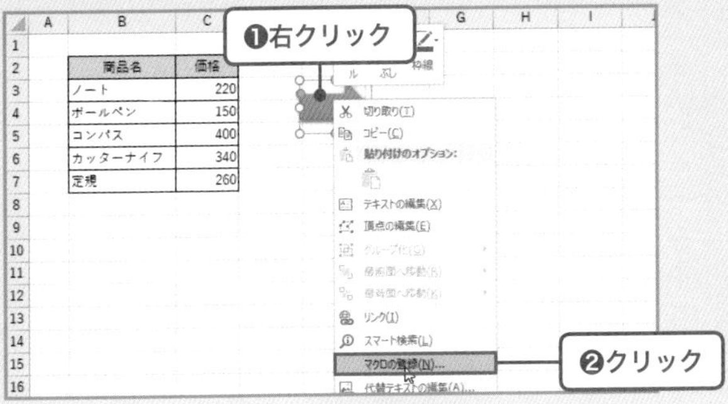

SECTION 121 ツールバー

クイックアクセスツールバーからマクロを実行する

ボタンや図形にマクロを登録しても、そのワークシート上でしかマクロを実行することはできません。クイックアクセスツールバーに登録することで、どのワークシートを表示している状態でも、簡単にマクロを実行することができます。

クイックアクセスツールバーにマクロを登録する

開いているブックには、あらかじめマクロを作成しておきます。

❶ ［クイックアクセスツールバーのユーザー設定］をクリックして、

❷ ［その他のコマンド］をクリックします。

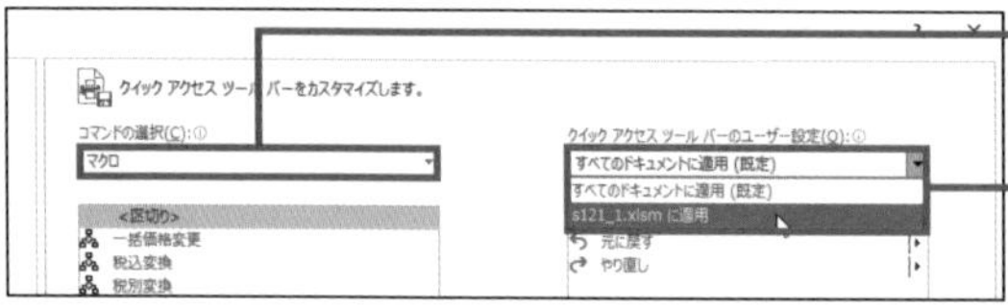

❸ ［コマンドの選択］欄で「マクロ」を選びます。

❹ ［クイックアクセスツールバーのユーザー設定］欄で［(作業中のブック名) に適用］を選びます。

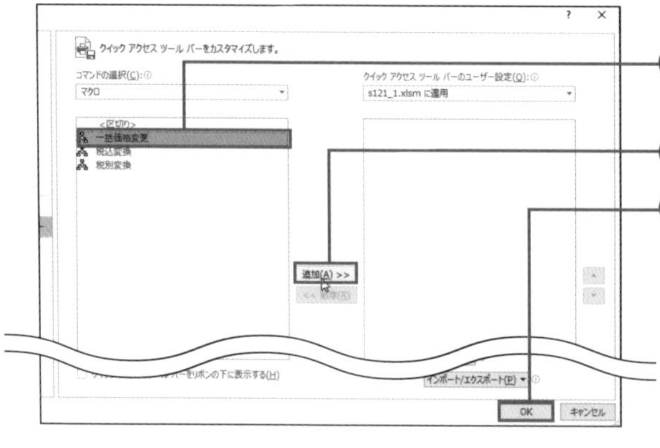

❺ 登録したいマクロをクリックします。

❻ ［追加］をクリックします。

❼ ［OK］をクリックします。

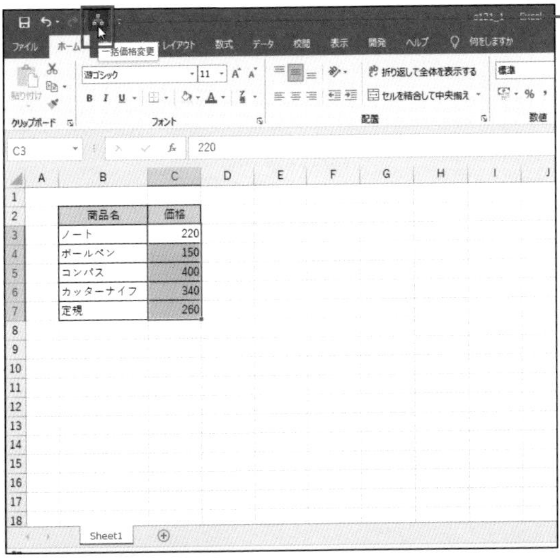

❽ クイックアクセスツールバーに表示されたボタンをクリックすると、登録したマクロを実行できます。

✔ COLUMN

マクロの有効範囲

ここでは、作業中のブックに保存されているマクロを利用するため、［Excelのオプション］ダイアログボックスの［クイックアクセスツールバー］の［クイックアクセスツールバーのユーザー設定］欄で［(作業中のブック名) に適用］を選んでいます。そのため、これ以外のブックで作業しているときは、クイックアクセスツールバーにこのマクロ実行用のボタンは表示されません。

［クイックアクセスツールバーのユーザー設定］欄で［すべてのドキュメントに適用（既定)］を選択した場合は、どのブックで作業しているときも、クイックアクセスツールバーにマクロ実行用のボタンが表示されています。マクロを含むブックを開いていない状態でこのボタンをクリックすると、自動的にマクロのブックが開かれ、マクロが実行されます。

ただし、クイックアクセスツールバーにマクロを登録した後でブックに名前を付けて保存した場合や、ブックの保存場所を移動したりファイル名を変えたりした場合は、Excelがマクロを含むブックを発見できず、自動的に開けません。どのブックを開いている状態でも使用したいマクロは、特定のブックではなく、マクロの記録機能で［マクロの保存先］として「個人用マクロブック」を選んだ時に自動的に作成されるPersonal.xlsbというブックに保存し、クイックアクセスツールバーに登録するとよいでしょう。

✔ COLUMN

ショートカットキーでマクロを実行する

記録機能でマクロを作成する場合、［マクロの記録］ダイアログボックス（P.20参照）でショートカットキーの設定ができます。標準モジュールに直接記述して作成したマクロの場合も、［マクロ］ダイアログボックスの［オプション］から、ショートカットキーを設定することが可能です。ショートカットキーはアルファベット1文字で指定し、小文字の場合はCtrlキーを押しながら、大文字の場合はCtrlキーとShiftキーを押しながらそのキーを押すことで、設定したマクロを実行できます。

SECTION
122
リボン

リボンのタブからマクロを実行する

Excelのリボンをカスタマイズして、既存のタブの中にマクロ実行用のボタンを追加したり、マクロ実行用ボタンのための新しいタブを作成したりすることが可能です。ただし、既存のグループに追加することはできず、必ず新しいグループを作成する必要があります。

[開発]タブのボタンにマクロを登録する

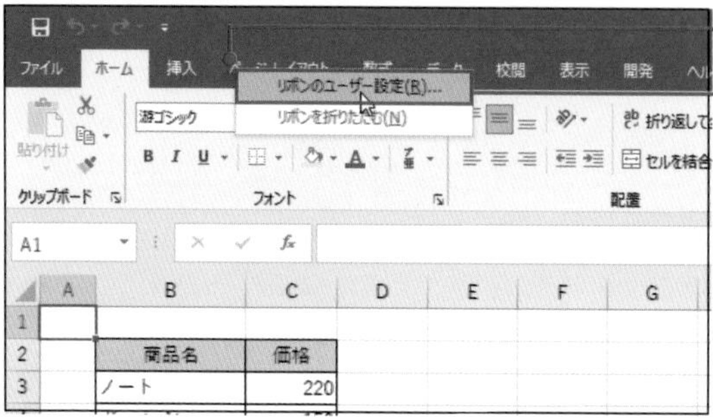

❶リボン上で右クリックし、

❷[リボンのユーザー設定] をクリックします。

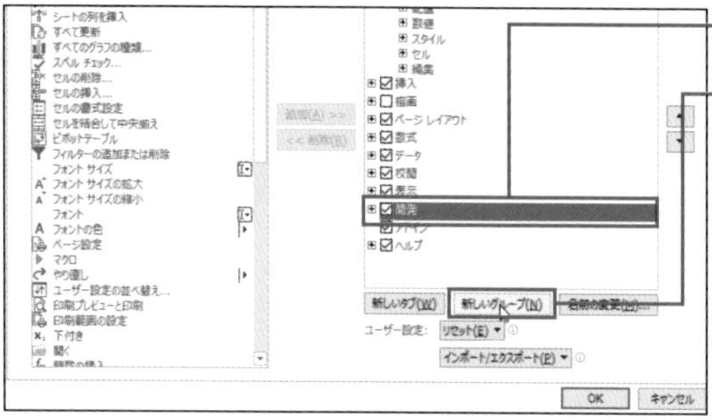

❸右側で [開発] を選択し、

❹[新しいグループ] をクリックします。

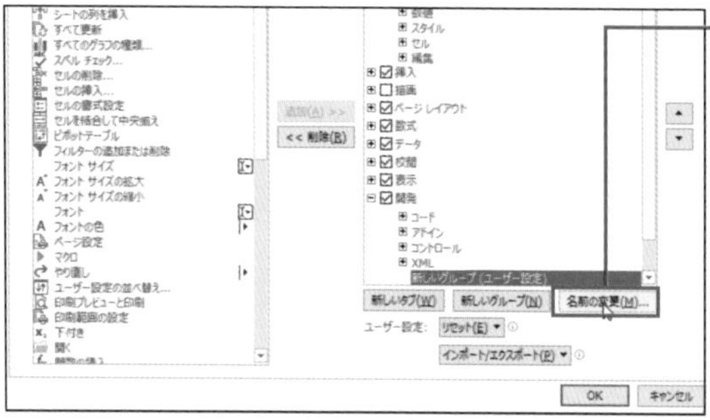

❺追加したグループが選択されている状態で [名前の変更] をクリックします。

❻［表示名］欄に、設定したいグループ名（ここでは「価格変換」）を入力し、

❼［OK］をクリックします。

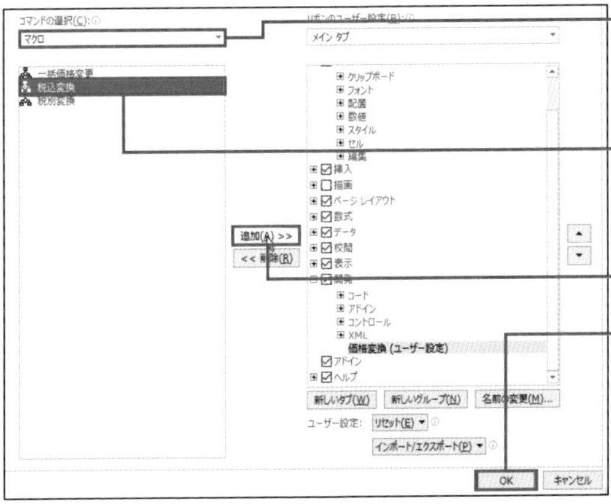

❽左側の［コマンドの選択］欄で［▼］から［マクロ］を選択します。

❾リボンに表示したいマクロ(ここでは「税込変換」を選択し、

❿［追加］をクリックして、

⓫［OK］をクリックします。

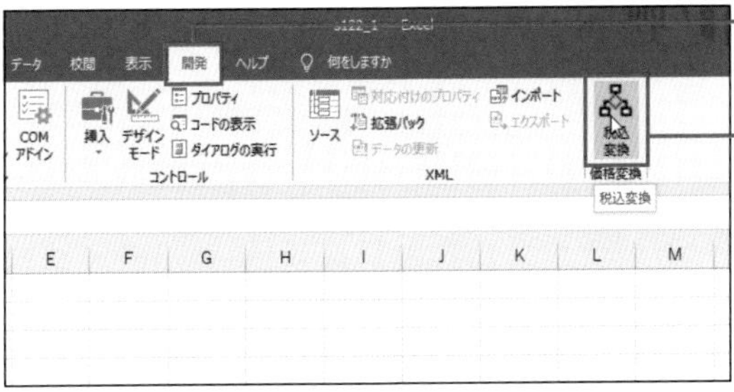

⓬リボンで［開発］タブをクリックし、

⓭追加された［価格変換］グループの［税込変換」をクリックすると、マクロが実行されます。

✓ COLUMN

リボンに登録するマクロ

クイックアクセスツールバーにマクロを登録した場合（P.266参照）、作業中のブックだけで有効にするか、全ブックで有効にするかを選択できました。一方、リボンにマクロを登録する場合はこの選択ができず、リボン上に追加したボタンはどのブックを開いているときでも常に表示されます。このため、リボンに登録するのは、個人用マクロブック（P.21参照）のマクロなど、どのブックでも利用可能なマクロにするとよいでしょう。

SECTION 123 ユーザー定義関数

ワークシート上で関数として使えるプログラムを作成する

VBAでは、ワークシートのセルの数式の中で使用し、プログラムとして設定した計算の結果を表示できる「ユーザー定義関数」を作成することもできます。このようなプログラムも、マクロと同じく、VBEで標準モジュールに記述します。

ユーザー定義関数の基礎知識

「Subプロシージャ」の「Sub」の部分を「Function」に変えると、「Functionプロシージャ」という種類のプログラムになります。Functionプロシージャは、プログラムとしても利用できますが、Excelでは標準モジュールに記述したFunctionプロシージャを、ユーザー定義関数としてワークシート上で利用することができます。
セルの数式で関数として使う場合、「Function ○○ ()」の「○○」の部分が関数名となり、そのまま数式に入力できます。計算の要素となる引数は関数名の後の「()」の中に指定し、複数の引数を指定する場合は「,」(半角カンマ) で区切ります。数式で指定された引数を受け取るために、プロシージャの後の「()」の中にも、対応する引数名を指定します。このとき、ユーザー定義関数の引数と戻り値には、それぞれ「As データ型」の形でデータ型を指定することができます。受け取った引数を使用して計算などの処理を行い、その結果の値をプロシージャ名「○○」に代入すると、その値が関数の戻り値となります。
なお、一般的なマクロでは実行可能な、セルやワークシートの値や設定を変更する操作は、ユーザー定義関数の中では行えません。

三角形の面積を求めるユーザー定義関数

次のFunctionプロシージャは、第1引数に指定された数値を「底辺」、第2引数に指定された数値を「高さ」として、三角形の面積を返すユーザー定義関数「FSample1」です。引数として、別のセルの参照を指定することも可能です。

SAMPLE 三角形の面積を求めるユーザー定義関数 s123_1

```
Function FSample1(底辺 As Double, 高さ As Double) As Double
    FSample1 = 底辺 * 高さ / 2
End Function
```

▶関数の入力例

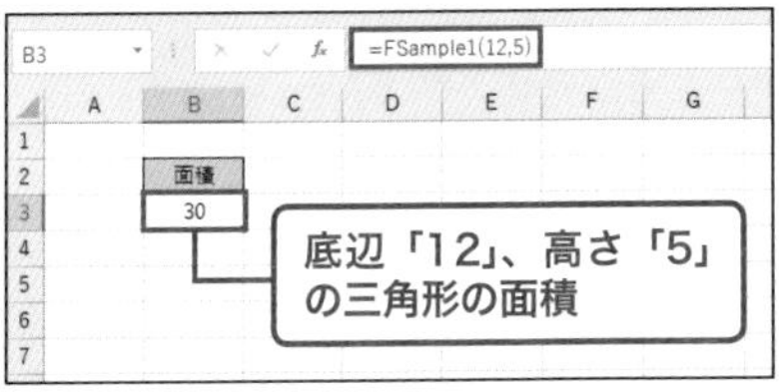

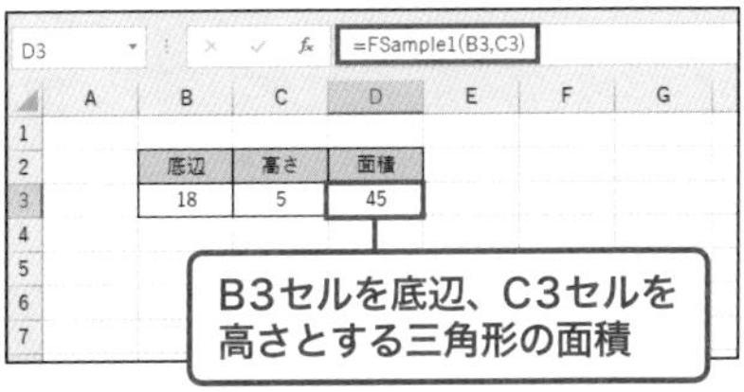

セルの書式を調べるユーザー定義関数

ユーザー定義関数では、セルの書式やその他の外部的な情報を取得し、処理に利用することもできます。たとえば、特定の塗りつぶしの色が設定されているセルだけの合計や平均などを求めるといった関数も作成可能です。この場合、引数はセル範囲の参照で指定し、受け取る側のFunctionプロシージャでは、引数をRange型で指定する必要があります。次の例は、セルの塗りつぶしの色が、テーマの色の「アクセント1」であるセルの値だけを合計します。

SAMPLE 特定の色のセルの値だけを合計するユーザー定義関数　s123_2

```
Function FSample2(範囲 As Range) As Double
    Dim rng As Range
    Dim cTotal As Double
    For Each rng In 範囲
        If rng.Interior.ThemeColor = xlThemeColorAccent1 _
            Then cTotal = cTotal + rng.Value
    Next rng
    FSample2 = cTotal
End Function
```

▶関数の入力例

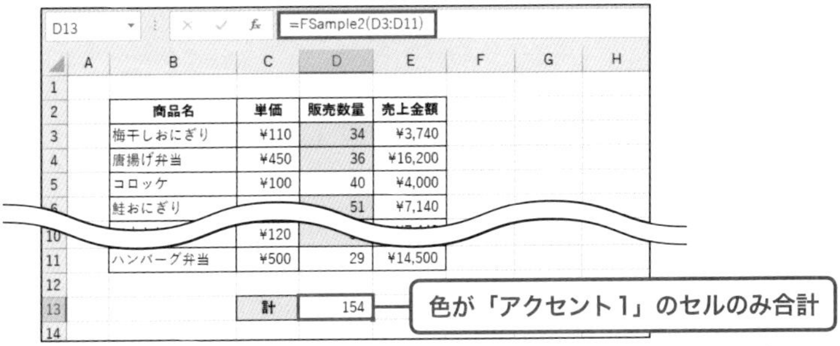

SECTION 124 イベントマクロ

シートを操作するときにマクロを実行する

VBAのプログラムは、「マクロ」として呼び出す形で実行する以外に、あるタイミングで自動的に実行するように設定することも可能です。ここでは、ワークシートに関連した操作で自動的に実行されるプログラムの例を紹介します。

イベントとイベントマクロ

プログラム実行のきっかけとすることができる、Excelの操作や状況のことを、「イベント」と呼びます。また、イベントに対応して自動的に実行されるプログラムのことを、「イベントマクロ」または「イベントプロシージャ」といいます。

イベントマクロは、通常のマクロのように「標準モジュール」に記述するわけではありません。ワークシート上の操作に対応するイベントマクロは、そのシートを表すモジュールに記述します。ここでは「Sheet1」に、セルにデータを入力したときに自動的に実行されるイベントマクロを作成してみましょう。

ワークシートのイベントマクロを作成する

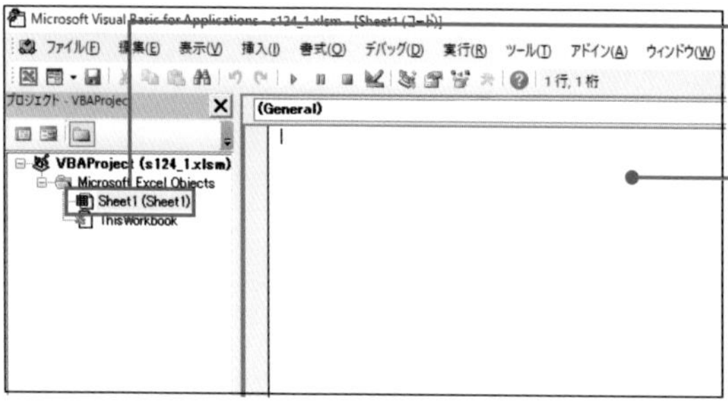

❶ VBEで、プロジェクトエクスプローラーの「Sheet1」をダブルクリックします。

❷ このモジュールのコードウィンドウが開きます。

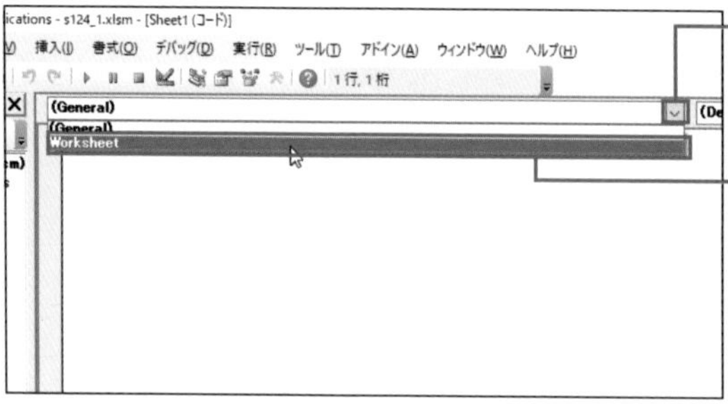

❸ コードウィンドウの左上の[オブジェクト]ボックスの[▼]をクリックし、

❹ [Worksheet]をクリックします。コードウィンドウに「Worksheet_SelectionChange」というSubプロシージャが作成されます。

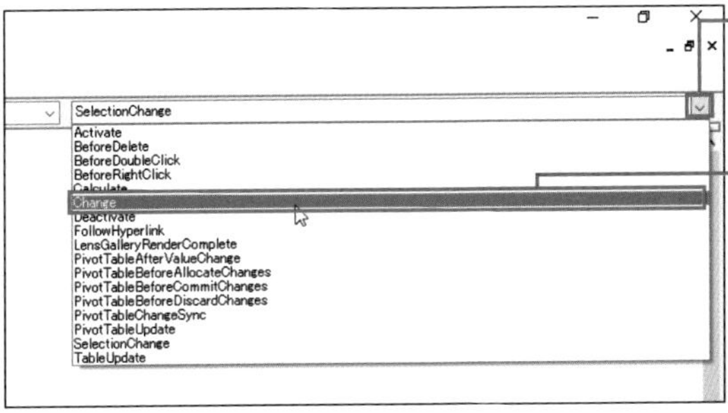

5 コードウィンドウの右上の［プロシージャ］ボックスの［▼］をクリックし、

6 ［Change］をクリックします。コードウィンドウに「Worksheet_Change」というSubプロシージャが作成されます。

変更したセルの情報を表示する

イベントマクロは、操作対象のオブジェクト名とイベント名を「_」（アンダースコア）でつないだ形のSubプロシージャになります。つまり、「Worksheet_Change」は、Worksheetオブジェクトの Change イベントに対して自動実行されるプログラムです。Change イベントは、ワークシート上のセルの内容が変更されたときに発生します。
ここでは、TargetのAddressプロパティとValueプロパティで番地と値を求め、MsgBox関数でメッセージ画面に表示させています。「vbCr」は、メッセージ画面内での改行を指定するための定数です。

SAMPLE **変更したセルの情報を表示**　　s124_1

```
Private Sub Worksheet_Change(ByVal Target As Range)
    MsgBox "変更されたセル:" & Target.Address & vbCr & _
        "変更後の値:" & Target.Value
End Sub
```

COLUMN

イベントマクロのプロシージャ名の指定

このSubプロシージャの先頭に付いている「Private」は、このプログラムをほかのモジュールなどから呼び出せないようにする指定です。また、「()」の中には、引数として「ByVal Target As Range」と指定されます。「ByVal」というキーワードはここではあまり深く考えないで、「Target」というRange型の引数が指定されたという点に注目してください。イベントマクロで自動的に指定される引数は、イベント発生に伴って取得された情報を、プログラムの中で利用できるようにするために使われます。「Target」という引数は、変更されたセルをRangeオブジェクトとして取得するためのものです。
なお、［オブジェクト］ボックスで「Worksheet」を選んだときに自動的に作成される「Worksheet_SelectionChange」イベントマクロは、選択しているセルが変更されたときに自動実行されるものです。不要であれば、Subプロシージャを削除してください。

▶実行結果

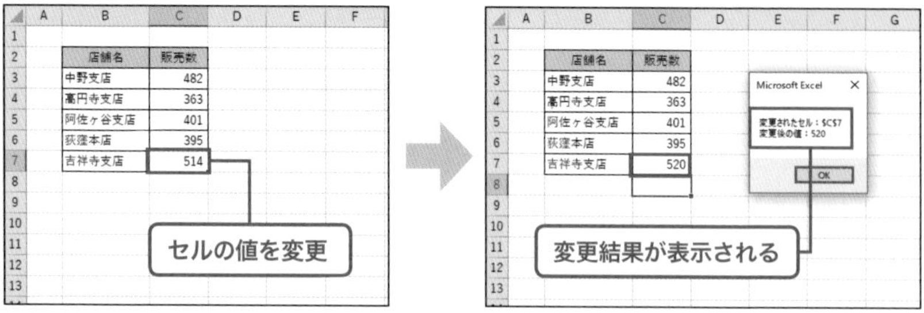

シートを開いたときに最下行を選択する

ワークシートをアクティブにする操作を行うと、Worksheetオブジェクトの Activate イベントが発生します。これを利用して、特定のワークシートを開くと特定の列の最下行のセルを自動的に選択するイベントマクロを作成しましょう。

次の例は、「販売記録」シートを開くと、そのB列の末尾の行のセルを自動的に選択するイベントマクロです。一番下のセルの取得にはEndプロパティを利用しています(P.104参照)。なお、取得したRangeオブジェクトのOffsetプロパティなどで、最下行のさらに1つ下の空白セルを選択するといったことも可能です。

ただし、Activateイベントは、最初から表示されているワークシートでは発生しません。ワークシートの表示を切り替える操作でのみ発生するので、注意してください。

SAMPLE シート表示時に最後のセルを自動選択　s124_2

```
Private Sub Worksheet_Activate()
    Range("B1048575").End(Direction:=xlUp).Select
End Sub
```

▶実行結果

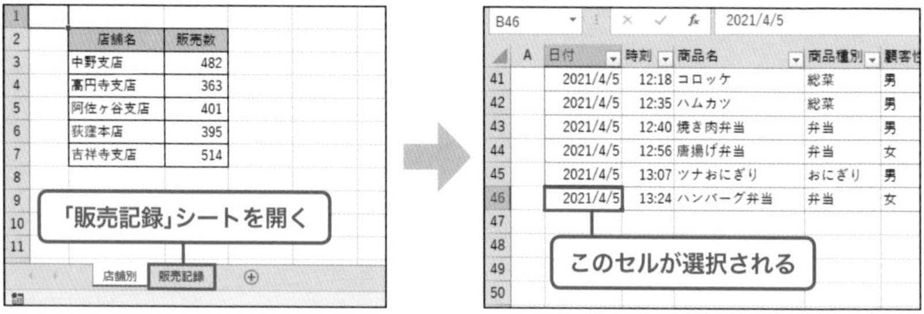

セルをダブルクリックしたときに値を1増やす

セルをダブルクリックすると、そのセルを含むワークシートを表すWorksheetオブジェクトのBeforeDoubleClickイベントが発生します。すでにダブルクリックしているのになぜ「Before」(前) なのかというと、ダブルクリックそのものではなく、「ダブルクリックしてセルが編集状態になる直前」のタイミングを表すイベントだからです。

このイベントマクロでは、引数Targetで、ダブルクリックされたセルを表すRangeオブジェクトを取得することができます。次の例では、それがC3:E7のセル範囲に含まれるかどうかをIntersectメソッドで調べます(P.116参照)。セル範囲内だった場合は、さらにそのセルの値が数値かどうかを調べ、数値だった場合は現在の値に1を加算した値を、改めて同じセルに入力します。

最後に、引数CancelにTrueを指定します。この引数も複数のイベントで使用されますが、いずれもそのイベントの本来の操作結果をキャンセルするかどうかを指定するものです。ダブルクリックの本来の結果は、前述の通り「セルを編集状態にする」ことなので、これをキャンセルすることで、セルの編集を中止することができます。

SAMPLE 値入力欄のセルをダブルクリックすると1を加算 s124_3

```
Private Sub Worksheet_BeforeDoubleClick(ByVal Target As Range, Cancel As Boolean)
    If Not Intersect(Range("C3:E7"), Target) Is Nothing Then
        If IsNumeric(Target) Then Target.Value = Target.Value + 1
        Cancel = True
    End If
End Sub
```

▶実行結果

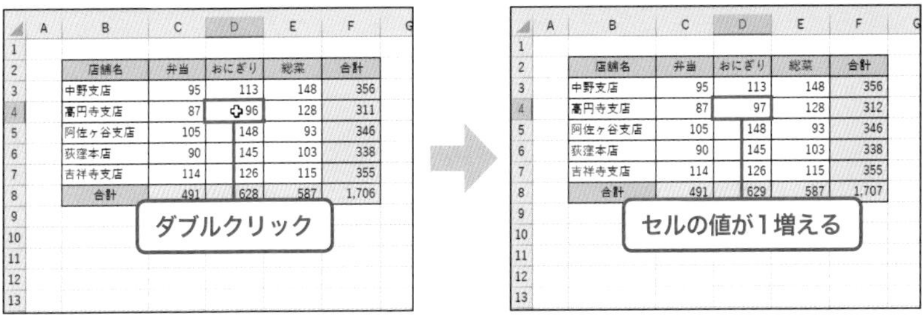

SECTION
125
イベントマクロ

ブックを操作するときにマクロを実行する

Excelで作成可能なイベントマクロには、ワークシートに関連した操作で自動的に実行されるもの以外にも、いくつか種類があります。ここでは、ブックに関連した操作で自動的に実行されるイベントマクロの例を紹介しましょう。

ブックのイベントマクロを作成する

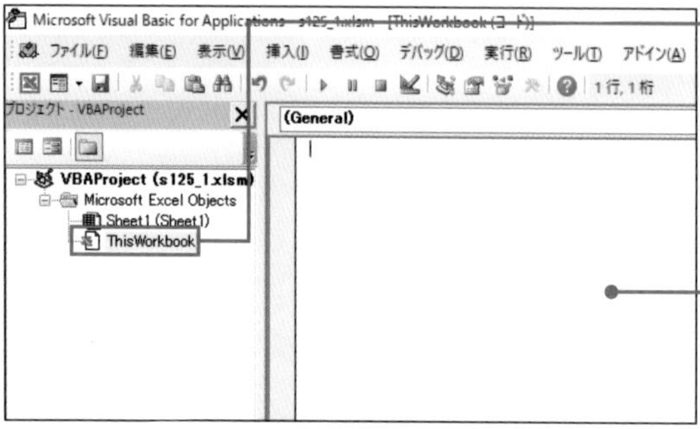

❶ブックのイベントは「ThisWorkbook」モジュールに記述します。プロジェクトエクスプローラーの「ThisWorkbook」をダブルクリックします。

❷このモジュールのコードウィンドウが開きます。

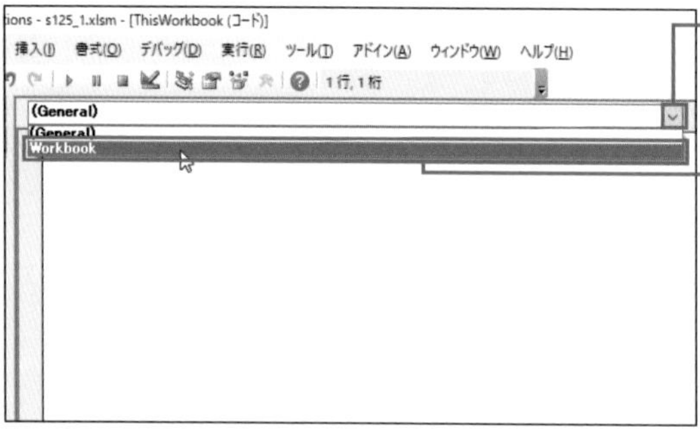

❸コードウィンドウの左上の［オブジェクト］ボックスの［▼］をクリックし、

❹［Workbook］をクリックします。コードウィンドウに「Workbook_Open」というSubプロシージャが作成されます。

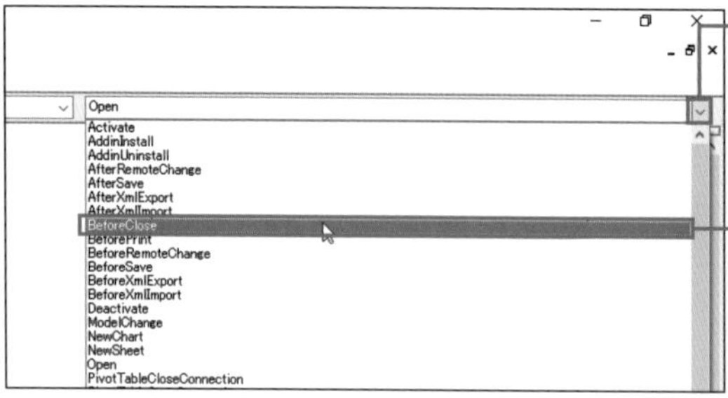

❺コードウィンドウの右上の［プロシージャ］ボックスの［▼］をクリックし、

❻［BeforeClose］をクリックします。コードウィンドウに「Workbook_BeforeClose」というSubプロシージャが作成されます。

ブックを開いたときに最下行を表示する

WorkbookオブジェクトのOpenイベントは、ブックを開いたときに発生します。P.274で紹介した「Worksheet_Activate」のイベントマクロはブックを開いたときには自動実行されませんが、同様の操作を「Workbook_Open」のイベントマクロで行えば、表示されているワークシートのB列最下行のセルが自動的に選択されます。

SAMPLE 開いたブックの最下行のセルを選択 s125_1

```
Private Sub Workbook_Open()
    Range("B1048575").End(Direction:=xlUp).Select
End Sub
```

ブックを閉じたときに自動的に保存する

WorkbookオブジェクトのBeforeCloseイベントは、ブックを閉じる操作をしたときに発生します。ここでは、手動での保存操作や保存確認への対応などの手間を省けるように、ブックを閉じるときに自動的に保存するイベントマクロを作成します。
「Me」は、このコードが記述されているモジュールのオブジェクトを取得できるキーワードです。この場合は対象のブックを表すWorkbookオブジェクトを指すので、そのSaveメソッドでブックの保存を実行します。

SAMPLE ブックを閉じるときに自動保存 s125_2

```
Private Sub Workbook_BeforeClose(Cancel As Boolean)
    Me.Save
End Sub
```

COLUMN

ブックを常に保存せずに閉じる

ブックの保存確認なしで、常に保存せずに閉じたい場合は、WorkbookオブジェクトのSavedプロパティにTrueを設定します。このプロパティは、ブックが「保存済み」であることをTrue／Falseの論理値で表します。実際には保存されていなくても、このプロパティにFalseを設定することで、「保存済み」と判断されます。

SAMPLE ブックを保存せずに閉じる s125_3

```
Private Sub Workbook_BeforeClose(Cancel As Boolean)
    Me.Saved = True
End Sub
```

SECTION 126 イベントマクロ

右クリックのメニューからマクロを実行する

右クリックで表示されるショートカットメニューの構成をカスタマイズし、メニューからマクロを選んで実行させてみましょう。メニューをカスタマイズする操作と、そのメニューを表示する操作を、右クリックのイベントマクロにまとめます。

右クリックメニューからマクロを実行する

次の例は、WorksheetオブジェクトのBeforeRightClickイベント(右クリックのイベント)に対応したイベントマクロとして作成しています。メニュー上に3つの項目を表示し、それに対応する3種類のマクロを設定しています(右ページ参照)。

最後に、引数CancelにTrueを設定して、マクロ実行用のメニューを表示した後に、セルに関する操作を行う本来の右クリックメニューが表示されないようにしています。

SAMPLE 右クリックメニューから3つのマクロを実行　s126_1

```
Private Sub Worksheet_BeforeRightClick(ByVal Target As Range, Cancel As Boolean)
    With CommandBars.Add(Position:=msoBarPopup)
        With .Controls.Add
            .Caption = "税込価格に変換"
            .OnAction = "税込変換"
        End With
        With .Controls.Add
            .Caption = "税別価格に変換"
            .OnAction = "税別変換"
        End With
        With .Controls.Add
            .Caption = "価格を一括変更"
            .OnAction = "一括価格変更"
        End With
        .ShowPopup
        .Delete
    End With
    Cancel = True
End Sub
```

▶実行結果

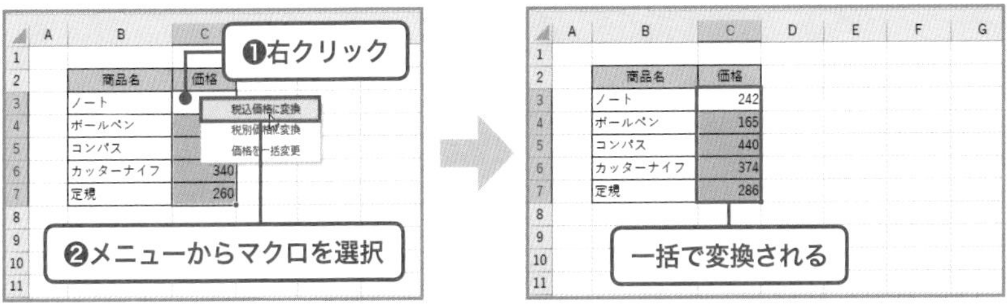

ショートカットメニューのカスタマイズ方法

メニューなどのユーザーインターフェースを表す「コマンドバー」は、CommandBarオブジェクトとして操作できます。右クリックで表示されるショートカットメニューも、コマンドバーの一種です。Applicationオブジェクト、または対象オブジェクトを省略したCommandBarsプロパティでCommandBarsコレクションを取得できます。ここでは以下の手順で、3つのメニュー項目からそれぞれ異なるマクロを実行できる独自のショートカットメニューを作成しています。

1 新しいCommandBarオブジェクトを作成

CommandBarsコレクションのAddメソッドを実行し、引数Positionにショートカットメニューを表す定数msoBarPopupを指定します。Addメソッドでは、戻り値として、作成されたコマンドバーを表すCommandBarオブジェクトを取得できます。

2 新しいCommandBarControlオブジェクトを追加

作成されたCommandBarオブジェクトのCotrolsプロパティで、コマンドバーに含まれるコントロール(ボタンなど)の集合を表すCommandBarControlsコレクションが取得でき、そのAddメソッドで新しいコントロールを表すCommandBarControlオブジェクトを作成し、戻り値として取得できます。Addメソッドの引数Typeには、ボタンを表す定数msoControlButtonを指定します(省略可能)。

3 メニュー名とマクロを設定

CommandBarControlオブジェクトのCaptionプロパティにコントロール上に表示する文字列を、OnActionプロパティにコントロールをクリックしたときに実行されるマクロ名を設定します。この操作を3回繰り返します。

以上でショートカットメニューの作成は終了です。このメニューを表示するには、CommandBarオブジェクトのShowPopupメソッドを実行します。また、コマンドバーの設定は作業中のExcelに保存されますが、このメニューからマクロを実行すれば保存しておく必要はないので、Deleteメソッドで削除します。

SECTION
127
アドイン

ブックをアドインとして利用する

マクロを含むブックを「アドイン」にして有効化すると、どのブックで作業しているときも、そのマクロやユーザー定義関数を使用できるようになります。ここでは、VBAで作成したユーザー定義関数（P.270）を含むブックをアドインにします。

ブックをアドイン形式で保存する

VBEでユーザー定義関数のプログラムを作成し、マクロ有効ブックとして保存しておきます。

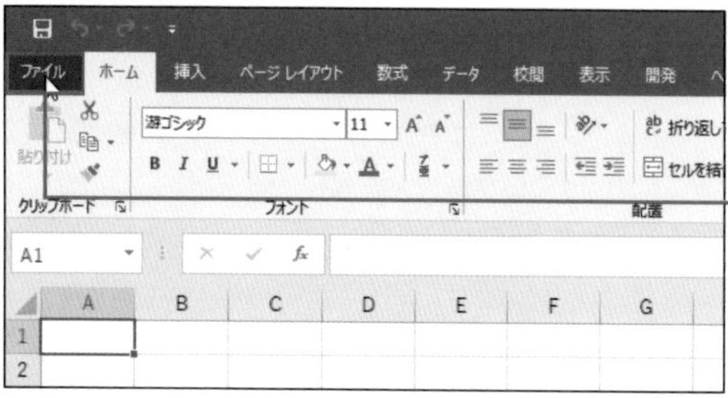

❶［ファイル］タブをクリックします。

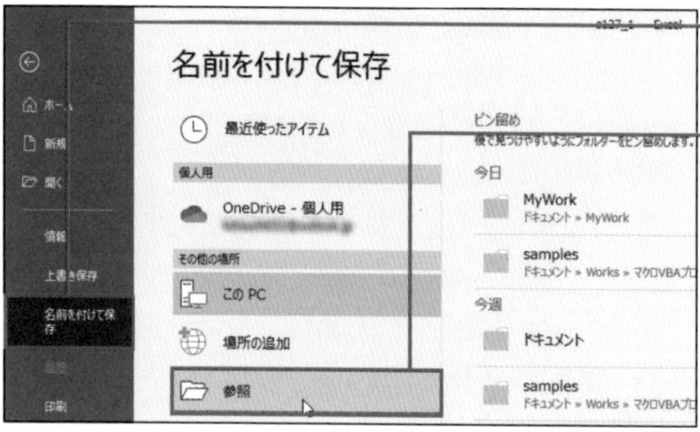

❷［名前を付けて保存］をクリックし、

❸［参照］をクリックします。

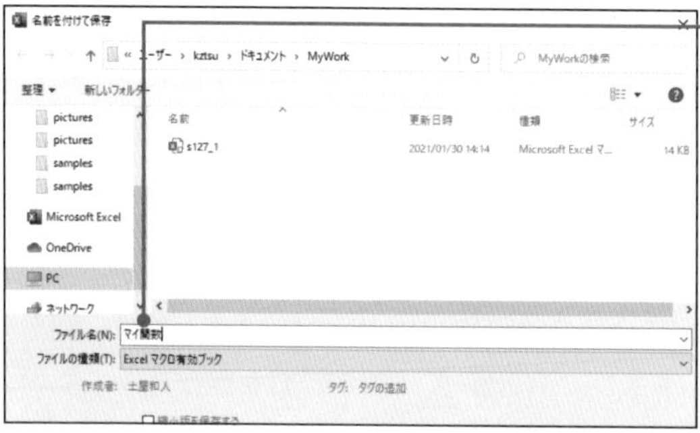

❹［ファイル名］欄に「マイ関数」と入力します。

第6章
第7章
第8章
第9章 アドイン
第10章

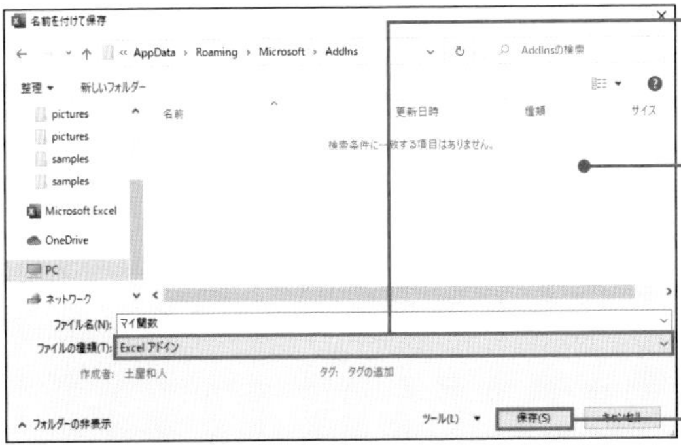

❺［ファイルの種類］をクリックして、［Excel アドイン］を選びます。

❻保存先のフォルダーが自動的にアドイン用のフォルダーになります。

❼［保存］をクリックします。これで、作業中のブックがアドインとして保存されます。

アドインを有効にする

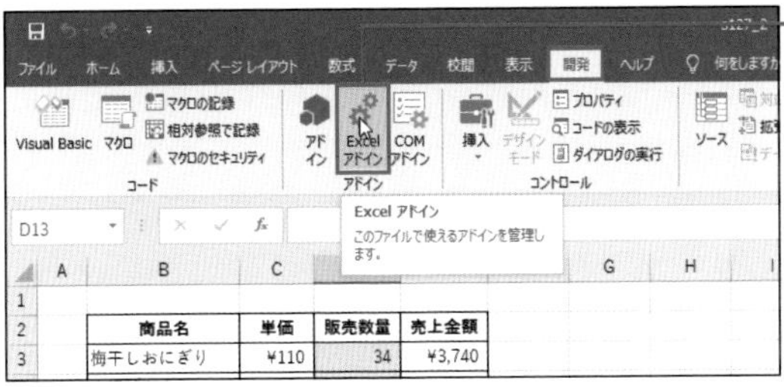

❶アドインの保存後、Excel を再起動してから［開発］タブの［アドイン］グループの［Excel アドイン］(Excel 2013 以前は［アドイン］) をクリックします。

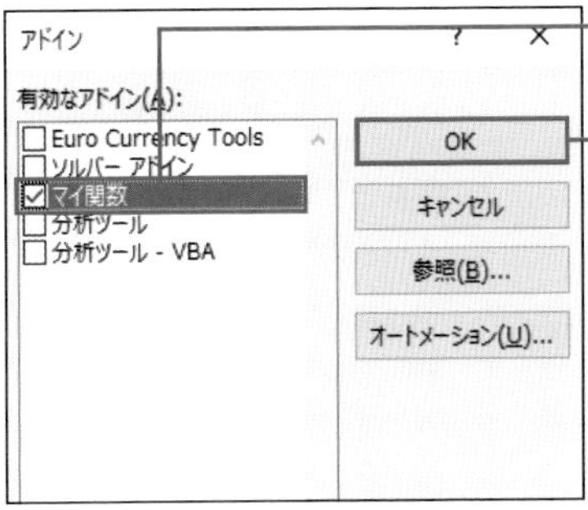

❷［マイ関数］をクリックしてチェックをオンにし、

❸［OK］をクリックします。

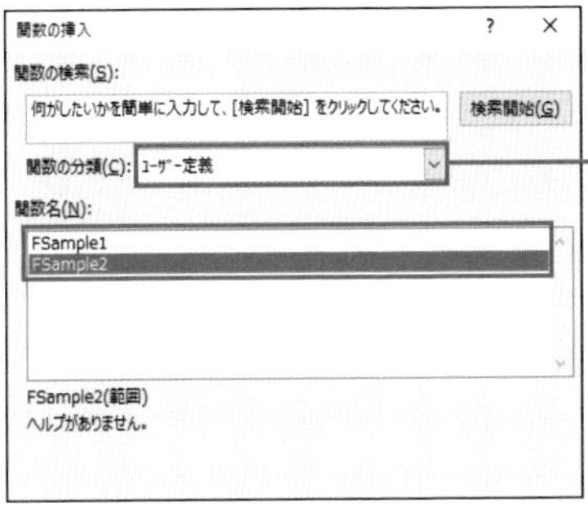

❹アドインに記録されていたユーザー定義関数が使用可能になります。［関数の挿入］ダイアログボックスにも「ユーザー定義」という分類で表示され、選択して入力することができます。

COLUMN

アドインのマクロを実行する

ここではユーザー定義関数を含むブックをアドインにしましたが、マクロを含むブックをアドインにすることも可能です。ただし、アドインに含まれるマクロは［マクロ］ダイアログボックスには表示されません。マクロ名がわかっていれば、［マクロ名］欄にそれを直接入力して、マクロを実行することができます。
また、クイックアクセスツールバーに、作業中のブックに適用する設定でマクロを登録しておくと、そのアドインを有効化するとクイックアクセスツールバーにそのボタンが表示され、クリックしてマクロを実行することができます。

COLUMN

アドインファイルの保存場所

アドインとして保存することで、同じマクロやユーザー定義関数をさまざまなブックで使用できるようになります。また、アドインファイルをコピーすれば、ほかのパソコンのExcelでも利用可能です。そのためには、まず作成したアドインのファイルがどこにあるかを知る必要があります。
［名前を付けて保存］ダイアログボックスの［ファイルの種類］欄で［Excelアドイン］を選ぶと、ファイルの保存先が自動的にアドインの保存用フォルダーに切り替わります。作成したアドインをほかのパソコンなどにコピーするには、この画面でファイルを操作するとよいでしょう。［名前を付けて保存］ダイアログボックスでは、右クリックのメニューからフォルダーのウィンドウ（エクスプローラー）と同様のファイル操作が行えます。たとえば、この画面に表示されているアドインファイルを右クリックしてメニューから［コピー］を実行し、コピー先のフォルダーを開いて［ホーム］タブの［クリックボード］グループの［貼り付け］をクリックすれば、ファイルがコピーされます。
同様に、［名前を付けて保存］ダイアログボックスで不要なアドインファイルを削除することも可能です。目的のファイルを右クリックし、［削除］を選びます。
なお、このような目的で［名前を付けて保存］ダイアログボックスを表示した場合、閉じるときは［保存］ではなく［キャンセル］をクリックしてください。

▶アドインファイルのコピー

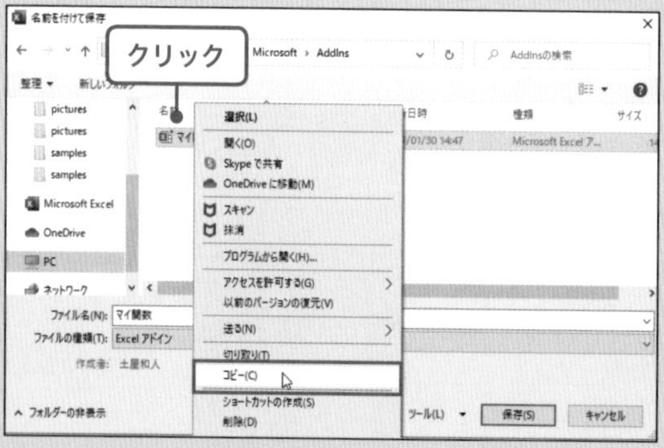

第10章

ユーザーフォームで作業を快適にしよう

SECTION 128 ユーザーフォーム

ユーザーフォームとは?

「ユーザーフォーム」を利用することで、オリジナルのダイアログボックスを作成したり、ちょっとしたアプリケーションを自作したりできます。具体的な作成手順に入る前に、ここではユーザーフォームを利用するための作業の流れを紹介します。

ユーザーフォームの役割

ユーザーフォーム(フォーム)は、Excelとは別のウィンドウで表示することができる、独自の操作画面です。プログラムの中で使用するテキストの入力欄やチェックボックス、プログラムの機能を実行するボタンといった各種の部品(コントロール)を配置して、独自のダイアログボックスなどを作成することができます。
フォーム上のボタンなどから実行するプログラムは、VBAで記述します。また、フォームを表示する操作も、通常はVBAを使って行います。

▶ ユーザーフォームの設計画面とExcel上での表示

●Before　●After

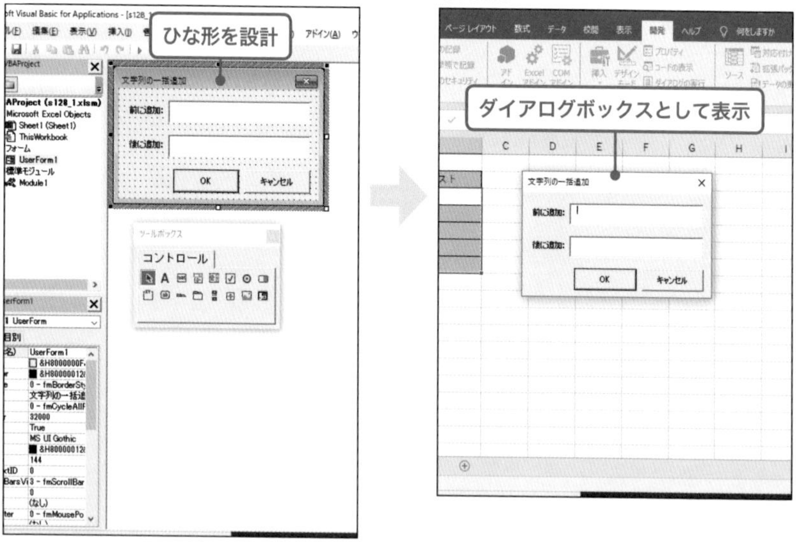

ユーザーフォームの作成手順

フォームを作成し、Excelの作業で利用できるようにするには、次のようなステップを踏んで作業していきます。

1 ユーザーフォームを作成する

Sec.129

VBEでの作業です。フォームは標準モジュールなどと同じ「モジュール」の一種で、新しいフォームを作成すると、プロジェクトエクスプローラーの中にアイコンが表示され、コードウィンドウと同じ領域に、操作画面のウィンドウのひな形が表示されます。この画面で、フォームの設計を行います。

2 コントロールを配置する

Sec.129～132

「コントロール」とは操作用の部品のことで、設定のオン／オフを表すチェックボックスやオプションボタン、機能実行用のコマンドボタンといった種類があります。これらをフォーム上の任意の場所に配置して、レイアウトを完成させます。

3 VBAのプログラムを記述する

Sec.133

フォームには、操作画面のひな形を設計するためのウィンドウとは別に、プログラムを記述するためのコードウィンドウも用意されます。ここに記述するプログラムは、主にフォームやそこに配置されたコントロールの操作に対応するイベントマクロ（P.272参照）です。ウィンドウとして表示されるフォームでは、ユーザーがチェックボックスなどを操作して各種の設定を行い、コマンドボタンをクリックしてその設定に基づく機能を実行するというのが一般的な手順です。そのため、フォームに記述するプログラムの多くは、コマンドボタンのクリックに対応するイベントマクロになります。

4 Excelからユーザーフォームを呼び出す

Sec.134

Excelでの作業中にフォームを表示するためには、呼び出すためのVBAのプログラムを実行する必要があります。このプログラムは、フォーム自身のコードウィンドウではなく、標準モジュールに記述したマクロや、シートのモジュールに記述したイベントマクロなどとして作成します。

5 表示されたユーザーフォームの操作

Sec.135

フォームが表示されたら、通常は、フォームを閉じるまでそのほかの操作は行えません。フォーム上では、各コントロールの機能に従って設定を行い、コマンドボタンをクリックして目的の機能を実行します。なお、フォームの右上に[閉じる] ボタンも表示されていますが、通常は「実行」などのコマンドボタンに、フォームを閉じるプログラムも組み込みます。また、実行せずにフォームを閉じる「キャンセル」ボタンも用意すると親切でしょう。

SECTION 129 ユーザーフォーム

ユーザーフォームを作成する

まず、VBEでユーザーフォームを設計するための基本的な操作手順を紹介します。さらに、フォームのサイズを変更し、基本的なコントロールの例として、ここではコマンドボタンをフォーム上に配置する操作を示します。

ユーザーフォームの画面を作成する

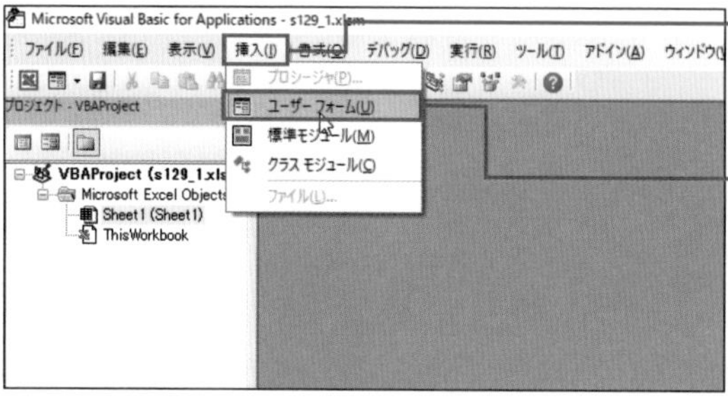

❶VBEを開いている状態から作業を開始します。[挿入] メニューをクリックし、

❷[ユーザーフォーム] をクリックします。

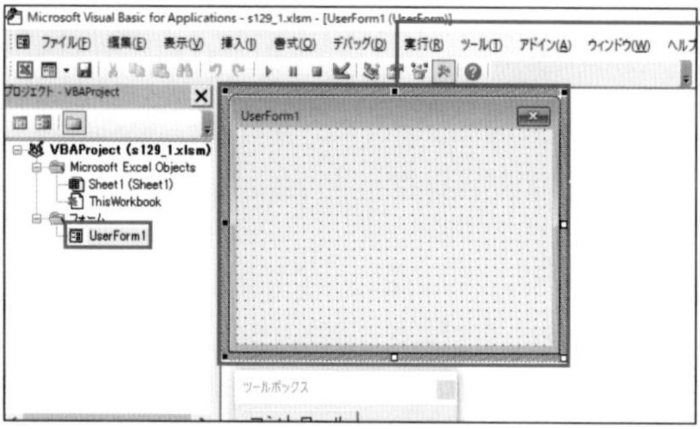

❸右側の領域にフォームの設計画面が表示されます。同時に、プロジェクトエクスプローラーにフォームのアイコンが追加されています。

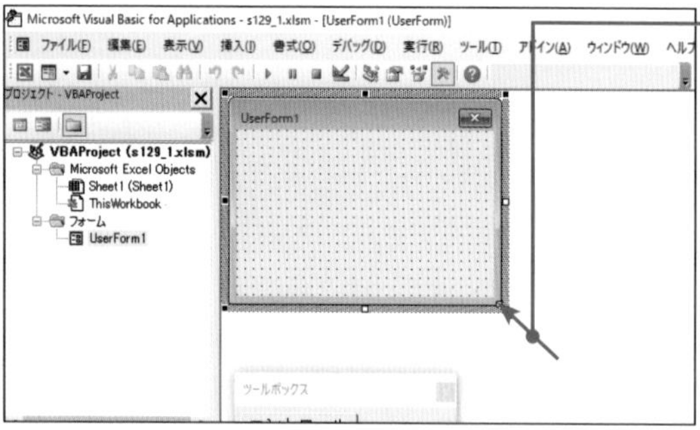

❹作成されたフォームの画面の左下隅をドラッグして、サイズを変更します。目的に応じて、適切なサイズに調整します。

コントロールを配置する

ここでは、作成したフォームの画面上に「コマンドボタン」を配置します。

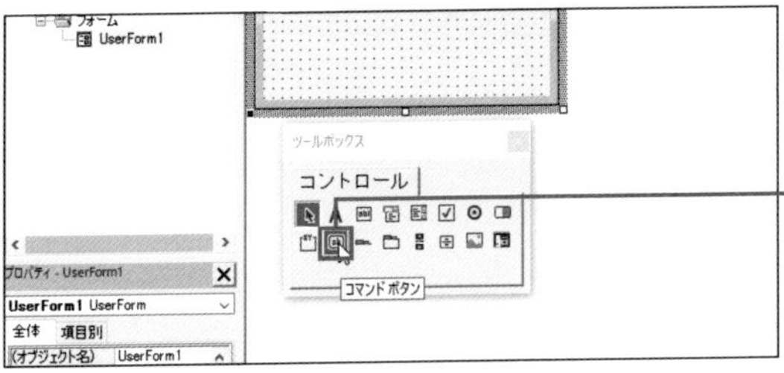

❶［ツールボックス］の［コマンドボタン］をクリックします。

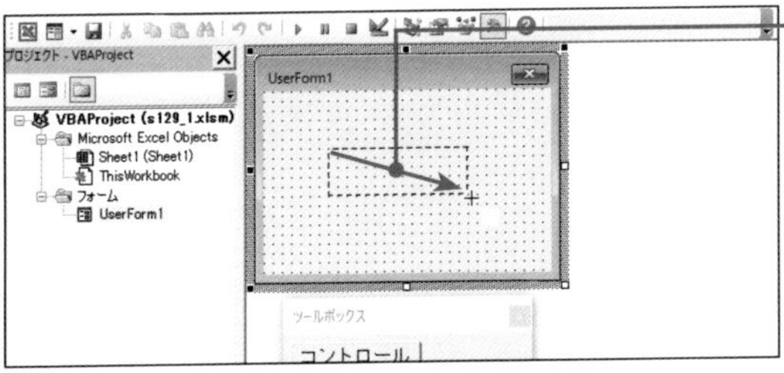

❷フォーム上をドラッグします。

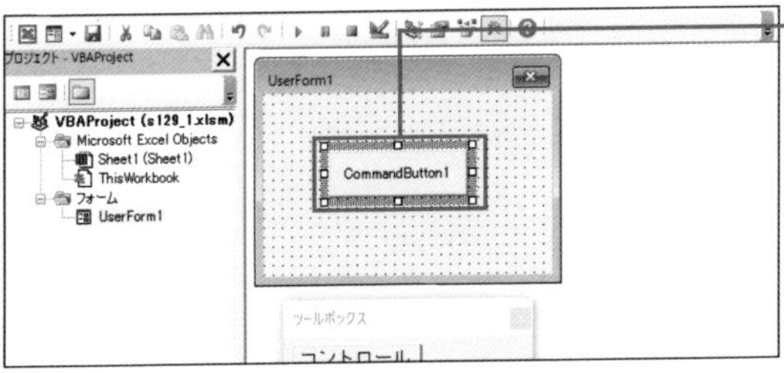

❸ドラッグの始点と終点を対角線とする長方形のコマンドボタンが作成されます。

COLUMN

コントロールの標準サイズ

［ツールボックス］から作成したいコントロールを選んだ後、ドラッグではなくフォーム上をクリックしても、その位置を左上端としてコントロールを作成することができます。その場合、作成されるサイズは、コントロールの種類に応じて自動的に決まります。

▶ クリックしてコントロールを作成

Before

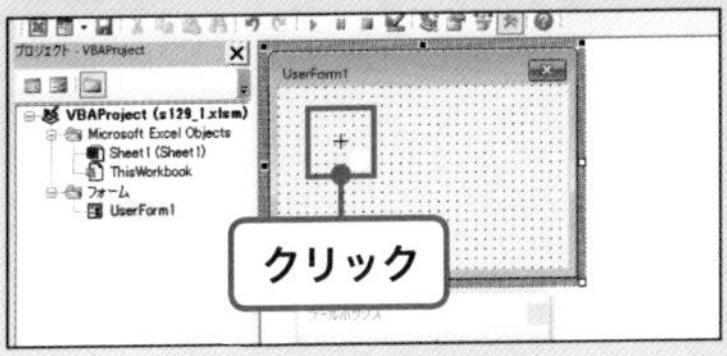

After

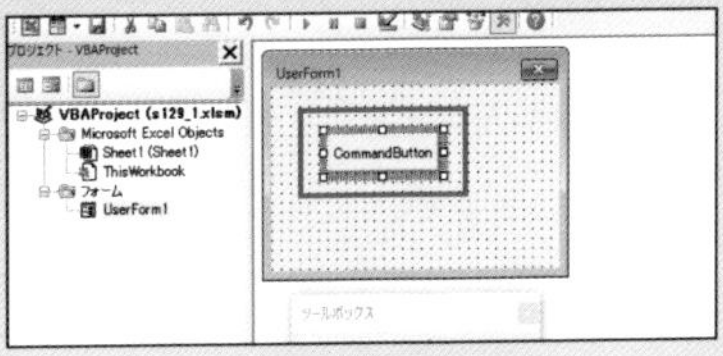

SECTION
130
コントロールの種類

コントロールの種類を知る

ここでは、ユーザーフォーム上に配置できるコントロールの種類を、一通り紹介していきましょう。使用方法はコントロールの種類によって多少異なる場合もありますが、ここではそれぞれの主な用途についても簡単に説明します。

コントロールの種類を確認する

VBEでフォームの編集中に表示される[ツールボックス]には、通常の選択モードに戻す左上端の[オブジェクトの選択]を除いて、コントロールを作成するためのボタンが全部で15種類用意されています。ここでは、そのすべてを簡単に説明します。

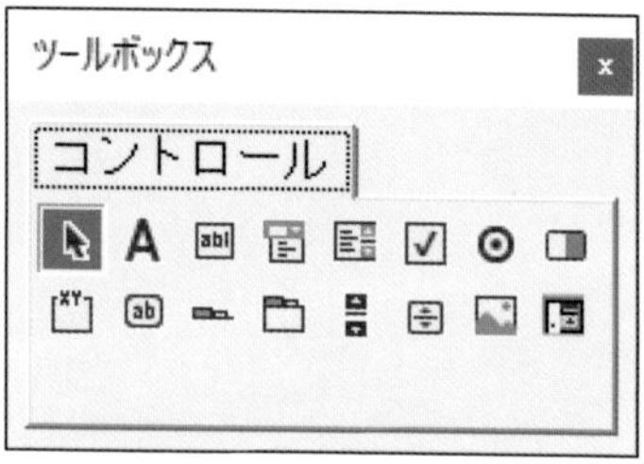

ラベル

フォーム上に文字を表示するのに使用します。常に同じ文字を表示しておくことも、プログラムで内容を変更することも可能です。フォームの表示中にユーザーが文字を変更することはできません。

テキストボックス

フォームの表示中、ユーザーに文字データを入力させるために使用します。ここでユーザーが入力した文字データを、プログラムの処理で使用できます。

コンボボックス

テキストボックス同様、ユーザーから何らかの情報を受け取るためのコントロールです。右側に表示される「▼」ボタンをクリックすると選択肢が表示され、その中から1つを選択することができます。設定によっては、選択肢から選ぶだけでなく、テキストボックスと同様に直接文字を入力することも可能です。

リストボックス

複数の項目をリスト形式で表示し、ユーザーにその中の1つまたは複数の項目を選択させることができるコントロールです。

チェックボックス

設定のオン／オフの状態を、ユーザーに確認・変更させるためのコントロールです。チェックが付いているのがオン(True)、付いていないのがオフ(False) の状態です。

オプションボタン

複数の項目から1つを選択させるためのコントロールです。通常、複数のオプションボタンをセットで使用し、その中のどれか1つをクリックしてオン(True) にすると、そのほかのオプションボタンはすべてオフ(False) になります。

トグルボタン

コマンドボタンに似ていますが、クリックするたびにオン／オフが切り替わります。

フレーム

コントロールをグループ分けするのに使います。たとえば、同じフレームの内側に作成された複数のオプションボタンは、それぞれ1つのグループと見なされます。

コマンドボタン

クリックすることでプログラムを実行するためのコントロールです。

タブストリップ　マルチページ

いずれもフォーム内に「タブ」を表示し、複数の設定画面を切り替えるような用途に使用します。

スクロールバー

数値を一定の範囲で変化させるコントロールです。スクロールボックスの位置で数値の量を表します。数値自体は表示されません。

スピンボタン

数値の入力に使用するコントロールで、上下の矢印ボタンで数値を増減させます。数値が表示されないので、テキストボックスなどと組み合わせて使います。

イメージ

フォーム上に画像を表示するためのコントロールです。

RefEdit

テキストボックスと同じタイプのコントロールですが、ワークシート上を直接クリックまたはドラッグして、そのセル参照を入力できます。

SECTION
131
フォームのデザイン

フォーム上の表示文字を変更する

フォームに配置したコントロールのうち、ラベルやコマンドボタン、チェックボックスなどは、表面に何らかの文字が表示されています。これらの文字は、VBEの設計画面で直接変更できます。また、フォームのタイトルバーの文字も変更することが可能です。

コマンドボタンの文字を変更する

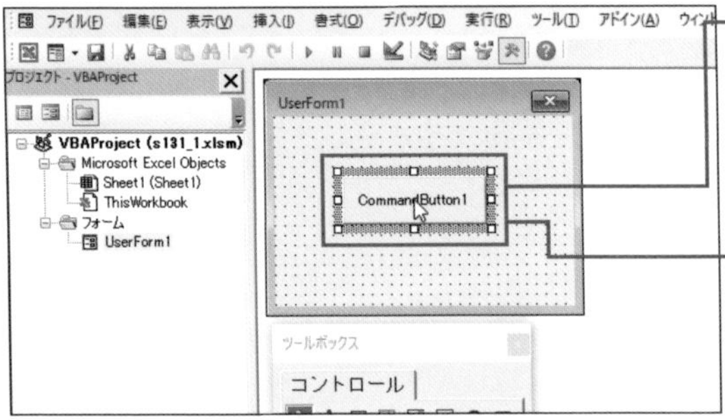

❶ VBE のフォームの設計画面にコマンドボタンを作成した状態から作業を開始します。コマンドボタンをクリックします。

❷ 選択された状態で、もう一度クリックします。文字が編集できる状態になります。

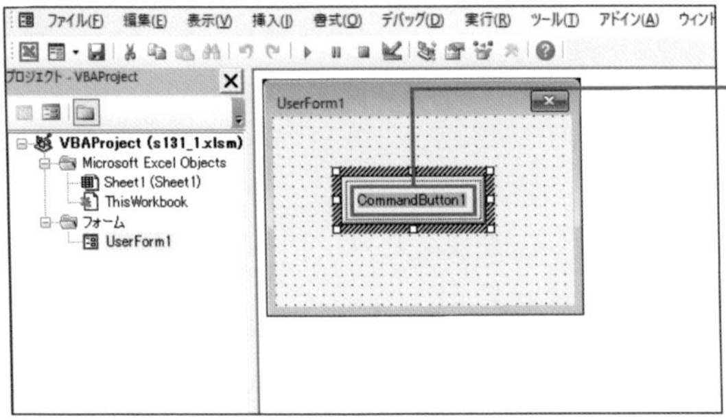

❸「CommandButton1」という文字の上をドラッグして選択します。

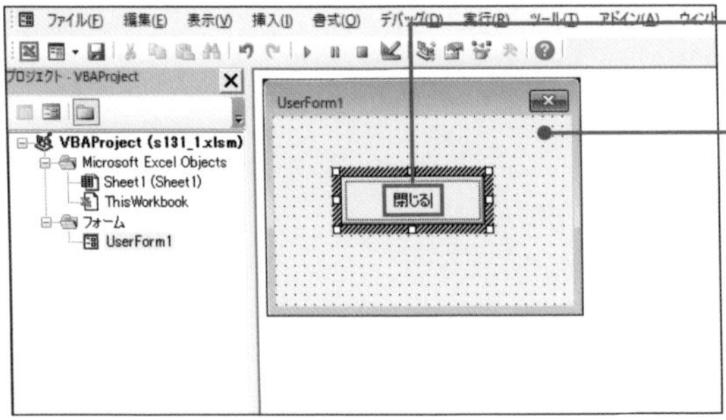

❹「閉じる」という文字を入力します。

❺ フォーム上の適当な位置をクリックして、コマンドボタンの選択を解除します。

フォームのタイトルを変更する

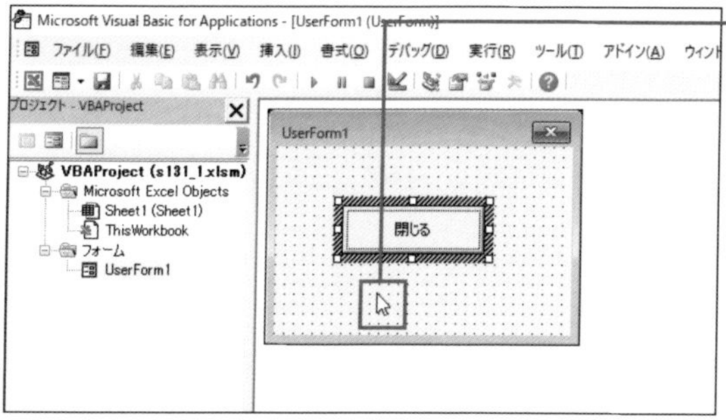

❶VBEのフォーム設計画面で、フォームそのものの背景をクリックします。

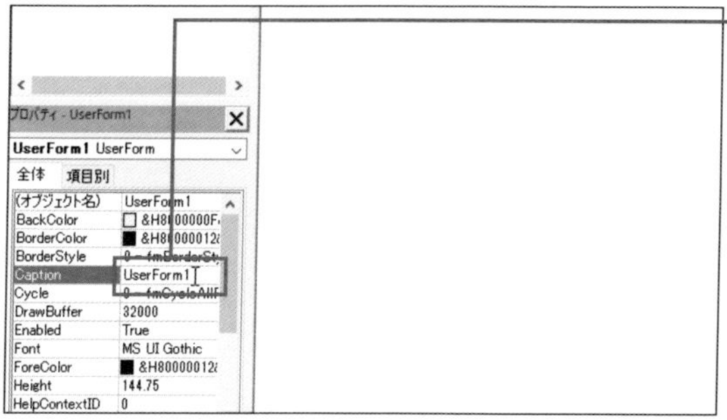

❷プロパティウィンドウで「Caption」の右側の「UserForm1」をクリックします。

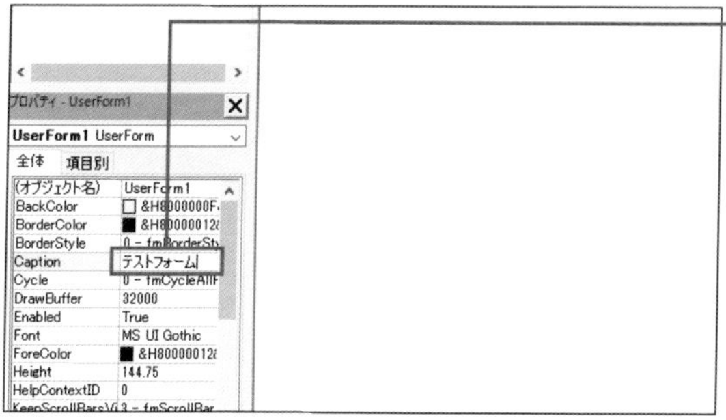

❸文字を選択し、フォームのタイトルに「テストフォーム」と入力します。

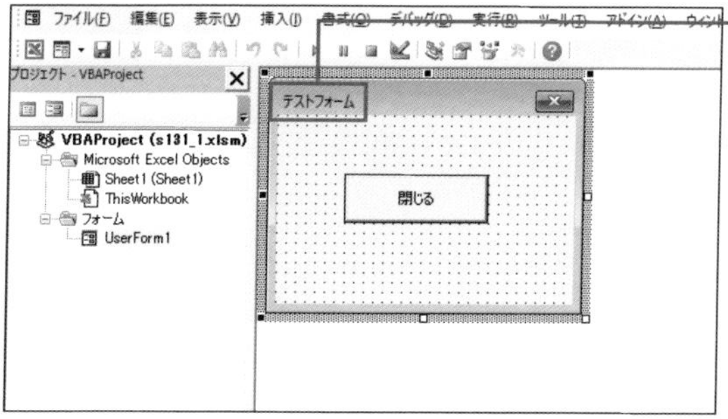

❹フォームのタイトルが「Caption」に設定した文字に変更されます。

> **MEMO コントロールも変更可能**
>
> 各コントロールの表示文字も、プロパティウィンドウの「Caption」で変更できます。

SECTION 132
フォームのデザイン

フォームの書式を変更する

フォーム自体や、その上に配置した各コントロールは、それぞれ書式を変更することができます。たとえば、塗りつぶしの色やフォント、フォントサイズといった書式です。ここでは、フォームの背景色と基本のフォントを変更してみましょう。

フォームの背景色を変更する

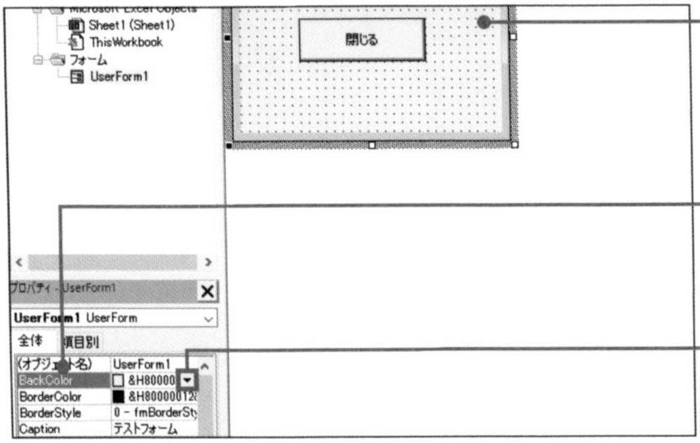

❶ VBEで、フォームの設計画面を表示した状態から作業を開始します。フォームをクリックします。

❷ プロパティウィンドウの［BackColor］の右側の部分をクリックします。

❸ 表示される［▼］をクリックします。

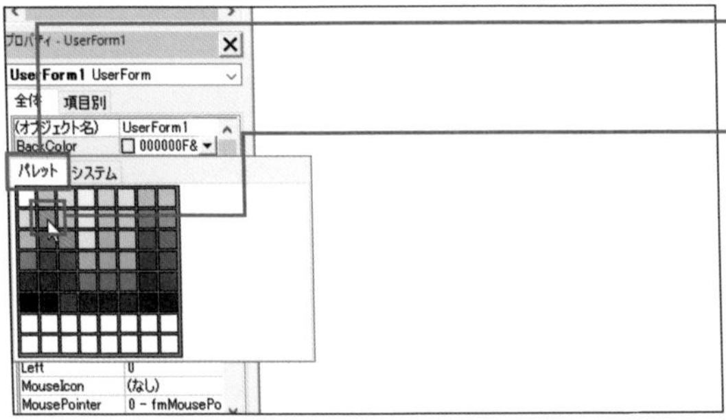

❹［パレット］タブをクリックします。

❺ 設定したい色をクリックします。

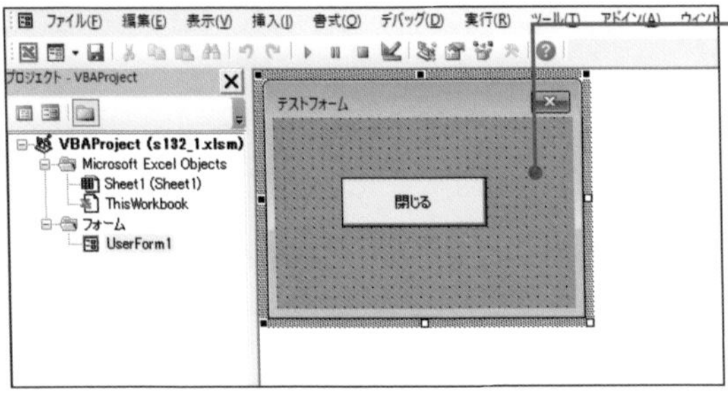

❻ フォームの色が変化します。

MEMO　コントロールも変更可能

各コントロールの背景色も、同様の操作で変更できます。

第6章
第7章
第8章
第9章
第10章
フォームのデザイン

フォームの基本フォントを変更する

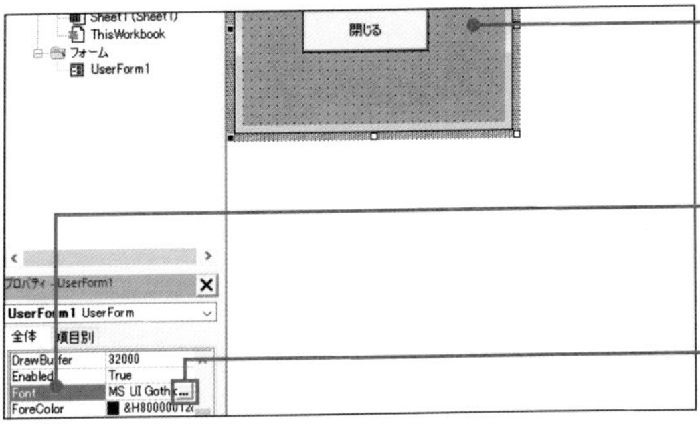

❶ VBEで、フォームの設計画面を表示した状態から作業を開始します。フォームをクリックします。

❷ プロパティウィンドウの [Font] の右側の部分をクリックします。

❸ 表示される [...] をクリックします。

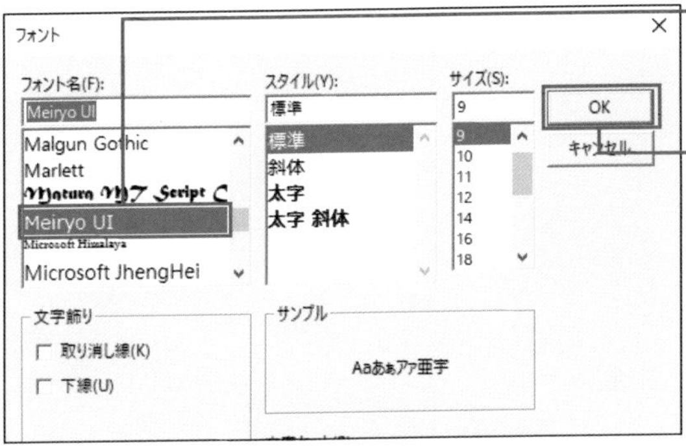

❹ [フォント] ダイアログボックスで、設定したいフォント名を選択します。

❺ [OK] をクリックします。

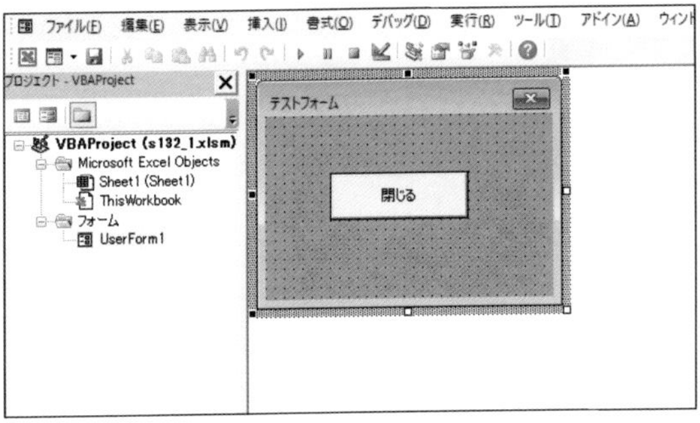

❻ 変更したフォントの設定は、以後、このフォーム上に配置するコントロールのフォントの初期設定になります。

MEMO 個々のコントロールも変更可能

各コントロールのフォントの設定も、同様の手順で変更できます。

COLUMN

その他の書式設定

ここで紹介したもの以外にも、フォームやコントロールに設定できる書式はいくつかあります。設定可能な書式は、コントロールによっても異なります。たとえば、コマンドボタンのように文字が表示されるコントロールのForeColorプロパティでは、その文字の色を設定できます。また、ラベルやテキストボックスなどでは、TextAlignプロパティで、中央揃えや左揃えといった文字の配置を設定することが可能です。

SECTION 133

フォームのプログラム

フォームにVBAのプログラムを記述する

フォーム上で実行するプログラムは、各コントロールやフォーム自身のイベントマクロとして、フォームのコードウィンドウに記述します。コマンドボタンをクリックしたときに発生するイベントのイベントマクロとして作成するのが一般的です。

コマンドボタンのイベントマクロを記述する

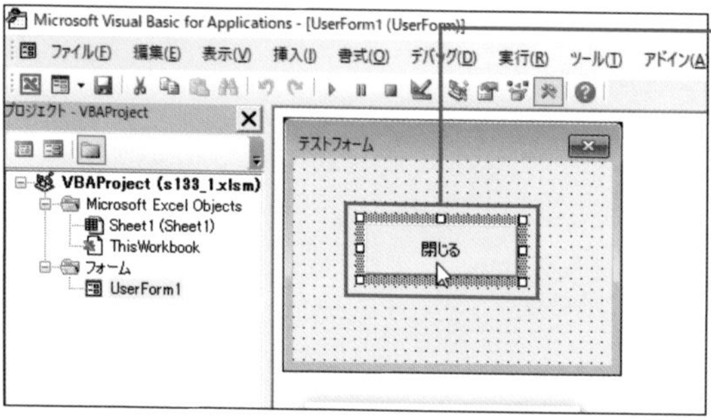

❶ここでは、コマンドボタンのイベントマクロとして、フォームを閉じるプログラムを記述します。フォーム上に作成したコマンドボタンをダブルクリックします。

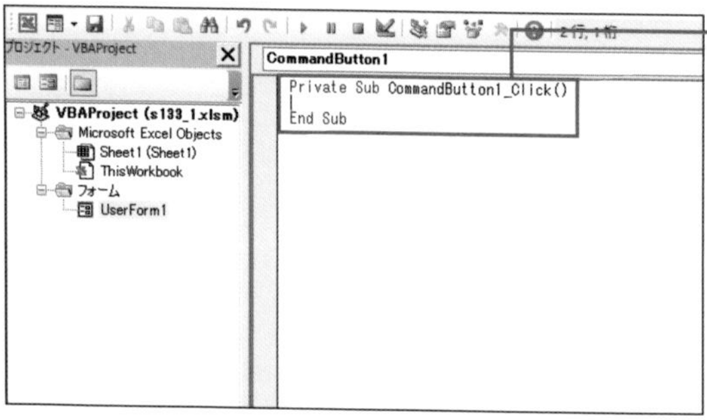

❷フォームのコードウィンドウが表示され、「CommandButton1_Click」などのイベントマクロが作成されます。

COLUMN

フォームのコードウィンドウを開く

コマンドボタンをダブルクリックすると、「Click」のイベントマクロが作成された状態で、フォームのコードウィンドウが開きます。コマンドボタンだけでなく、フォームそのもの、またはフォーム上に配置したその他のコントロールをダブルクリックしても、その対象オブジェクトの既定のイベントマクロが作成された状態で、フォームのコードウィンドウが表示されます。イベントマクロを作成せず、フォームのコードウィンドウだけを開きたい場合は、設計画面での作業時に、[表示] メニューから [コード] を選びます。

フォームを閉じるプログラムを作成する

表示したフォームは、右上の[閉じる] ボタンで閉じることもできますが、操作がユーザーにわかりやすいように、フォームを閉じるプログラムをコマンドボタンのイベントマクロとして作成しておきましょう。フォームのオブジェクトは、コードの中で「UserForm1」などのオブジェクト名を使って指定できます。また、「Me」というキーワードを使ってそのモジュールのオブジェクト、ここではフォームを表すことも可能です。そのHideメソッドで、対象のフォームを消すことができます。

SAMPLE **ユーザーフォームを閉じる** s133_1

```
Private Sub CommandButton1_Click()
    Me.Hide
End Sub
```

COLUMN

プログラムの動作を確認する

フォームに記述したプログラムは、フォームを表示している状態でしか、実行結果を確認することができません。Excelの通常の作業中にフォームを表示するには、表示するためのプログラムを、標準モジュールのマクロ、あるいはシートなどのイベントマクロとして記述し、実行します。その具体的な例はSec.134で紹介しますが、ここではVBEでの作業中に、確認のためにフォームを表示させる方法を紹介します。表示したいフォームの設計画面を表示している状態で、[実行] メニューから [Sub/ユーザーフォームの実行] を選びます。または、[標準] ツールバーの [Sub/ユーザーフォームの実行] ボタンをクリックするか、F5キーを押します。

▶ VBEからユーザーフォームを表示

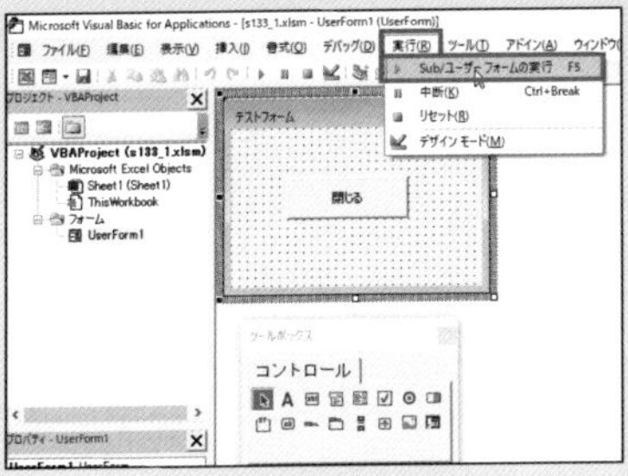

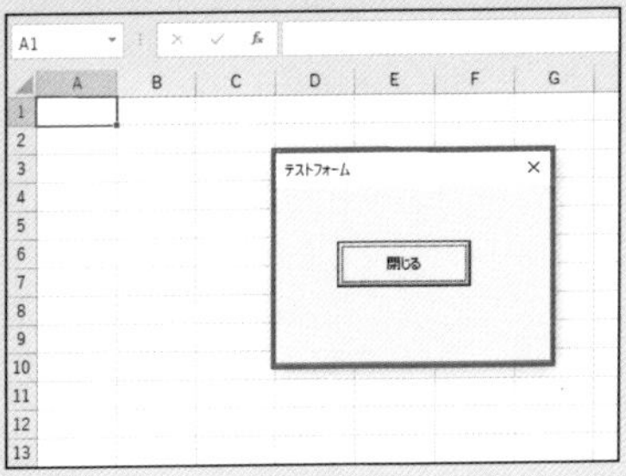

SECTION 134

フォームのプログラム

Excelの作業中にフォームを表示する

Excelでの作業中に特定のユーザーフォームを表示させるには、そのためのプログラムを用意する必要があります。標準モジュールのマクロ、またはイベントマクロなどとして、フォームを呼び出すプログラムを実行することが可能です。

マクロからフォームを呼び出す

ここでは、標準モジュールに記述するマクロとして、フォームを呼び出すプログラムを作成してみましょう。VBEでフォームを作成すると、プロパティウィンドウの1行目の「(オブジェクト名)」に「UserForm1」などと表示されています。このオブジェクト名をそのまま使用して、フォームをオブジェクトとして指定できます。そのShowメソッドで、フォームを表示することができます。表示されたフォームは、右上の[閉じる]ボタン、またはあらかじめ作成した「閉じる」ボタンで閉じます(P.294参照)。

SAMPLE **ユーザーフォームを表示する** s134_1

```
Sub m134_1()
    UserForm1.Show
End Sub
```

▶ 実行結果

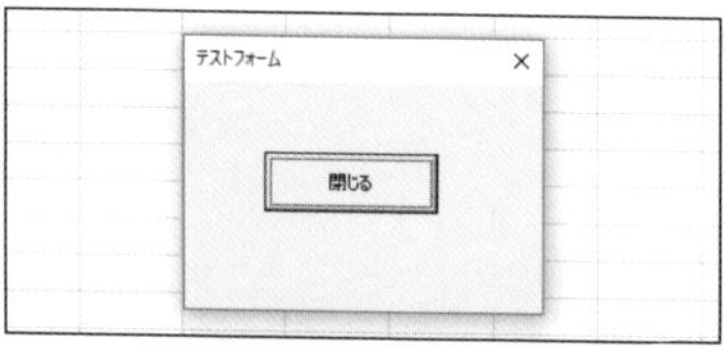

COLUMN

フォームを開いたままExcelを操作できるようにする

一般的なダイアログボックスは、開いている間はExcel本体の操作が行えません。このような状態を「モーダル」といいます。一方、[検索と置換]ダイアログボックスのように、表示させたままExcelの通常の操作も行える状態を「モードレス」といいます。フォームも通常はモーダルで開かれます。モードレスで開きたい場合は、フォームのShowModalプロパティにFalseを設定しておくか、Showメソッドの引数に定数vbModelessを指定します。

事前に準備してからフォームを表示する

Showメソッドはフォームを直接表示しますが、事前にフォームの内容や設定を変更してから表示することも可能です。その場合、まずLoadステートメントでフォームを呼び出し、事前の設定を行ってから、Showメソッドで画面に表示するというのが一般的な手順です。フォーム上に配置された各コントロールも、オブジェクト名で指定することが可能です。ここでは、ラベルを表す「Label1」というオブジェクトのCaptionプロパティに、現在の時刻を取得できるTime関数の戻り値を設定し、Showメソッドでユーザーフォームを開いています。

SAMPLE **現在時刻を設定してからユーザーフォームを表示** s134_2

```
Sub m134_2()
    Load UserForm1
    UserForm1.Label1.Caption = Time
    UserForm1.Show
End Sub
```

▶ 実行結果

●Before

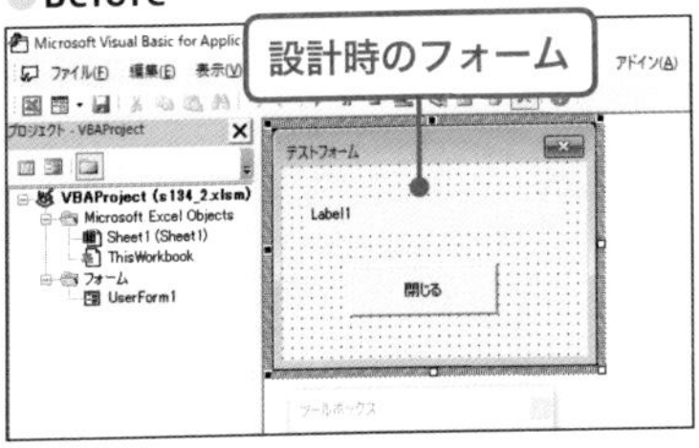

●After

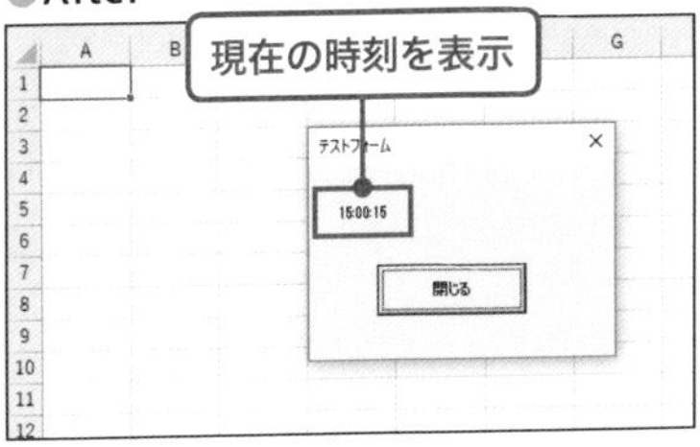

COLUMN

フォームのLoadとUnload

Loadステートメントでフォームを呼び出すと、フォームがパソコンのメモリーに読み込まれ、画面に表示されていない状態でフォームに各種の変更を加えることができます。実際には、このコードを省略して直接フォーム上のコントロールを操作しても、自動的にフォームが呼び出されますが、明示的に行っておくことで処理の手順が明確になります。
なお、Hideメソッドでフォームを閉じると、画面からは隠されても、フォーム自体はメモリー上に残っています。そのため、テキストボックスに入力した内容や変更した設定がそのまま残り、次にフォームを開いたときに再び同じ内容が表示されます。
メモリーからフォームの内容を完全に削除したい場合は、Hideメソッドではなく、Unloadステートメントを使った「Unload Me」のようなコードでフォームを閉じます。

SECTION
135
キー設定

キーの操作を設定する

ここでは、フォーム上の各コントロールをキーで操作するための設定を行います。たとえば、Tabキーを押すと、キーで操作できるコントロールが切り替わっていきますが、このとき操作対象が移動する順番を設定することが可能です。

フォーカスの移動の順番を設定する

特定のコントロールがキーで操作できる状態になっていることを、そのコントロールに「フォーカス」があるといいます。表示されたフォームでは、いずれかのコントロールにフォーカスがあります。

フォームの表示中にTabキーを押すと、コントロールに置かれたフォーカスが次のコントロールへと移っていきます。Shiftキーを押しながらTabキーを押すと、この逆順でフォーカスが移動します。この移動の順番を「タブオーダー」といいます。

▶フォーカスの移動

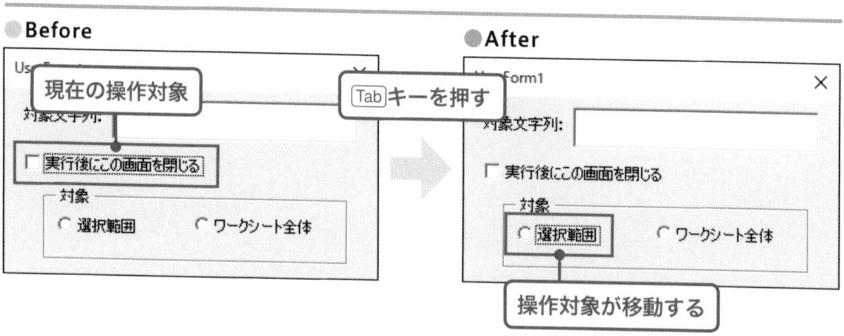

テキストボックスにフォーカスを移すと、カーソルが点滅し、キーボードから入力したデータがその位置に挿入されます。また、コマンドボタンやチェックボックスといったコントロールにフォーカスを移してスペースキーを押すと、クリックと同じ結果になります。操作できないラベルやフレームなどには、フォーカスは移りません。

タブオーダーは、通常はコントロールの作成順と同じですが、後から変更することも可能です。各コントロールのTabIndexプロパティの値がこの順番を表しており、プロパティウィンドウで変更できます。また、[表示] メニューから[タブオーダー] を選んで表示される[タブオーダー] ダイアログボックスの[上へ移動] または[下へ移動] のボタンでも、タブオーダーを変更できます。

「実行」用のボタンを設定する

フォームの表示中に Enter キーを押すと、フォーカスがコマンドボタンにある場合はそのボタンが、それ以外のコントロールにある場合は既定のコマンドボタンがクリックされた状態になります。「実行」や「OK」などと表示したコマンドボタンを既定のコマンドボタンにしたい場合は、プロパティウィンドウでそのDefaultプロパティにTrueを設定します。

▶ Defaultプロパティの設定

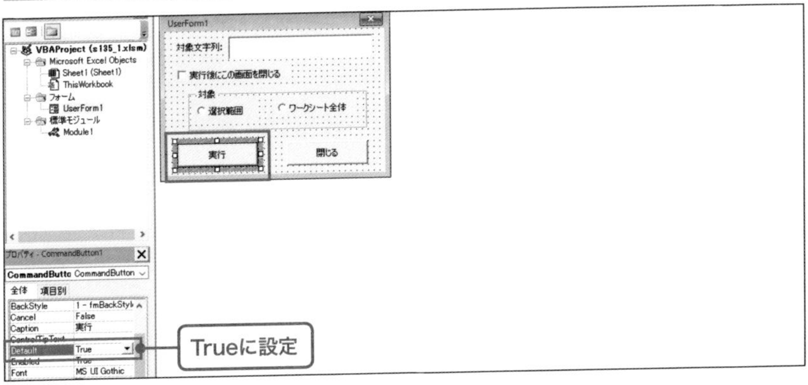

「キャンセル」用のボタンを設定する

Excelの一般的なダイアログボックスでは、Esc キーを押すと、[キャンセル] ボタンをクリックしたときと同様、処理を中止してダイアログボックスを閉じます。フォームでも、Esc キーを押したときに同様の動作をさせたい場合は、プロパティウィンドウで[キャンセル]や[閉じる] のコマンドボタンのCancelプロパティにTrueを設定します。

▶ Cancelプロパティの設定

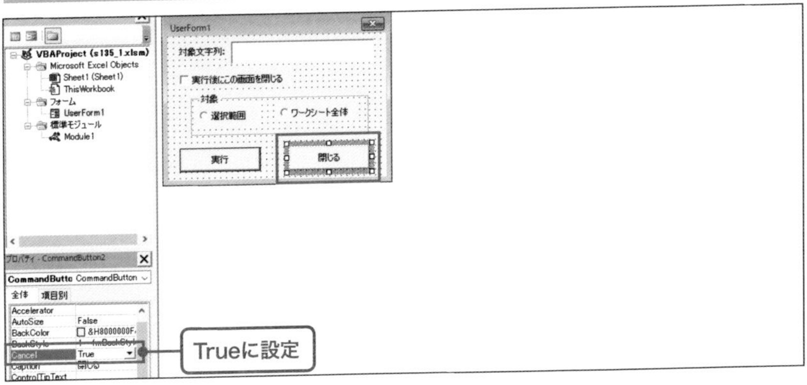

SECTION
136
コントロール

テキストボックスで文字を入力する

ここからは、各コントロールの機能を、具体的なフォームとプログラムのサンプルとともに解説していきます。まず、テキストボックスを使用して、フォーム上でユーザーが入力した文字データを受け取り、プログラムで利用する方法を解説します。

第6章
第7章
第8章
第9章
第10章 コントロール

文字列の前と後に同時に文字列を追加する

ここでは、2つのテキストボックスに入力された文字列を、選択範囲の各セルに入力されている文字列の前後に追加するフォームを作成します。
2つのテキストボックスとラベルのほかに、「OK」と「キャンセル」の2つのコマンドボタンを配置します。さらに、[OK] ボタンのDefaultプロパティ、および「キャンセル」ボタンのCancelプロパティを、ともにTrueに設定しておきます。また、ユーザーフォームのCaptionプロパティを「文字列の一括追加」とします。

▶ ユーザーフォームの設計例

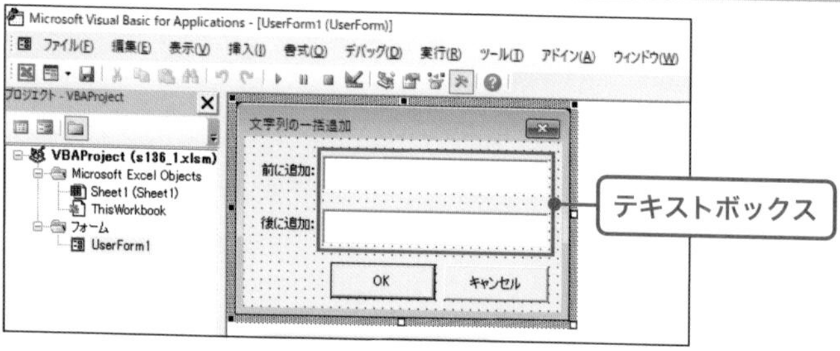

各ボタンのイベントマクロ

フォーム上の2つのコマンドボタンには、それぞれクリックの操作に対応するイベントマクロを作成します。テキストボックスの内容は、オブジェクトのTextプロパティまたはValueプロパティで取り出すことができます。「OK」と表示したCommandButton1のイベントマクロでは、2つのテキストボックスの内容を変数に収め、For Each～Nextステートメントの繰り返し処理で、選択範囲の各セルの値の前後にそれぞれの文字列を結合し、改めて同じセルに代入しています(P.224参照)。最後に、このフォーム自体を閉じます。一方、「キャンセル」と表示したコマンドボタンのイベントマクロには、このフォームを閉じるコードだけを記述します。

SAMPLE 「OK」ボタンのイベントマクロ

s136_1

```
Private Sub CommandButton1_Click()
    Dim tRng As Range
    Dim bStr As String, aStr As String
    bStr = TextBox1.Text
    aStr = TextBox2.Text
    For Each tRng In Selection
        tRng.Value = bStr & tRng.Value & aStr
    Next tRng
    Me.Hide
End Sub
```

SAMPLE 「キャンセル」ボタンのイベントマクロ

s136_1

```
Private Sub CommandButton2_Click()
    Me.Hide
End Sub
```

文字列追加フォームの使用例

文字を追加したいセル範囲を選択し、このユーザーフォームを表示させます。［前に追加］テキストボックスに「御芳名：」、「後に追加」テキストボックスに「様」と入力し、［OK］ボタンをクリックします。すると、選択範囲の各セルの氏名の前後に、それぞれの文字列が一括で追加されます。

▶ 実行結果

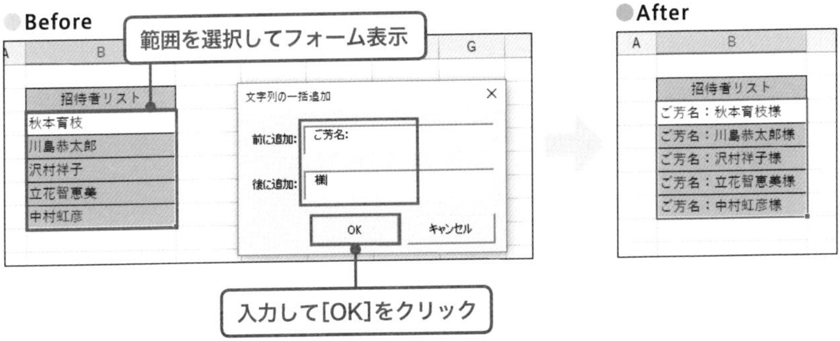

SECTION 137
コントロール

チェックボックスでオン／オフを設定する

フォーム上にチェックボックスを配置し、そのオン／オフの状態に応じて異なる処理を実行する例を紹介します。このサンプルでは、チェックボックスがクリックされた時点では処理は行わず、[OK] ボタンがクリックされたときにその値だけを参照します。

アンケート回答用のユーザーフォームを設計する

3つの質問に答えるアンケート回答用のフォームを作成します。質問はいずれもチェックボックスで作成し、Yes／Noをそのオン／オフで表します。
3つのチェックボックスのほかには、回答を集計シートに反映させるための[送信] ボタンと、回答せずにフォームを閉じるための[キャンセル] ボタンを用意します。また、ユーザーフォームのCaptionプロパティを「アンケート」とします。

▶ ユーザーフォームの設計例

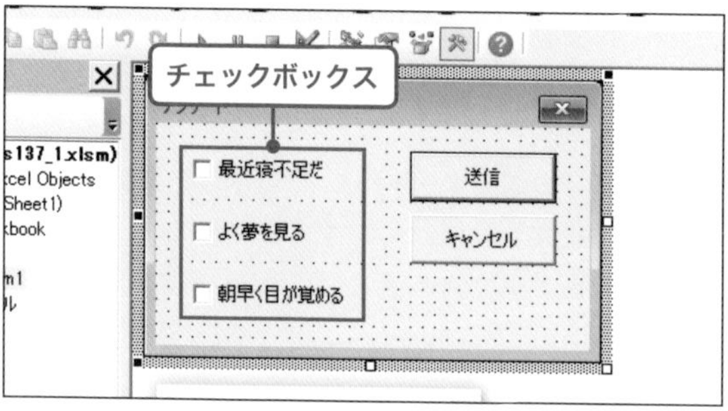

各ボタンのイベントマクロ

「送信」と表示したCommandButton1のイベントマクロでは、3つのチェックボックスの値を1つずつ調べていきます。チェックボックスのValueプロパティの値は、チェックの付いた状態(オン) をTrue、付いていない状態(オフ) をFalseとする論理値なので、そのままIfステートメントの条件式に指定できます。この値がTrueだった場合は、集計用シートでそれぞれの回答数を集計するセルの値を、現在の値よりも1増やします。3つのチェックボックスについてそれぞれ処理を行ったら、このフォームを閉じます。
一方、「キャンセル」と表示したコマンドボタンのイベントマクロには、このフォームを閉じるだけのコードを記述します。

SAMPLE 「送信」ボタンのイベントマクロ

s137_1

```
Private Sub CommandButton1_Click()
    If CheckBox1.Value Then Range("C4").Value = Range("C4").Value + 1
    If CheckBox2.Value Then Range("C5").Value = Range("C5").Value + 1
    If CheckBox3.Value Then Range("C6").Value = Range("C6").Value + 1
    Unload Me
End Sub
```

SAMPLE 「キャンセル」ボタンのイベントマクロ

s137_1

```
Private Sub CommandButton2_Click()
    Unload Me
End Sub
```

アンケート回答フォームの使用例

ユーザーフォームを表示させ、各チェックボックスの質問について、Yesならチェックを付け、Noならチェックを外します。3つの質問に答えて[送信] ボタンをクリックすると、Yesと答えた質問の集計セルに1が加算されます。

▶ 実行結果

Before

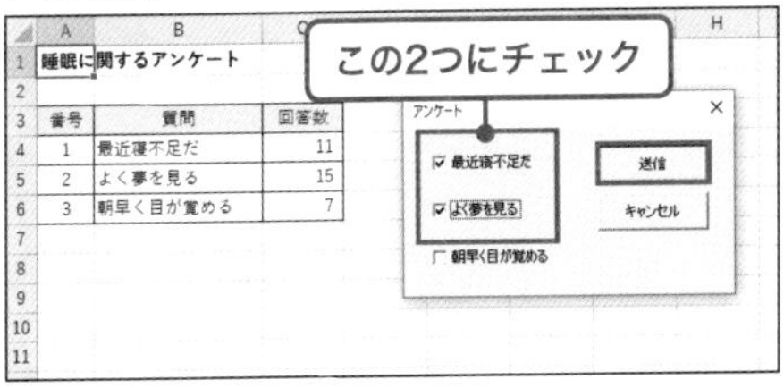

After

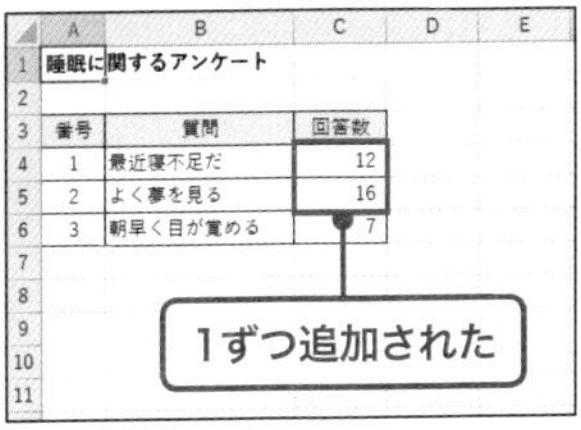

COLUMN

チェックボックスの状態をコードで設定する

ここではチェックボックスはユーザーが操作し、そのオン／オフの状態をコードで判定しています。反対に、コードを使ってチェックボックスのオン／オフを切り替えたい場合は、そのValueプロパティにTrueまたはFalseを設定すればOKです。

SECTION 138 コントロール

フォーム上に画像を表示する

フォーム上に写真やイラストなどの画像を表示させることも可能です。ここでは、あらかじめVBEで表示する画像を設定しておく方法と、VBAのコードで画像ファイルを指定して表示する方法を解説します。

イメージコントロールに画像を設定する

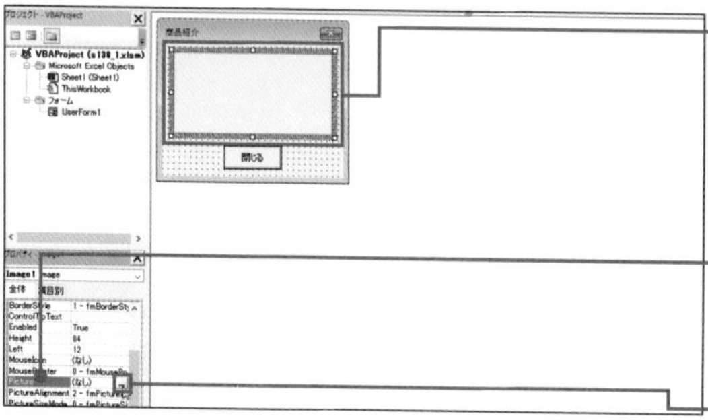

❶ VBE を開いている状態から作業を開始します。[ツールボックス] から、フォーム上にイメージコントロールを作成します。

❷ プロパティウィンドウの [Picture] の右側をクリックします。

❸ [...] をクリックします。

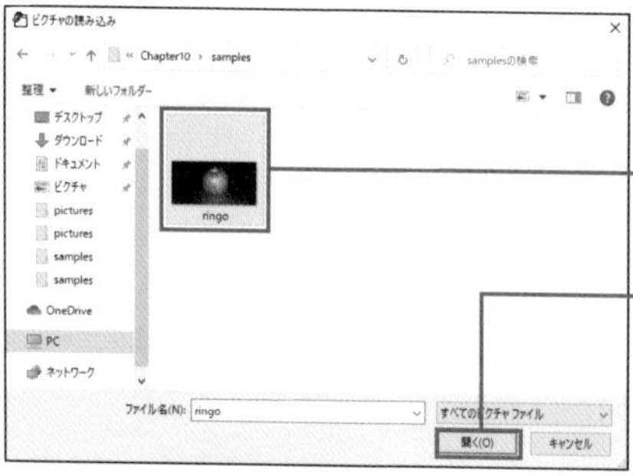

❹ 読み込みたい画像ファイルを選択します。

❺ [開く] をクリックすると、イメージコントロールに画像が読み込まれます。

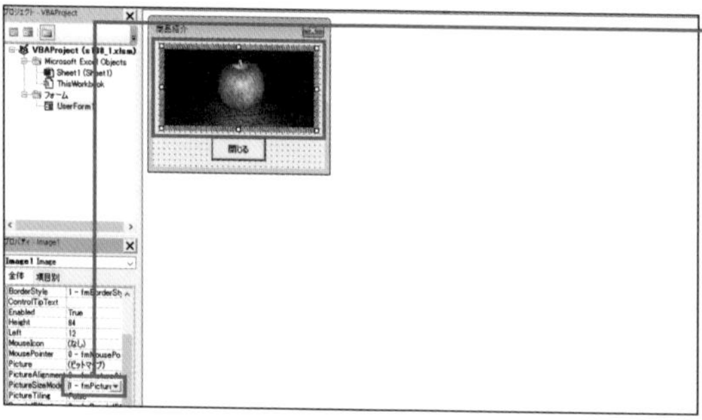

❻ プロパティウィンドウの [PictureSizeMode] の右側をクリックし、[▼] から [1-fmPictureSizeMode Stretch] を選びます。
イメージコントロールにちょうど収まるサイズに、画像が縮小表示されます。

プログラムで画像を表示する

フォーム上のイメージコントロールにコードで画像を表示するには、そのオブジェクトのPictureプロパティに目的の画像データを設定します。ただし、このプロパティには画像のファイル名などを直接指定するわけではなく、LoadPicture関数を使用して、メモリー上に読み込んだ画像データを取得する必要があります。
次の例は、標準モジュールに記述したフォームを呼び出すマクロで、作業中のブックと同じフォルダーにある「ringo.jpg」という画像ファイルを「Image1」というイメージコントロールに表示させています。なお、このコードは、OneDriveなどのフォルダーに保存したブックではうまく動作しない可能性があります。

SAMPLE イメージコントロールに画像を表示する s138_2

```
Sub m138_2()
    Load UserForm1
    UserForm1.Image1.Picture = LoadPicture(ThisWorkbook.Path & "¥ringo.jpg")
    UserForm1.Show
End Sub
```

▶ 実行結果

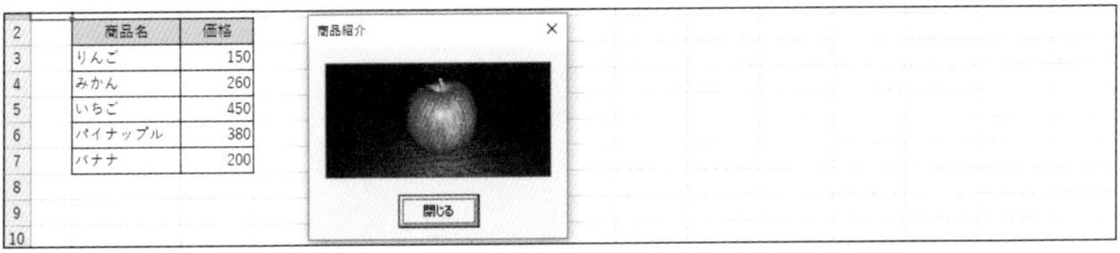

COLUMN

画像のサイズの表示モード

デジタルカメラなどで撮影した写真データは、画像サイズが大きいため、イメージコントロールに取り込んでも、通常はその一部しか表示されません。PictureSizeModeプロパティで画像のサイズの表示モードを設定することで、自動的に適切な表示倍率に変更できます。
このプロパティの設定値は、定数fmPictureSizeModeClip、fmPictureSizeModeStretch、fmPictureSizeModeZoomのいずれかです。fmPictureSizeModeClipは標準の表示方法で、イメージコントロールのサイズが画像よりも小さい場合、画像の一部だけを表示します。fmPictureSizeModeStretchはイメージコントロールに合わせて画像を縮小表示するもので、画像の縦と横が必ずしも同じ縮小率にはなりません。また、fmPictureSizeModeZoomは縦横等倍でイメージコントロールに合わせて画像を縮小表示するもので、縦または横に空白ができる可能性があります。上の例のイメージコントロールでは、あらかじめこのプロパティにfmPictureSizeModeStretchを設定しています。

SECTION 139 コントロール

オプションボタンで1つの項目を選ぶ

フォーム上でユーザーに複数の選択肢を表示し、その中のいずれかを選択させる方法を紹介します。このような目的で使えるコントロールにはいくつか種類がありますが、ここでは「オプションボタン」を使用する方法を解説します。

アンケート回答フォームの設計

ここでは、三者択一の質問に対する回答をオプションボタンで選択し、その結果を自動的に集計シートに加算するアンケート回答フォームを作成します。
選択肢がどれも選ばれていない状態を避けるため、3つの選択肢のうちの1つを既定の回答に設定します。VBEのプロパティウィンドウで、あらかじめOptionButton1のValueプロパティにTrueを設定しておきます。3つのオプションボタンのほかには、回答を集計シートに反映させるための[送信] ボタンと、回答せずにフォームを閉じるための[キャンセル] ボタンを用意します。

▶ユーザーフォームの設計例

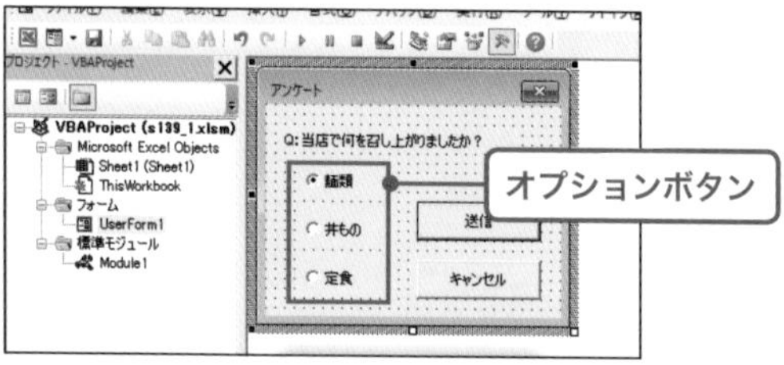

各ボタンのイベントマクロ

「送信」と表示したCommandButton1のイベントマクロでは、Ifステートメントを使用して、3つのオプションボタンの値を1つずつ調べていきます。オプションボタンのValueプロパティの値は、チェックの付いた状態(オン)をTrue、付いていない状態(オフ)をFalseとする論理値なので、そのまま判定に使用できます。この値がTrueだった場合は、そのオプションボタンに対応する集計用シートのセルの値を、現在の値よりも1増やします。選択された回答の値を反映させたら、このフォームを閉じます。一方、「キャンセル」と表示したコマンドボタンのイベントマクロには、このフォームを閉じるだけのコードを記述します。

SAMPLE 「送信」ボタンのイベントマクロ

s139_1

```
Private Sub CommandButton1_Click()
    If OptionButton1.Value Then
        Range("C4").Value = Range("C4").Value + 1
    ElseIf OptionButton2.Value Then
        Range("C5").Value = Range("C5").Value + 1
    Else
        Range("C6").Value = Range("C6").Value + 1
    End If
    Unload Me
End Sub
```

SAMPLE 「キャンセル」ボタンのイベントマクロ

s139_1

```
Private Sub CommandButton2_Click()
    Unload Me
End Sub
```

アンケート回答フォームの使用例

フォームを表示させ、質問に対する回答を、3つの選択肢の中から選びます。[送信] ボタンをクリックすると、選択した回答に対応する集計セルに1が加算されます。

▶ 実行結果

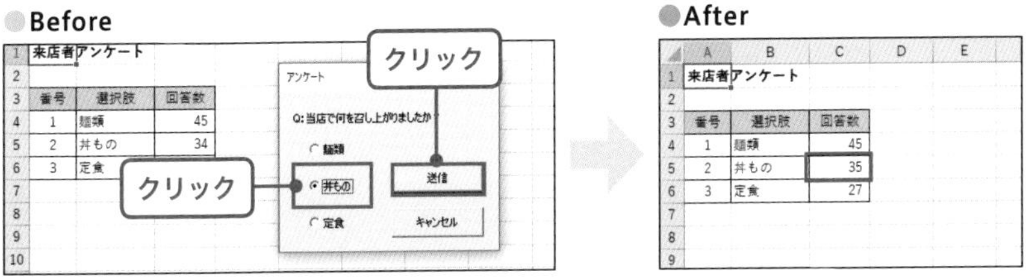

COLUMN

複数のオプションボタンのグループを作成する

2つ以上の質問に対し、それぞれ1つの回答を選ぶ選択肢を設定したい場合は、質問ごとにそれぞれフレームで区切り、その中にオプションボタンを配置します。または、同じグループにしたいオプションボタンのGroupNameプロパティに、それぞれ同じ名前を設定する方法もあります。

SECTION 140 コントロール

コンボボックスで1つの項目を選ぶ

オプションボタンの場合、選択肢がそれぞれ別のコントロールになるため、選ばれた項目を判定するコードを記述するのが面倒です。コンボボックスを利用すれば、ドロップダウンリストですべての選択肢を表示でき、結果を簡単に取得することが可能です。

アンケート回答フォームの設計

やはりアンケートのフォームで、選択肢の数を8個にしました。セル範囲のデータをリストの選択肢として表示するには、VBEのプロパティウィンドウで、コンボボックスの「RowSource」プロパティに特定のセル範囲を表す文字列を指定します。「Sheet1! $B $4: $B: $11」のようなセル番地でもいいですが、ここではセル範囲に設定した「メニュー名」という名前を指定します。また、プロパティウィンドウの「Style」プロパティで、「2-fmStyleDropDownList」を選択します。初期設定の「1-fmStyleDropDownCombo」ではリストからの選択および直接入力が可能ですが、この設定に変えるとリストからの選択のみ可能になります。コンボボックスのほかには、回答を集計シートに反映させるための[送信]ボタンと、回答せずにフォームを閉じるための[キャンセル]ボタンを用意します。

▶ ユーザーフォームの設計例

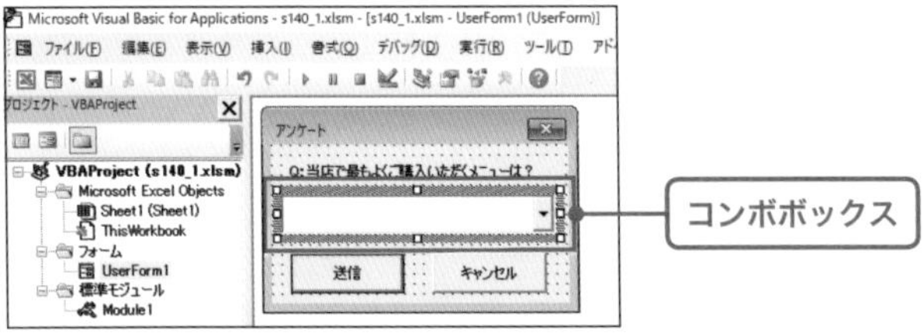

各ボタンのイベントマクロ

「送信」と表示したCommandButton1のイベントマクロでは、まずコンボボックスで選ばれた行の番号を表すListIndexプロパティの値を取得します。何も選択されていない場合は-1、何か選ばれていた場合は0から始まるその行番号を返します。これに1を加えた変数sNumの値が0より大きければ、「回答数」という名前を付けたセル範囲の中で、Itemプロパティで変数sNumの順番に当たるセルを取得して、その値に1を加算し、このフォームを閉じます。何も選ばれていない場合は、警告メッセージを表示します。

SAMPLE 「送信」ボタンのイベントマクロ

s140_1

```
Private Sub CommandButton1_Click()
    Dim sNum As Integer
    sNum = ComboBox1.ListIndex + 1
    If sNum > 0 Then
        With Range("回答数").Item(sNum)
            .Value = .Value + 1
        End With
        Unload Me
    Else
        MsgBox "回答を選択してください"
    End If
End Sub
```

SAMPLE 「キャンセル」ボタンのイベントマクロ

s140_1

```
Private Sub CommandButton2_Click()
    Unload Me
End Sub
```

アンケート回答フォームの使用例

フォームを表示させ、コンボボックスで8個の選択肢の中から1つを選びます。［送信］ボタンをクリックすると、選択した回答の集計セルに1が加算されます。

▶ 実行結果

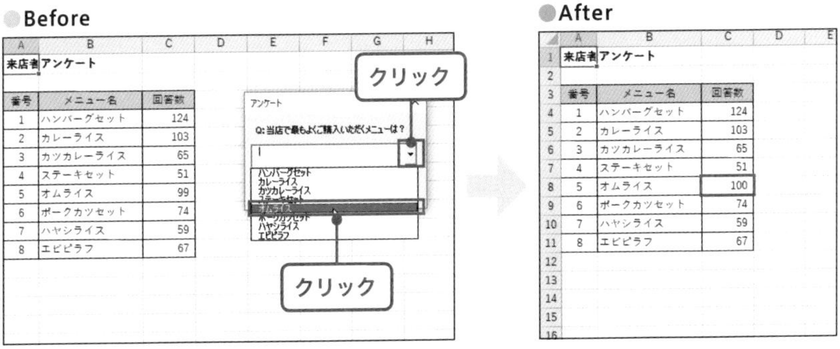

SECTION 141 コントロール

文字入力欄にセル参照を指定する

フォーム上の文字入力欄は、通常はテキストボックスを使って作成しますが、セルの参照を指定したい場合は「RefEdit」を利用すると便利です。このコントロールでは、ワークシート上を直接クリックやドラッグして、そのセル参照を入力できます。

値だけを移動するフォームを設計する

[切り取り]と[貼り付け]の操作で、[コピー]のように選択範囲の「値だけ」を移動するフォームを、RefEditコントロールを使って作成します。なお、RefEditコントロールがツールボックスに表示されていない場合は、ツールボックス上で右クリックして[その他のコントロール]を選び、表示される画面で[RefEdit.Ctrl]にチェックを付けて、[OK]をクリックします。

▶ユーザーフォームの設計例

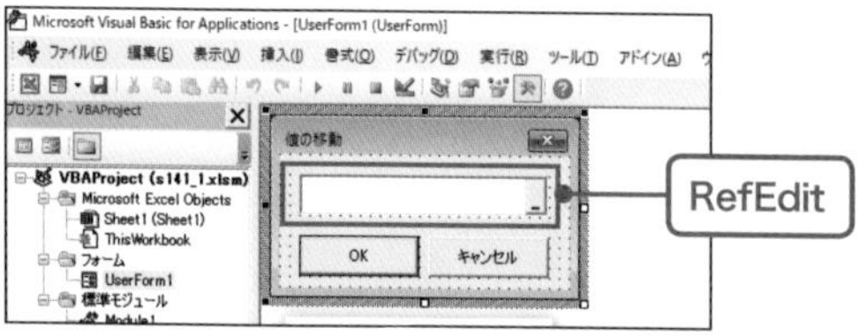

各ボタンのイベントマクロ

RefEditコントロールの内容は、テキストボックス同様、対象のオブジェクトのTextプロパティまたはValueプロパティで取り出せます。セル参照以外が入力された場合はエラーが発生しますが、その場合は何もせずに終了します(P.318参照)。

まず、選択範囲をオブジェクト変数fRngにセットします。Ctrlキー+ドラッグで複数の領域が選択されていた場合でも、最初に選択した領域だけを対象とするように、Areasプロパティを使って指定しています。次に、RefEditコントロールの値の文字列をRangeプロパティの引数に指定し、同様にその先頭の領域だけをオブジェクト変数tRngにセットします。さらに、移動元と移動先のセル範囲のサイズ(行数×列数)を合わせるため、移動先のセル範囲のサイズを移動元の範囲に合わせています。移動先tRngに移動元fRngの値だけを代入し、さらに移動元のセル範囲の内容をクリアしています。処理が終わったら、このフォームを閉じます。

SAMPLE 「OK」ボタンのイベントマクロ s141_1

```
Private Sub CommandButton1_Click()
    Dim fRng As Range, tRng As Range
    On Error Goto ErrHandler
    Set fRng = Selection.Areas(1)
    Set tRng = Range(RefEdit1.Value).Areas(1)
    Set tRng = tRng.Resize(RowSize:=fRng.Rows.Count, _
        ColumnSize:=fRng.Columns.Count)
    tRng.Value = fRng.Value
    fRng.ClearContents
ErrHandler:
    Me.Hide
End Sub
```

SAMPLE 「キャンセル」ボタンのイベントマクロ s141_1

```
Private Sub CommandButton2_Click()
    Unload Me
End Sub
```

値のみを移動するフォームの使用例

値を移動したいセル範囲を選択してこのフォームを表示し、RefEditコントロールをクリックして移動先の左上端のセルをクリックし、そのセル参照を入力します。[OK] ボタンをクリックすると、選択範囲の値だけが、指定したセル範囲に移動します。

▶ 実行結果

●Before

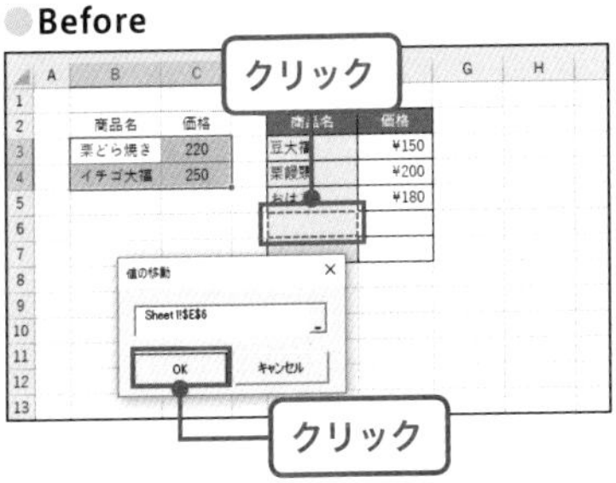

●After

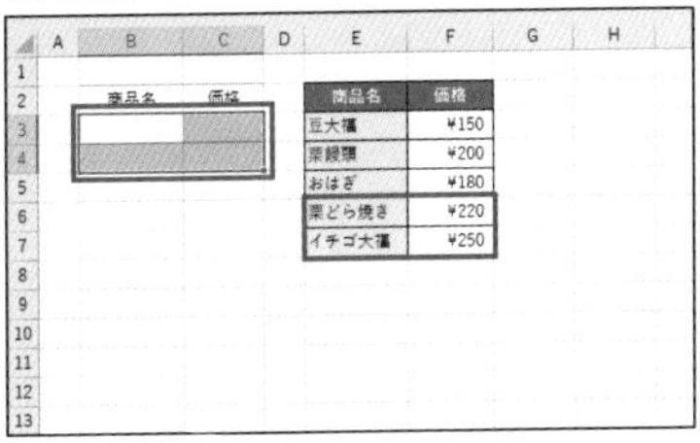

SECTION 142

フォーム活用

便利な「文字処理ツール」を作成する

フォームの応用例として、選択範囲の各セルに対し、2種類の処理が実行できるツールを紹介します。1つは全角/半角やひらがな/カタカナなどの文字種を変換する処理、もう1つはふりがなが設定されていないセルに一括でふりがなを設定する処理です。

文字処理ツールのフォームを設計する

このフォームは開いた状態のままセルも操作したいので、「ShowModal」プロパティに「False」を設定しておきます(P.296参照)。「キャンセル」などのボタンは用意せず、フォームの右上の[閉じる] ボタンで閉じるようにします。「文字種変換」の操作と「ふりがな」の操作に関するコントロールは、それぞれフレームを使ってまとめます。

ユーザーフォームの設計例

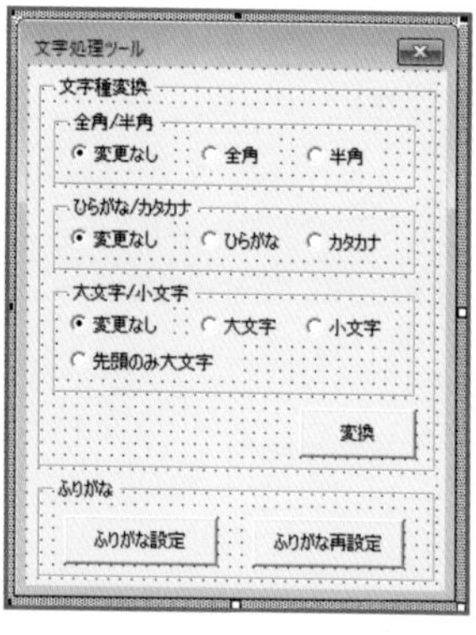

「文字種変換」の処理

「文字種変換」では、フレームでまとめた3つのグループでそれぞれ1つのオプションボタンを選び、「変換」ボタンをクリックして処理を実行します。文字種の変換にはStrConv関数(P.147参照)を利用し、その第2引数には変換方法を表す数値を定数で指定しますが、この各グループの文字種は、それぞれの定数を加算することで組み合わせて指定できます。そこで、「変換なし」を除く各オプションボタンの値を1つずつIfステートメントで判定し、オンであればその値を変数cTypeに加算していって、その値が0、つまりすべて「変換なし」でなければ、選択範囲のすべてのセルに対してその変換結果を適用します。

SAMPLE 「変換」ボタンのイベントマクロ

s142_1

```
Private Sub CommandButton1_Click()
    Dim cType As Integer, tRng As Range
    If OptionButton2.Value Then cType = vbWide
    If OptionButton3.Value Then cType = cType + vbNarrow
    If OptionButton5.Value Then cType = cType + vbHiragana
    If OptionButton6.Value Then cType = cType + vbKatakana
    If OptionButton8.Value Then cType = cType + vbUpperCase
    If OptionButton9.Value Then cType = cType + vbLowerCase
    If OptionButton10.Value Then cType = cType + vbProperCase
    If cType = 0 Then Exit Sub
    For Each tRng In Selection
        tRng.Value = StrConv(tRng.Value, cType)
    Next tRng
End Sub
```

文字種変換の実行例

この「文字ツール」フォームは、表示したままの状態でのセル操作が可能です。対象のセル範囲を選択し、このフォームの「文字種変換」の各オプションボタンで変換方法を指定して、「変換」をクリックすると、選択範囲の各セルの文字種が変換されます。なお、変換可能な文字種以外は変化しませんが、漢字に設定されていたふりがなは失われます。

▶ 実行結果

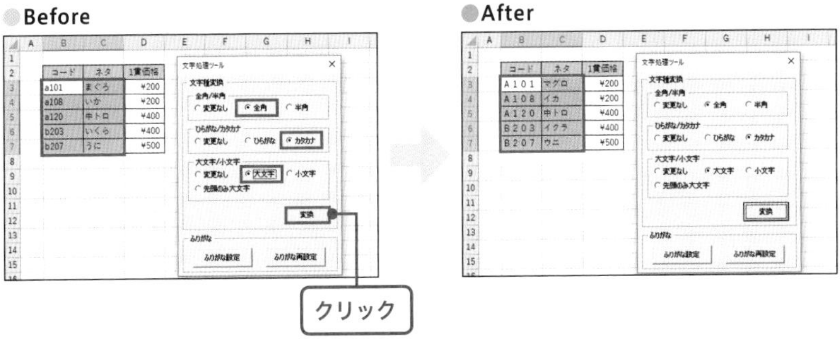

「ふりがな」の処理

Excelでセルに漢字を入力すると自動的にふりがなが設定されますが、他のソフトからコピーしてきたデータには、ふりがなは自動設定されません。また、置換や、VBAによるセルの値の一括変換などの処理で、ふりがなが失われる場合もあります。「ふりがな」の「ふりがな設定」ボタンのプログラムでは、選択範囲を表すRangeオブジェクトのSetPhoneticメソッドで、ふりがなのないセルに自動的にふりがなを設定しています。ただし、固有名詞などは、必ずしも正しいふりがなが設定されるとは限りません。
また、もともとふりがなのあるセルには、ふりがなは自動設定されません。「ふりがな再設定」ボタンのプログラムでは、選択範囲のふりがなを表すPhoneticsオブジェクトのDeleteメソッドによって、一度この各セルのふりがなを消去します。そして、改めてSetPhoneticメソッドでふりがなを自動設定しています。

SAMPLE **「ふりがな設定」ボタンのイベントマクロ** s142_1

```
Private Sub CommandButton2_Click()
    Selection.SetPhonetic
End Sub
```

SAMPLE **「ふりがな再設定」ボタンのイベントマクロ** s142_1

```
Private Sub CommandButton3_Click()
    Selection.Phonetics.Delete
    Selection.SetPhonetic
End Sub
```

ふりがな再設定の実行例

[ホーム] タブの[フォント] グループの[ふりがなの表示/非表示] で選択範囲のふりがなを表示させています。選択範囲のセルにはふりがなが設定されていないセルや、設定されたふりがなが正しくないセルが含まれています。「ふりがな設定」では未設定のセルにふりがなが設定されるだけなので、ここでは「ふりがな再設定」ボタンをクリックします。すると、選択範囲のすべてのセルのふりがなを改めて設定します。

▶ 実行結果

Before

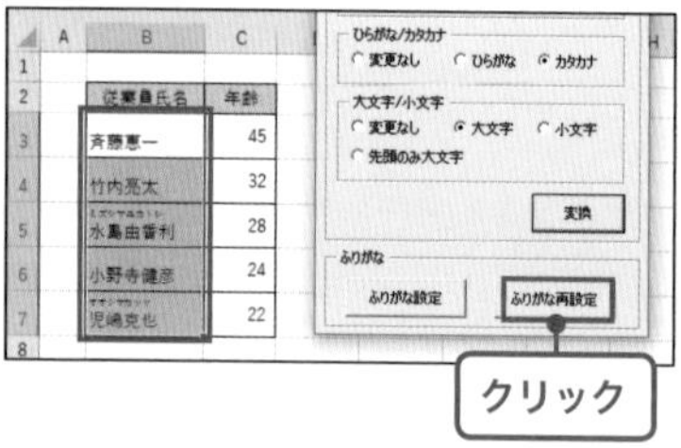

After

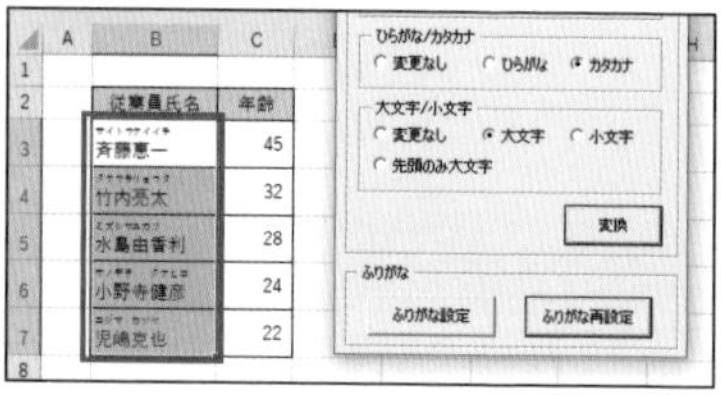

第11章

バグやエラーに対処しよう

SECTION 143 エラー処理

Excel VBAのエラーを理解する

VBAで記述したコードに問題があった場合、さまざまなタイミングで「エラー」が発生し、プログラムの実行が中断してしまいます。ここでは、VBAのエラーの種類とその原因、それらがどのようなときに発生するかを解説します。

エラーの種類

VBAで発生するエラーには、いくつかの種類があります。その分類方法もいろいろとありますが、ここでは「構文エラー」と「実行時エラー」の2種類に分けて説明します。

1 構文エラー

コードの記述ミスによるエラーを「構文エラー」といいます。たとえば、キーワードのスペルを間違えたり、記号の使い方を間違えたりしたときに発生します。多くの構文エラーは、1行のコードを入力して、改行したり別の行へ移動したりしたときに自動判定され、エラーメッセージが表示されます。また、間違えた箇所によっては、入力時に問題なくても、プログラムを実行しようとしたときに判明してエラーが発生する場合もあります。コードの各行の入力後と、プログラムの実行前にはそれぞれ「コンパイル」という処理が行われ、その時点でエラーが検出されるため、いずれも「コンパイルエラー」として表示されます。
どちらのケースも、プログラムの実行は継続できず、問題箇所の修正が必要です。

▶ 構文エラー

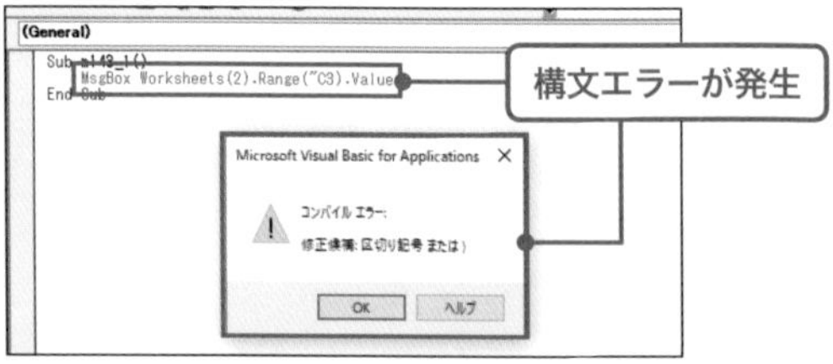

2 実行時エラー

コード記述上の明らかな間違いはなくても、プログラムを実行することで初めて問題点が明らかになり、実行が中断してしまう場合もあります。このようなエラーを「実行時エラー」といいます。たとえば、データ型を指定した変数に異なる種類のデータを代入しようとしたり、配列やコレクションのインデックスに存在しない名前や番号を指定してしまったりしたケースです。

実行時エラーが発生すると、エラーメッセージとともに、[継続][終了][デバッグ]といったボタンが表示されます。[終了]をクリックするとプログラムが終了するので、コードの問題箇所を修正します。[デバッグ]をクリックすると、プログラムが「中断モード」に入り、止まった位置の行が黄色く反転します。この状態で、その時点での変数の値を確認したり、コードを修正して止まった行から実行を再開したりできます(P.320参照)。

▶ 実行結果

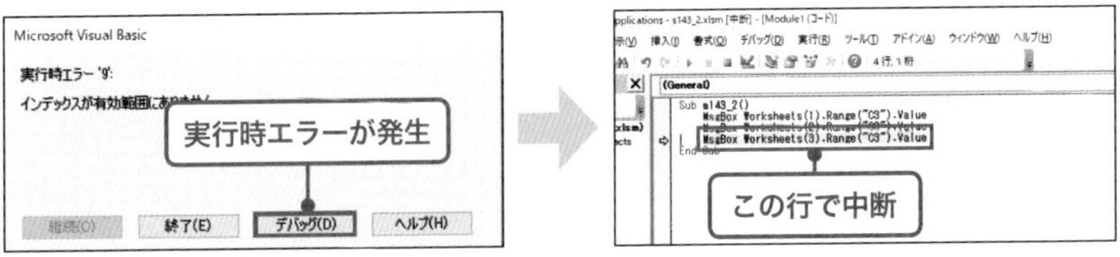

なお、これらのほかに、「論理エラー」と呼ばれるエラーもあります。エラーが発生することなく最後までプログラムは実行されますが、思ったような結果が得られないケースのことです。プログラムが中断されるわけではなく、コードを検証して問題点を発見するしかないので、本書ではこれ以上説明しません。

COLUMN

コンパイルエラーを確認する

▶ VBAProjectのコンパイル

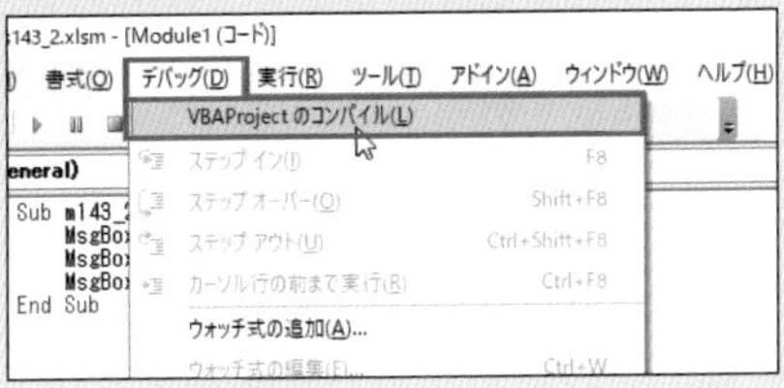

コンパイルエラーは、必ずしもコードを入力して行を変えたタイミングで自動判定されるわけではありません。プロシージャを実行したとき、初めて検出されるコンパイルエラーもあります。

プロジェクトの中に複数のモジュールとプロシージャが含まれている場合、それらのエラーをすべて検証するのも大変です。[デバッグ]メニューから[VBAProjectのコンパイル]をクリックすれば、個々のプロシージャを実行することなく、そのプロジェクトのすべてのプロシージャのコンパイルエラーを確認できます。

COLUMN

構文エラーの自動チェックをしない

ここで説明した通り、入力した行に構文エラーがあると、エラーメッセージが表示されます。しかし、問題があるとわかっているコードでも、プログラム作成の途中で、一時的にその状態にしておきたいこともあるでしょう。この行を選択するたびにエラーメッセージが表示されてしまうのが煩わしければ、VBEの[オプション]ダイアログボックス(P.328参照)の[編集]タブで、[自動構文チェック]のチェックをオフにします。

SECTION 144 エラー処理

エラーが発生したときの処理を指定する

文字列データを計算に使用したり、配列のインデックスにその要素数より大きい数値を指定したりすると、実行時エラーが発生し、マクロが中断します。このような場合にマクロを止めず、あらかじめ指定した処理を実行させることが可能です。

エラーが発生するコードの例

エラーが発生する可能性がある処理の前には、エラーに備えるためのコードを記述しておくとよいでしょう。次の例は、アクティブセルに入力された数値を1.1倍した税込価格を右隣のセルに入力し、「処理を終了しました」というメッセージを表示するコードです。しかし、アクティブセルの値が文字列のときに実行すると、実行時エラーになります。

SAMPLE エラーになる可能性のあるコード s144_1

```
Sub m144_1()
    ActiveCell.Offset(ColumnOffset:=1).Value = ActiveCell.Value * 1.1
    MsgBox "処理を終了しました"
End Sub
```

▶ 実行結果

●Before　　●After

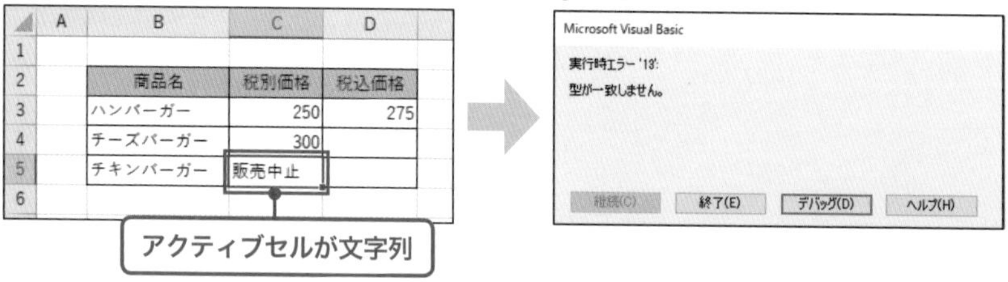

エラーが発生しても処理を継続する

この問題を解決するために、エラー処理の行を追加してみましょう。エラーが発生してもそのまま処理を続けるには、「On Error Resume Next」という1行を追加します。これで、アクティブセルの値が数値でなくても、「処理を終了しました」というメッセージが表示されます。

SAMPLE エラーが起きても処理を継続 s144_2

```
Sub m144_2()
    On Error Resume Next
    ActiveCell.Offset(ColumnOffset:=1).Value = ActiveCell.Value * 1.1
    MsgBox "処理を終了しました"
End Sub
```

エラー発生時に特定の処理をする

エラーが発生した場合に、通常とは別の処理を実行することもできます。プロシージャの末尾に、任意の名前の後に「:」を付けた「ラベル」を入力し、その後にエラー時に対応する処理を記述します。ここでは、「税込価格を入力できません」というメッセージを表示します。「On Error Goto」の後にそのラベルを指定すると、エラーが発生した場合はその行へジャンプします。また、通常の処理ではこの部分が実行されないように、その行の前で「Exit Sub」を実行し、プロシージャを終了します。

SAMPLE エラー発生時に別の処理を実行 s144_3

```
Sub m144_3()
    On Error Goto ErrHandler
    ActiveCell.Offset(ColumnOffset:=1).Value = ActiveCell.Value * 1.1
    MsgBox "処理を終了しました"
    Exit Sub
ErrHandler:
    MsgBox "税込価格を入力できません"
End Sub
```

▶ 実行結果

● Before　　● After

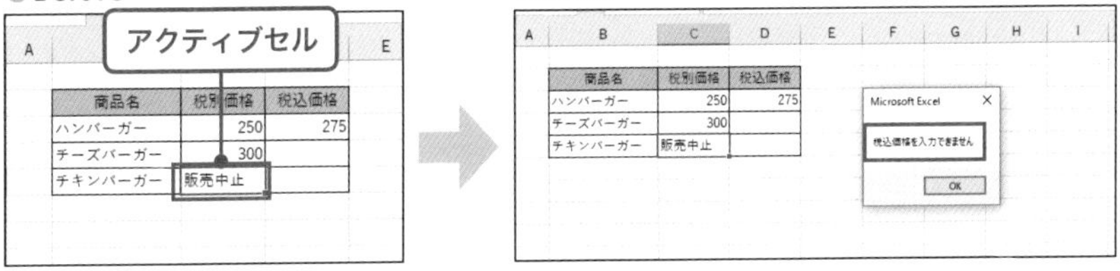

SECTION

145

中断モード

1行ずつ処理を実行する

マクロの実行結果が意図した通りにならなかった場合、どの部分に問題があったのか、1行ずつ実行していくと発見しやすくなります。「ステップイン」を使用すると、1行実行するごとに中断モードになり、その時点での状態を確認できます。

ステップインで実行する

ここでは、[デバッグ] ツールバーからステップで実行していきます。

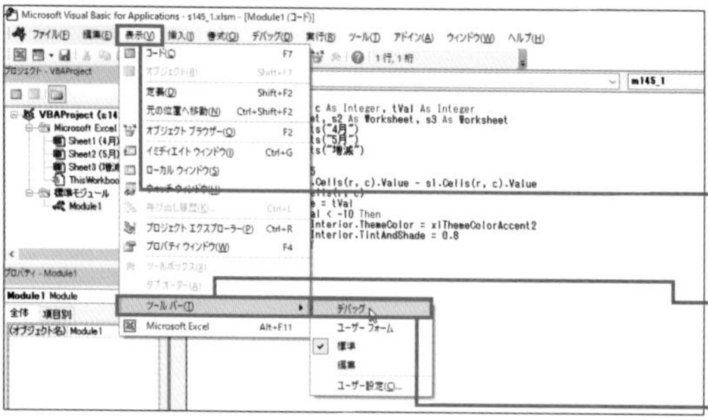

❶ VBE の [表示] メニューをクリックし、

❷ [ツールバー] をポイントして、

❸ [デバッグ] をクリックします。

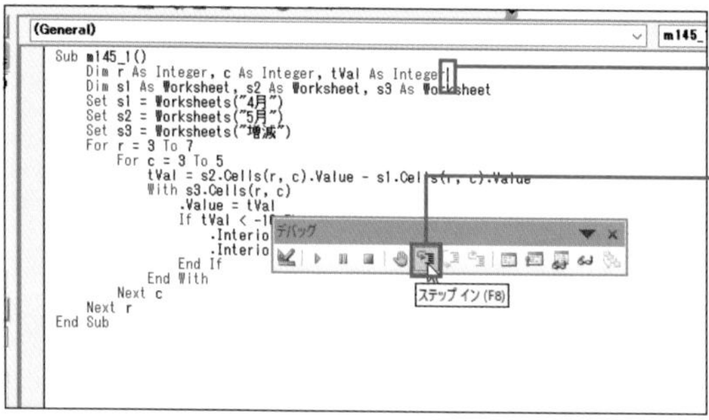

❹ 動作を確認したい Sub プロシージャにカーソルを置き

❺ [デバッグ] ツールバーの [ステップイン] をクリックします。

MEMO　ステップインの実行方法

[デバッグ] メニューから [ステップイン] を実行することもできます。

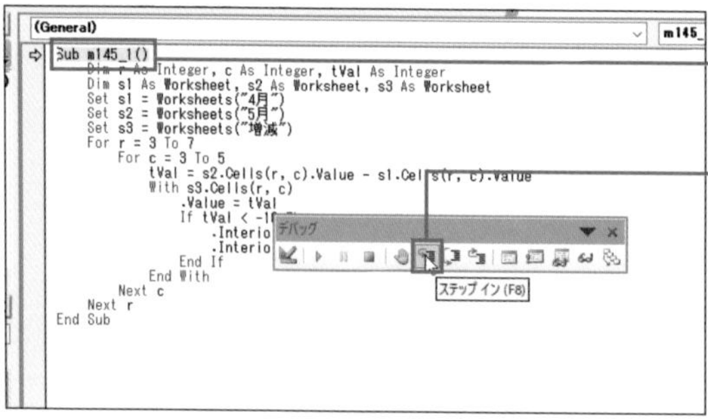

❻ プロシージャの1行目が黄色く反転します。

❼ [デバッグ] ツールバーの [ステップイン] をクリックします。

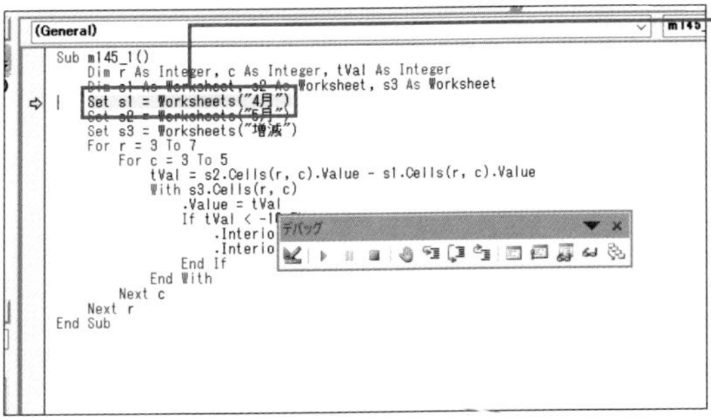

❽ 変数の宣言を除いて、その次の行が黄色く反転します。以下、[ステップイン] を実行するたびにコードが1行ずつ進んでいきます。

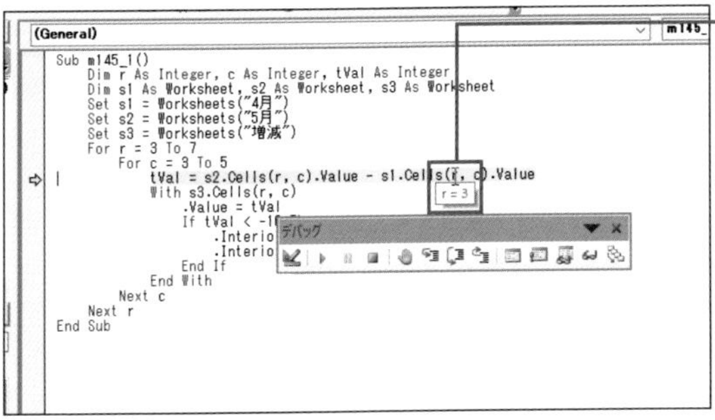

❾ 中断モードの状態で、変数にマウスポインターを合わせると、その現在の値が確認できます。

MEMO 続きを実行

プロシージャの残りの行をすべて実行したい場合は、[デバッグ] ツールバーの [継続] をクリックします。

COLUMN

指定した位置で処理を止める

1行ずつ実行していくのではなく、特定の行まで実行してから処理を止め、中断モードに入ることも可能です。処理を止めたい行の次の行にカーソルを置き、[デバッグ] メニューをクリックして [カーソル行の前まで実行] をクリックします。すると、カーソル行が黄色く反転し、その行で中断された状態になります。

また、特定の行まで実行して処理を止める検証を何度も行う場合は、コードウィンドウでその次の行の左側の部分をクリックします。すると、その位置にマークが付き、行が茶色く反転します。この状態を「ブレークポイント」といい、このコードを実行すると必ずこの前まで実行されたところで処理が止まり、この行で中断された状態になります。ブレークポイントを解除するには、もう一度同じ位置をクリックします。

▶ ブレークポイントの設定

Before

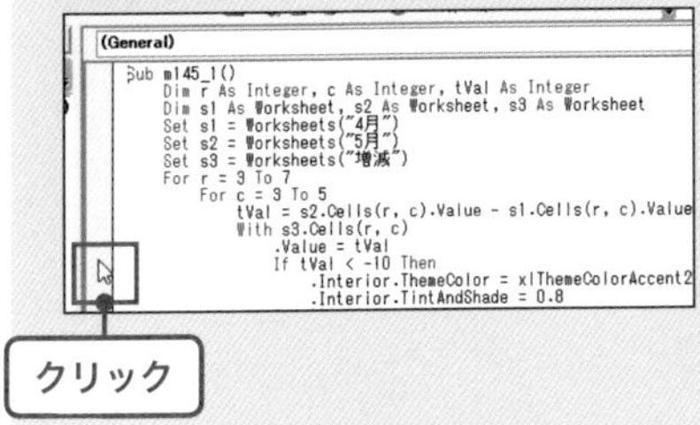

After

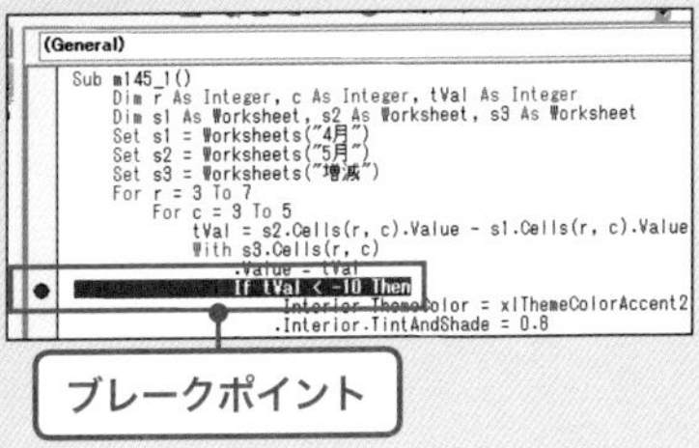

SECTION
146
中断モード

変数やプロパティの値を確認する

プログラムの動作を検証するには、中断モードの状態で、そのとき変数に代入されている値や、オブジェクト変数のプロパティの値を確認することも有効です。これらを調べるために利用できるのが、ローカルウィンドウとウォッチウィンドウです。

ローカルウィンドウを使用する

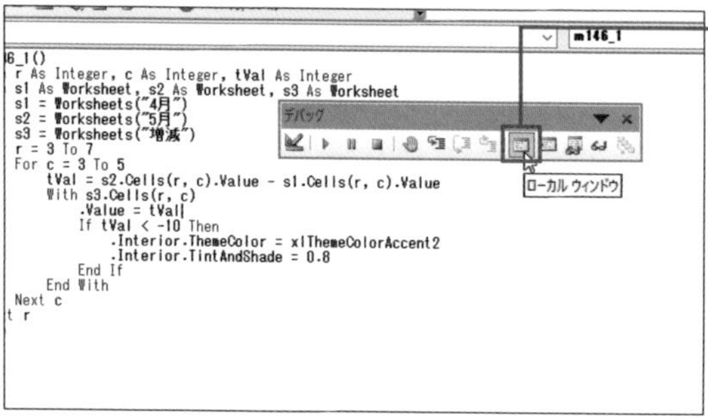

❶［デバッグ］ツールバーの［ローカルウィンドウ］をクリックします。

MEMO　ローカルウィンドウの表示

［表示］メニューから［ローカルウィンドウ］を選んでもOKです。

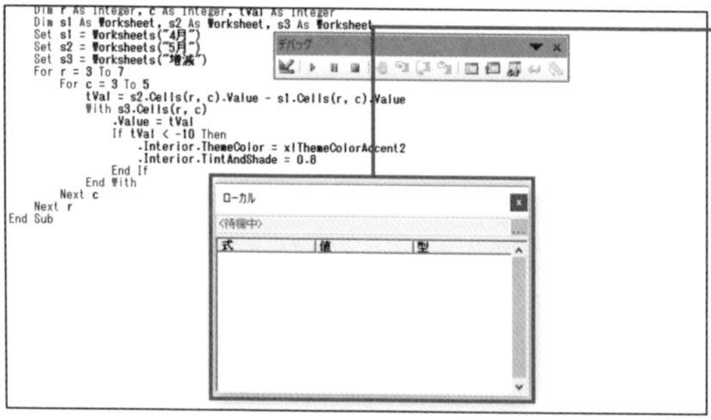

❷ローカルウィンドウが表示されます。ドラッグで位置とサイズを変更できます。

MEMO　ウィンドウの配置

VBEのウィンドウの下側などにはめ込まれた形で表示される場合もあります。

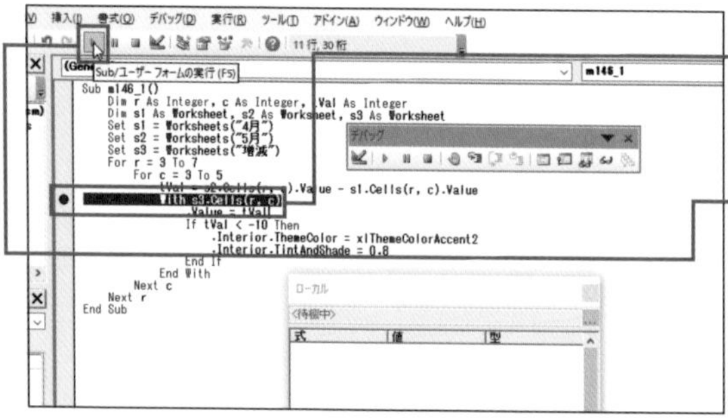

❸作成済みのマクロプログラムにブレークポイント（P.321参照）を設定し、

❹［標準］ツールバーの［Sub/ユーザーフォームの実行］をクリックします。

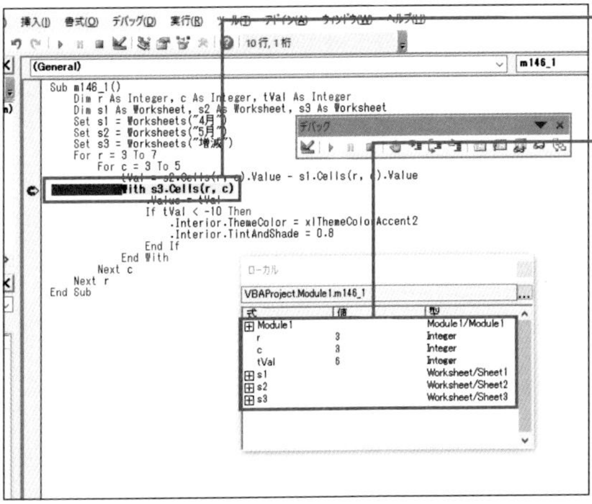

❺ マクロプログラムが実行され、設定したブレークポイントの行で止まります。

❻ ローカルウィンドウにその時点での各変数が表示されます。

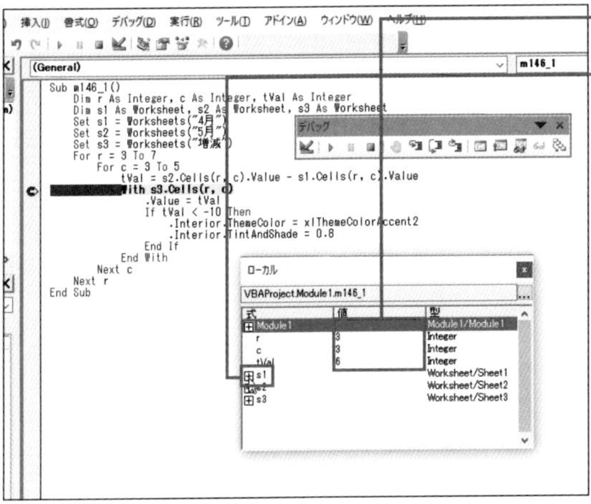

❼ 変数の値を確認します。

❽ オブジェクト変数名の左側の［+］をクリックします。

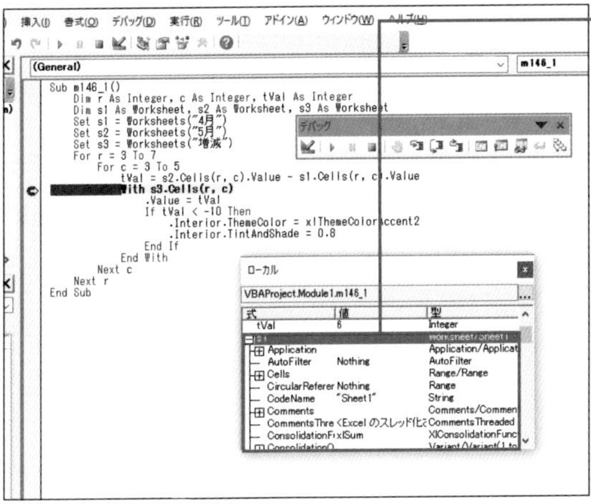

❾ オブジェクトのプロパティの値を確認します。

❿ 中断モードを終了すると、ローカルウィンドウの表示内容も消えます。

ウォッチウィンドウを使用する

変数tValの値が20を超えた場合に自動的に中断モードに入り、そのときの「4月」シートの対象セルの値を確認します。

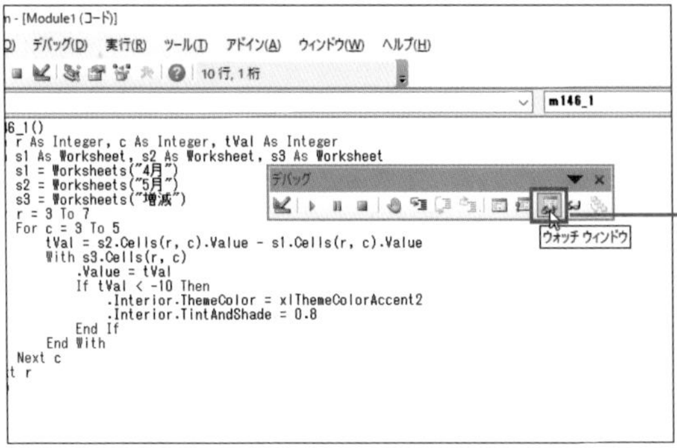

❶［デバッグ］ツールバーの［ウォッチウィンドウ］をクリックします。

MEMO ウォッチウィンドウの表示

［表示］メニューから［ウォッチウィンドウ］を選んでもOKです。

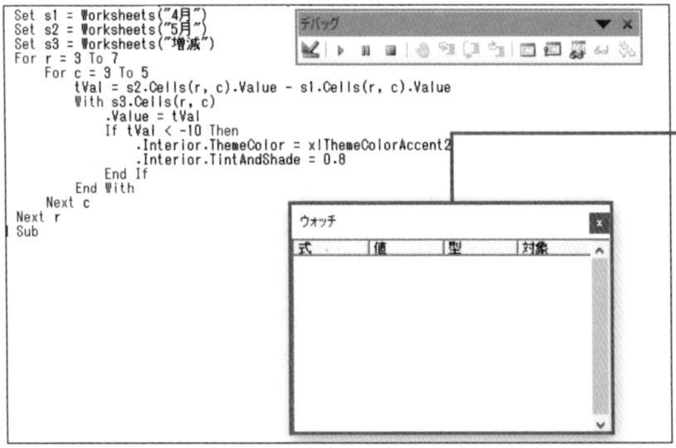

❷ウォッチウィンドウが表示されます。ドラッグで位置とサイズを変更できます。

MEMO ウィンドウの配置

VBEのウィンドウの下側などにはめ込まれた形で表示される場合もあります。

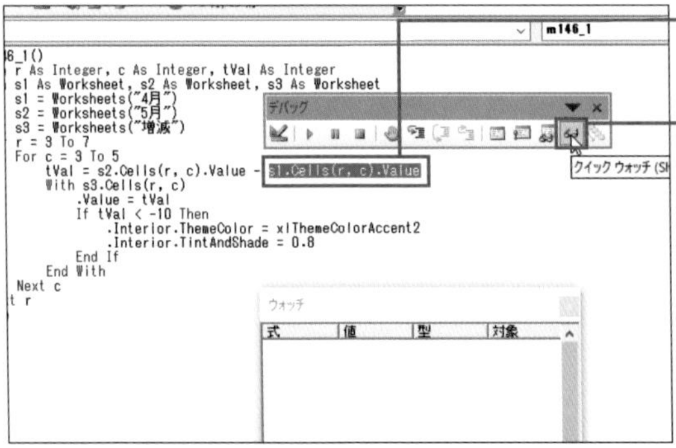

❸コード中の「s1.Cells(r, c).Value」の部分を選択し、

❹［デバッグ］ツールバーの［クイックウォッチ］をクリックします。

MEMO クイックウォッチの実行

［デバッグ］メニューから［クイックウォッチ］を選んでもOKです。

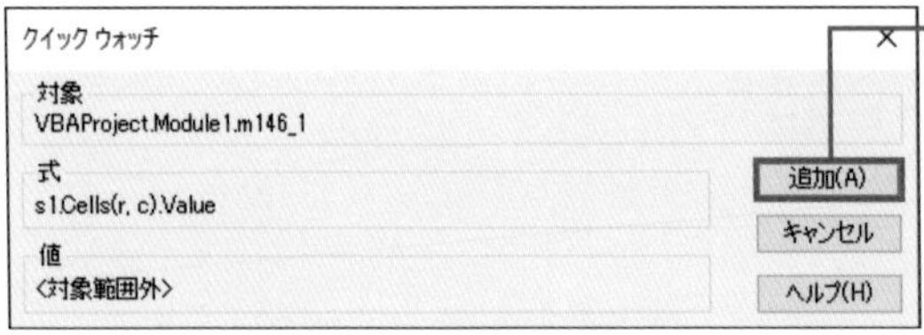

❺［追加］をクリックすると、ウォッチウィンドウに「s1.Cells(r, c).Value」の式が追加されます。

⑥［デバッグ］メニューをクリックし、

⑦［ウォッチ式の追加］をクリックします。

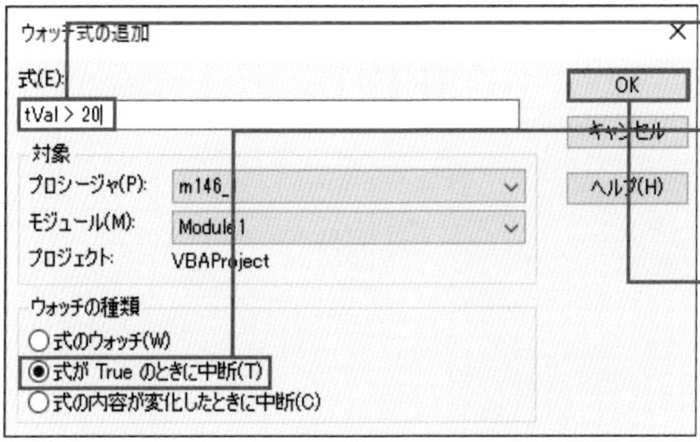

⑧［式］欄に「tVal > 20」と入力し、

⑨［ウォッチの種類］で［式がTrueのときに中断］をクリックして選択し、

⑩［OK］をクリックすると、この式がウォッチウィンドウに追加されます。

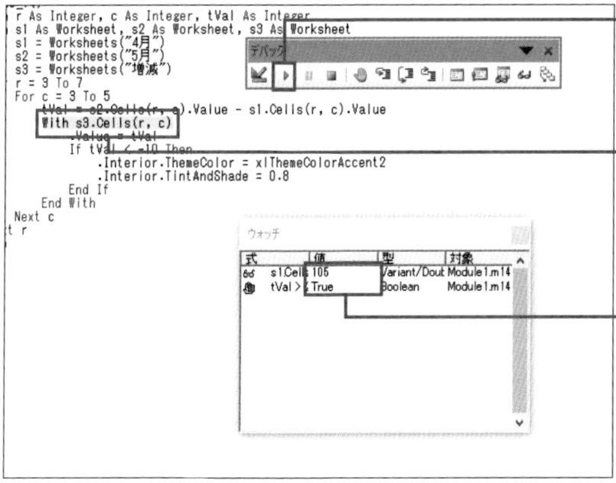

⑪［デバッグ］ツールバーの［Sub/ユーザーフォームの実行］をクリックします。

⑫マクロプログラムが実行され、変数tValの値が20を超えたときにマクロの実行が止まります。

⑬ウォッチウィンドウにその時点での各式の値が表示されます。

第11章 中断モード

COLUMN

ウォッチ式の編集と削除

ウォッチウィンドウに追加したウォッチ式を編集するには、そのウォッチ式を選択して、［デバッグ］メニューをクリックし、［ウォッチ式の編集］をクリックします。表示される［ウォッチ式の編集］ダイアログボックスで、ウォッチ式を編集できます。また、ここで［削除］をクリックすると、そのウォッチ式を削除できます。

SECTION 147 イミディエイトウィンドウ

1行の実行結果を確認する

1行のステートメントの実行結果を確認したいときに、いちいち標準モジュールにSubプロシージャを作成するのは面倒です。イミディエイトウィンドウを利用すれば、1行のコードを簡単に実行したり、式の結果を簡単に確認したりすることができます。

1行のコードを実行する

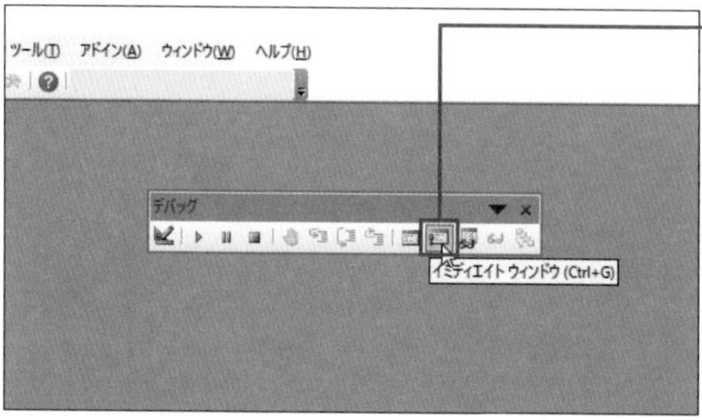

❶[デバッグ] ツールバーの [イミディエイトウィンドウ] をクリックします。

MEMO イミディエイトウィンドウ

[表示] メニューから [イミディエイトウィンドウ] を選んでもOKです。

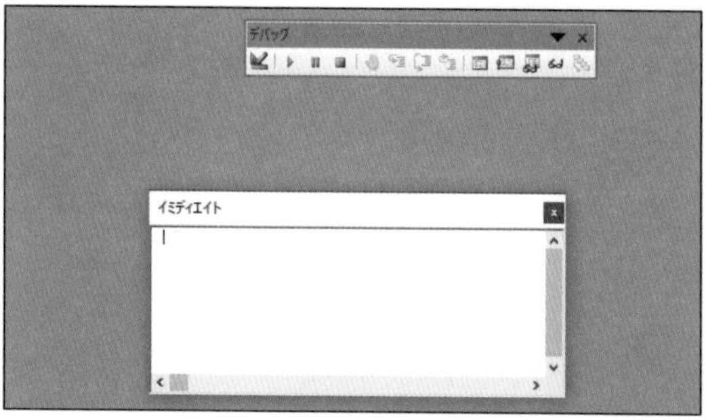

❷イミディエイトウィンドウが表示されます。ドラッグで位置やサイズを調整できます。

MEMO ウィンドウの配置

VBEのウィンドウの下側などにはめ込まれた形で表示される場合もあります。

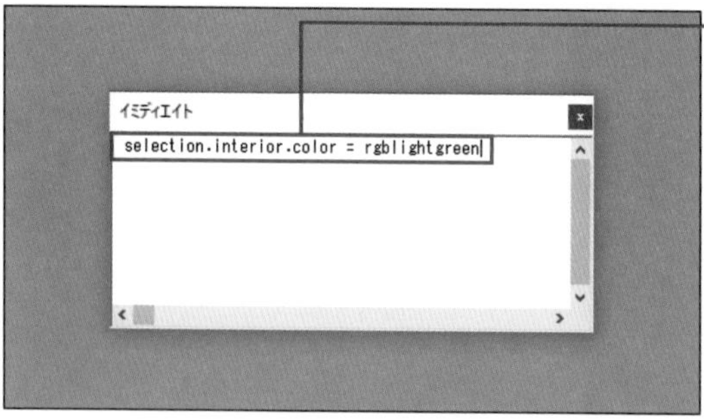

❸イミディエイトウィンドウに実行可能なコードを入力します。「selection.interior.color=rgblightgreen」と入力し、Enterキーを押します。

MEMO 大文字/小文字

VBAでは大文字と小文字は区別されないので、ここではすべて小文字で入力しています。

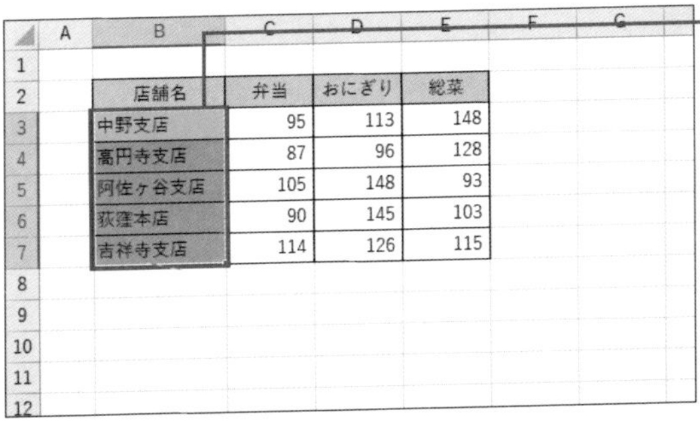

❹ Excelの画面に戻ると、選択範囲の塗りつぶしの色が明るい緑に変更されています。

式の結果を確認する

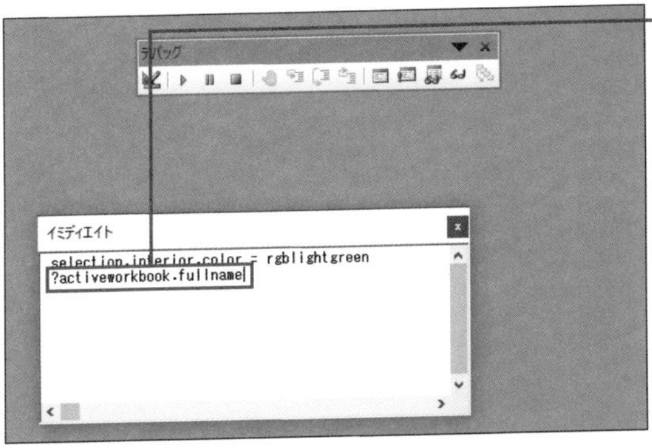

❶ イミディエイトウィンドウに、「?」に続けて値を返す式を入力します。「activeworkbook.fullname」と入力し、Enterキーを押します。

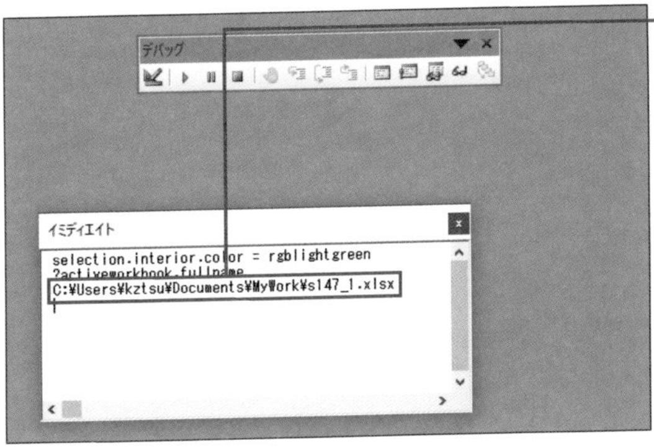

❷ 作業中のブックの絶対パスの文字列が次の行に出力されます。

MEMO 「?」の意味

「?」は「Debug.Print」の省略形で、その後に指定した式をイミディエイトウィンドウに出力するという命令です。ただし、この「?」が使えるのはイミディエイトウィンドウだけで、コードウィンドウでは使用できません。

SECTION

148

VBEのオプション

VBEの作業環境を変更する

VBEの操作環境は、各ユーザーの作業のしやすさに応じてカスタマイズできます。具体的には、各種のサポート機能のオン/オフや、コード中に表示される各種のマーカーの色、ユーザーフォーム（第10章参照）のグリッドなどを設定することが可能です。

[オプション]ダイアログボックスを表示する

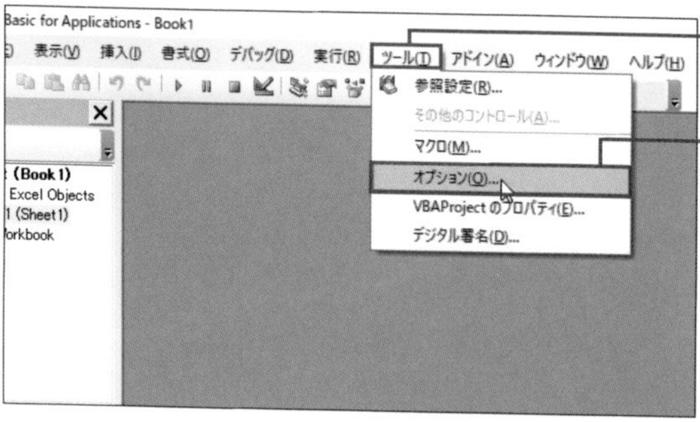

❶[ツール] メニューをクリックし、

❷[オプション] をクリックします。これで [オプション] ダイアログボックスが表示されます。

各タブの設定内容

[オプション] ダイアログボックスでは、4つのタブを切り替えて、操作環境を設定できます。以下、各タブの概要を説明していきます。

1 [編集] タブ

コードを入力して行を変えるたびに構文がチェックされる[自動構文チェック] や、オブジェクトの後に「.」を入力するとそのメンバーが一覧表示される[自動メンバー表示] など、各種のサポート機能のオン/オフを設定できます。[変数の宣言を強制する] のチェックをオンにすると、新しいモジュールを作成すると自動的にその先頭に「Option Explicit」の行が入力されます。この状態で、各プロシージャで変数を宣言せずに使用しようとすると、エラーが発生します。

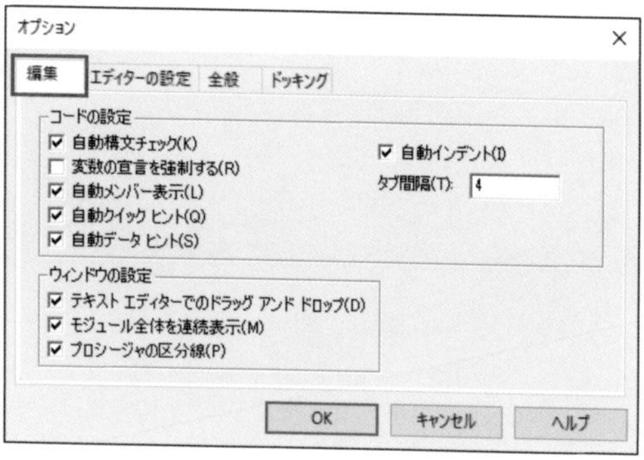

2 [エディターの設定] タブ

コードウィンドウでの状態や種類ごとの文字色や、各種マーカーの色、表示フォントやフォントサイズなどを設定できます。

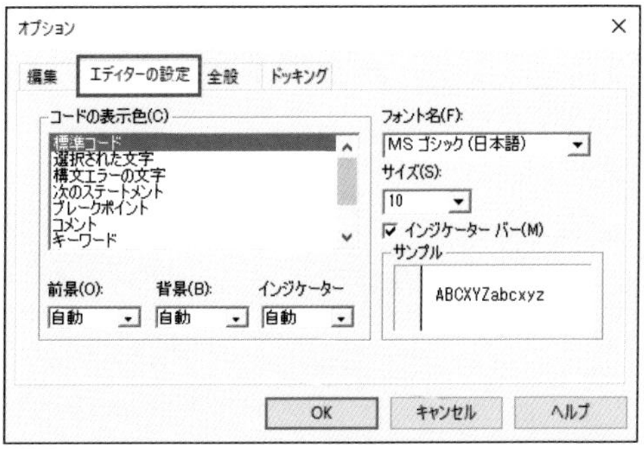

3 [全般] タブ

ユーザーフォームで、コントロール配置の基準となるグリッドに関する設定や、エラー発生時の処理などを設定できます。

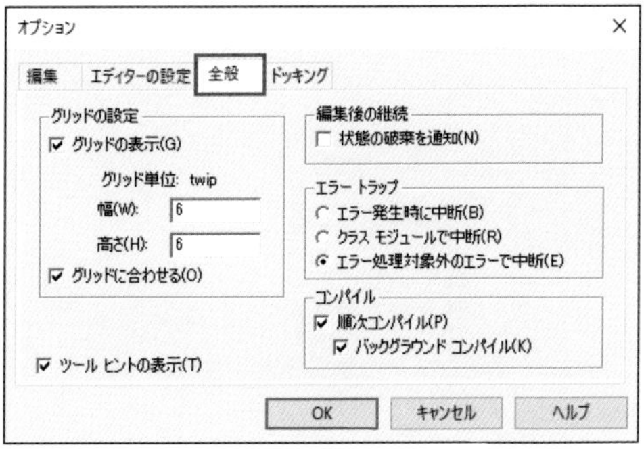

4 [ドッキング] タブ

イミディエイトウィンドウやローカルウィンドウといった各ウィンドウを、VBEのウィンドウの各部分にはめ込む(ドッキング)形で表示できるかどうかを設定します。

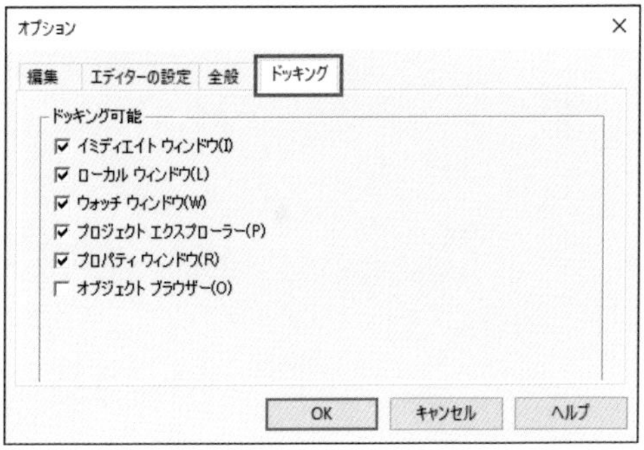

Appendix
001
ダイアログボックス

ダイアログボックスに対応するVBAの機能

第2章で解説したように、Excel VBAのオブジェクトとそのプロパティ・メソッドは、実際のExcelの機能とほぼ1対1で対応しています。ここでは、Excelの各種ダイアログボックスに対応する、オブジェクトのプロパティやメソッドを紹介します。

Rangeオブジェクトのプロパティ

[セルの書式設定] ダイアログボックスの[表示形式] タブ

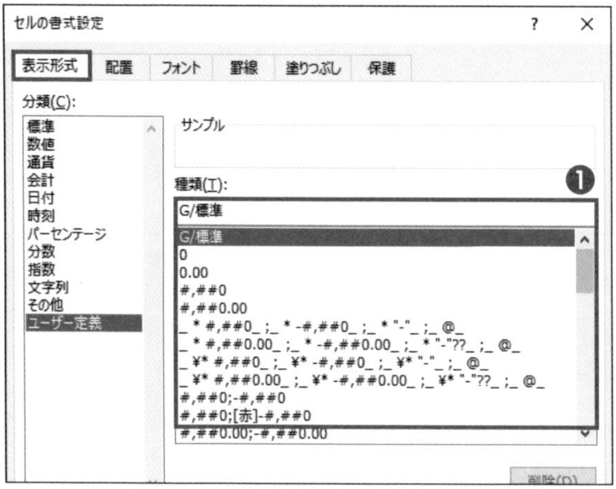

[セルの書式設定] ダイアログボックスの[保護] タブ

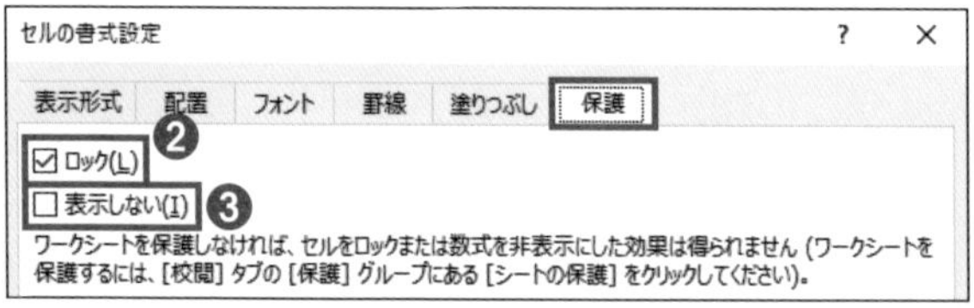

【Rangeオブジェクトのプロパティ】

❶NumberFormatLocalプロパティ	セルの表示形式をユーザー定義の書式記号(日本語の書式) で表した文字列
❷Lockedプロパティ	セルのロック(True／False)
❸FormulaHiddenプロパティ	シート保護時に数式を隠す(True／False)

［セルの書式設定］ダイアログボックスの［配置］タブ

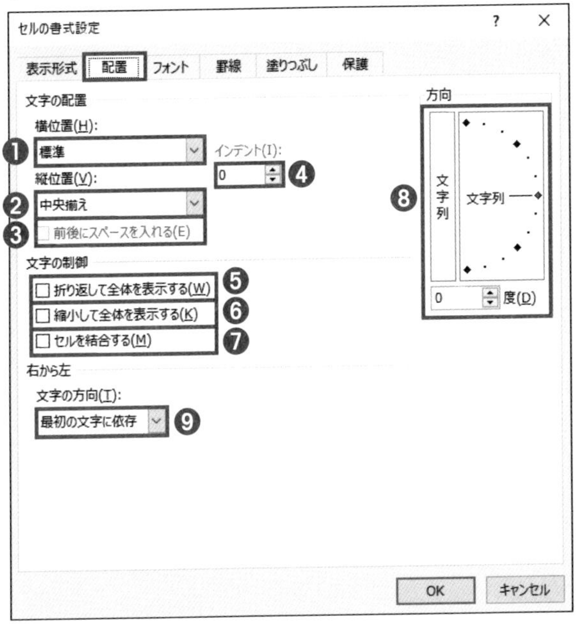

【Rangeオブジェクトのプロパティ】

❶HorizontalAlignmentプロパティ	セル内の文字の横位置（別表1参照）
❷VerticalAlignmentプロパティ	セル内の文字の縦位置（別表2参照）
❸AddIndentプロパティ	前後にスペースを入れる設定（True／False）
❹IndentLevelプロパティ	インデントのレベルを表す数値
❺WrapTextプロパティ	折り返して全体を表示する設定（True／False）
❻ShrinkToFitプロパティ	縮小して全体を表示する設定（True／False）
❼MergeCellsプロパティ	セルを結合する設定（True／False）
❽Orientationプロパティ	セル内の文字の方向の設定
❾ReadingOrderプロパティ	右から左に表示する言語に関する設定

Rangeオブジェクト➡Fontオブジェクトのプロパティ

[セルの書式設定] ダイアログボックスの[フォント] タブ

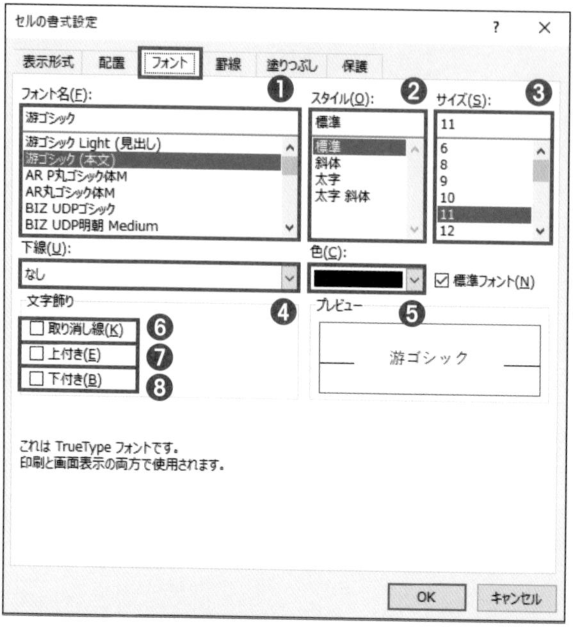

【Fontオブジェクトのプロパティ】

❶ Nameプロパティ/ThemeFontプロパティ	フォント名を表す文字列/テーマのフォントを表す数値(定数)
❷ FontStyleプロパティ	フォントスタイルを表す文字列
❸ Sizeプロパティ	フォントサイズを表す数値
❹ Underlineプロパティ	下線の設定(別表3参照)
❺ Colorプロパティ/ThemeColorプロパティ+TintAndShadeプロパティ	文字色の設定(別表4・別表5参照)
❻ Strikethroughプロパティ	取り消し線の設定(True/False)
❼ Superscriptプロパティ	上付きの設定(True/False)
❽ Subscriptプロパティ	下付きの設定(True/False)

Rangeオブジェクト➡Bordersコレクションのプロパティ

[セルの書式設定] ダイアログボックスの[罫線] タブ

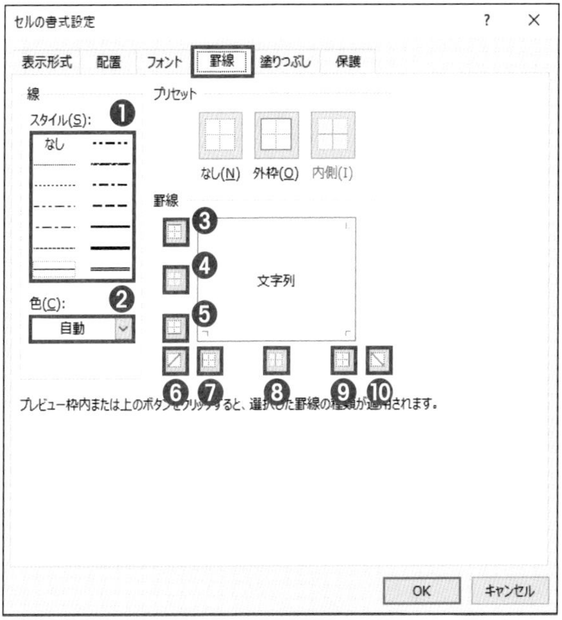

【Bordersコレクションのプロパティ】

❶LineStyleプロパティ／Weightプロパティ	線のスタイルと太さの設定(別表6・別表7参照)
❷Colorプロパティ／ThemeColorプロパティ＋TintAndShadeプロパティ	線の色の設定(別表4・別表5参照)

【Bordersコレクションに以下のインデックスを指定してBorderオブジェクトを取得】

❸xlEdgeTop	セル(範囲) の上側の罫線
❹xlInsideHorizontal	セル範囲の内側の水平線
❺xlEdgeBottom	セル(範囲) の下側の罫線
❻xlDiagonalUp	セル(範囲) 内の右上がりの斜線
❼xlEdgeLeft	セル(範囲)の左側の罫線
❽xlInsideVertical	セル範囲の内側の垂直線
❾xlEdgeRight	セル(範囲) の右側の罫線
❿xlDiagonalDown	セル(範囲) 内の右下がりの斜線

Rangeオブジェクト➡Interiorオブジェクトのプロパティ

［セルの書式設定］ダイアログボックスの［塗りつぶし］タブ

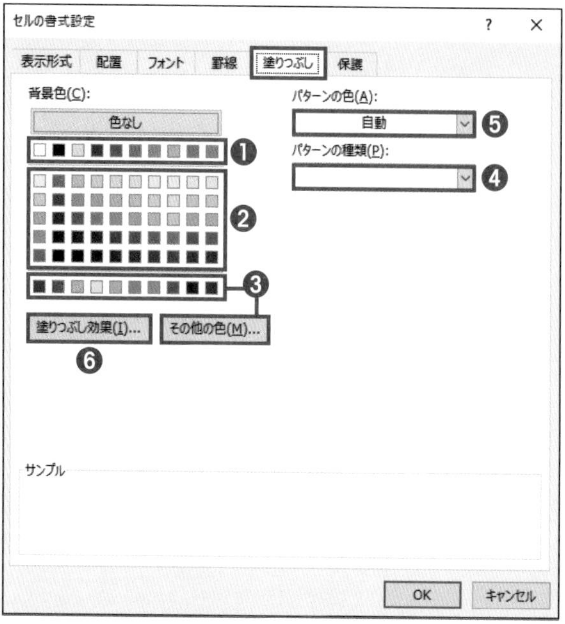

【Interiorオブジェクトのプロパティ】

❶ThemeColorプロパティ	テーマの色の設定（別表4参照）
❷ThemeColorプロパティ+ TintAndShadeプロパティ	テーマの色の濃淡のバリエーションの設定（別表4参照）
❸Colorプロパティ	標準／その他の色の設定（別表5参照）
❹Patternプロパティ	パターンの設定（別表8参照）
❺PatternColorプロパティ／PatternThemeColorプロパティ＋PatternTintAndShadeプロパティ	パターンの色の設定（別表4・別表5参照）
❻Gradientプロパティ	グラデーションを設定するためのLinearGradientオブジェクトまたはRectangularGradientオブジェクトを返す

PageSetupオブジェクトのプロパティ

[ページ設定] ダイアログボックスの[ページ] タブ

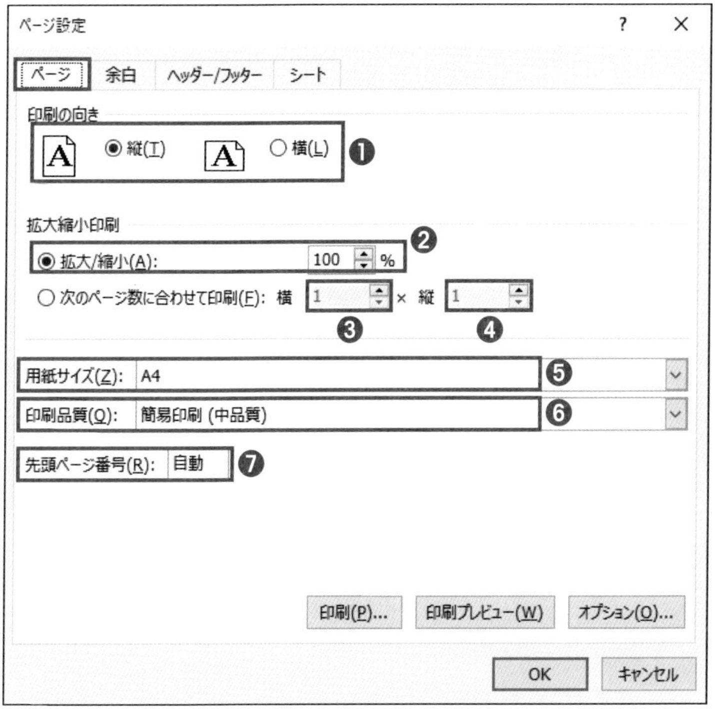

【PageSetup オブジェクトのプロパティ】

❶ Orientation プロパティ	印刷の向き(別表9参照)
❷ Zoom プロパティ	印刷の拡大縮小率
❸ FitToPagesWide プロパティ	横○ページに印刷する設定
❹ FitToPagesTall プロパティ	縦○ページに印刷する設定
❺ PaperSize プロパティ	用紙サイズ(別表10参照)
❻ PrintQuality プロパティ	印刷品質
❼ FirstPageNumber プロパティ	先頭ページ番号

［ページ設定］ダイアログボックスの［余白］タブ

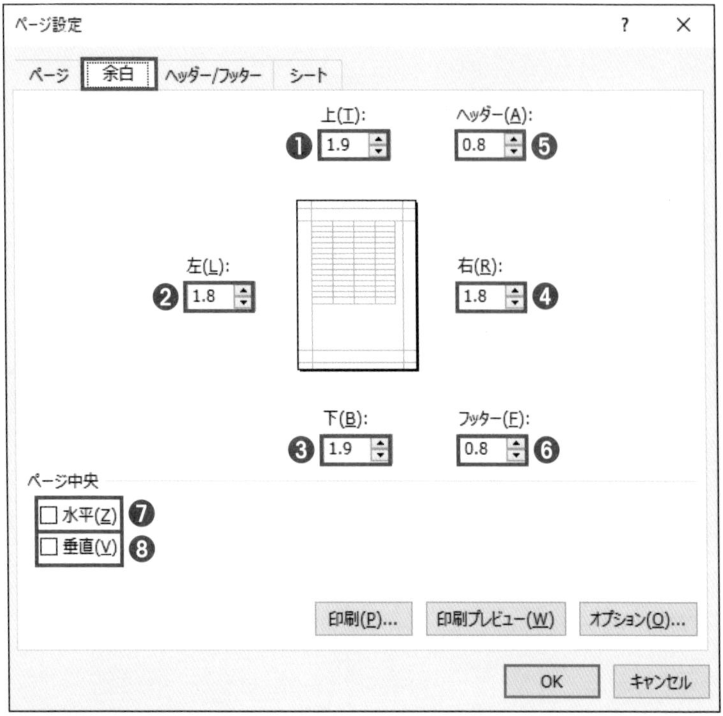

【PageSetupオブジェクトのプロパティ】

❶ TopMarginプロパティ	上余白の幅
❷ LeftMarginプロパティ	左余白の幅
❸ BottomMarginプロパティ	下余白の幅
❹ RightMarginプロパティ	右余白の幅
❺ HeaderMarginプロパティ	ヘッダーの幅
❻ FooterMarginプロパティ	フッターの幅
❼ CenterHorizontallyプロパティ	ページの左右中央に印刷(True／False)
❽ CenterVerticallyプロパティ	ページの上下中央に印刷(True／False)

[ページ設定]ダイアログボックスの[ヘッダー／フッター]タブ

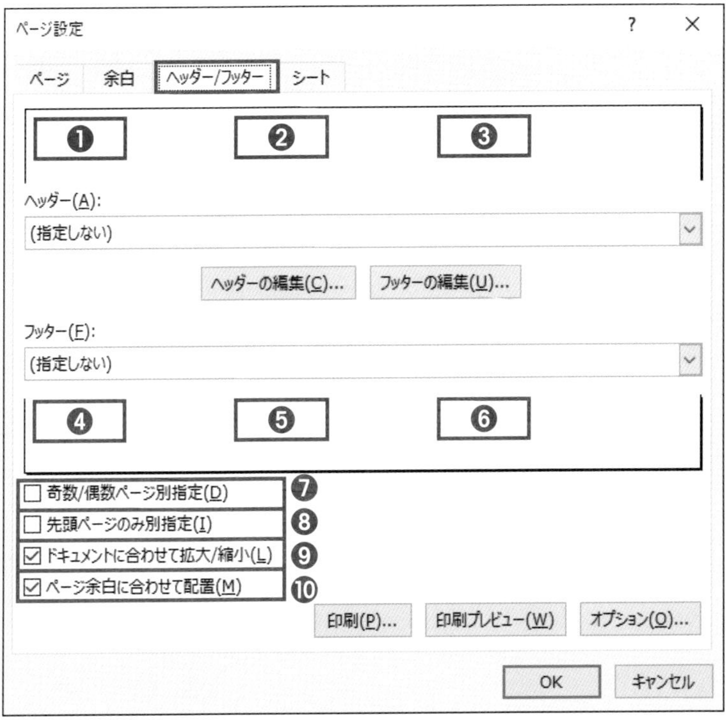

【PageSetupオブジェクトのプロパティ】

❶LeftHeaderプロパティ	左ヘッダーの設定
❷CenterHeaderプロパティ	中央ヘッダーの設定
❸RightHeaderプロパティ	右ヘッダーの設定
❹LeftFooterプロパティ	左フッターの設定
❺CenterFooterプロパティ	中央フッターの設定
❻RightFooterプロパティ	右フッターの設定
❼OddAndEvenPagesHeaderFooterプロパティ	奇数／偶数ページ別指定(True／False)
❽DifferentFirstPageHeaderFooterプロパティ	先頭ページのみ別指定(True／False)
❾ScaleWithDocHeaderFooterプロパティ	ドキュメントに合わせて拡大／縮小(True／False)
❿AlignMarginsHeaderFooterプロパティ	ページ余白に合わせて配置(True／False)

［ページ設定］ダイアログボックスの［シート］タブ

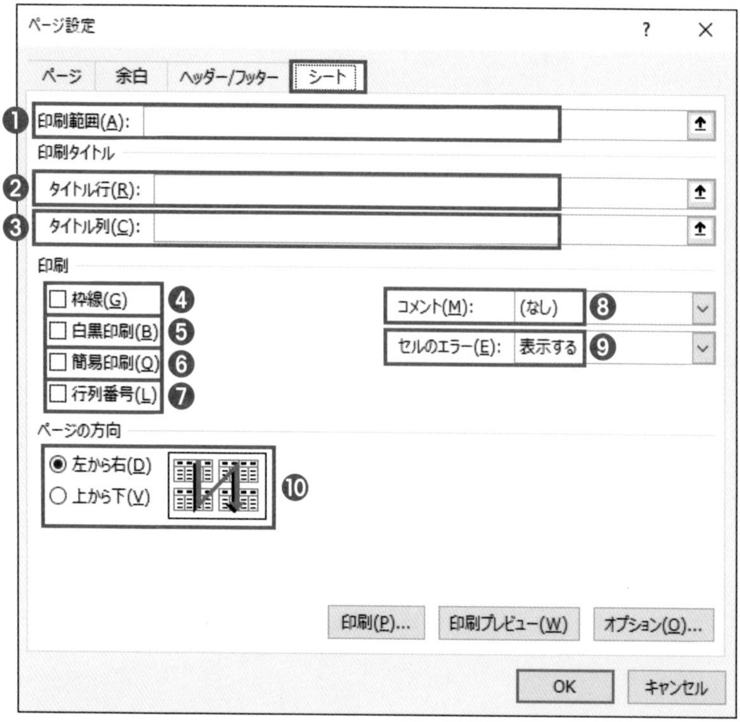

【PageSetupオブジェクトのプロパティ】

❶PrintAreaプロパティ	印刷範囲を表す参照文字列
❷PrintTitleRowsプロパティ	印刷タイトルの行を表す参照文字列
❸PrintTitleColumnsプロパティ	印刷タイトルの列を表す参照文字列
❹PrintGridlineプロパティ	枠線の印刷(True／False)
❺BlackAndWhiteプロパティ	白黒印刷(True／False)
❻Draftプロパティ	簡易印刷(True／False)
❼PrintHeadingsプロパティ	行列番号(True／False)
❽PrintCommentsプロパティ	コメントの印刷(別表11参照)
❾PrintErrorsプロパティ	セルのエラーの印刷(別表12参照)
❿Orderプロパティ	ページの方向(別表13参照)

Rangeオブジェクト➡Findメソッド／Replaceメソッドの引数

［検索と置換］ダイアログボックスの［置換］タブ

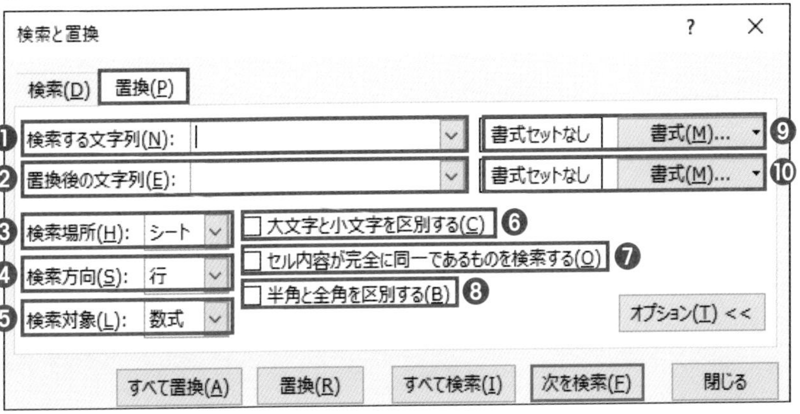

【Findメソッド／Replaceメソッドの引数】

❶What	検索する文字列
❷Replacement	置換後の文字列(Replaceメソッドのみ)
❸対応する引数なし	「ブック」に設定した場合、各シートに切り替え後、検索を再実行
❹SearchOrder	検索方向(別表14参照)
❺LookIn	検索対象(別表15参照)
❻MatchCase	大文字と小文字を区別する(True／False)
❼LookAt	セル内容が完全に同一であるものを検索する(別表16参照)
❽MatchByte	半角と全角を区別する(True／False)
❾SeachFormat	書式の検索を行う(True／False)。指定内容はApplicationオブジェクトのFindFormatプロパティで取得できるCellFormatオブジェクトのプロパティとして設定される
❿ReplaceFormat	書式の置換を行う(ReplaceメソッドのみTrue／False)。指定内容はApplicationオブジェクトのReplaceFormatプロパティで取得できるCellFormatオブジェクトのプロパティとして設定される

【別表1】HorizontalAlignmentプロパティの設定に使用可能な定数

定数	横位置の設定
xlGeneral	標準
xlLeft	左詰め(インデント)
xlCenter	中央揃え
xlRight	右詰め(インデント)
xlFill	繰り返し
xlJustify	両端揃え
xlCenterAcrossSelection	選択範囲内で中央
xlDistributed	均等割り付け(インデント)

【別表2】VerticalAlignmentプロパティの設定に使用可能な定数

定数	縦位置の設定
xlTop	上詰め
xlCenter	中央揃え
xlBottom	下詰め
xlJustify	両端揃え
xlDistributed	均等割り付け

【別表3】Underlineプロパティの設定に使用可能な定数

定数	下線の設定
xlUnderlineStyleNone	なし
xlUnderlineStyleSingle	下線
xlUnderlineStyleDouble	二重下線
xlUnderlineStyleSingleAccounting	下線(会計)
xlUnderlineStyleDoubleAccounting	二重下線(会計)

【別表4】テーマの色の設定に使用可能な定数

定数	下線の設定
xlThemeColorDark1	背景1
xlThemeColorLight1	テキスト1
xlThemeColorDark2	背景2
xlThemeColorLight2	テキスト2
xlThemeColorAccent1	アクセント1
xlThemeColorAccent2	アクセント2
xlThemeColorAccent3	アクセント3
xlThemeColorAccent4	アクセント4
xlThemeColorAccent5	アクセント5
xlThemeColorAccent6	アクセント6
xlThemeColorHyperlink	ハイパーリンク
xlThemeColorFollowedHyperlink	表示済みハイパーリンク

【別表5】色（RGB値）の設定に使用可能なXlRgbColorの定数

rgbAliceBlue	rgbAntiqueWhite	rgbAqua	rgbAquamarine
rgbAzure	rgbBeige	rgbBisque	rgbBlack
rgbBlanchedAlmond	rgbBlue	rgbBlueViolet	rgbBrown
rgbBuryWood	rgbCadetBlue	rgbChartreuse	rgbCoral
rgbCornflowerBlue	rgbCornsilk	rgbCrimson	rgbDarkBlue
rgbDarkCyan	rgbDarkGoldenrod	rgbDarkGray	rgbDarkGreen
rgbDarkGrey	rgbDarkKhaki	rgbDarkMagenta	rgbDarkOliveGreen
rgbDarkOrange	rgbDarkOrchid	rgbDarkRed	rgbDarkSalmon
rgbDarkSeaGreen	rgbDarkSlateBlue	rgbDarkSrateGray	rgbDarkSlateGrey
rgbDarkTurquoise	rgbDarkViolet	rgbDeepPink	rgbDeepSkyBlue
rgbDimGray	rgbDimGrey	rgbDodgerBlue	rgbFireBrick
rgbFloralWhite	rgbForestGreen	rgbFuchsia	rgbGainsboro
rgbGhostWhite	rgbGold	rgbGoldenrod	rgbGray
rgbGreen	rgbGreenYellow	rgbGrey	rgbHoneydew
rgbHotPink	rgbIndianRed	rgbIndigo	rgbIvory
rgbKhaki	rgbLavender	rgbLavendrBlush	rgbLawnGreen
rgbLemonChiffon	rgbLightBlue	rgbLightCoral	rgbLightCyan
rgbLightGoldenrodYellow	rgbLightGray	rgbLightGreen	rgbLightGrey
rgbLightPink	rgbLightSalmon	rgbLightSeaGreen	rgbLightSkyBlue
rgbLightSlateGray	rgbLightSlateGrey	rgbLightSteelBlue	rgbLightYellow
rgbLime	rgbLimeGreen	rgbLinen	rgbMaroon
rgbMediumAquamarine	rgbMediumBlue	rgbMediumOrchid	rgbMediumPurple
rgbMediumSeaGreen	rgbMediumSlateBlue	rgbMediumSpringGreen	rgbMediumTurquoise
rgbMediumVioletRed	rgbMidnightBlue	rgbMintCream	rgbMistyRose
rgbMoccasin	rgbNavajoWhite	rgbNavy	rgbNavyBlue
rgbOldLace	rgbOlive	rgbOliveDrab	rgbOrange
rgbOrangeRed	rgbOrchid	rgbPaleGoldenrod	rgbPaleGreen
rgbPaleTurquoise	rgbPaleVioletRed	rgbPapayaWhip	rgbPeachPuff
rgbPeru	rgbPink	rgbPlum	rgbPowderBlue
rgbPurple	rgbRed	rgbRosyBrown	rgbRoyalBlue
rgbSalmon	rgbSandyBrown	rgbSeaGreen	rgbSeashell
rgbSienna	rgbSilver	rgbSkyBlue	rgbSlateBlue
rgbSlateGray	rgbSlateGrey	rgbSnow	rgbSpringGreen
rgbSteelBlue	rgbTan	rgbTeal	rgbThistle
rgbTomato	rgbTurquoise	rgbViolet	rgbWheat
rgbWhite	rgbWhiteSmoke	rgbYellow	rgbYellowGreen

【別表6】LineStyleプロパティの設定に使用可能な定数

定数	線の種類
xlLineStyleNone	線なし
xlContinuous	実線
xlDash	破線
xlDashDot	一点鎖線
xlDashDotDot	二点鎖線
xlDot	点線
xlDouble	二重線
xlSlantDashDot	斜め一点鎖線

【別表7】Weightプロパティの設定に使用可能な定数

定数	線の太さ
xlHairline	ヘアライン
xlThin	細線
xlMedium	中太線
xlThick	太線

【別表8】Patternプロパティの設定に使用可能な定数

定数	パターンの種類
xlPatternNone	塗りつぶしなし
xlPatternSolid	塗りつぶし
xlPatternGray75	75%灰色
xlPatternGray50	50%灰色
xlPatternGray25	25%灰色
xlPatternGray16	12.5%灰色
xlPatternGray8	6.25%灰色
xlPatternHorizontal	横 縞
xlPatternVertical	縦 縞
xlPatternDown	右下がり斜線 縞
xlPatternUp	左下がり斜線 縞
xlPatternChecker	左下がり斜線 格子
xlPatternSemiGray75	極太線 左下がり斜線 格子
xlPatternLightHorizontal	実線 横 縞
xlPatternLightVertical	実線 縦 縞
xlPatternLightDown	実線 右下がり斜線 縞
xlPatternLightUp	実線 左下がり斜線 縞
xlPatternGrid	実線 横 格子
xlPatternCrissCross	実線 左下がり斜線 格子
xlPatternLinearGradient	線形のグラデーション
xlPatternRectangularGradient	方形のグラデーション

【別表9】Orientationプロパティの設定に使用可能な定数

定数	印刷の向き
xlPortrait	縦
xlLandscape	横

【別表10】PaperSizeプロパティの設定に使用可能な定数(一部)

定数	用紙サイズ
xlPaperA4	A4(210mm×297mm)
xlPaperB5	B5(182mm×257mm)
xlPaperB4	B4(250mm×354mm)

【別表11】PrintCommentsプロパティの設定に使用可能な定数

定数	コメントの印刷
xlPrintNoComments	印刷しない
xlPrintInPlace	画面表示イメージ
xlPrintSheetEnd	シートの末尾

【別表12】PrintErrorsプロパティの設定に使用可能な定数

定数	エラーの印刷
xlPrintErrorsDisplayed	表示する(画面通りに印刷)
xlPrintErrorsBlank	空白
xlPrintErrorsDash	「−」を印刷
xlPrintErrorsNA	「#N/A」を印刷

【別表13】Orderプロパティの設定に使用可能な定数

定数	ページの方向
xlDownThenOver	左から右
xlOverThenDown	上から下

【別表14】Find／Replaceメソッドの引数SearchOrderの指定に使用可能な定数

定数	検索方向
xlByRows	行方向
xlByColumns	列方向

【別表15】Find／Replaceメソッドの引数LookInの指定に使用可能な定数

定数	検索対象
xlFormulas	数式
xlValues	値
xlComments	コメント

【別表16】Find／Replaceメソッドの引数LookAtの指定に使用可能な定数

定数	完全一致
xlPart	一部に一致
xlWhole	全体に一致

Appendix

002

ショートカットキー

Excel VBAで便利なショートカットキー

ExcelやVBEには、便利なショートカットキーが多数用意されています。これらを使いこなしてVBAのプログラミングを快適に行いましょう。なお、ここでは資料性を高めるために、本書で紹介していない機能のショートカットキーも紹介しています。

Excelで使用できるマクロ関連のショートカットキー

Alt + F8	［マクロ］ダイアログボックスの表示
Alt + F11	Visual Basic Editorの表示

Visual Basic Editorで使用できるショートカットキー

【ファイル関連】

Ctrl + S	ブックの上書き保存
Ctrl + M	ファイルのインポート
Ctrl + E	ファイルのエクスポート
Ctrl + P	印刷
Alt + Q	終了してMicrosoft Excelへ戻る

【編集関連】

Ctrl + Z	元に戻す
Ctrl + X	切り取り
Ctrl + C	コピー
Ctrl + V	貼り付け
Delete	クリア
Ctrl + A	すべて選択
Ctrl + F	検索
F3	次を検索
Ctrl + H	置換
Tab	インデント

Shift + Tab	インデントを戻す
Ctrl + J	プロパティ／メソッドの一覧
Ctrl + Shift + J	定数の一覧
Ctrl + I	クイックヒント
Ctrl + Shift + I	パラメーターヒント
Ctrl + Space	入力候補

【表示関連】

F7	コード
Shift + F7	オブジェクト
Shift + F2	定義
Ctrl + Shift + F2	元の位置へ移動
F2	オブジェクトブラウザー
Ctrl + G	イミディエイトウィンドウ
Ctrl + L	呼び出し履歴
Ctrl + R	プロジェクトエクスプローラー
F4	プロパティウィンドウ
Alt + F11	Microsoft Excel
F1	Microsoft Visual Basic for Applicationsヘルプ

【実行／デバッグ関連】

F5	Sub／ユーザーフォームの実行
Ctrl + Break	中断
F8	ステップイン
Shift + F8	ステップオーバー
Ctrl + Shift + F8	ステップアウト
Ctrl + F8	カーソル行の前まで実行
Ctrl + W	ウォッチ式の編集
Shift + F9	クイックウォッチ
F9	ブレークポイントの設定／解除
Ctrl + Shift + F9	すべてのブレークポイントの解除
Ctrl + F9	次のステートメントの設定

索引

S

T・U・V

W

ア行

タ行・ナ行

ハ行

マ行

ヤ行・ラ行・ワ行

お問い合わせについて

本書に関するご質問については、本書に記載されている内容に関するもののみとさせていただきます。本書の内容と関係のないご質問につきましては、一切お答えできませんので、あらかじめご了承ください。また、電話でのご質問は受け付けておりませんので、必ずFAXか書面にて下記までお送りください。
なお、ご質問の際には、必ず以下の項目を明記していただきますよう、お願いいたします。

① お名前
② 返信先の住所またはFAX番号
③ 書名（今すぐ使えるかんたんEx Excelマクロ&VBAプロ技BESTセレクション［2019/2016/2013/365対応版］）
④ 本書の該当ページ
⑤ ご使用のOSとソフトウェアのバージョン
⑥ ご質問内容

なお、お送りいただいたご質問には、できる限り迅速にお答えできるよう努力いたしておりますが、場合によってはお答えするまでに時間がかかることがあります。また、回答の期日をご指定なさっても、ご希望にお応えできるとは限りません。あらかじめご了承くださいますよう、お願いいたします。

問い合わせ先

〒162-0846
東京都新宿区市谷左内町21-13
株式会社技術評論社　書籍編集部
「今すぐ使えるかんたんEx　Excelマクロ&VBAプロ技BESTセレクション［2019/2016/2013/365対応版］」質問係
FAX番号　03-3513-6167　URL：https://book.gihyo.jp/116

お問い合わせの例

FAX

①お名前
技術　太郎
②返信先の住所またはFAX番号
03-××××-××××
③書名
今すぐ使えるかんたんEx　Excelマクロ&VBAプロ技BESTセレクション［2019/2016/2013/365対応版］
④本書の該当ページ
100ページ
⑤ご使用のOSとソフトウェアのバージョン
Windows 10
Excel 2019
⑥ご質問内容
結果が正しく表示されない

※ご質問の際に記載いただきました個人情報は、回答後速やかに破棄させていただきます。

今《いま》すぐ使《つか》えるかんたんEx《イーエックス》
Excel《エクセル》マクロ&VBA《ブイビーエー》プロ技《わざ》BEST《ベスト》セレクション［2019/2016/2013/365対応版《たいおうばん》］

2021年6月22日　初版　第1刷発行
2023年2月28日　初版　第3刷発行

著者……………………………土屋《つちや》　和人《かずひと》
発行者…………………………片岡　巌
発行所…………………………株式会社 技術評論社
東京都新宿区市谷左内町21-13
電話　03-3513-6150　販売促進部
03-3513-6160　書籍編集部
装丁デザイン………………菊池　祐（ライラック）
本文デザイン………………今住真由美（ライラック）
DTP・本文図版　…………ライラック
編集……………………………青木　宏治
製本／印刷……………………日経印刷株式会社

定価はカバーに表示してあります。

落丁・乱丁がございましたら、弊社販売促進部までお送りください。交換いたします。

ISBN978-4-297-12156-3 C3055

Printed in Japan